网络新技术系列丛书

# 互联网大数据挖掘与分类

程　光　周爱平　吴　桦　著

东南大学出版社
·南京·

## 内容提要

近年来，互联网的快速发展、新应用的不断出现、网络带宽的不断提高和网络数据流的急剧增加给互联网数据分析研究带来了技术挑战，互联网数据挖掘和分类对于网络计费、流量工程、网络安全等领域具有广泛应用价值.本书主要针对互联网大数据挖掘与分类问题，系统介绍了作者在互联网数据分析处理方面的理论及实践的研究成果，主要介绍两个互联网大数据的挖掘和分类平台：基于hadoop集群网络被动测量数据分析平台和基于覆盖网的主动测量网络故障诊断平台，同时本书分别探讨了基于这两个平台的超点抽样检测方法、并行长持续时间流检测方法、面向MapReduce的大流识别方法、基于信息熵灵敏度的异常检测方法、HTTP流量的页面关联、网络流的分类方法等六个方面的互联网大数据挖掘和分类问题。本书的内容对深入研究互联网数据测量和分析方法具有重要的借鉴意义，为网络安全和网络管理，特别是校园网的管理提供了参考。本书可供计算机科学、信息科学、网络工程及流量工程等学科的科研人员、大学教师和相关专业的研究生和本科生，以及从事计算机网络管理领域、网络工程及网络安全保护的技术人员阅读参考。

**书在版编目(CIP)数据**

互联网大数据挖掘与分类 / 程光，周爱平，吴桦著.
—南京 ：东南大学出版社，2015. 12
网络新技术系列丛书
ISBN 978-7-5641-6196-5

Ⅰ. ①互… Ⅱ. ①程… ②周… ③吴… Ⅲ. ①数据采集 Ⅳ. ①TP274

中国版本图书馆CIP数据核字(2015)第301942号

**互联网大数据挖掘与分类**

出版发行 东南大学出版社
出 版 人 江建中
社　　址 南京市四牌楼2号
邮　　编 210096

经　　销 全国各地新华书店
印　　刷 江苏兴化印刷有限公司
开　　本 787mm×1092mm 1/16
印　　张 15.25 彩插8
字　　数 390千字
书　　号 ISBN 978-7-5641-6196-5
版　　次 2015年12月第1版
印　　次 2015年12月第1次印刷
定　　价 40.00元

# 前　言

近年来，互联网的快速发展、新应用的不断出现、网络带宽的不断提高和网络数据流的急剧增加，给互联网数据分析研究带来了技术挑战。互联网数据挖掘和分类在网络计费、流量工程、网络安全等领域具有广泛应用价值. 例如，在 CERNET 华东北地区网络的南京中心节点链路上总带宽超过 100 Gbps，中国国际出口带宽超过了 4 Tbps。同时由于有限系统资源与海量网络流量之间的矛盾存在，高速网络大数据环境下的网络流量突发性，传统网络流量数据处理算法自身的缺陷逐渐表现，多核处理器和云计算的并行分布式架构成为提高网络流量分析算法性能的有效途径，并开始得到学术界和工业界的关注。流量和网络应用的急剧增加，使流数、流持续时间、流长、信息熵、网页关联、流量分类等成为互联网大数据挖掘分类的关键问题，这些问题的有效解决可以减轻互联网大数据带来的影响，为网络运行和管理提供有力支撑。

本书针对互联网大数据挖掘和分类问题，主要介绍两个互联网大数据的挖掘和分类平台：基于 hadoop 集群网络被动测量数据分析平台和基于覆盖网的主动测量网络故障诊断分析平台，基于这两个平台本书分别探讨了基于抽样的超点检测方法、并行长持续时间流检测方法、基于 MapReduce 的大流识别方法、基于信息熵灵敏度的异常检测方法、HTTP 流量的页面关联、基于 DFI 的流量分类方法等六个方面的互联网大数据挖掘和分类问题。具体各章介绍内容如下：

第 1 章介绍在大数据背景下的网络测量相关技术及意义，介绍数据挖掘的基础理论，包括决策树算法、贝叶斯分类算法、支持向量机、聚类算法及 k-近邻算法；分析了互联网大数据处理分析所需要的分布式文件系统、MapReduce 的原理和处理流程等。

第 2 章利用云计算平台来解决海量互联网数据的分析问题，建立了一个基于 Hadoop 集群的网络数据分析平台，详细介绍了构成系统的四个模块的实现流程、实验环境的搭建、实验数据的来源等，评估了两个作业的正确性和实验分析系统的可扩展性，同时还分析了 MapReduce 作业运行过程中可能出现的性能瓶颈。

第 3 章针对基于流抽样的超点检测方法存在的检测精度低、实时性差、计算负荷重问题，提出了一种并行数据流方法，讨论可逆并行 Sketch 数据结构中参数对检测精度的影响，从时间开销和存储开销分析了PDS方法的性能。实验表明PDS方法的链接度估计精度、超点检测精度及超点检测的处理时间均优于CSE、JM方法。

第4章研究了多核处理器硬件平台上的并行长持续时间流的检测问题，从共享数据结构和独立数据结构两方面设计了长持续时间流的并行检测算法，实验结果表明基于共享数据结构的长持续时间流的并行检测算法具有占用内存空间小的优点，基于独立数据结构的长持续时间流的并行检测算法具有时间效率高和检测精度高的优点，能够满足高速网络流量测量的应用需求。

第5章分析了MapReduce框架下Reducer之间产生负载不均衡的问题，提出了一种MapReduce框架下基于自适应抽样的大流识别方法，该方法由负责制定数据划分策略和在数据划分策略基础上进行大流识别两个作业构成。真实网络流量数据评价实验结果表明该方法具有较好的性能。

第6章通过理论和实验分析两种异常检测方法对信息熵的灵敏度影响，表明信息熵的灵敏度与流量在特征上分布的信息熵相关，借鉴Kuai Xu等人提出的网络流量描述方法，并将其应用于网络流量的异常检测。实验评估显示该方法对Alpha、Scan、Probe和DDoS等四类攻击具有较好的检测能力。

第7章主要研究解决网页浏览产生的HTTP流所属的页面关联的问题，在分析互联网广告流量以及CDN加速技术对HTTP流关联算法的影响后提出相应解决方案，设计并实现基于DPI和DFI的两种HTTP流关联算法，通过实验对两种不同算法正确性进行验证。

第8章主要解决基于统计特征机器学习的DFI流识别方法面临网络流数据的不平衡问题，从数据重采样、特征选择、分类算法展开流量分类方法的相关研究，实现对加密与隐私流量的分类，并在保证大类分类性能的情况下提高小类分类的准确率。

第9章主要解决在大规模互联网环境中采用主动探测的方法对网络故障进行推理问题，设计实现了一个基于社区的覆盖网监测与故障诊断系统，系统的客户端运行嵌有监测模块的覆盖网应用的节点并将监测结果上传给代理社区，代理社区将观测数据预处理后存入chord，系统通过覆盖网实现对网络故障诊断和定位。

本书是笔者在互联网数据分析处理领域长期研究成果的总结，也包括了笔者培养的研究生参与的科研项目中的部分相关科研成果和论文。在本书撰写过程中，程志、王艳、梁一鑫、潘吴斌、王玉祥、马永、蔡雷、蔡振盛、戴震、戴冕、葛文锦、朱亚峰、陈新等研究生给予了支持，参与了本书部分章节的编写工作以及本书的整编、校验，全书由程光统稿。

本书的研究成果受国家高技术研究发展计划(863计划)(2015AA015603)、江苏省未来网络创新研究院未来网络前瞻性研究项目(BY2013095-5-03)项目的资助，在此表示感谢！同时感谢江苏省“六大人才高峰计划”的支持。在本书的撰写过程中，得到了东南大学计算机科学与工程学院、计算机网络和信息集成教育部重点实验室（东南大学）、东南大学出版社等单位领导和专家的大力支持，在此深表谢意！同时对笔者所引用的参考文献的作者及不慎疏漏的引文作者也一并致谢！

由于笔者水平有限，编写过程中难免存在很多不足及顾此失彼之处，敬请读者给予批评指正！

**作 者**

**2015 年 10 月**

# 目　录

# 1 绪 论

## 1.1 背景知识

### 1.1.1 研究背景

随着互联网技术的飞速发展，出现了越来越多的互联网应用，比如，音频视频、文件数据传输、网页信息浏览访问、基于 P2P 协议的业务等占用了大量的网络带宽。与此同时，网络接入设备的增多(主要是移动设备)，网络拓扑结构变得越来越复杂，骨干网路由器带宽在逐年的提升。很显然的是，我们目前已经生活在一个“大数据”的时代，数据的爆炸式增长出乎人们的想象，来自一份关于大数据时代数据量的预测分析报告指出，全球范围内以电子格式存储的数据在 2020 年前后，将达到 35ZB 的数据量，将会是 2009 年的 40 倍左右。来自第 36 次中国互联网络发展状况统计报告[1]，截至 2015 年 6 月，中国国际出口带宽为 4 717 761 Mbps，半年增长率为14.5%。图 1.1 是最近几年中国国际带宽及其增长率，与此同时，伴随着移动互联网、物联网，以及多种类型的移动智能终端的推广，网络设备，诸如路由器，交换机和用户移动设备将随着增长，网络数据流量增速也会变得更加迅猛，所以，如何对大数据时代网络的性能，安全，服务质量等指标进行统计分析，从而对网络服务质量进行监控和评估变得越来越困难。

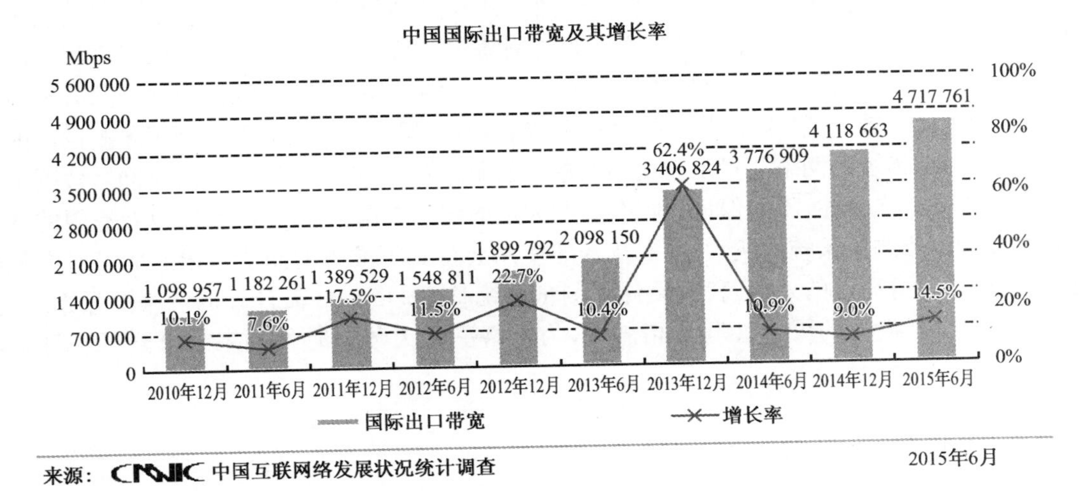


图 1.1　中国国际带宽及其增长率图

目前的网络测量技术中，主要是使用集中处理平台对网络数据进行分析处理，数据源方面可以是由一个集中处理平台对单个测量点进行测量，或者由多个测量探针对多个测量点收集到的测量数据汇总到集中处理平台进行分析与处理。这使得当利用集中处理平台对海量测量数据进行处理时，平台的存储能力和计算能力会随着数据量的增长成为网络测量计算的瓶颈，如果对网络测量数据使用抽样技术减少数据量后再处理，又会明显降低测量结果的准确性，因此，如何对海量互联网络数据进行测量分析是当前网络测量研究的一个重要点。

为了应对大数据时代的挑战，云计算的概念被提了出来，随着云计算技术的推广，利用云计算平台强大的数据处理能力来处理海量网络流量数据，已经成为当前网络测量的研究热点，另外，云平台的存储资源和计算资源的可扩展性也正是目前海量网络测量系统所需要的。

Apache 的 Hadoop[2] 是一个云计算开源项目，建立大数据的分布式的、可扩展的云计算框架是这个项目的目标。Hadoop 开源云计算平台实现了一个分布式文件系统 HDFS(相当于 Google 的 GFS)，一个并行数据处理算法框架 MapReduce(是 Google 的 MapReduce 算法的开源实现)，同时，提供了一个分布式数据库 HBase(相当于 Google 的 BigTable)。Hadoop 平台可以部署在低廉的硬件上，以减少成本；Hadoop 充分考虑到了数据的安全性，设计了副本保存机制；项目充分考虑到集群的可扩展性，Hadoop 集群可以通过对运算节点的增加以获得处理更大的数据量的能力；Hadoop 是一个开源免费的云计算项目，使得 Hadoop 技术得到了快速的发展。目前，Hadoop 广泛使用在雅虎，Facebook，IBM，百度，阿里巴巴等公司，成为了最著名的云计算项目之一。

我们根据网络数据量快速增长的网络测量环境的实际情况，设计了基于 Hadoop 云平台的网络流量测量系统，云平台的集群系统中的数据是通过测量探针对测量数据进行可靠的回收存储得到，然后利用云计算平台可扩展的数据处理能力来处理收集到的海量测量数据，实现了测量网络性能指标和用户行为分类两个作业，解决集中处理平台对海量数据处理困难的问题。

### 1.1.2　研究意义

大数据时代已经到来，云计算及其周边技术的迅猛发展充分证明了这个观点，各个行业都在部署自己的大数据战略。在网络测量领域，利用云计算平台强大的数据处理能力来处理网络测量中的海量数据，已经成为当前网络测量体系中数据统计分析的必然趋势，随着网络用户对互联网服务质量需求的增长，互联网服务提供商(ISP)凭借原有的网络测量技术已无法满足目前及以后的网络性能指标、安全信息等测量的监测需求。目前，国内三大运营商都在积极的部署自己的云计算中心，研究对海量的测量数据进行安全的存储管理和高效的并行计算，努力提高网络测量的处理效率，利用云计算平台的网络测量方法研究已经成为互联网服务提供商的一个重要研究点。传统的网络测量系统使用的单一的服务器，用集成管理的方法对网络数据进行分析处理，正如上文所述，不能保证数据存储和大量的测量数据存储的安全性，以及有限的计算能力，都成为集成测量系统的瓶颈，采样技术的使用会得到不准确的测量结果。为了对海量数据的网络测量进行高效的处理，我们设计的测量系统基于 Hadoop 云计算的网络测量系统，整个测量系统具有很强的灵活性和可拓展性，为网络测量大数据时代到来寻求到了一种解决方法。

## 1.2　网络测量技术

网络测量是按照一定的方法和技术，使用一系列软件程序或者硬件工具来测量网络的性能指标和网络行为的统称[3]。通常情况下可以将网络测量分成三个部分，分别是：测量对象、测量环境和测量方法。在这三个部分中，测量方法的选择比较重要，一般要满足稳健性、可重复性、准确性三个方面的要求；测量对象一般是指 Pcap 格式数据包数据、Netflow 格式流数据或者网络日志数据；测量环境一般是指测试运行其上的软件和硬件环境的描述，这里按平台可以是集中测量平台的或者分布测量平台。

### 1.2.1 网络测量常见对象

网络测量[4]的常见网络客体是网络数据报文,常见的格式是Pcap格式,通过分析统计报文的各种数据指标,可以获知网络的传输特性。对报文不同协议层的分析统计可以用于测量不同的性能测度指标,来反映网络表现[5],因此在进行基于报文的网络测量时,往往是对报文根据协议进行分类研究。

网络测量的另外一个常见的客体是流,流的概念,指的是一系列的数据,以满足特定的流程规范和超时限制数据包组合,一般称为数据流。其中流规范的定义是指流中的报文必须具有相同属性组,一般使用的是五元组,分别是:源IP地址、宿IP地址、协议号、源端口号、宿端口号。当超过一定时间不活动时,就将一个流按照超时限制进行结束处理,从而使组流系统的内存和计算资源可以更充分的去处理新的流记录数据。在目前的实现情况中,实际的软件组流定义和数域将根据不同路由器厂家有所不同,甚至同一路由厂家的不同的协议版本也会有所不同,所以现在有各种不同的标准来实现流。在这些不同的流版本中,思科的NetFlow标准[6]由于在主流路由器中用的比较多,获得了比较广泛的应用。目前思科的NetFlow流记录格式广泛应用在IP流量统计、分析和计费等领域,并且成为了实事上的标准。目前,NetFlow的协议版本已经发展到Netflow V9。

当使用五元组进行组流时,NetFlow的流结束机制一般包含表1.1所示的四条规则:

**表1.1 Netflow流结束规则**

| 规则编号 | 规则定义 |
|---|---|
| 编号1 | 15 s超时流断开规则 |
| 编号2 | 30 min内流未结束进行流断开规则 |
| 编号2 | TCP流出现FIN或RST报文流断开规则 |
| 编号4 | 流记录缓存空间已满规则 |

另外可以通过一些网络日志文件进行辅助的测量,网络日志文件也可以算是一种测量客体。

在本书实验中,主要使用两种研究客体进行研究工作,一个是Pcap格式网络报文数据包文件,另一个是根据五元组和结合表1.1设定的规则编写组流程序获得的NetFlow格式的流记录文件。

### 1.2.2 网络测量分析的问题

对于网络测量的研究领域,一般情况下包含三个部分:①准确地对一些网络性能参数数据的计算,这些性能参数主要包括往返时延、拥塞程度、站点的可达性、网络带宽、带宽的利用率、网络服务质量、数据包丢包率、服务器和客户端之间的响应时间、最大网络流量等;②通过计量模型的建立,一个合理有效的网络描述模型的建立,通过该模型的有效利用,可实现对网络行为分析与预测;③网络控制,使用从网络数据的性能参数的测量结果,并通过建立模型结果得到的结果反馈,实现合理配置网络资源和使用,网络的拓扑结构的调整,大型网络结构的动态描述,来监视网络,防止异常事件,防止大范围网络攻击,甚至为以后网络协议的设计提供研究参数,更或者是提供基础辅助依据参数实现对网络行为学的研究或者网络流量工程研究等。

### 1.2.3　单点测量常用方法

考虑到目前常用的测量方法基本上都是基于单机的测量方法，本节下面内容不做特指都是单机网络测量可以使用的方法。依照测量方法对网络运行的程度的影响程度，可以将网络测量可以分为两种测量方法：主动方式的网络测量技术和被动方式的网络测量技术。

主动方式网络测量技术和被动方式网络测量技术的区别在于，前者是主动地向网络中发出测试用的数据报文，网络的性能等信息是根据数据报文在网络上的传输情况来判断的，后者是被动地接收网络上的数据报文(一般使用镜像截获)，不会对网络运行造成任何影响。对不同的节点间的网络性能测量描述一般使用主动测量方式，而对单个节点的性能测量描述一般使用被动测量提方式。

主动方式的测量方法是通过注入测试流数据到网络(一般有接收的一方)，然后进行网络状态参数的数据的响应的测量，在此过程中，会对所测网络引入一部分附加的流量，网络的实际结果会因流量的引入产生一定的误差；根据引入的流量的多少，将进行适当的测量结果修订，然后反映网络的运行实际情况。如 Traceroute 程序，是一种主动方式的测量工具，用于反映路由信息，程序的方法是首先向目的地址发送探测性的数据报文，然后在此过程中会通过记录其返回数据报文信息来测量经过的路由器。

被动方式的测量方法主要是通过对网络流量的监视来完成网络测量任务，其测量机制是截获网络中正常的网络报文，达到尽可能地避免影响网络的正常运行的效果，所以对网络性能的影响很小。一般通过光分器在光纤上采集数据报文数据。对网络而言，没有影响网络的正常运行。

如果根据测量结果需不需要实时展示来对网络测量来分类的话，可以将测量可分为在线实时网络测量和离线网络测量两种类型。

在线实时网络测量方式，首先要求数据收集上，要做到可以实时收集网络流量数据，然后程序要能对收集的数据进行即刻分析处理，然后对结果进行输出展示，低速网络环境中，利用性能较好的硬件机器和优秀高效的程序可以做到，面试高速网络环境，一般只能对数据进行抽样处理，才能保证实时的处理，或者使用纯硬件工具。

离线测量方法是指事先采集网络数据报文保存起来，然后离线分析以存储的网络数据。使用离线方式相对而言比较简单，网络流量数据的收集存储工作和事后的测量分析工作是分开进行的，优势是结果分析比较灵活，但是当收集到海量数据时，也会出现机器存储瓶颈或者处理时间过长等问题。通常网络中的流量信息是通过开源工具软件 TcpDump 进行记录存储，然后编写相应的网络测量代码利用开源软件 Libpcap 提供的接口读取已经存储的数据进行相应的分析工作。

### 1.2.4　单点网络测量常用工具

Ping 工具是最基本的和常用的主动方式的网络测量工具，适应环境是在两个主机间，用于可达性、网络时延、丢包等测度的测量，是一种点对点方式的测量方法。另外，上文提到的 Traceroute 也是一种比较常用的路由信息获取工具。

对于其他主动的网络性能的计算测量，用得比较多的有 Pathload、Iperf、Netperf 等工具。Pathload[7]应用是一种主动方式的测量工具，程序用于确定在网络中两点节点之间的可用带宽；Iperf[8]也是一个主动方式测量工具，和 Pathload 一样是一种基于 Client/Server 方式的主动测量工具，能够提供网络吞吐率信息，以及振动、数据包丢包率、最大传输单元大小等统计信息，利用这些信息,可以用于分析网络通信性能或者定位网络瓶颈;Netperf 是类似 Iperf 的网络性能测量工具。

被动方式的数据包网络性能监控工具,主要是通过 Tcpdump 和 Tcptrace[9]这两个工具共同工作使用,作为离线数据的流截取和分析工具。Tcpdump 是由 Lawrence Brkely 国家实验室开发的,其目的是让开发者能更轻松地观察网络流量,它将主机的网络适配器接口设置成混杂模式,接收所有来自网络的数据包,并将它们以不同的格式显示在终端上或者保存在文件中供离线处理。Tcptrace 程序是由美国 Ohio 大学的 Shawn Ostermann 开发的工具,主要用于分析有 Tcpdump 应用程序捕获的 TCP 会话。它的作用主要是分析数据包回程时间、网络吞吐量、窗口大小、序列号信息以及网络会话的其他 TCP 特性等,与此同时,第三方插件 xplot 程序能将结果信息以图形的方式显示,便于观察和分析。

OpenDPI 是一个开源的深度报文检测开源软件,目前的版本是 1.3.0 版,该版本实现了对 118 种协议的分类支持,OpenDPI 允许第三方开发者编写协议解析代码,也可以根据需要修改其源代码,并部署在服务器上。另外,因为 OpenDPI 已经不在被维护和更新支持,目前,新的类似的开源软件 nDPI[10]保持了高度受欢迎的 OpenDPI 的性质,它的扩展优化了原有的 OpenDPI 库,与此同时,增加了对新的协议的深度报文检测功能,为了支持不同平台的用户,它支持 Windows 和 Linux 各种版本,而且,可以改动 nDPI 的源码以适合自己的需要。

对数据流而言,一般指的是 Netflow 格式的数据,常用的软件工具有 Flowscan[11]和 Flowtools[12]等。Flowscan 是一个遵照 GUN 开源协议的 IP 流量分析和报表工具,由一套 Perl 脚本和模块组成,FlowScan 包括了 Netflow 数据采集引擎 Cflowd,高性能数据库 RRD 以及一个可视化工具 RRDtool,通过组件之间的相互合作处理,Flowscan 能连续实时的监测由边界路由器发送的 Netflow 数据,根据预先定义的流量模式对流量进行分类,统计每类流量在一定时间粒度内的字节数、流数、报文数等信息,并且可以对相应的时间序列图进行绘制。Flowtools 是由美国俄亥俄大学开发的 Linux 系统环境下的流量收集和分析工具,它是一组实用工具的集合,包括 Flow-capturn、Flow-cat、Flow-print、Flow-stat 等工具,专门用于对 Netflow 数据进行捕获记录,合并文件,过滤输出,统计分析等。

### 1.2.5 分布式网络测量技术

对于并行网络测量分析,Cristian Morariu 等人提出了 DIPStorage[13](Distributed Architecture for Storage of IP Flow Records),一个基于 P2P 的云平台的概念,每一个节点称为存储罐,以并行的方法处理网络数据流,每一个存储罐根据提前设定的规则存储相应的流数据,以后,无论是计算还是查询都可以根据规则在平台中找到相应数据;Chen 等人开发了一种使用 Hadoop 的 Snort 日志数据分析方法应用于大规模网络安全应用[14];RIPE[15]宣布了开发了一个用于 Hadoop 云平台的 Pcap 接口库用于对 Pcap 直接并行读处理;JongSuk R. Lee 等人为了能应对快速增长的海量电信数据[16],提出了利用 Hadoop 云计算平台来检测电信网络异常方法,在论文中的并行分析阶段,使用的是一种随机自相似性的概念(Stochastic Self-similarity)来处理数据;在网络安全领域,卢森堡大学的几位研究人员提出了使用 Hadoop 的 Maprduce 并行算法去检测僵尸网络[17],僵尸网络是目前网络安全的主要威胁之一,目前从集中服务主机的僵尸网络情况向分布式的、高度可扩展性、分散的 P2P 网络架构形式发展的趋势,检测和取证分析必须从网络的核心路由器取数据分析,然而核心路由的海量数据是一般方法很难处理的,因此,提出了一种使用 PageRank 算法并且基于可扩展的 Hadoop 云计算平台的方式,用于分析和检测 P2P 网络架构形式的僵尸网络主机。

在国内，Yuan-Yuau Qiao 等人提出了基于 Hadoop 的离线数据流分析系统，命名为 OT-ASH[18]（Offline Traffic Analysis System based on Hadoop），设计了一个 TopN 算法验证 OT-ASH 在处理大数据方面的有效性和合理性，具体实现方法主要利用了 Hadoop 集群在处理数据时会对 Key 值进行默认的排序，因此，只要将希望进行计算 TopN 的测度值作为 Key 值即可，然后会形成单个文件有序的 Reduce 任务结果文件，最后只要利用归并排序方法对 Reduce 文件的结果进行简单处理即可得到相应测度值的 TopN 信息。

## 1.3 分类算法

### 1.3.1 决策树

**决策树**[19,20]是一个预测模型；它代表的是对象属性与对象值之间的一种映射关系。树中每个节点表示某个对象，每个分叉路径表示某个可能的属性值，每个叶节点表示从根节点到该叶节点经历的路径所表示的对象值。决策树仅有单一输出，若欲有复数输出，可以建立独立的决策树以处理不同输出。数据挖掘中决策树是一种常用技术，既可以用于数据分析，也可以用于预测。从数据产生决策树的机器学习技术叫做决策树学习，也称为决策树。

ID3 算法[21,22]是一种由 Ross Quinlan 提出的决策树算法。该算法的基本思想：对当前例子集合，计算属性的信息增益；选择信息增益最大的属性 $A_i$；把在 $A_i$ 处取值相同的例子划为相同子集，$A_i$ 的不同取值决定了子集个数；依次对每种取值情况下的子集，递归调用建树算法；若子集只含有单个属性，则分支为叶子节点，判断其属性值并做标记，然后返回调用处。

因为 ID3 算法在实际应用中存在一些问题，所以 Quilan 提出了 C4.5 算法[23]，从严格意义上来说，C4.5 只是 ID3 的一个改进算法。C4.5 算法继承了 ID3 算法的优点，其对 ID3 算法进行的改进主要包括以下几个方面：

- 通过信息增益率选择属性，克服了信息增益选择属性时偏向选择取值多的属性的不足；
- 在树构造过程中进行剪枝；
- 能够完成对连续属性的离散化处理；
- 能够对不完整数据进行处理。

C4.5 算法有如下优点：产生的分类规则易于理解，准确率较高；其缺点：在构造树的过程中，需要对数据集进行多次的顺序扫描和排序，因而导致算法低效。另外，C4.5 只适合于能够驻留于内存的数据集，当训练集较大时，C4.5 算法将失效。

### 1.3.2 贝叶斯分类

贝叶斯定理由英国数学家贝叶斯提出，其描述两个条件概率之间的关系。$P(A|B)$表示事件 $B$ 已经发生的前提下，事件 $A$ 发生的概率，称为事件 $B$ 发生下事件 $A$ 的条件概率。因此，条件概率表示为：

$$P(A \mid B) = \frac{P(AB)}{P(B)}$$

贝叶斯定理之所以得到广泛应用，是因为我们在生活中经常遇到这种情况：我们可以很容易直接得出 $P(A|B)$，$P(B|A)$则很难直接得出，但我们更关心 $P(B|A)$，贝叶斯定理就为我们提供从 $P(A|B)$获得 $P(B|A)$的桥梁。因此，贝叶斯定理表示为：

$$P(B \mid A) = \frac{P(A \mid B)P(B)}{P(A)}$$

朴素贝叶斯分类[24~26]是一种十分简单的分类算法，其基本思想：对于给出的待分类项，求解在此项出现的条件下各个类别出现的概率，根据概率大小将待分类项进行归类。

朴素贝叶斯分类的步骤如下：

- 设 $x=\{a_1, a_2, \cdots, a_m\}$ 为一个待分类项，而每个 $a$ 为 $x$ 的一个特征属性；
- 有类别集合 $C=\{y_1, y_2, \cdots, y_n\}$；
- 计算 $P(y_1|x), P(y_2|x), \cdots, P(y_n|x)$；
- 如果 $P(y_k \mid x)=\max\{P(y_1 \mid x), P(y_2 \mid x), \cdots, P(y_n \mid x)\}$，则 $x \in y_k$。

第3步的条件概率计算步骤如下：

- 找到一个已知分类的待分类项集合，这个集合叫做训练样本集；
- 统计得到在各类别下各个特征属性的条件概率估计；
- 如果各个特征属性是条件独立的，则根据贝叶斯定理有如下推导：

$$P(y_i \mid x) = \frac{P(x \mid y_i)P(y_i)}{P(x)}$$

由于各特征属性相互独立，因此，

$$P(x \mid y_i)P(y_i) = P(a_1 \mid y_i)P(a_2 \mid y_i)\cdots P(a_m \mid y_i)P(y_i) = P(y_i)\prod_{j=1}^{m} P(a_j \mid y_i)$$

根据上述分析，朴素贝叶斯分类的流程如图1.2所示。

从图1.2可知，整个朴素贝叶斯分类分为三个阶段：

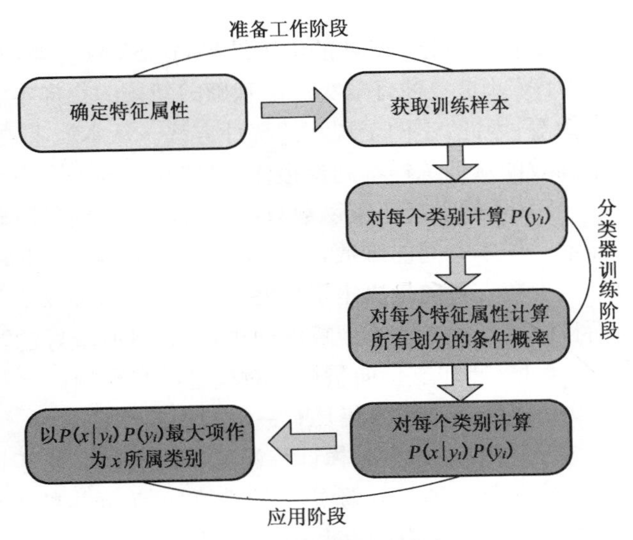


图1.2 贝叶斯分类流程

准备工作阶段。这个阶段的主要任务是根据具体情况确定特征属性，并对每个特征属性进行适当划分，然后由人工对一部分待分类项进行分类，形成训练样本集合。这一阶段的输入是所有待分类数据，输出是特征属性和训练样本。这一阶段是整个朴素贝叶斯分类中唯一需要人工完成的阶段，其质量对整个过程将有重要影响，分类器的质量很大程度上由特征属性、特征属性划分及训练样本质量决定。

分类器训练阶段。这个阶段的任务就是生成分类器，主要工作是计算每个类别在训练样本中的出现频率及每个特征属性划分对每个类别的条件概率估计，并将结果记录。其输入是特征属性和训练样本，输出是分类器。这一阶段是机械性阶段，根据前面讨论的公式可以由程序自动计算完成。

应用阶段。这个阶段的任务是使用分类器对待分类项进行分类，其输入是分类器和待分类项，输出是待分类项与类别的映射关系。这一阶段由程序自动完成。

### 1.3.3 支持向量机

支持向量机(SVM)[27]是数据挖掘中的一种新方法,能够有效解决回归问题(时间序列分析)和模式识别(分类问题、判别分析)等问题。目前,支持向量机在理论研究和实际应用两方面正处于飞速发展阶段,其广泛应用于统计分类与回归分析。支持向量机属于一般化线性分类器,该分类器的特点在于能够同时最小化经验误差与最大化几何边缘区。

我们通常希望分类的过程是一个机器学习的过程。这些数据点是 $n$ 维实空间中的点。我们希望能够把这些点通过一个 $n-1$ 维的超平面分开。通常这个被称为线性分类器。但是我们还希望找到分类最佳的平面,即使得属于两个不同类的数据点间隔最大的那个面,该面亦称为最大间隔超平面。如果我们能够找到这个面,那么这个分类器就称为最大间隔分类器。

支持向量机将向量映射到一个更高维的空间里,在这个空间里建立有一个最大间隔超平面。在分开数据的超平面的两边建有两个互相平行的超平面。建立方向合适的分隔超平面使两个与之平行的超平面间的距离最大化。其假定为,平行超平面间的距离或差距越大,分类器的总误差越小。

所谓支持向量是指那些在间隔区边缘的训练样本点。这里的“机(machine,机器)”实际上是一个算法。在机器学习领域,常把一些算法看作是一个机器。

支持向量机特点主要包括以下几个方面:

非线性映射是 SVM 方法的理论基础,SVM 利用内积核函数代替向高维空间的非线性映射;

对特征空间划分的最优超平面是 SVM 的目标,最大化分类边际的思想是 SVM 方法的核心;

支持向量是 SVM 的训练结果,在 SVM 分类决策中起决定作用的是支持向量。

SVM 是一种有坚实理论基础的新颖的小样本学习方法。它基本上不涉及概率测度及大数定律等;因此,不同于现有的统计方法。从本质上看,它避开了从归纳到演绎的传统过程,实现了高效的从训练样本到预报样本的“转导推理”,大大简化了通常的分类和回归等问题。

SVM 的最终决策函数只由少数的支持向量所确定,计算的复杂性取决于支持向量的数目,而不是样本空间的维数,这在某种意义上避免了“维数灾难”。

少数支持向量决定了最终结果,这不但可以帮助我们抓住关键样本、“剔除”大量冗余样本,而且注定了该方法不但算法简单,而且具有较好的“鲁棒”性。这种“鲁棒”性主要体现在:

- 增、删非支持向量样本对模型没有影响;
- 支持向量样本集具有一定的鲁棒性。

SVM 算法对大规模训练样本难以实施。由于 SVM 是通过二次规划求解支持向量,而求解二次规划将涉及 $m$ 阶矩阵的计算($m$ 为样本的个数),当 $m$ 数目很大时该矩阵的存储和计算将耗费大量的机器内存和运算时间。

通过 SVM 解决多分类问题存在困难。经典的支持向量机算法只给出了二类分类的算法,而在数据挖掘的实际应用中,一般要解决多类的分类问题[28,29]。可以通过多个二类支持向量机的组合来解决。主要有一对多组合模式、一对一组合模式和 SVM 决策树;另外,通过构造多个分类器的组合解决。主要原理是克服 SVM 固有的缺点,结合其他算法的优势,解决多类问题的分类精度。例如,与粗集理论结合,形成一种优势互补的多类问题的组合分类器。

# 1.4 C4.5 算法

## 1.4.1 算法概述

决策树(decision tree)又称为分类树(classification tree),决策树是最为广泛的归纳推理算法之一,处理类别型或连续型变量的分类预测问题,可以用图形和 if-then 的规则表示模型,可读性较高。决策树模型透过不断地划分数据,使依赖变量的差别最大,最终目的是将数据分类到不同的组织或不同的分枝,在依赖变量的值上建立最强的归类。

分类树的目标是针对类别应变量加以预测或解释反应结果,就具体决策树而论,其分析技术与判别分析、区集分析、无母数统计、非线性估计所提供的功能是一样的,分类树具有的弹性,使得人们在分析数据时更多采用分类树,但并不是说许多传统方法就会被排除在外。实际应用上,当数据本身符合传统方法的理论条件与分配假说,这些方法或许是较佳的,但是站在探索数据技术的角度或者当传统方法的设定条件不足,分类树对于研究者来说,是较佳的选择。

决策树是一种监督式的学习方法,产生一种类似流程图的树结构。决策树对数据进行处理是利用归纳算法产生分类规则和决策树,再对新数据进行预测分析。树的终端节点"叶子节点(leaf nodes)",表示分类结果的类别(class),每个内部节点表示一个变量的测试,分枝(branch)为测试输出,代表变量的一个可能数值。为达到分类目的,变量值在数据上测试,每一条路径代表一个分类规则。

决策树是用来处理分类问题,适用目标变量属于类别型的变量,目前也已扩展到可以处理连续型变量,如 CART 模型;不同的决策树算法,对于数据类型有不同的需求和限制。

决策树在 Data Mining 领域应用非常广泛,尤其在分类问题上是很有效的方法。除具备图形化分析结果易于了解的优点外,决策树还具有以下优点:

(1) 决策树模型可以用图形或规则表示,而且这些规则容易解释和理解。容易使用,而且很有效。

(2) 可以处理连续型或类别型的变量。以最大信息增益选择分割变量,模型显示变量的相对重要性。

(3) 面对大的数据集也可以处理得很好,此外因为树的大小和数据库大小无关,计算量较小。当有很多变量入模型时,决策树仍然可以建构。

完成数据处理阶段后,需要选择一个合适的决策树模型算法。常用的决策树模型算法是 Quinlan 提出的 ID3(iterative dichotomizer 3),以及后续的版本 C4.5 和 C5.0,其中 C4.5 和 C5.0 在计算机领域中广泛应用。大多数的决策树模型算法是由核心算法改变而来,利用由上向下的贪心算法(greedy algorithm)搜索所有可能的决策树空间,这种算法是 C4.5 算法的基础。

决策树的算法基本上是一种贪心算法,是由上至下的逐次搜索方式,渐次产生决策树模型结构。算法是以信息论为基础,企图最小化变量间比较的次数,其基本策略是选择具有最高信息增益的变量为分割变量(splitting variable),算法必须将所有变量转换为类别型变量。使用熵来量化信息,测量不确定性,如果所有数据属于同一类别,将不存在不确定性,此时的熵为 0。算法的基本步骤包含以下几点:

(1) 模型由代表训练样本开始,样本属于同一类别,则节点成为树叶,并使用该类别的标签。

(2) 如果样本不属于同一类别,算法使用信息增益选择将样本最佳分类的变量,该变量成为该节点的分割变量。对分割变量的每个已知值,产生一个分枝,并以此分割样本。

(3) 算法使用的过程,逐次形成每个分割的样本决策树。如果一个变量出现在一个节点上,就不必在后续分割时考虑该变数。在这里说明的是名词性属性,从树根到叶节点,每个属性只能被测试最多一次。而 1.44 节实例中,server_port 是一个数值型属性,数值属性分裂每次只能限制在二元,这样造成了数值型属性后续分裂还会有新的信息产生,故 1.44 节实例中 server_port 被出现多次。

(4) 当给定节点的所有样本属于同一类别,或者没有剩余变量可用来进一步分割样本,此时分割的动作就可以停止,完成决策树的建构。

C4.5 算法是使用训练样本估计每个规则的准确率,如此可能导致对规则准确率的乐观估计,C4.5 使用一种悲观估计来补偿偏差,作为选择也可以使用一组独立于训练样本的测试样本来评估准确性。

C4.5 算法是先建构一棵完整的决策树,再针对每一个内部节点依使用者定义的错误预估率(Predicted error rate)来修剪决策树。信息增益愈大,表示经过变量分割后的不纯度愈小,降低不确定性。C4.5 算法采用 GainRatio,选取有最大 GainRatio 的分割变量作为准则,避免过度配适的问题。

### 1.4.2 决策树的分割

决策树是通过递归分割(recursive partitioning)建立而成,递归分割是一种把数据分割成不同小的部分的迭代过程。建构决策树的归纳算法:

(1) 将训练样本的原始数据放入决策树的树根。

(2) 使用训练样本来建立决策树,在每一个内部节点依据信息论(information theory)来评估选择哪一个属性继续做分割的依据,又称为节点分割(splitting node)。

(3) 使用训练数据来采用统计推理方法进行决策树修剪,修剪到决策树的每个分类都只有一个节点,以提升预测能力与速度。也就是经过节点分割后,判断这些内部节点是否为树叶节点,如果不是,则以新内部节点为分枝的树根来建立新的次分枝。

(4) 将第 1 至第 3 步骤不断递归,一直到所有内部节点都是树叶节点为止。当决策树完分类后,可将每个分枝的树叶节点萃取出知识规则。

如果有以下情况发生,决策树将停止分割:

(1) 该群数据的每一笔数据都已经归类到同一类别。

(2) 该群数据已经没有办法再找到新的属性来进行节点分割。

(3) 该群数据已经没有任何尚未处理的数据。

一般来说,决策树分类的正确性有赖于数据来源的多寡,若是透过庞大数据建构的决策树其预测和分类结果往往是符合期望。

决策树学习主要利用信息论中的信息增益(information gain),寻找数据集中有最大信息量的变量,建立数据的一个节点,再根据变量的不同值建立树的分枝,每个分枝子集中重复建树的下层结果和分枝的过程,一直到完成建立整株决策树。决策树的每一条路径代表一个分类规则,与其他分类模型相比,决策树的最大优势在于模型图形化,让使用者容易了解,模型解释也非常简单而容易。

在树的每个节点上,使用信息增益选择测试的变量,信息增益是用来衡量给定变量区分训练样本的能力，选择最高信息增益或最大熵(entropy)简化的变量，将之视为当前节点的分割变量，该变量促使需要分类的样本信息量最小，而且反映了最小随机性或不纯性(impurity)。

若某一事件发生的概率是 $p$，令此事件发生后所得的信息量为 $I(p)$，若 $p=1$，则 $I(p)=0$，因为某一事件一定会发生，因此该事件发生不能提供任何信息。反之，如果某一事件发生的概率很小，不确定性愈大，则该事件发生带来的信息很多，因此 $I(p)$ 为递减函数，并定义 $I(p)=-\log(p)$。

给定数据集 $S$，假设类别变量 $A$ 有 $m$ 个不同的类别 $(c_1,\cdots,c_i,\cdots,c_m)$。利用变量 $A$ 将数据集分为 $m$ 个子集 $(s_1,s_2,\cdots,s_m)$，其中 $s_i$ 表示在 $S$ 中包含数值 $c_i$ 中的样本。对应的 $m$ 种可能发生概率为 $(p_1,\cdots,p_i,\cdots,p_m)$，因此第 $i$ 种结果的信息量为 $-\log(p_i)$，则称该给定样本分类所得的平均信息为熵，熵是测量一个随机变量不确定性的测量标准，可以用来测量训练数据集内纯度(purity)的标准。熵的函数表示如下式：

$$I(s_1,s_2,\cdots,s_m)=-\sum_{i=1}^{m}p_i\log_2(p_i)$$

其中 $p_i$ 是任意样本属于 $c_i$ 的概率，对数函数以 2 为底，因为信息用二进制编码。

变量分类训练数据集的能力，可以利用信息增益来测量。算法计算每个变量的信息增益，具有最高信息增益的变量选为给定集合 $S$ 的分割变量，产生一个节点，同时以该变量为标记，对每个变量值产生分枝，以此划分样本。

### 1.4.3 决策树的剪枝

理想的决策树分为三种：①叶结点数最少；②叶子结点深度最小；③叶结点数最少，且叶子结点深度最小。决策树的好坏，不仅影响了分类的效率，而且影响分类的准确率。当决策树创建时，由于数据中的噪声和孤立点，许多分枝反映的是训练集中的异常，同时对最终要拿给人看的决策树来说，在建立过程中让其生长的枝繁叶茂是没有必要的，这样既降低了树的可理解性和可用性，同时也使决策树对历史数据的依赖性增大，也就是说，这棵树对当前的样例数据可能非常准确，一旦用到新的数据时准确性急剧下降，我们称这种情况为训练过度。为了使得到的决策树所蕴涵的规则具有普遍意义，必须防止训练过度，这样也减少了训练时间，因此必须对决策树进行剪枝。剪枝是一种克服噪声的基本技术，同时它也能使决策树得到简化而变得更容易理解。剪枝有两种基本的策略：预先剪枝和后剪枝。从理论上讲，后剪枝好于预先剪枝，但计算复杂度大。

决策树学习可能遭遇模型过度配适(overfitting)的问题，过度配适是指模型过度训练，导致模型记住的不是训练集的一般性，反而是训练集的局部特性。模型过度配适，将导致模型预测能力不准确，一旦将训练后的模型运用到新数据，将导致错误预测。因此，完整的决策树构造过程，除了决策树的建构外，尚且应该包含树剪枝(tree pruning)，解决和避免模型过度配适问题。

当决策树产生时，因为数据中的噪音或离群值，许多分枝反映的是训练资料中的异常情形，树剪枝就是在处理这些过度配适的问题。树剪枝通常使用统计测量值剪去最不可靠的分枝，可用的统计测量有卡方值或信息增益等，如此可以加速分类结果的产生，同时也提高测试数据能够正确分类的能力。

树剪枝有两种方法：先剪枝(prepruning)和后剪枝(postpruning)。先剪枝是通过提前停止树的构造来对树剪枝，一旦停止分类，节点就成为树叶，该树叶可能持有子集样本中次数最高的类别。在构造决策树时，卡方值和信息增益等测量值可以用来评估分类的质量，如果在一个节点进一步划分样本，将会导致出低于预先定义阈值的分裂，因此该节点的进一步划分将停止。选取适当的阈值是很困难的，较高的阈值可能导致过分简化的树，但是较低的阈值可能使得树的简化太少。后剪枝是对已经完全生长的树剪去分枝，通过删减节点的分枝剪掉树节点，最底下没有剪掉的节点成为树叶，并使用先前划分次数最多的类别作标记。对于树中每个非树叶节点，剪去该节点上的子树可能出现的期望错误率，再使用每个分枝的错误率，结合每个分枝观察的权重评估，计算不对该节点剪枝的期望错误率。如果剪去该节点导致较高的期望错误率，则保留该子树，否则剪去该子树。产生一组逐渐剪枝后的树，使用一个独立的测试集评估每棵树的准确率，就能得到具有最小期望错误率的决策树。也可以交叉使用先剪枝和后剪枝的组合方式。后剪枝所需的计算比先剪枝多，但通常产生较可靠的树。

综上所述，C4.5 算法的决策树是一棵二叉树，算法采用的参数就是维护这棵树的状态，每个节点如下：①分类节点的父节点；②每分类节点选择的测度；③每个分类节点包括两个子树的分类区间。如果该节点为叶节点，则其测度就是所分类的类型，两个子树为空。

C4.5 算法的伪代码形式表示的算法如图 1.3。

```
① 将训练样本的原始数据放入决策树的树根
② 将原始数值型数据离散
③ 依据信息论评估选择一个属性继续分割
④ 递归 1—3 布直至所有节点都是叶子节点
采用统计推理方法对树进行裁减
输出决策树
```

**图 1.3　C4.5 算法的伪代码**

说明：如果有以下情况发生，决策树将停止分割：①该群数据的每一个数据都已经归类到同一类别。②该群数据已经没有办法再找到新的属性来进行节点分割。③该群数据已经没有任何尚未处理的数据。

裁减统计推理法如下：设置置信度 $c$，C4.5 算法置信度选择 $c=25\%$，$z$ 是对应置信度的标准差，$z=0.69$。统计每个叶子节点的错误数 $E$ 和总的样本数 $N$，计算其观测误差率 $f=E/N$，根据下面公式计算 $e$：

$$e=\frac{f+\frac{z^2}{2N}+z\sqrt{\frac{f}{N}-\frac{f^2}{N}+\frac{z^2}{4N^2}}}{1+\frac{z^2}{N}}$$

假设一个节点包括 2 个叶子节点，计算出两个叶子节点的 $e1$ 和 $e2$，叶子节点的错误数和总的样本数分别为 $E1$、$N1$ 和 $E2$、$N2$，则该节点在训练集上的组合误差率 $f=(E1+E2)/(N1+N2)$，其对应的 $e=e1*N1/(N1+N2)+e2*N2/(N1+N2)$，如果这个值 $e$ 小于其子节点的组合差 $f$ 的估计，则该子节点将被剪掉。

### 1.4.4　剪枝实例

该例子采用有效荷载报文数为 100 的数据集进行分析。

分别采用 C4.5 剪枝算法和不剪枝算法生成两个不同结果，其中有剪枝的一段模型如下：

(1) 被剪枝的模型

```
server_port <= 81
| | server_port <= 23: message (211.0/8.0)
| | server_port > 23
| | | adpld_ba <= 469
| | | | ad_pld <= 135 092
| | | | | adpkt_ab <= 99: Web (16.0/1.0)
| | | | | adpkt_ab > 99: Video (3.0)
| | | | ad_pld > 135 092: Video (220.0/8.0)
```

(2) 没有被剪枝的模型

```
server_port <= 81
| | server_port <= 23: message (211.0/8.0)
| | server_port > 23
| | | adpld_ba <= 469
| | | | q1adpld_ab <= 1 050: Web (5.0)
| | | | q1adpld_ab > 1 050
| | | | | ad_pld <= 135 092
| | | | | | adpkt_ab <= 99: Web (11.0/1.0)
| | | | | | adpkt_ab > 99: Video (3.0)
| | | | | ad_pld > 135 092: Video (220.0/8.0)
```

其中蓝字部分是两者的区别,下面我们分析其是如何剪枝的。

将蓝字部分绘图如图 1.4 是被剪枝之后的结点图,图 1.5 是被剪枝之前的结点图。

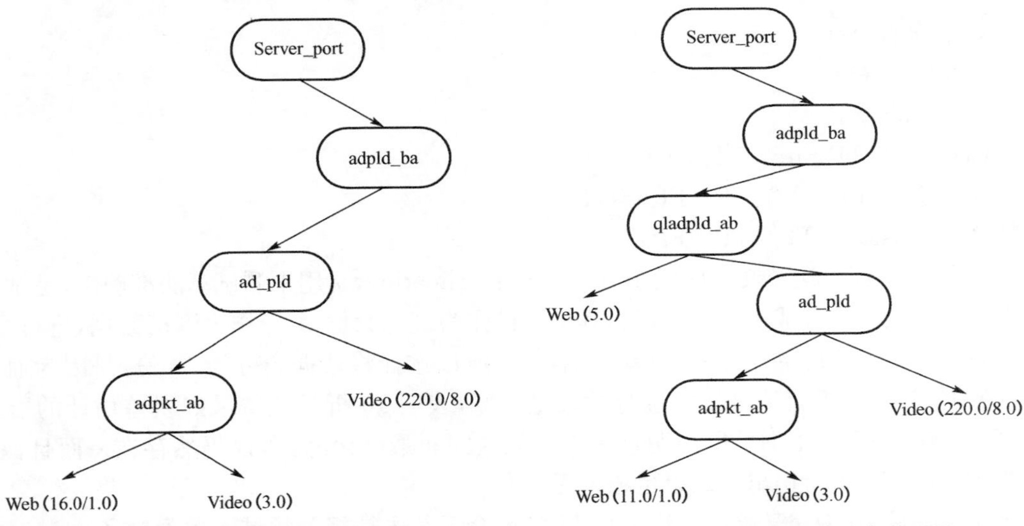


**图 1.4 剪枝之后的结点关系图**

**图 1.5 剪枝之前的结点关系图**

我们计算剪枝前后的误差关系,在这里我们采用的置信度是 $c = 25\%$,因此 $z = 0.69$ 根据下面公式计算 $e$

$$e = \frac{f + \frac{z^2}{2N} + z\sqrt{\frac{f}{N} - \frac{f^2}{N} + \frac{z^2}{4N^2}}}{1 + \frac{z^2}{N}}$$

其中，$f$ 是观测到的误差率 $f = E/N$；$E$ 是分类错误数目；$N$ 是分类到节点的总数。

由此我们可以根据上面公式计算出剪枝前。

web(11.0/1.0)的 $e$ 值，其中含义是 web 表示 web 类别，11.0/1.0 表示该叶子节点中有 11 个实例，其中有 1 个被误判，因此 $f = 1/11, N = 11, z = 0.69$，可以计算出该叶子节点的 $e = 0.19623$

video(220/8)的 $e$ 值，其中 $f = 8/220, N = 220, z = 0.69$，代入上述公式可以计算 $e = 0.046115$

web(5.0)和 video(3.0)节点没有误判，因此其 $e$ 值为 0

adpld_ba 节点总实例数是 220+3+11+5=239，由此我们可以计算出 adpld_ba 节点的总 $e$ 值

$e1 = 11/239 * 0.19623 + 220/239 * 0.046115 = 0.05148$

而剪枝后，将节点 ad_pld 上升，由此叶子节点 web(11/1)变成了节点 web(16/1)，由此我们可以计算出该节点的 $e = 0.11818$

在这个节点上升过程中，其他节点没有变化，因此各节点 $e$ 值不变，由此我们可以计算出 adpld_ba 节点新的总误差

$e2 = 16/239 * 0.11818 + 220/239 * 0.046115 = 0.0503$

由此可以知道，通过剪枝子树上升后其组合误差估计值减少了，因此我们将子树上升，将原来的 web(5.0)节点删除。

### 1.4.5　十折交叉验证方法

算法采用的验证指标如下：

TP：正确的肯定

TN：正确的否定

FP：错误的肯定

FN：错误的否定

正确肯定率(TP rate)：TP/(TP+FN)

错误肯定率(FP rate)：FP/(FP+TN)

精度(precision)：TP/(TP+FP)

10 折交叉验证方法英文名叫做 10-fold cross-validation，是用来测试算法准确性，是常用的测试方法。将数据集分成 10 份，轮流将其中 9 份作为训练数据，1 份作为测试数据，进行试验。每次试验都会得出相应的正确率(或差错率)。之所以选择将数据集分为 10 份，是因为通过利用大量数据集、使用不同学习技术进行的大量试验，表明 10 折是获得最好误差估计的恰当选择，而且也有一些理论根据可以证明这一点。但这并非最终诊断，争议仍然存在。而且似乎 5 折或者 20 折与 10 折所得出的结果也相差无几。

验证方法是 10 折交叉验证方法。10 折交叉验证方法是相关领域专家经过了大量试验和使用大量的数据集，采用不同的学习方法，表明 10 折法是获得最好误差的恰当选择。

该方法是数据被随机分割成 10 部分，每一个部分中的每个业务子类记录所占的比率要和整个数据集中的类比率要基本一致。每个部分依次轮流被旁置，其余十分之九的数据则参与某一个学习方案的训练，而旁置的数据集则用于计算误差率。这样学习过程一共 10 次，每次使用不同的训练集。最后将 10 个误差率估计值平均得出的结果为综合误差估计。

验证算法的伪代码形式表示的算法如图 1.6。

```
10折交叉验证
    将数据集随机分成10部分
    对于每个部分
        将该部分作为测试集
        剩余9组作为训练集
        采用C4.5算法进行建模
        采用测试集计算该次模型的误差
```

**图 1.6 10折交叉验证方法伪代码**

### 1.4.6 测度子集选择方法

决策树是在每个节点中选择最有希望成功的属性进行分裂，理论上看是不会选择无关或无用的属性，属性越多理论上有越强的识别能力，然而实际上添加无关的随机二值属性，会影响分类性能导致性能变差。性能变差的主要原因是在树的某些节点处，这个无关的属性被不可避免地选择为决定分支的属性，导致使用测试数据测试时产生随机误差。

由于无关的干扰会使得决策树学习器的性能产生负面影响，因此在学习之前先进行属性选择，只保留一些最为相关的属性，而将其他属性都去除。选择相关属性的一个最好方法是通过人工方法，基于对学习问题的深入理解以及属性的真正含义而做出的选择。另一种方法是通过自动方法去除不适当的属性以降低数据的维数，以改善学习算法的性能。同时维数降低还能够提高学习算法的计算速度。

在 weka 中采用 CfsSubsetEval 逐一评估每个属性的预测能力和它们之间的重复程度，然后挑选那些与类有高度关联但相互之间关联程度却较低的属性。当属性集中没有一个属性和所要加入的属性的关联程度更高时，有一个选项可以令评估器循环地加入与类最高关联度的属性。

属性子集搜索方法遍历整个属性空间以期找出一个好的子集，每个搜索方法都可通过 weka 的对象编辑器进行配置。本课题选用 BestFirst 通过返回进行贪心式爬山搜索，用户可指定系统在连续遇到多少个未被改进的节点后才返回。它可以从一个空的属性集正向搜索，或从一个满集合反向搜索，或从一个中间节点开始并向前后两个方向搜索，通过考虑所有可能的单个属性加入及删除进行搜索。已经评估过的子集将被保存在高速缓冲存储器中，缓冲器大小是一个参数。

下面给出一个选择属性子集的方法，假设两个属性 $A$ 和 $B$ 之间的关系用对称不定性参数来衡量：

$$U(A,B) = 2\,\frac{H(A)+H(B)-H(A,B)}{H(A)+H(B)}$$

其中 $H$ 是熵函数，$H(A, B)$是 $A$ 和 $B$ 的联合熵，由 $A$ 和 $B$ 的所有组合值的联合概率计算，该对称不定性值 $U(A, B)$总是位于 0 和 1 之间。基于相关性属性选择决定一个属性集优良性参数采用。

$$J = \sum_j U(A_j, c) \Big/ \sqrt{\sum_i \sum_j U(A_i, A_j)}$$

这里 $C$ 是类属性，$i$ 和 $j$ 是包括在属性集中的所有属性。

利用 $U$ 和 $J$ 计算属性子集的方法如下：

第一步：计算所有属性的熵，所有属性之间的联合熵，所有属性和类属性之间的联合熵；

第二步：根据 $U$ 的计算公式，计算出所有属性之间的对称不定性参数；

第三步：设定被选定的属性子集为空，设定原属性集合为属性集合的全集；

第四步：从原属性集合中依次选择每个属性和属性子集中的所有属性构成一个测试属性集合，计算每个测试属性集合的优良性参数 $J$，如果最大的优良性值大于属性子集中的优良值 $J$，则将选择优良性最大的一个属性加入属性子集，并从原属性集合中删除该属性；如果最大优良性值小于等于属性子集中的优良值，则该属性子集就是最终结果输出，算法停止；

第五步：如果原属性集合不为空，回到第四步；否则算法停止，属性之集为全体属性集合。

## 1.5 数据挖掘方法

### 1.5.1 聚类方法

聚类分析是一种重要的人类行为，早在孩提时代，一个人就通过不断改进下意识中的聚类模式来学会如何区分猫狗、动物植物。目前在许多领域都得到了广泛的研究和成功的应用，例如，模式识别、数据分析、图像处理等。

聚类就是按照某个特定标准（如距离准则）把一个数据集分割成不同的类或簇，使得同一个簇内的数据对象的相似性尽可能大，同时不在同一个簇中的数据对象的差异性也尽可能地大。

主要的聚类算法可以划分为如下几类：划分方法、层次方法、基于密度的方法、基于网格的方法以及基于模型的方法。每一类中都存在着得到广泛应用的算法，例如，划分方法中的 k-means 聚类算法、层次方法中的凝聚型层次聚类算法、基于模型方法中的神经网络聚类算法等。

目前，聚类问题的研究不仅仅局限于上述的硬聚类，即每一个数据只能被归为一类，模糊聚类也是聚类分析中研究较为广泛的一个分支。模糊聚类通过隶属函数确定每个数据隶属于各个簇的程度，而不是将一个数据对象硬性地归类到某一簇中。已有很多关于模糊聚类的算法被提出，例如，著名的 FCM 算法等。

本节主要介绍 k-means 聚类算法[30,31]、凝聚型层次聚类算法[32,33]、神经网络聚类算法之 SOM[34] 以及模糊聚类的 FCM 算法[35,36]。

**k-means 聚类算法**是划分方法中经典的聚类算法之一。由于该算法的效率高，所以在对大规模数据进行聚类时被广泛应用。目前，许多算法均围绕着该算法进行扩展和改进。k-means 算法以 $k$ 为参数，把 $n$ 个对象分成 $k$ 个簇，使簇内具有较高的相似度，而簇间的相似度较低。k-means 算法的处理过程如下：首先，随机地选择 $k$ 个对象，每个对象初始地代表了一个簇的平均值或中心；对剩余的每个对象，根据其与各簇中心的距离，将它赋给最近的簇；然后重新计算每个簇的平均值。这个过程不断重复，直到准则函数收敛。通常，采用平方误差准则，其定义如下：

$$E=\sum_{i=1}^{k}\sum_{p\in C_i}|p-m_i|^2$$

其中，$E$ 是数据库中所有对象的平方误差的总和；$p$ 是空间中的点；$m_i$ 是簇 $C_i$ 的平均值。该目标函数使生成的簇尽可能紧凑独立，使用的距离度量是欧几里得距离，当然也可以用其他距离度量。

**层次聚类算法**。根据层次分解的顺序是自底向上的还是自上向下的，层次聚类算法分为凝聚的层次聚类算法和分裂的层次聚类算法。凝聚型层次聚类的策略是先将每个对象作为一个簇,然后合并这些原子簇为越来越大的簇,直到所有对象都在一个簇中,或者某个终结条件被满足。绝大多数层次聚类属于凝聚型层次聚类,它们只是在簇间相似度的定义上有所不同。这里给出采用最小距离的凝聚层次聚类算法流程:

- 将每个对象看作一类,计算两两之间的最小距离;
- 将距离最小的两个类合并成一个新类;
- 重新计算新类与所有类之间的距离;
- 重复第二、第三步骤,直到所有类最后合并成一类。

**SOM 聚类算法**。SOM 神经网络是由芬兰神经网络专家 Kohonen 教授提出的,该算法假设在输入对象中存在一些拓扑结构或顺序,可以实现从输入空间($n$ 维)到输出平面(2 维)的降维映射,其映射具有拓扑特征保持性质,与实际的大脑处理有很强的理论联系。

SOM 网络包含输入层和输出层。输入层对应一个高维的输入向量,输出层由一系列组织在 2 维网格上的有序节点构成,输入节点与输出节点通过权重向量连接。学习过程中,找到与之距离最短的输出层单元,即获胜单元,对其更新。同时,将邻近区域的权值更新,使输出节点保持输入向量的拓扑特征。该算法流程为:

- 网络初始化,对输出层每个节点权重赋初值;
- 将输入样本中随机选取输入向量,找到与输入向量距离最小的权重向量;
- 定义获胜单元,在获胜单元的邻近区域调整权重使其向输入向量靠拢;
- 提供新样本、进行训练;
- 收缩邻域半径、减小学习率、重复,直到小于允许值,输出聚类结果。

**FCM 聚类算法**。1965 年美国加州大学柏克莱分校的扎德教授第一次提出了"集合"的概念。经过十多年的发展,模糊集合理论渐渐被应用到各个实际应用方面。为克服非此即彼的分类缺点,出现了以模糊集合论为数学基础的聚类分析。用模糊数学的方法进行聚类分析,就是模糊聚类分析。FCM 算法是一种以隶属度来确定每个数据点属于某个聚类程度的算法。该聚类算法是传统硬聚类算法的一种改进,该算法流程为:

- 标准化数据矩阵;
- 建立模糊相似矩阵,初始化隶属矩阵;
- 算法开始迭代,直到目标函数收敛到极小值;
- 根据迭代结果,由最后的隶属矩阵确定数据所属的类,显示最后的聚类结果。

### 1.5.2 k-近邻算法

K 最近邻(k - Nearest Neighbor,KNN)分类算法,是一个理论上比较成熟的方法,也是最简单的机器学习算法之一。该方法的思路:存在一个样本数据集,也称作训练样本集,并且样本中每个数据都存在标签,即我们知道样本集中每一数据与所属分类的对应关系,输入没有标签的新数据后,将新数据的每个特征与样本集中的数据对应的特征进行比较,然后算法提取样本集中特征最相似的数据(最近邻)的分类标签。一般来说,我们只选择样本集中前 $k$ 个最相似的数据,这就是 $k$-近邻算法中 $k$ 的出处,通常 $k$ 是不大于 20 的整数,最后,选择 $k$ 个最相似的数据中出现次数最多的分类,作为新数据的分类。

K 近邻算法使用的模型实际上对应于对特征空间的划分。$K$ 值的选择,距离度量和分类决策规则是该算法的三个基本要素:

$K$ 值的选择会对算法的结果产生重大影响。$K$ 值较小意味着只有与输入实例较近的训练实例才会对预测结果起作用，但容易发生过拟合；如果 $K$ 值较大，优点是可以减少学习的估计误差，但缺点是学习的近似误差增大，这时与输入实例较远的训练实例也会对预测起作用，是预测发生错误。在实际应用中，$K$ 值一般选择一个较小的数值，通常采用交叉验证的方法来选择最有的 $K$ 值。随着训练实例数目趋向于无穷和 $K = 1$ 时，误差率不会超过贝叶斯误差率的 2 倍，如果 $K$ 也趋向于无穷，则误差率趋向于贝叶斯误差率。

该算法中的分类决策规则往往是多数表决，即由输入实例的 $K$ 个最临近的训练实例中的多数类决定输入实例的类别。

距离度量一般采用 $L_p$ 距离，当 $p = 2$ 时，即为欧氏距离，在度量之前，应该将每个属性的值规范化，这样有助于防止具有较大初始值域的属性比具有较小初始值域的属性的权重过大。

该算法在分类时有个主要的不足是，当样本不平衡时，如一个类的样本容量很大，而其他类样本容量很小时，有可能导致当输入一个新样本时，该样本的 $K$ 个邻居中大容量类的样本占多数。

该算法只计算“最近的”邻居样本，某一类的样本数量很大，那么或者这类样本并不接近目标样本，或者这类样本很靠近目标样本。无论怎样，数量并不能影响运行结果。可以采用权值的方法（和该样本距离小的邻居权值大）来改进。该方法的另一个不足之处是计算量较大，因为对每一个待分类的文本都要计算它到全体已知样本的距离，才能求得它的 K 个最近邻点。目前，常用的解决方法是事先对已知样本点进行剪辑，事先去除对分类作用不大的样本。该算法比较适用于样本容量比较大的类域的自动分类，而那些样本容量较小的类域采用这种算法比较容易产生误分。

## 1.6　流数据结构

数据结构是高速网络流量测量的重要组成部分，优化的数据结构有助于提高算法执行效率和估计精度，降低计算和存储开销。现有的数据结构主要包括 Bitmap、Hybrid SRAM/DRAM Counter、Bloom Filter、Count-Min Sketch、Counter Braids、BRICK。本节主要介绍这些数据结构及其应用。

### 1.6.1　Bitmap

Bitmap 是一个简单的数据结构，将某个域映射到位数组。直接的 Bitmap[37] 是一种流数估计算法，利用 Hash 函数将流标识映射到 Bitmap 中的一位。Bitmap 初始化为 0，当分组到达时，将该分组的流标识映射到 Bitmap 中的一位，并置该位为 1。属于同一流的所有分组映射到 Bitmap 中的同一位置，因此，无论每个流发送多少分组，每个流至多对应于 Bitmap 中的一位。Bitmap 中为 1 的位数作为流数的估计，由于存在 Hash 冲突，流数估计是不准确的。

基于 Bitmap 算法低估了实际的流数，使用离散区间的主要缺陷在于可能低估和不能频繁地报告。基于 Timestamp Vector 算法[38] 是基于 Bitmap 算法的扩展，保持了基于 Bitmap 的流数估计算法的速度快和内存小的优点，在基于 Timestamp Vector 算法中，允许频繁报告实现了报告区间的分离，避免了流数低估问题，有效地提高了流数估计的精度。由于上述两种流数估计算法中每个分组到达时需要多次访问内存，创建新的流记录，处理冲突需要消耗大量的内存资源。在高速网络环境中，需要存储大量的流标识，也需要使用大量的内存资源。Hash 表必须存储在 DRAM 中，访问 DRAM 的时间长于分组相继到达的时间间隔，流数估计算法必须能够及时处理高速网络中的每个到达的分组。在直接的 Bitmap 的基础上，基于 Countdown Vector 算法[12]在滑动窗口上估计流数，显著地减少了所需的内存和 CPU 资源，提高了流数估计的精度。

### 1.6.2 混合 Counter

在高速网络环境中如何有效地存储和维护大量的计数器，已经成为一个重要的研究方向，在网络性能监控、网络管理、入侵检测及流量工程等应用中也显得尤为重要。随着数据流技术的发展，大量高速计数器的维护引起学者的广泛关注。数据流算法将工作内存组织为一个概要数据结构(sketch)，用来捕获尽可能与统计估计相关的信息。对不同的统计估计需要不同的 sketch，sketch 由计数器数组构成，有一个共同的在线操作(hash and increament)。在高速链路上，巨大的网络流量使得数据流算法需要大量的计数器，某些计数器取值较大，因此，计数器在低速 DRAM 的存储和维护不适用于高速链路，而计数器在高速 SRAM 中的存储和维护满足高速链路。Shah 等人[39]提出了 Hybrid SRAM/DRAM Counter 结构，在此基础上。基于 Hybrid SRAM/DRAM 结构的两种算法在 SRAM 的使用上均获得了显著的减少，后者明显优于前者。尽管后者比前者更简单、高效，但在计数器管理算法[40]的实施上比较复杂。Zhao 等人[41]所提出的新的 Hybrid SRAM/DRAM Counter 结构在 SRAM 使用上是最优的，具有极为简单的控制逻辑，该算法满足高速链路的速度和存储要求。

### 1.6.3 Count-Min Sketch

Count-Min Sketch[42]是一个次线性空间数据结构。Count-Min Sketch 由二维数组构成，它的宽为 $w$，深为 $d$，数组的每个元素表示一个计数，即 count[1, 1], …, count[$d$, $w$]。数组的每个元素初始化为 0，$d$ 个相互独立的 Hash 函数被均匀、随机地选择。当更新($i_t$, $c_t$)到达时，表项 $a_{i_t}$ 被更新，$c_t$ 被增加到每行的一个计数，如图 1.7 所示。计数器是由 Hash 函数 $h_j$ 决定的，表示为：

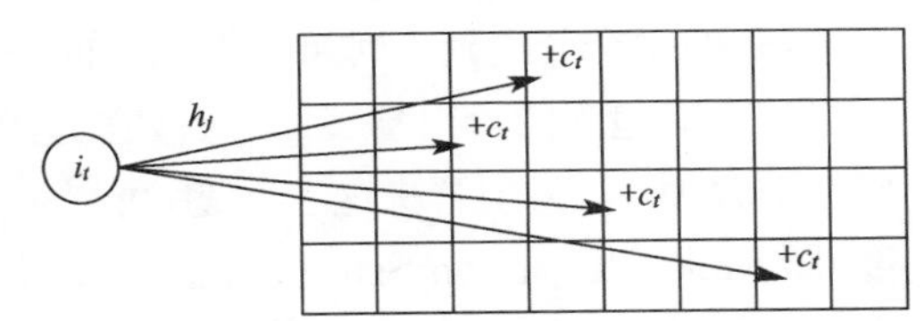

**图 1.7 Count-Min Sketch 的结构**

$$\text{count}[j,\ h_j(i_t)] \leftarrow \text{count}[j,\ h_j(i_t)] + c_t$$

Count-Min Sketch 所需要的存储空间由 1 个二维数组和 $d$ 个 Hash 函数构成，二维数组需要 $wd$ 个字的存储空间，每个 Hash 函数需要 2 个字的存储空间。Count-Min Sketch 允许在数据流概要中进行基本的查询，如点查询、范围查询和内积查询，同时也可以用于解决数据流中重要的难题，如查找分位数、识别大流。利用 Count-Min Sketch 解决这些难题，所需要的时间和空间界限显著提高。Count-Min Sketch 相当简单，已经应用于数据流的变化检测之中。Count-Min Sketch 的不足之处在于无法用来计算数据流的熵。

### 1.6.4 Bloom Filter

Bloom Filter[43]是一种简单高效的随机数据结构，利用一个 $m$ 位的数组表示一个集合 $S = \{x_1, x_2, \cdots, x_n\}$，初始化为 0。Bloom Filter 使用 $k$ 个独立的 Hash 函数 $h_1, h_2, \cdots, h_k$，Hash 函数的取值范围为$\{1, 2, \cdots, m\}$，主要包括初始化、元素插入和元素查询过程，具体实施方法如图 1.8 所示。对任意一个元素 $x \in S$，Hash 函数 $h_i$ 映射到数组的位置 $h_i(x)$ 就会被置为 1($1 \leqslant i \leqslant k$)。如果一个位置多次被置为 1，那么只有第 1 次会起作用。在查询过程中，对 $y$ 进行

$k$ 次 Hash，如果数组中所有 $h_i(y)$ 的位置都是 $1(1\leqslant i\leqslant k)$，则认为 $y\in S$；否则，认为 $y$ 不属于 $S$。对于一些应用，只要误报率足够低，则误报是可接受的，如图 1.8 所示中的查询过程，$y_1$ 不是集合中的元素，$y_2$ 属于这个集合或是一个误报。随着网络流量测量中数据量的飞速增长和有限的计算空间，Bloom Filter 及其变体在网络流量测量中得到广泛应用[44]。Bloom Filter 有一些变化形式，如 Space-Code Bloom Filter[45]、Counting Bloom Filter[46]、Compressed Bloom Filter[47]、Spectral Bloom Filter[48]、Generalized Bloom Filter[49]。

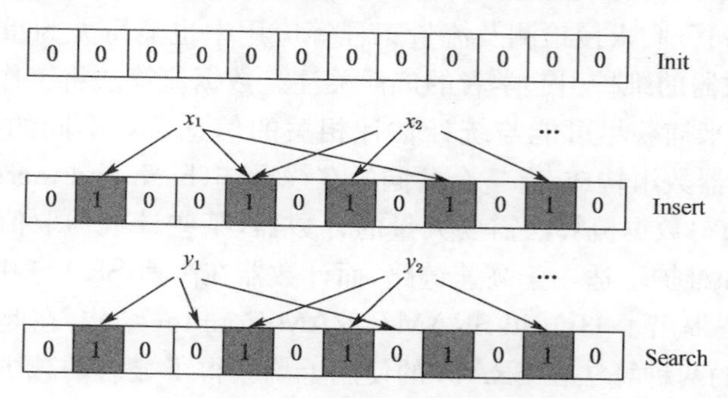


**图 1.8　Bloom Filter 示例**

Space-Code Bloom Filter(SCBF)利用了 Bloom Filter 对数据进行大量的压缩以降低存储要求，同时它通过多个解析度的设计来保证根据压缩后的数据能够估计流量数据中每个流包含的分组数。SCBF 以低存储、计算复杂性获得了合理的测量精度。Space-Code Bloom Filter 采用多组 Hash 函数，每组包含多个 Hash 函数，并通过这些 Hash 函数对流关键字进行 Hash 计算。根据计算结果，Bloom Filter 中对应的位被置为 1。由于 Hash 函数是随机选择的，对于一个流，它的每个分组到来时可能会选择同一组 Hash 函数或不同组的 Hash 函数。但是从概率上，如果一个流包含的分组越多，那么被它选择的 Hash 函数组越多，Bloom Filter 中也就有更多的对应位被置为 1。为了解决这个问题，可以采用多个 Space-Code Bloom Filter，每个具有不同的解析度，即 Multi-Resolution Space-Code Bloom Filter(MRSCBF)，每个 SCBF 对某一范围值(流的大小)有较高的精度。因此，对于任意大小的流，都有一个适合的 SCBF，使得对它的估计达到一定精度。

在 Bloom Filter 中，插入元素是容易的，而不能通过逆过程删除一个元素。如果对元素进行 $k$ 次 Hash 运算，将对应的位置为 0，其他的元素可能也被 Hash 到该位置，因此，Bloom Filter 不再正确地反映集合的所有元素。Counting Bloom Filter 克服了 Bloom Filter 的不足，在 Counting Bloom Filter 中，每个记录不是一个单独的位，而是一个小的计数器。当一个项被插入，相应的计数器增加；当一个项被删除，相应的计数器减小。

研究表明宽度为 4 位的计数器应该足够满足大部分应用。Compressed Bloom Filter[47] 降低了 Bloom Filter 的误报率，同时减少了每个项传输的位数。Spectral Bloom Filter[48] 使得 Bloom Filter 存储近似的多重集，并且支持频数查询。有效负载分配是 Bloom Filter 在网络流量测量中另一个应用领域。有效负载系统的优点直接与有效负载的实际源、目的的不确定性的减少量有关。当前的互联网架构允许恶意的主机伪装源地址发动 DoS 攻击，IP 回溯法是鉴别恶意主机的有效方法。IP 回溯法主要包括两种类型：以概率标记具有部分路径信息的分组；以 Bloom Filter 的形式存储分组概要，通过迭代检查邻近的路由器重建攻击路径。Generalized Bloom Filter(GBF)[49] 解决了无状态的单包 IP 回溯，以牺牲漏报率为代价利用内置的保护抵制 Bloom Filter 被篡改。Bloom Filter 及其变体广泛应用于多种网络系统，如 Web 代理与缓存、数据库服务器、路由器。

### 1.6.5 Counter Braids

细粒度的网络测量要求网络设备以高速链路速率更新大量计数器。简单的方法需要SRAM存储计数器和流-计数器关联规则，使到达的分组能够以链路速率更新相应的计数器，导致准确的流测量变得复杂且昂贵，促进了检测与测量大流的近似算法。统计计数器设计的应用和困难已经引起研究人员的广泛关注。两种主要方法：利用Hybrid SRAM/DRAM结构准确地计数；利用流长分布的重尾特性近似计数。Lu等人[49]提出一种计数器架构，即Counter Braids。Counter Braids有个分层的结构。第$l$层由深度为$d_l$位的$m_l$个计数器构成。令总层数为$L$，在实际应用中，$L=2$。状态位位于第一层计数器，对应的计数器首次溢出，状态位被置为1。状态位占据额外的空间，但为信息传输解码器提供了有用的信息，进一步减少第二层计数器的数量，在空间上获得一种均衡。在计数器与第一层计数器之间，以及第一层计数器与第二层计数器之间，利用相同的随机映射，如图1.9中虚线箭头。

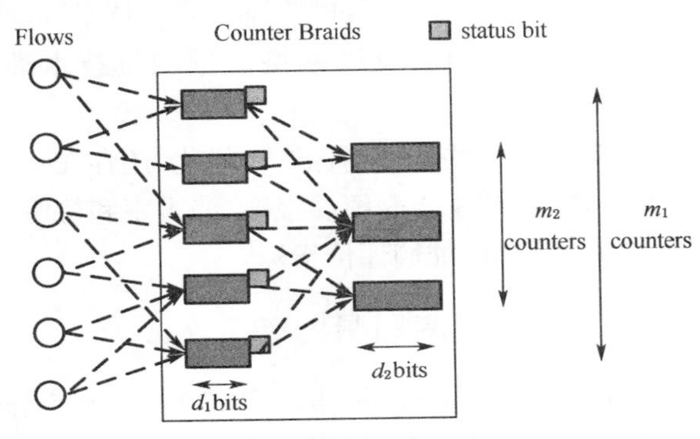


**图1.9 两层Counter Braids**

通过随机图编织分层的计数器解决了流测量的计数器空间和流-计数器的关联问题。通过共享流间计数器，显著地减少了存储空间。利用随机图避免了流-计数器关联的存储。Counter Braids是渐近最优的，该算法能够获得最大的压缩率。一种低复杂度信息传输解码算法，能够以0误差恢复流长，从而可以在硬件中实施。Braids Counter的缺点在于不支持流长的瞬间查询。

### 1.6.6 BRICK

为了能够适应高速网络，Estan等人提出Hybrid SRAM/DRAM计数器架构，显著地减少了SRAM开销，但也导致了通过系统总线SRAM与DRAM之间流量增加的问题。在网络数据流算法[50]中，当分组到达时，需要读出计数器值，然后采取下一步的操作。为了有效地维护准确的活跃计数器，Zhao等人[51]提出一种新的计数器架构，即BRICK(Bucketized Rank Indexed Counters)，完全在SRAM中构建，每秒能够处理大量的分组，也不会产生SRAM与DRAM之间的流量。该架构在SRAM中有效地存储宽度变化的计数器数组，支持快速更新和查询，也能够在硬件或软件中实施。被动计数器对许多网络监控应用是足够的，而一些应用需要维护活跃计数器，频繁地读取计数器值。例如，如果Count-Min sketch应用到大流检测，对每个分组需要读取计数器值，因为该读数将决定一个流是否需要插入到优先队列中。

Estan等人鉴别维护活跃计数器的数据流算法，包括Multistage Filters[50]、在线分层的大流识别算法。准确的活跃计数器将会节省这些应用的存储开销。BRICK的基本思想是基于统计复用。将计数器数组分成计数器数目相等的组，每组的计数器随机地从计数器数组中选择。因此，每组的计数器具有变化的宽度。假设计数器数组中计数器的平均宽度为$\gamma$，根据大数定律，在绝大多数分组中，计数器的总宽度接近$\gamma$与每组计数器数目的乘积。实际上，标准方法很难在硬件中实施，主要有两个原因：能够容易随机访问任意的计数器；非前缀编码技术用变长度的符号代替计数器值，使得存储空间更小，同时导致访问与修改数据的开销更高。BRICK以稍微多点的总SRAM费用克服了这些困难。BRICK的关键技术是索引策略，即rank indexing与更新该数据结构对 ASIC 实施不仅是简单的，而且通过内置的指令得到当前处理器的支持，使得软件实施是有效的。因此，该方法能够在硬件或软件中有效实施。

# 1.7 流量测量的评价指标

高速网络流量测量技术主要从以下几个方面评估：

- 实时性：反映网络流量测量技术能够在线地，快速地处理网络数据流的能力。
- 准确性：反映网络流量测量技术能够估计网络数据流的能力。
- 可扩展性：反映网络流量测量技术能够处理大量的网络数据流的能力。
- 存储复杂性：反映网络流量测量技术准确估计网络数据流所需存储空间。
- 计算复杂性：反映网络流量测量技术准确估计网络数据流所需处理开销，如内存访问、CPU。

目前，对这些评估指标进行量化，还存在一定的困难。为了能够有效验证现有的网络流量测量方法，本节主要介绍误报率、漏报率和检测率，无偏估计和相对误差，平均相对差和加权相对差以及熵和标准熵评价指标。

## 1.7.1 误报率和漏报率

误报(false positive)指正常事件被检测为异常事件。真阴性(true negative)指正常事件被检测为正常事件。令 $FP$ 为误报数，$TN$ 为真阴性数，则误报率(false positive rate)为：

$$R_{f+} = \frac{FP}{FP + TN} \tag{1.1}$$

漏报(false negative)指异常事件被检测为正常事件。真阳性(true positive)指异常事件被检测为异常事件。令 $FN$ 为漏报数，$TP$ 为真阳性数，则漏报率(false negative rate)为：

$$R_{f-} = \frac{FN}{FN + TP} \tag{1.2}$$

检测率(detection rate)指被检测为异常事件的异常事件数与实际异常事件总数的比率，则检测率为：

$$R_d = \frac{TP}{FN + TP} \tag{1.3}$$

由于 $R_d + R_{f-} = 1$，实际应用中仅需要考虑误报率与检测率。

## 1.7.2 相对误差

网络流量测量中常用流长估计的无偏性评价估计精度。如果 $E[\hat{n}] = n$，则$\hat{n}$是 $n$ 的无偏估计(unbiased estimation)。

相对误差(relative error)表示为 $|\hat{n} - n|/n$，而实际的应用中，常用离差系数表示相对误差，离差系数定义为流长估计的标准差与真实流长之比，即 $\sqrt{\mathrm{var}(\hat{n})}/n$。

## 1.7.3 相对差

网络流量测量中常用流长分布估计的平均相对差和加权平均相对差评价估计精度。令 $n_i$

为大小为 $i$ 的流数，$\hat{n}_i$ 为 $n_i$的估计，则相对差(relative difference)表示为：

$$relative\ difference = |n_i - \hat{n}_i| / \left(\frac{n_i + \hat{n}_i}{2}\right) \tag{1.4}$$

从而，平均相对差(mean relative difference)表示为：

$$mean\ relative\ difference = \frac{1}{z}\sum_{i=1}^{z}\frac{|n_i - \hat{n}_i|}{\frac{n_i + \hat{n}_i}{2}} \tag{1.5}$$

平均相对差不适用于评价具有重尾特性的流长分布。给每个流长估计的相对差分配一个权重 $\frac{n_i + \hat{n}_i}{2}$，则加权平均相对差(weighted mean relative difference)为：

$$weighted\ mean\ relative\ difference = \frac{\sum_{i=1}^{z}\frac{|n_i - \hat{n}_i|}{\frac{n_i + \hat{n}_i}{2}}\frac{n_i + \hat{n}_i}{2}}{\sum_{i=1}^{z}\frac{n_i + \hat{n}_i}{2}} = \frac{\sum_{i=1}^{z}|n_i - \hat{n}_i|}{\sum_{i=1}^{z}\frac{n_i + \hat{n}_i}{2}} \tag{1.6}$$

### 1.7.4 熵

在信息论中，熵是不确定性的度量。令数据集 $X = \{x_1, x_2, \cdots, x_N\}$，它的熵表示为：

$$H(X) = -\sum_{i=1}^{N} p_i \log_2(p_i) \tag{1.7}$$

其中，$N$ 表示数据集 $X$ 中元素的个数；$p_i$表示第 $i$ 个元素发生的概率。网络流量测量中常用熵表示数据流中分组的随机性或差异性。若数据流中分组是相同的，则数据流获得最小熵 0；若数据流中所有分组是不同的，则数据流获得最大熵 $\log_2 N$。为了比较熵估计，定义标准熵为：

$$H_n(X) = -\frac{\sum_{i=1}^{N} p_i \log_2(p_i)}{\log_2 N} \tag{1.8}$$

标准熵的取值范围为[0, 1]。

## 1.8 小结

本章介绍在大数据背景下的网络测量相关技术及意义。对网络测量的定义介绍，网络测量常见测量客体及研究领域的描述，然后介绍了单点网络测量技术和分布式网络测量技术的目前现状。介绍数据挖掘的基础理论，包括决策树算法、贝叶斯分类算法、支持向量机、聚类算法及 k-近邻算法。此外，对分布式文件系统、MapReduce 的原理和处理流程进行了阐述。

# 参考文献


[1] CNNIC. 第36次中国互联网络发展状况统计报告[EB/OL].

[2] Hadoop[EB/OL]. http://hadoop.apache.org/.

[3] 陈晓霞，任勇毛，李俊，张潇丹. 网络测量与分析研究综述[j]. 计算机系统应用，2010，19(7):244-249.

[4] 程光，龚俭. 互联网流测量[M]. 南京:东南大学出版社,2008.

[5] 程光，龚俭，丁伟. 网络测量及行为学研究综述[J]. 计算机工程与应用，2004:1-8.

[6] Netflow[EB/OL]. http://www.cisco.com/c/en/us/products/collateral/ios-nx-os-software/ios-netflow/prod_white_paper0900aecd80406232.html.

[7] Pathload[EB/OL]. http://www.cc.gatech.edu/fac/Constantinos.Dovrolis/bw-est/pathload.html.

[8] Ieprf[EB/OL]. http://iperf.fr/.

[9] Tcptrace[EB/OL]. http://www.pocketsoap.com/tcptrace/.

[10] nDPI[EB/OL]. http://www.ntop.org/products/ndpi/.

[11] Flowscan[EB/OL]. http://www.caida.org/tools/utilities/flowscan/.

[12] Flowtools[EB/OL]. http://code.google.com/p/flow-tools/.

[13] C. Morariu, T. Kramis, B. Stiller. DIPStorage: Distributed Architecture for Storage of IP Flow Records[R]. 16th Workshop on Local and Metropolitan Area Networks, September 2008.

[14] W. Chen, J. Wang. Building a Cloud Computing Analysis System for Intrusion Detection System[C]. CloudSlam 2009.

[15]RIPE[EB/OL]. https://labs.ripe.net/Members/wnagele/large-scale-pcap-data-analysis-using-apache-hadoop.

[16] JongSuk R. Lee, Sang-Kug Ye , Hae-Duck J. Jeong. Detecting Anomaly Teletraffic Using Stochastic Self-similarity Based on Hadoop[C]. 16th International Conference on Network-Based Information Systems, 2013.

[17] Shaonan Wang, Walter Bronzi, Radu State, Thomas Engel. BotCloud: Detecting Botnets Using MapReduce[C]. IEEE International Workshop on Information Forensics and Security, 2011, 1-6.

[18] QIAO Yuan-yuan, LEI Zhen-ming, YUAN Lun, GUO Min-jie. Offline traffic analysis system based on Hadoop[C]. The Journal of China Universities of Posts and Telecommunications. October 2013, 20(5): 97-103.

[19] Safavian S R, Landgrebe D. A survey of decision tree classifier methodology[J]. IEEE Transactions on Systems, Man, and Cybernetics, 1991, 21(3): 660-674.

[20] Lomax S, Vadera S. A survey of cost-sensitive decision tree induction algorithms[J]. ACM Computing Surveys (CSUR), 2013, 45(2): 1-35.

[21] Domingos P, Hulten G. Mining high-speed data streams[C]. In: Proceedings of the sixth ACM SIGKDD international conference on Knowledge discovery and data mining. New York: ACM, 2000. 71-80.

[22] Khoonsari P E, Motie A R. A comparison of efficiency and robustness of ID3 and C4.5 algorithms using dynamic test and training data sets[J]. International Journal of Machine Learning and Computing, 2012, 2(5): 540-543.

[23] Ruggieri S. Efficient C4.5 [classification algorithm][J]. IEEE Transactions on Knowledge and Data Engineering, 2002, 14(2): 438-444.

[24] Flach P A, Lachiche N. Naive Bayesian classification of structured data[J]. Machine Learning, 2004, 57(3): 233-269.

[25] Wu J, Pan S, Zhu X, et al. Self-adaptive attribute weighting for Naive Bayes classification[J]. Expert Systems with Applications, 2015, 42(3): 1487-1502.

[26] Lee C H. A gradient approach for value weighted classification learning in naive Bayes[J]. Knowledge-Based Systems, 2015, 85: 71-79.

[27] Joachims T. Making large scale SVM learning practical[R]. Universität Dortmund, 1999.

[28] Cherkassky V, Ma Y. Practical selection of SVM parameters and noise estimation for SVM regression [J]. Neural Networks, 2004, 17(1): 113-126.

[29] Huang Q, Chang S, Liu C, et al. An evaluation of fake fingerprint databases utilizing SVM classification [J]. Pattern Recognition Letters, 2015, 60-61: 1-7.

[30] Datta S, Giannella C R, Kargupta H. Approximate distributed k-means clustering over a peer-to-peer network[J]. IEEE Transactions on Knowledge and Data Engineering, 2009, 21(10): 1372-1388.

[31] Orhan U, Hekim M, Ozer M. EEG signals classification using the K-means clustering and a multilayer perceptron neural network model[J]. Expert Systems with Applications, 2011, 38(10): 13475-13481.

[32] Mingoti S A, Lima J O. Comparing SOM neural network with Fuzzy c-means, K-means and traditional hierarchical clustering algorithms [J]. European Journal of Operational Research, 2006, 174 (3): 1742-1759.

[33] Mangiameli P, Chen S K, West D. A comparison of SOM neural network and hierarchical clustering methods[J]. European Journal of Operational Research, 1996, 93(2): 402-417.

[34] Kiang M Y, Kulkarni U R, Tam K Y. Self-organizing map network as an interactive clustering tool—an application to group technology[J]. Decision Support Systems, 1995, 15(4): 351-374.

[35] Simone A. Clonal selection based fuzzy C-means algorithm for clustering[C]. In: Proceedings of the conference on Genetic and evolutionary computation. New York: ACM, 2014. 105-112.

[36] Bezdek J C, Ehrlich R, FullW. FCM: The fuzzy c-means clustering algorithm[J]. Computers & Geosciences, 1984, 10(2): 191-203.

[37] Estan C, Varghese G, Fisk M. Bitmap algorithms for counting active flows on high-speed links[J]. IEEE/ACM Transactions on Networking, 2006, 14(5): 925-937.

[38] Kim H, Hallaron D. Counting network flows in real time[C]. In: Proceedings of the Global Telecommunications Conference (GLOBECOM). San Francisco: IEEE, 2003: 3888-3893.

[39] Shah D, Iyer S, Prahhakar B, et al. Maintaining statistics counters in router line cards[J]. IEEE Micro, 2002, 22(1): 76-81.

[40] Ramabhadran S, Varghese G. Efficient implementation of a statistics counter architecture[J]. ACM SIGMETRICS Performance Evaluation Review, 2003, 31(1): 261-271.

[41] Zhao Q, Xu J, Liu Z. Design of a novel statistics counterarchitecture with optimal space and time efficiency[J]. ACM SIGMETRICS Performance Evaluation Review, 2006, 34(1): 323-334.

[42] Cormode G, Muthukrisnan S. An improved data stream summary:The count-min sketch and its applications[J]. Journal of Algorithms, 2005, 55(1): 58-75.

[43] Tarkoma S, Rothenberg C, Lagerspetz E. Theory and practice of bloom filters for distributed systems [J]. IEEE Communications Surveys& Tutorials, 2012, 14(1): 131-155.

[44] Kumar A, Xu J. Space-Code bloom filter for efficient traffic flow measurement[C]. In: Proceedings of the 3rd ACM SIGCOMM Conference on Internet Measurement (IMC). New York: ACM, 2003. 167-172.

[45] Broder A, Mitzenmacher M. Network applications of bloom filters: A survey[J]. Internet Mathematics, 2004, 1(4): 485-509.

[46] Cohen S, Matias Y. Spectral bloom filter[C]. In: Proceedings of the 2003 ACM SIGMOD International Conference on Management of Data (SIGMOD). New York: ACM, 2003. 241-252.

[47] Laufer R P, Velloso P B, Cunha D, et al. Towards stateless single-packet IP traceback[C]. In: Proceedings of the 32nd IEEE Conference on Local Computer Networks (LCN). Dublin: IEEE, 2007. 548-555.

[48] Mitzenmacher M. Compressed bloom filters[J]. IEEE/ACM Transactions on Networking, 2002, 10(5): 604-612.

[49] Lu L, Montanari A, Prabhakar B, et al. Counter braids: A novel counter architecture for per-flow measurement[J]. ACM SIGMETRICS Performance Evaluation Review, 2008, 36(1): 121-132.

[50] Estan C, George V. New directions in traffic measurement and accounting[J]. ACM SIGCOMM Computer Communication Review, 2002, 32(4): 323-336.

[51] Zhao Q, Kumar A, Wang J, et al. Data streaming algorithms for accurate and efficient measurement of traffic and flow matrices [J]. ACM SIGMETRICS Performance Evaluation Review, 2005, 33(1): 350-361.

# 2 互联网大数据分析系统

## 2.1 系统设计

### 2.1.1 总体设计

本系统主要功能是利用云计算平台来解决海量数据网络测量问题，输入的是 Pcap 格式报文和 Netflow 数据。对输入数据为 Pcap 的数据进行 TCP 性能测度计算，然后输出性能结果；对输入数据格式为 Netflow 的数据输出进行用户行为粗分类的计算，然后输出网络用户行为粗分类情况。如图 2.1 所示，是基于 Hadoop(Hadoop 集群的布置情况可以参照第五章实验平台布置部分)的网络测量系统的框架图。

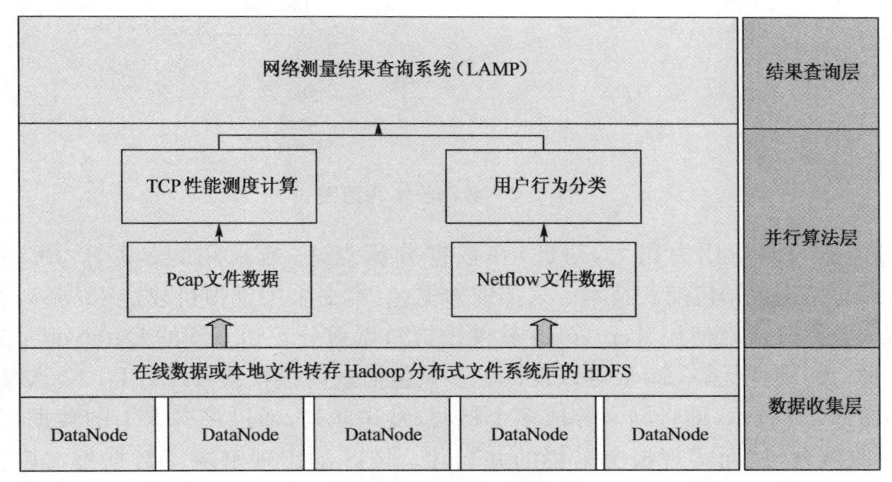


**图 2.1　系统框架图**

从下到上可以将整个框架分成三层：数据收集层、并行算法层、结果查询层。数据收集层的功能主要是接受数据报文或者 Netflow 流数据，这些数据来自分布在网络中的探测器或者路由器镜像数据，Hadoop 集群收集到数据后，由本地主机进行数据转换处理，然后放入 HDFS 文件系统中；并行算法层是整个测量系统框架图最重要的部分，主要利用 MapReduce 并行编程实现网络测量算法作业，本书主要构造了两个算法作业：TCP 性能测度计算算法作业和用户行为分类算法作业；查询层负责实现数据结果的可视化展示，这里展示的内容是并行算法层产生的结果，包括 TCP 性能测度计算结果和用户行为分类计算结果。通过框架图，本书将整个系统分成 4 个模块进行编程处理，分别是：流量收集模块、基于数据包的 TCP 性能计算模块、基于流数据的用户行为分类模块、网络测量结果查询模块。

### 2.1.2 数据收集层设计

基于 Hadoop 的测量系统数据收集图如图 2.2 所示，数据来自路由器，经过数据分流点进行分流后，发送到各个 DataNode 节点所在主机，各个 DataNode 节点和 NameNode 节点通过交换机连接共同组成一个 Hadoop 集群。存入 HDFS 的数据是处理后的报文数据和 Netflow 流数据，这些数据是行记录文本格式的数据，即当数据发送到 DataNode 节点所在主机后，DataNode 所在节点的本地主机会对接收的数据做转换处理，无论是包数据还是流数据，接收模块都是将需要的测度值以文本格式按行输出存入 HDFS，在存入的过程中，机器的 NameNode 节点会对存入的文件建立文件元数据信息（具体过程参照第五章收集存储模块实现部分）。

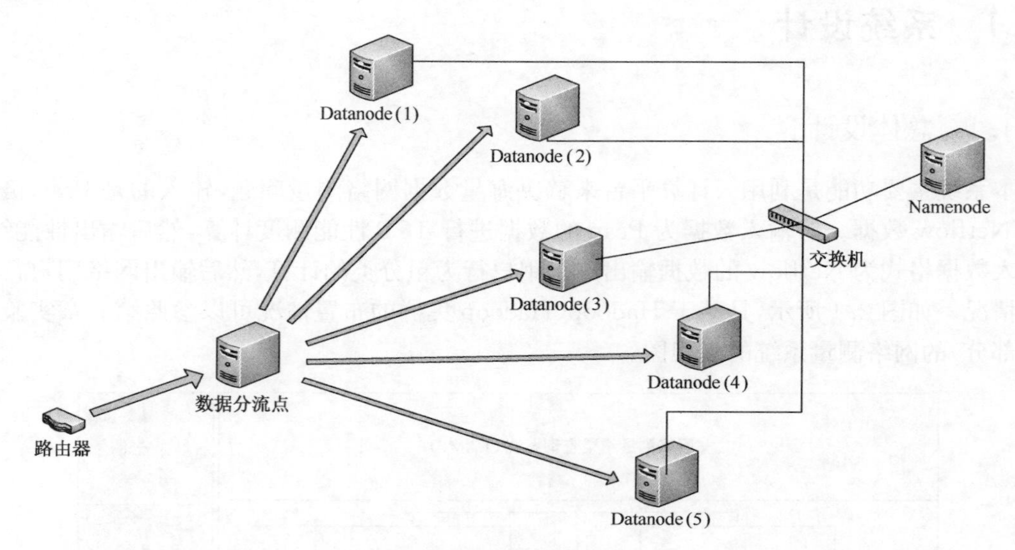


**图 2.2　数据收集物理图**

数据分流器的流量压力很大，对此，在数据分流点，一般采用的是基于 PF_RING[1] + TNAPI 模式的高速数据包捕获技术[2]来抓取数据包（本书采用虚拟机建造 Hadoop 集群，没有数据分流点，数据分流点使用 Tcpreplay 软件模拟），然后分发到不同的 DataNode 节点。针对多核 CPU 平台的硬件优势，Luca 等人设计了多核包捕获内核模块 TNAPI。TNAPI 技术利用了微软提出的 RSS 技术，即将网卡分成多个接收/发送队列，通过将网卡上的数据报文动态分配成多个接收队列，从而实现报文采集的并行化。RSS 的出现解决了数据报文串行化问题。PF_RING 对 RSS 进行了改进，实现了负载均衡和汇聚这两个机制，保证了符合同一规则的报文都会分配至同一 RX 队列（接收队列）。

HDFS 文件系统一般是"一次性写入后多次读取"的文件读写方式，也就是说，一个文件经过创建写入 HDFS 后，通常就不会再进行修改。另外，对于大数据文件，集群在处理文件时会进行文件切割，默认切割大小是 64 MB；基于上面两个原因，本书的数据是分粒度一次性写入，并且人为确保每个文件的大小小于 64 MB（具体的大小也可以通过集群配置，进行配置文件的修改，以为需要的合适值），以减少集群分片运算时间。为了解决节点失效的问题，集群通过副本策略解决文件丢失，本书通过配置 Hadoop 副本参数（对 hdfs-site. xml 的 dfs. replication 参数进行设置）以减少节点失效带来的数据文件丢失问题。

### 2.1.3　并行算法层设计

并行算法层是整个测量系统框架中最重要的部分，本书在此层包括两个模块：TCP 性能计算并行 MapReduce 作业模块和用户行为分类 MapReduce 作业模块，图 2.3（彩插 1）是 MapReduce 的一般作业图，本书的两个 MapReduce 作业也遵循该图的设计。

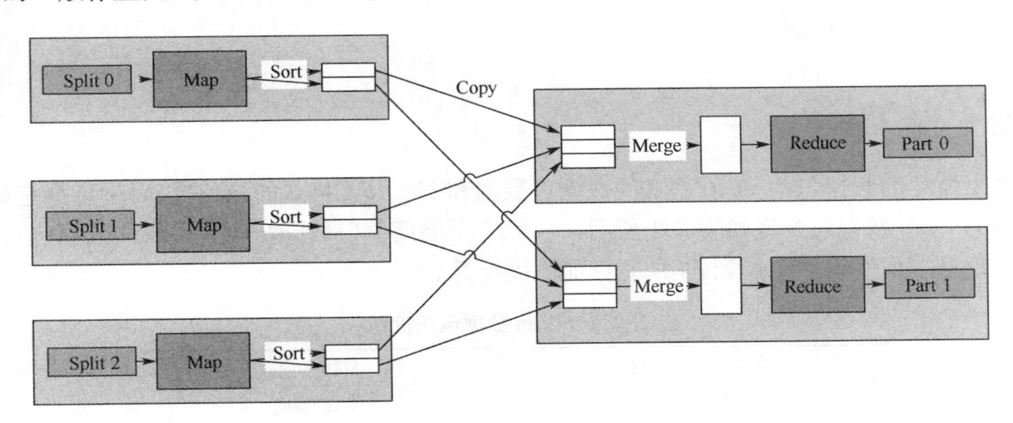


**图 2.3(彩插 1)　MapReduce 作业图**

本书的 MapReduce 作业分成 Map 计算和 Reduce 计算。首先，Map 机器上的 Map 函数读取切割后的 split 文件，然后进行运算，输出结果进行 Sort 计算，再拷贝到 Reduce 机器上去处理。Reduce 机器上首先合并不同 Map 机器发送过来的数据，紧接着进行 Merge 合并，Reduce 函数再对此数据进行处理。到此，整个 MapReduce 作业完成(详细过程参照第一章相关技术背景中的 MapReduce 计算框架部分，因为一个网络测量算法即是一个 MapReduce 作业，所以，可以通过编写新的 MapReduce 作业对并行算法层进行扩展。)。

### 2.1.4　查询层设计

结果查询层主要是为了查询并行算法层处理的数据结果，考虑到数据量巨大，如果全部罗列将毫无意义，所以测量系统中添加了结果查询系统模块，设计如图 2.4 所示(因为系统的数据来自东南大学部分网段的数据，数据库的数据主要是此网段的信息，因此查询的输入一般是此网段的地址)。

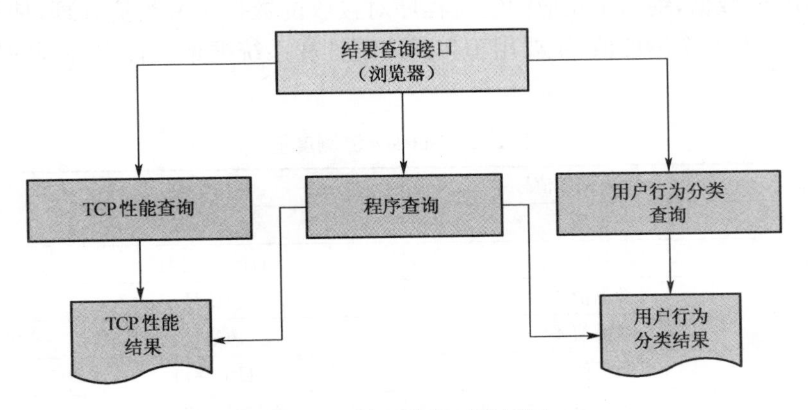


**图 2.4　结果查询层设计图**

为了系统的可扩展性，数据库和具体的查询函数分别对并行算法层作业进行一一对应的设计。不同作业结果会更新与自己对应的数据库，当用户通过浏览器登陆网页后，根据用户选择，会调用相应的函数到对应的数据库提取结果，形象的展示在网页上。考虑到数据库内容数据量很大，本书提供了程序查询的功能，用户可以直接编写程序读取数据库的内容进行批量的查询。结果查询层采用 LAMP 技术，既 Linux＋Apache＋Mysql＋Php 技术。

## 2.2 测度定义

### 2.2.1 输入测度

本书使用的数据包括Pcap格式的数据包数据和Netflow格式的流数据，对于数据包数据，使用到的Pcap数据包测度如表2.1所示，一共15个测度值（只选取TCP协议的数据包），主要用于处理系统框架设计中提到的TCP性能测度计算。

**表2.1　Pcap数据包测度值**

| 数据包测度值号 | 具体字段 |
|---|---|
| 数据值1 | 源IP地址 |
| 数据值2 | 目的IP地址 |
| 数据值3 | 协议号 |
| 数据值4 | 源端口 |
| 数据值5 | 目的端口 |
| 数据值6 | 报文长度 |
| 数据值7 | 报文Seq值 |
| 数据值8 | 报文Ack_seq值 |
| 数据值9 | 报文长度 |
| 数据值10 | Fin标记 |
| 数据值11 | Syn标记 |
| 数据值12 | Ack标记 |
| 数据值13 | Rst标记 |
| 数据值14 | 时间1(单位秒) |
| 数据值15 | 时间2(单位微秒) |

对于Netflow数据，编写了相应的组流程序对接收的数据报文组流处理，使用到的流测度如表2.2所示，一共9个测度值，主要用于数据流统计和系统框架设计中提到的用户行为分类作业。

**表2.2　Netflow流测度值**

| Netflow测度值号 | 具体字段 |
|---|---|
| 数据值1 | 源IP地址 |
| 数据值2 | 目的IP地址 |
| 数据值3 | 协议号 |
| 数据值4 | 源端口 |
| 数据值5 | 目的端口 |
| 数据值6 | 流数据包的个数 |
| 数据值7 | 数据包的字节数 |
| 数据值8 | 流开始时间(单位秒) |
| 数据值9 | 流结束时间(单位秒) |

### 2.2.2 用户行为测度

为了多角度更好地对用户行为进行分类处理，对上面的Netflow数据首先进行以IP地址为中心的聚合处理，产生一个中间结果数据即特征值数据，这个过程也可以理解成前期处理阶段，然后根据特征值进行分类处理。在前期处理这个阶段，需要指定起始时间 T_begin 以及终止时间 T_end，然后将 T=T_end—T_begin 作为一个基本的时间粒度，即数据的处理粒度周期。本书定义了以 IP 地址为中心的测量中间特征值，对于任意一个 IP 地址，本书只处理那种既是源 IP 地址又是目的 IP 地址的有往返流信息的数据，计算出在一个处理周期中它的 50 个特征测度值，特征值如下：

作为源 IP 时：(一共 25 个特征值，编号 1～25)

1：开始时间；2：结束时间；3：总比特；4：包数量；5：流数量；6：源端口数量；7：目的端口数量；8：目的端不同 IP 数量；9：TCP 比例；10：UDP 比例；11：OTHER 比例；12：第一源端口；13：第一源端口比例；14：第二源端口；15：第二源端口比例；16：第三源端口；17：第三源端口比例；18：其他源端口比例；19：第一目的端口；20：第一目的端口比例；21：第二目的端口；22：第二目的端口比例；23：第三目的端口；24：第三目的端口比例；25：其他目的端口比例。

作为目的 IP 时：(一共 25 个特征值，编号 26～50)

26：开始时间；27：结束时间；28：总比特；29：包数量；30：流数量；31：源端口数量；32：目的端口数量；33：源端不同 IP 数量；34：TCP 比例；35：UDP 比例；36：OTHER 比例；37：第一源端口；38：第一源端口比例；39：第二源端口；40：第二源端口比例；41：第三源端口；42：第三源端口比例；43：其他源端口比例；44：第一目的端口；45：第一目的端口比例；46：第二目的端口；47：第二目的端口比例；48：第三目的端口；49：第三目的端口比例；50：其他目的端口比例。

经过第一个阶段既前期阶段获得上述的 50 个特征测度值后，本书会接着利用上述的特征测度值进行进一步的处理，另外，也可以使用产生的 50 个特征测度值通过不同的组合产生更多有用的特征数据值，用于反映更多的网络信息。

本书将使用上述的 50 个测度值来对网络用户行为进行分类分析。

### 2.2.3　输出测度

在利用数据包来计算 TCP 性能时，本书主要计算 RTT 和重传，重传实际上反映的是丢包情况，RTT 和丢包都能很好地反映网络的链路信息和网络的性能信息；MapReduce 作业对数据包处理的后的结果将直接存入数据库，数据库设计如表 2.3 所示，结果查询模块实现了对这些测度的查询功能，可以通过网页根据 IP 地址进行查询。

**表 2.3　TCP 性能结果数据库表**

| 字段名 | 意　义 | 数据类型 |
|---|---|---|
| 源 IP 地址 | 源 IP 地址 | Int(10) unsigned |
| 目的 IP 地址 | 目的 IP 地址 | Int(10) unsigned |
| 计算开始时间 | 往返报文开始时间 | Int(10) unsigned |
| 计算结束时间 | 往返报文结束时间 | Int(10) unsigned |
| 正向报文数 | 往返报文中源 IP 到目的 IP 的报文数 | Int(10) unsigned |
| 反向报文数 | 往返报文中目的 IP 到源 IP 的报文数 | Int(10) unsigned |
| 正向 RTT 时延 | 源 IP 到目的 IP 的截获点时延 | Int(10) unsigned |
| 反向 RTT 时延 | 目的 IP 到源 IP 的截获点时延 | Int(10) unsigned |
| 正向重传 | 源 IP 到目的 IP 的报文重传的个数 | Int(10) unsigned |
| 反向重传 | 目的 IP 到源 IP 的报文重传的个数 | Int(10) unsigned |

在利用 Netflow 流数据来进行数据流统计和分类用户行为的时候，首先会对 Netflow 数据进行以 IP 地址为中心的聚合处理，获取特征值，然后根据这些特征值分析规律，对第一个阶段得到的 50 个特征值进一步处理，对 IP 地址进行分类，最后将获取的结果值存入到数据库，如表 2.4 所示的是分类后的数据库表结构，本书在查询阶段实现了对这些测度的查询功能，可以通过网页根据 IP 地址进行查询。

**表 2.4　用户行为分类结果数据库表**

| 字段名 | 意义 | 数据类型 |
|---|---|---|
| IP 地址 | IP 地址 | Int(10) unsigned |
| 源流开始时间 | 地址作为源地址的流开始时间 | Int(10) unsigned |
| 源流结束时间 | 地址作为源地址的流结束时间 | Int(10) unsigned |
| 源流个数 | 地址作为源地址的流个数 | Int(10) unsigned |
| 目的流开始时间 | 地址作为源地址的流开始时间 | Int(10) unsigned |
| 目的流结束时间 | 地址作为源地址的流结束时间 | Int(10) unsigned |
| 目的流个数 | 地址作为源地址的流个数 | Int(10) unsigned |
| 主机行为 | 客户，P2P，服务器，DDos，扫描 | Int(10) unsigned |

## 2.3 基于 MapReduce 测度的计算方法

用 MapRedeuce 编程思想分析数据包的网络层时，即对 IP 层进行流量统计分析，MapReduce 框架具有天然的优势来，因为它相当于是有给定的 Key 值的一个简单计数任务，并且它可以对不同的 HDFS 数据块独立地执行，即并行处理。通过使用这种方法，可以获取并确定 IP 流量统计结果，具体包括记录 IP 报文统计信息，如字节数，协议分类情况等；也可以编写 MapReduce 作业，定期对 IP 进行流量统计，分析各种 TOP－N 数据的统计结果。IP 层的分析主要就是一个聚合的工作。相比较与 IP 层的并行化分析工作，能更好反映网络性能的是通 TCP 传输层协议的一些性能指标，如往返时间(RTT)，重传率等，计算这些性能数据的文件数据可能不受控的分布在不同的 HDFS 块中，因此这些指标需要不同的 HDFS 块相互配合才能计算出来。在用 MapReduce 进行 TCP 分析时，我们面临两个挑战：将分散在不同 HDFS 文件块中的相关往返数据包测度进行整合；另一个是如何在 MapReduce 框架中计算 TCP 的测度值表现。

在用 MapReduce 分析 Netflow 流数据的时候，一般主要包括两个问题，一个是关于 Netflow 流的聚合统计，MapReduce 的具体实现方法和数据包的 IP 层分析一样，另外一个是关于 Netflow 流的行为分析，这个步骤是在流聚合处理后，论文接下来会详细介绍基于 Mapreduce 的用户行为分类。

在 HDFS 中，考虑到文件的并行处理，虽然文件可以直接是数据包格式(Hadoop 对 Pcap 格式的文件的读处理有第三方提供的接口)，但是考虑到 Pcap 文件既不是按行的文本文件也不是有固定长度的二进制文件，所以论文按照数据收集阶段的设计将 Pcap 格式报文文件和 Netflow 格式流文件在内存中转换成了按行读取的文本文件，然后存入 HDFS 文件系统(详见第 2.2 节数据收集层设计部分)。

## 2.3.1　单点 TCP 测度

RTT(Round-Trip Time)即往返时延[3]，是一个重要的网络性能指标，在计算机网络的相关定义中，指的是从发送端发送报文数据开始，到发送端接收到来自对方应答确认报文，总共经历的时间。RTT 值一定程度上反映了网络的状况，同时，RTT 的变化在一定程度上反映了网络拥塞程度的变化。

对于全报文无抽样的数据包进行 RTT 测量，模型和方法相当比较简单，我们可以通过分析 TCP 的建立、传输过程、结束过程来计算 RTT，图 2.5(a)展示了 TCP 的建立、传输和结束释放的过程，图中标记了获取数据的包的位置点，位于中间的那条线。

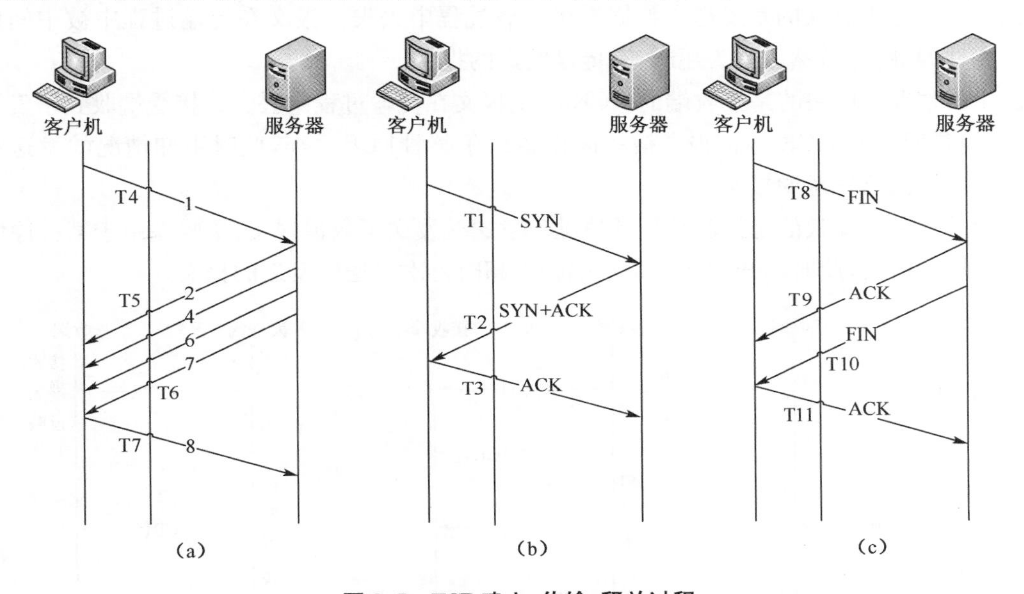


**图 2.5　TCP 建立，传输，释放过程**

TCP 的连接建立过程是一次 TCP 三次报文交互的过程。第一次，发送方将一个用于建立连接的 SYN 标记报文的请求发送给接收方。第二次，接收方收到这个 SYN 标记报文请求后，向发送方发送一个 SYN 加 ACK 标记的应答报文。第三次，发送方收到 SYN 加 ACK 标记的应答报文后向接收方发送一个 ACK 标记的确认报文，此时一个 TCP 连接过程就成功建立了。TCP 释放过程一般经过四次报文交互过程，当客户端与服务器端之间释放链接时，客户端向服务器端发送一个 FIN 标记的报文。服务器端收到客户端 FIN 标记报文后，返回确认 ACK 标记报文，服务器端读通道紧接着被关闭。客户端收到服务器端发来的 ACK 标记报文后，客户机的写通道紧接着被关闭。服务器发送完最后的数据后，向客户机发送一个 FIN 标记的报文。客户机收到服务器发来的 FIN 标记报文后，回复 ACK 标记确认报文，客户机紧接着关闭读通道。服务器收到客户端发来的 ACK 标记报文后，服务器的写通道紧接着关闭，此时一个 TCP 释放过程完成。TCP 连接建立和释放过程如图(b)、(c)所示。在 TCP 的正常传输过程中，现在主流的网络协议全部使用的是滑动窗口机制，既通信的一方可以发送对方窗口可以接收的数据量，然后对方可以一次性的对多个报文进行确认，以此来提高数据传输率，在数据传输的过程中，我们可以通过 ACK 值和 ACK_SEQ 值来判定客户端和服务器端的数据包的先后顺序。

在 TCP 连接建立阶段：$RTT = (T3 - T2) + (T2 - T1)$。

在 TCP 正常传输阶段：$RTT = (T7 - T6) + (T5 - T4)$。

在 TCP 连接释放阶段：$RTT = (T11 - T10) + (T9 - T8)$。

TCP 是一个可靠的传输层协议，但在网络交互的过程中，IP 协议是不可靠的，TCP 报文封装在 IP 协议中，所以在传输过程中可能有数据包的丢失，在这种情况下，TCP 协议使用了超时重传的机制，来保证 TCP 传输过程中的可靠性。

在发送数据报文时，使用 TCP 协议的发送端启动一个定时器，如果在定时器时间超时后还没有收到来自接收端的确认报文，发送端就重传该数据报文。常见的重传如图 2.6 所示：

图中的情况 1 反映的是发送端数据报在传输过程中丢失。报文在传输过程中被中间设备出于某种原因被丢弃，然后因为超时，重传已发送的报文。

图中的情况 2 反映的是接收端的 ACK 标记报文在传输过程中丢失。接受端收到了发送端的报文，但是回复的 ACK 标记报文被中间设备出于某种原因丢弃，此时不知情况的发送端因为超时再次发送已发送的报文。

图中的情况 3 反映的是接收端异常情况。发送端发送了数据报文，接收端由于某种原因忽略了客户端的报文，此时不知情况的发送端因为超时再次发送已发送的报文。

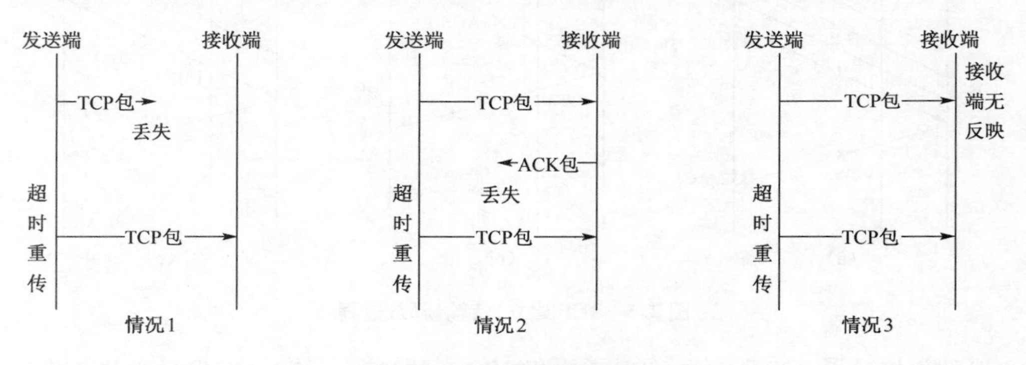


**图 2.6　数据重传情况**

对于 TCP 协议的重传时间间隔，Windows 系统一般将第一次重传超时设为 3 秒，这是因为第一次发送数据包时，没有往返时延值可以参考。以后的超时时间都用往返时延作为参考，对于同一报文的多次重传，以后每次超时重传时间为上一次超时时间的 2 倍(第一次就等于往返时延)。TCP 报文的重传次数会根据系统协议栈的不同而有所不同，一般同一个报文最多被重传 3 次，如果已经重传了 3 次还没有收到对方的确认报文，发送端就不再重传，直接发送 RST 标记报文重置 TCP 连接。

重传反映网络通信的状况，由于 IP 协议的不可靠性和网络系统的复杂性，少量的报文丢失和 TCP 重传是正常的，但是如果业务交互过程中，存在大量的 TCP 重传，会严重影响业务系统交互的效率，导致业务系统出现缓慢甚至无响应的情况发生。一般而言，出现大量 TCP 重传说明网络通信的状况非常糟糕，需要站在网络层的角度分析丢包和重传的原因。

在实际的对网络中重传情况的分析中，确认一个 TCP 报文是不是重传报文，要根据两个端点间前后发送的报文信息进行判断，一般情况下，重传报文具有两个特征：一个是 TCP 交互的序列号突然下降，可能是对前面某个报文的重传，二是 TCP 报头中的序列号、数据长度等信息和已发送的某个 TCP 报文完全一样。因此，判断重传情况主要根据报文的序列号进行分析。

序列号突然下降，绝大多数是因为数据包重传，但是也不排除数据报文失序的原因，比如图 2.7 是通过 Tcpdump 过滤出来的典型数据包的序号突然下降重传情况。

```
[root@localhost hadoop]# tcpdump -vv -r cc.pcap
reading from file cc.pcap, link-type EN10MB (Ethernet)
22:34:41.804101 IP (tos 0x0, ttl 58, id 44739, offset 0, flags [DF], proto TCP (6), length 1480) wpidc50.seu.edu.cn.http >
117.42.199.150.1753: ., cksum 0x7d03 (correct), 1123203371:1123204811(1440) ack 95024720 win 54
22:34:42.102154 IP (tos 0x0, ttl 58, id 44740, offset 0, flags [DF], proto TCP (6), length 1480) wpidc50.seu.edu.cn.http >
117.42.199.150.1753: ., cksum 0xd904 (correct), 1440:2880(1440) ack 1 win 54
22:34:42.114488 IP (tos 0x0, ttl 58, id 44741, offset 0, flags [DF], proto TCP (6), length 1480) wpidc50.seu.edu.cn.http >
117.42.199.150.1753: ., cksum 0x85c9 (correct), 2880:4320(1440) ack 1 win 54
22:34:42.114491 IP (tos 0x0, ttl 58, id 44742, offset 0, flags [DF], proto TCP (6), length 1480) wpidc50.seu.edu.cn.http >
117.42.199.150.1753: ., cksum 0xb504 (correct), 4320:5760(1440) ack 1 win 54
22:34:42.488453 IP (tos 0x0, ttl 58, id 44743, offset 0, flags [DF], proto TCP (6), length 1480) wpidc50.seu.edu.cn.http >
117.42.199.150.1753: ., cksum 0xac13 (correct), 5760:7200(1440) ack 1 win 54
22:34:42.833309 IP (tos 0x0, ttl 58, id 44744, offset 0, flags [DF], proto TCP (6), length 1480) wpidc50.seu.edu.cn.http >
117.42.199.150.1753: ., cksum 0xd904 (correct), 1440:2880(1440) ack 1 win 54
22:34:43.200615 IP (tos 0x0, ttl 58, id 44745, offset 0, flags [DF], proto TCP (6), length 1480) wpidc50.seu.edu.cn.http >
117.42.199.150.1753: ., cksum 0xb504 (correct), 4320:5760(1440) ack 1 win 54
```

**图 2.7　序号突然下降重传**

图中，一直都是 wpiddc50. seu. edu. cn 向 117. 42. 199. 150 发送数据，通过观察，第二个数据包的序列号是 2880，第三个序列号是 4320，第四个序列号是 5760，第五个序列号是 7200，但是第六个数据包的序列号变成了 2880 并且和第二个数据包的序列号一样，可以断定第六个 TCP 数据报文是第二个数据报文的重传。

对于第二种情况，本书通过比较两个端点间不同报文的序列号、长度等信息确认是否是另一个报文的重传。在通常的网络数据交互过程中，TCP 重传的报文跟传输过程中被丢弃的某个报文在序列号、数据长度等字段上的信息是一致的，可以利用这个特征，判断 TCP 报文是否是重传报文。图 2.8(彩插 2)是两个报文完全一样(序列号、数据长度等信息一致)的重传情况的 Wireshark 过滤数据报文截图。

```
Time      Source         Destination    Protocol Length Info
8.715782  211.65.233.90  110.75.127.233 TCP        66 55747 > http [SYN] Seq=0 Win=8192 Len=0 MSS=1414 WS=4 SACK_PERM=1
8.726455  110.75.127.233 211.65.233.90  TCP        62 http > 55747 [SYN, ACK] Seq=0 Ack=1 Win=14600 Len=0 MSS=1460 SACK_PERM=1
8.728598  211.65.233.90  110.75.127.233 TCP      1468 [TCP segment of a reassembled PDU]
8.728601  211.65.233.90  110.75.127.233 HTTP      241 GET /buildconnection.do?nkh=%E8%93%9D%E8%88%A5%E7%90%83&t=1364180388049 HTTP/1.1
8.739115  110.75.127.233 211.65.233.90  ICMP      590 Destination unreachable (Fragmentation needed)
9.021429  211.65.233.90  110.75.127.233 TCP      1468 [TCP Retransmission] 55747 > http [ACK] Seq=1 Ack=1 Win=65044 Len=1414
9.035122  211.65.233.90  110.75.127.233 TCP       241 [TCP Retransmission] 55747 > http [PSH, ACK] Seq=1415 Ack=1 Win=65044 Len=187[Reassembly error
```

**图 2.8(彩插 2)　报文完全一样重传**

通过观察和分析，可以发现第六个数据报文和第七个数据报文的序列号、窗口大小、下一个序列号以及载荷长度等信息与第三个报文和第四个报文都是一样的(这里面第三个报文和第四个报文是分片数据包，实际上是一个，同理第六个和第七个也是这样)，那么我们可以肯定第六个和第七个报文是第三个和第四个报文的重传。

通过对以上两种情况的分析，本书主要使用字段 Seq 字段(序号字段)和 Ack_seq 字段(确认序号字段)来分析报文是否重传，如图 2.9(a)所示，如果报文 7 是报文 6 的重传，那么报文 7 的 Seq 字段、Ack_seq 字段和报文 6 是相同的(相对于上面分析的第二种情况)；如图 2.9(b)，如果报文 7 是报文 4 的重传，那么报文 7 的 Seq 字段和报文 4 是相同的，但是 Ack_seq 字段，报文 7 的要比报文 4 的大一些(相对应上面分析的第一种情况)。

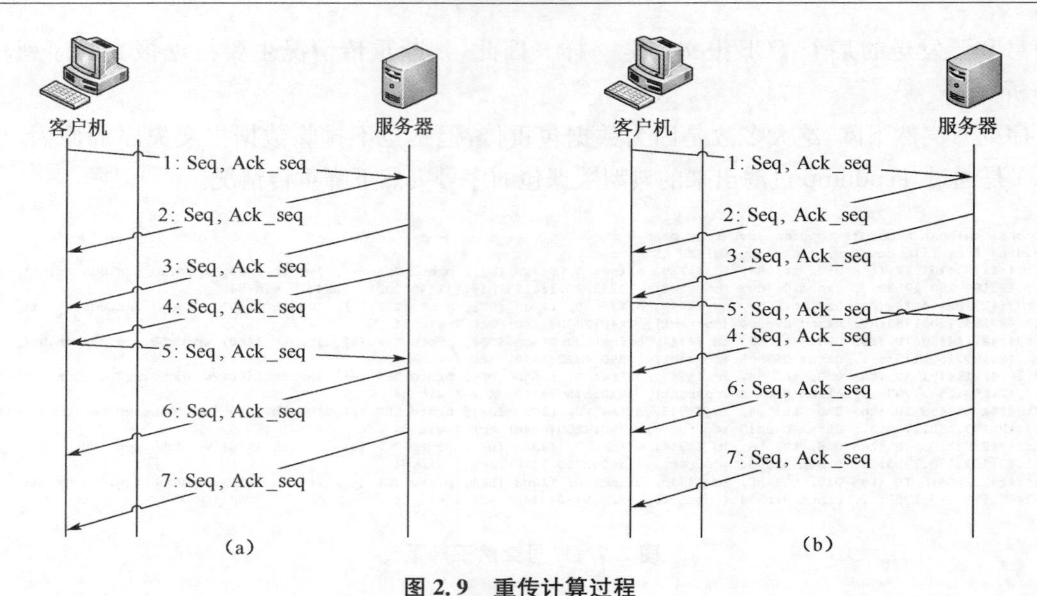


**图 2.9　重传计算过程**

### 2.3.2　并行 TCP 测度

在利用 MapReduce 算法对 TCP 性能测度进行计算时，我们面临着两个挑战：一个是将分散在不同 HDFS 块中的往返数据包进行整合；另一个是如何选择合适高效的方法在 MapReduce 架构中计算 RTT 和重传情况。

图 2.10 是 MapReduce 下的 TCP 性能测度计算流程图。

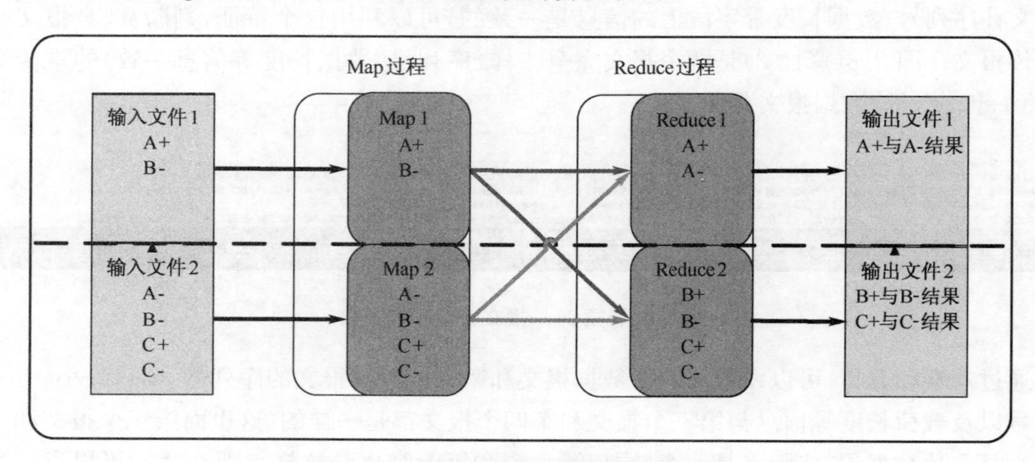


**图 2.10　并行 TCP 性能测度计算流程图**

如图 2.10 所示，假设有两个 Block 文件，输入文件 1 和输入文件 2，文件中的每一个字母加符号代表一个报文，A＋、A－、B＋、B－、C＋、C－代表了 6 个报文，这里用正负号代表方向，即 A＋和 A－共同组成了具有往返通信的报文组合。因为无论是计算 RTT 还是重传，都需要把往返方向的数据包聚合在一起才能够计算出结果，在单机处理时，基本方法是利用四元组或者五元组求 hash 的 Key，以此来讲往通信的报文组合在一起；考虑到 MapReduce 有自己的＜Key, Value＞对，为了将往返的报文聚合到一起，本书采用了特殊的处理方法。

在 Map 阶段，输入的是数据报文的各种信息，处理过程中，本书将 Key 定义为大 IP 地址连接小 IP 地址(既比较源 IP 地址和目的 IP 大小,然后将大 IP 地址作为源 IP 地址,小 IP 地址作为目的 IP 地址),连接的大 IP 地址及对应端口、连接的小 IP 地址及对应端口组成的四元组作为 Key 值(因为协议,这里只用 TCP 协议,所以五元组当做 Key 变成了四元组 Key),Value 定义由标志位(大 IP 地址为源 IP 地址,小 IP 地址为目的 IP 地址的报文设置标志为 1;反之,标志为 2)、连接报文 Seq 值、连接报文 Ack_seq 值、连接 Fin 字段、连接 Syn 字段、连接 Ack 字段、连接字段时间秒、连接字段时间微妙等构成。到此我们定义了 Map 阶段输出的<Key, Value>对,此后便可以将往返的 A+,A-归类到同一个 Reduce 中去处理,同理处理B+,B-,C+,C-。

**表 2.5 Hash 数据结构表**

| 值 1 | 值 2 | 值 3 | 值 4 | 值 5 | 值 6 | 值 7 |
|---|---|---|---|---|---|---|
| Seq(min) | Seq(max) | Ack_Seq | Len(min) | Len(max) | Time(min) | Time(max) |

在 Reduce 阶段,程序处理的是具有相同 Key 值的 Value 的集合。然后根据每一个 Key 会运行一次 Reduce 函数,Static 数据不会在程序结束之前释放和 Static{}结构会在类开始生成对象时运行且只运行一次的特点,本书在 Static{}结构中一次性申请大量空间用于 TCP 计算,避免重复申请浪费计算机资源和大量申请释放内存影响程序速度。①在计算 RTT 的时候,使用两个 hash 数组分别存储标志 1 和标志 2 的数据,对 Hash 数组数据结构内容图如表 2.5 所示,这里 Hash 冲突的解决方法用的是拉链法,Key 都是报文的 Ack_Seq 值(表格中的值 3),记录 Ack_Seq 的最小 Seq 和最大 Seq 以及它们的负载长度、时间值等(对于 Syn 报文和 Fin 报文,人为的对负载长度加 1,用于抵消 Syn 报文和 Fin 报文用去的 1 个报文负载),此举目的主要是只选择连续发送报文的两头报文用于计算,以减少不必要的存储和计算,当对同一个 Key 的所有 Value 计算完后,我们用标志 1Hash 数组的 Seq 加上报文负载长度作为 Key 去求标志 2 的相应位置有无数据,如果有数据记录,那么说明标志 1 的报文有一个标志 2 的报文回复,即可计算得到 T1,然后用同样的方法反方向计算,又可得到 T2,将 T1 加上 T2 可以得到这个报文中两个 IP 地址通信之间的 RTT 时间。②在计算重传时,也是使用两个 Hash 数组,数据结构 Seq 和 Seq_ack 分别存储标志 1 和标志 2 的数据,对于每个 Hash 数组,Key 就是报文的 Seq 值,如果报文的 Seq 值一样可以判定是重传;如果值不一样,但是大于上一个值时候也可以判定是重传,利用重传的数据包数量和总数据包的数量计算出重传率。

### 2.3.3 流聚合并行方法

聚合分析[4]是将客观数据的集合以某个元素或者某几个元素为中心进行集合统计的过程,聚合根据维数可以分成单维聚合和多维聚合,本书只做单维度的聚合分析处理。

1) Netflow 单维流聚合方法

Netflow 流聚合单机处理时,就其实现而言,非常简单,设定好获取 Key 的数据组合,然后利用 Hash 函数将同一 Key 的流数据 Hash 放到 Hash 数组的同一个位置(冲突解决方法可以使用拉链法),然后进行位置上数据的更新即可。方法非常简单和直观,但是需要在内存中记录时间段内所有 IP 或者 IP 对记录,在高速网络测量环境下往往不可行。为了减少内存使用量,采用 Bitmap 结构来记录每个 IP 的情况。针对每一个 IP,设立一个较小的 Bitmap 结构来记录需要记录的不同值,后来又有提出使用有可能有误差的 Bloom Filter 数据结构来处理。但这些方法并不能从根本上解决因为单台主机计算、存储等资源有限的问题。

2) 流聚合并行算法

用 Hadoop 云计算平台对流进行聚合运算有天然的优越性(本书此处是单维聚合,下文不做特殊说明都是单维聚合），Hadoop 云平台的计算、存储等资源能很好地满足大数据的需要。该并行化实现的主要工作是设计 MapReduce 作业过程中的三个函数：Map 函数、Combine 函数和 Reduce 函数。

图 2.11 是利用 MapReduce 算法对网络用户行为进行分类的流程图。第一个 MapReduce 过程是流聚合并行处理过程，主要是用于获取用户行为分类的特征值；第二个 MapReduce 是对聚合后的结果进行用户行为分类，为了体现用户行为分类的完整性，本书此处没有将算法图分开处理(这个 MapReduce 作业是任务管道作业)，后一部分将在第 2.3.4 节介绍。

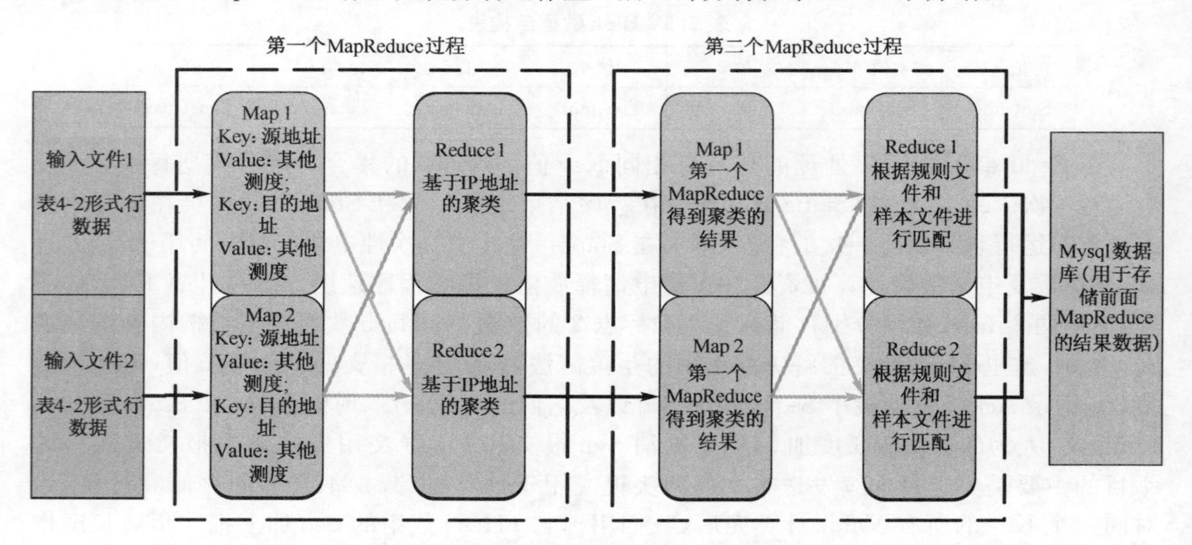


**图 2.11　并行流聚合与用户行为分类计算流程图**

(1) Map 函数的设计

函数的输入为<Key1，Value1>键值对，这些键值对来自流输入文件，其 Key1 是 Block 文件中的文件行数，Value1 是每行中的内容，即图 2.11 中显示的 1～9 个测度值；函数的输出为<Key2，Value2>键值对，具体的内容见 Map 函数的伪代码。函数 Map 的文字伪代码描述如表 2.6 所示。

**表 2.6　聚合 Map 函数设计**

| 算法：Map 函数 |
|---|
| Map(<Key1，Value1>，<Key2，Value2>){<br>不考虑 Key1，对于 Value1 分解出数值 V1 V2 V3 V4 V5 V6 V7 V8 V9；<br>输出 Key2＝V1；<br>输出 Value2＝1＋V2＋V3＋V4＋V5＋V6＋V7＋V8＋V9；<br><br>输出 Key2＝V2；<br>输出 Value2＝2＋V1＋V3＋V4＋V5＋V6＋V7＋V8＋V9；} |

(2) Combine 函数的设计

对 Map 函数输出的结果，为了减少结果的对数，这里使用 Combine 函数对结果键值对进行合并处理，然后产生一个新的元组<Key2，Value2>输出，从而达到减少数据传输的网络流量。

函数 Combine 的文字伪代码描述如表 2.7 所示。

**表 2.7 聚合 Combine 函数设计**

```
算法:Combine 函数
----------------------------------------
Combine(<Key1,Value1>,<Key2,Value2>){
    不考虑 Key1,对于 Value1 使用特殊符号"|"进行连接;

    输出 Key2=V1;
    输出 Value2=Value1 对于相同 Key1 的连接结果;}
```

(3) Reduce 函数的设计

这个阶段是流聚合的主要阶段,所有的运算操作都在这个阶段完成,主要包括申请静态空间,保证整个阶段不会重复申请,来减少时间和资源的花费,然后利用 Map、Hash 等数据结果统计基于这个 Key 的情况,最后输出。

函数 Reduce 的文字描述伪代码如表 2.8 所示。

**表 2.8 聚合 Reduce 函数设计**

```
算法:Reduce 函数
----------------------------------------
Reduce(<Key1,Value1>,<Key2,Value2>){
    定义 Static 类型的变量指针;
    //定义的这些指针主要用于整个类使用,避免重复申请

    Static{
    对申请的静态变量指针申请空间;}

    初始化已经申请的空间为 0;
    接收到一个<Key1, Value1>;
    For(Value1){
        根据"|"分解 Value1,得结果 valtemp;
        For(valtemp){
            根据"+"分解 valtemp,得结果 val1 val2....;
            If(Val1 标记等于 1){
                使用已申请的静态变量进行记录(此时 IP 是源地址);}
            If(Val1 标记等于 2){
                使用已申请的静态变量进行记录(此时 IP 是目的地址);}
        }
        统计 Byte 个数,流个数,报文个数等;
        直接用变量统计协议情况,不同端口个数等;
        用数组统计排名在前三的端口信息;
        }
        对上面的统计结果进行整理;
        输出 Key2=Key1;
        输出 Value2=各种统计后的结果值;
        //以上统计出来上文特征测度值
}
```

### 2.3.4 用户行为测度

1) 测度分类方法

网络用户行为[5]一般情况下指的是网络用户在网络上活动方式的表现,对于网络用户行为这个概念可以根据分析角度不同进行不同情况的分类,如果从微观的角度出发,可以对整体流量中流量应用类型进行分类,比如各种协议应用,这种微观的分析大多采用机器学习的思路,并且分类结果不是很理想。本书主要从宏观角度出发,对用户行为进行粗分类。

对于正常的网络用户行为可以采用聚类的方法进行分析。正常行为的研究主要是根据网

络用户特征分析出不同的类或簇，也就是数据挖掘概念中的聚类。正常网络行为根据特征分析情况可以聚到一个或多个类中。

目前在文献中有很多的聚类方法，算法依赖于选择的数据类型、聚类的目的和应用等。聚类方法包括五个类别，①划分方法、②层次方法、③基于密度的方法、④基于网格的方法、⑤基于模型的方法。

异常行为的数据在总体流量中会表现出孤立的情况，具体形式上与正常行为有很大的差异。异常行为是异常流量在网络总流量中的表现。对于异常用户行为，可以采用统计学或者基于距离的方法进行处理。

对于网络用户行为，主要从正常行为和异常行为两个方面进行处理，同时在正常行为中，本书对行为进行了角色定位，具体分成客户机主机、P2P 主机和服务器主机，P2P 主机可以理解成一种客户机主机和服务器主机的组合（主要是基于目前 P2P 流量已经是互联网中最大的流量）。同样，在异常行为中，也对不同的异常行为进行了描述，具体分成 DDos 攻击和扫描。本书主要采用基于统计学的方法进行分类。在统计学方法上，主要对上述得到的中间测度值进行规律统计，然后编写用户行为规则。本书用深度报文检测技术分类数据包，然后对分类后的数据包进行规律统计，编写用户行为分类规则。

2）测度定义

表 2.9 是基于任意 IP 地址的聚合算法计算的 50 个测度值。

**表 2.9　用户行为特征值**

| 源 IP 地址属性 | | 目的 IP 地址属性 | |
|---|---|---|---|
| $X_{1s}$ | 开始时间 | $X_{1d}$ | 开始时间 |
| $X_{2s}$ | 结束时间 | $X_{2d}$ | 结束时间 |
| $X_{3s}$ | 数据包字节数 | $X_{3d}$ | 数据包字节数 |
| $X_{4s}$ | 数据包数量 | $X_{4d}$ | 数据包数量 |
| $X_{5s}$ | 流数量 | $X_{5d}$ | 流数量 |
| $X_{6s}$ | 源端口数量 | $X_{6d}$ | 源端口数量 |
| $X_{7s}$ | 目的端口数量 | $X_{7d}$ | 目的端口数量 |
| $X_{8s}$ | 目的端 IP 数量 | $X_{8d}$ | 源端 IP 数量 |
| $X_{9s}$ | TCP 比例 | $X_{9d}$ | TCP 比例 |
| $X_{10s}$ | UDP 比例 | $X_{10d}$ | UDP 比例 |
| $X_{11s}$ | Other 协议比例 | $X_{11d}$ | Other 协议比例 |
| $X_{12\sim18s}$ | 前 3 个源端口号以及比例 | $X_{12\sim18d}$ | 前 3 个源端口号以及比例 |
| $X_{19\sim25s}$ | 前 3 个目的端号以及比例 | $X_{19\sim25d}$ | 前 3 个目的端口号及比例 |

为了能很好地获取用户行为规则，这里对上文提到的中间特征测度值进行分析。

表 2.9 用 $X$ 表示一个基于 IP 的用户行为特征值，下标分别表示不同的特征值，下标 $s$ 结尾的表示这个 IP 地址作为源 IP 时产生的信息，下标 $d$ 结尾的表示这个 IP 地址作为目的 IP 时产生的信息。通过观察表可以发现特征信息是很全面的，包括了流量信息、IP 连接情况、流量比例靠前的端口及其流量比例信息。

为了很好的分析客户机主机、P2P 主机和服务器主机有关上述 50 个特征值的不同规律点，本书首先利用 Opendpi 开源深度报文检测软件对东南大学已知网段的半小时数据进行深度报文检测分类，分成已知服务和为未知服务，对于已知服务可以根据地址分成客户端和服务器端，对于未知服务，本书直接当作 P2P 流量处理。

图 2.12 是经过 Opendpi 分类后的客户机主机、P2P 主机出流量和入流量比率图(本书通过一定的比值计算保证所有主机的 IP 地址个数是一致的)。

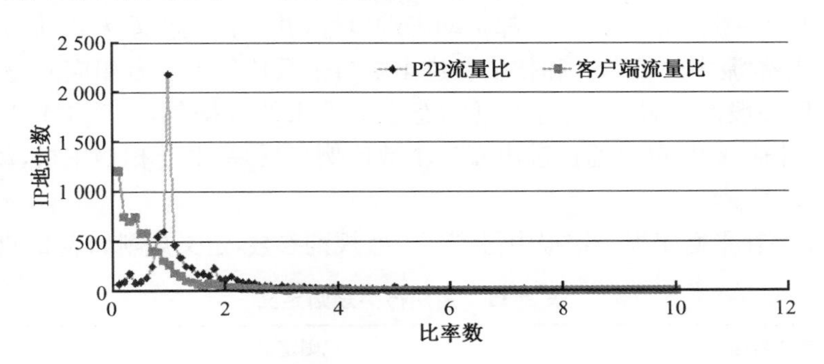


图 2.12 出流量/入流量比率图

观察该图(本书只计算 0～10 范围内的比率数)，可以明显地发现，客户机的出流量大部分少于入流量(服务器一般反之)，而 P2P 主机大部分是在比率 1 附近。本书通过观察客户机出流量大于入流量的报文信息，发现大部分是因为两端之间的通信是不完整的，比如客户机发送很多的请求报文，而服务器端一直没有回复。

对于服务器端出流量与入流量比率情况，因为大部分大于 1，并且比率值范围很大，对应的 IP 却很少，反映到图上不是很明显，由表 2.10 给出服务器统计情况。

表 2.10 服务器端出流量/入流量

| 服务器端出流量/入流量比率 | 百分量 |
|---|---|
| 大于 1 | 86.7% |
| 大于 2 | 62.4% |
| 大于 3 | 55.6% |
| 大于 4 | 48.3% |
| 大于 5 | 41.8% |

经过聚合后的特征值，里面的端口特征信息可以很好的描述客户机主机、P2P 主机以及服务器主机的分类情况。当 IP 地址为源 IP 地址时，其端口流量的出方向的百分量偏大，则可能是服务端 2，同时其反向进方向为非服务端口。但是 P2P 不适应这个特征，P2P 有一个重要的特征是交互双方的端口大部分都是非服务端口。通过观察实际数据结果可以明显的发现，P2P 主机绝大部分是非服务端口和非服务端口的通信。

异常流量主要包括 DDoS 攻击[6] 和端口扫描[7]。参照一些文献介绍可知，当节点受到 DDoS 攻击时，在一个较短的时间段内，会有大量的主机节点向当前活跃节点发送请求流量或攻击流量，当这些流量超过节点的处理能力时，节点就会丢弃其中的一些请求，导致服务失效，无法发送出流量。当节点进行端口扫描操作时，需要向大量其他主机节点的同一端口发送扫描报文，此节点的出流数与其扫描到的主机节点数一致，虽然节点对大量主机节点进行了扫描，但是在这大量主机节点中只有极少数的主机节点其扫描的端口是开放的，只有这些开放了相应端口的主机节点才会对活跃节点的扫描行为作出应答，因此节点收到的响应流数很少，即节点的入流数很少，也即节点在进行端口扫描操作时，其出流数会远远大于入流数。通过对上面内容的分析，可以得出一个异常流规则，既当出流数远远大于入流数时，表示节点正在进行端口扫描操作；反过来，当入流数远远大于出流数时，则表示节点正在受到 DDoS 攻击。

另外，观察流聚合特征值中的进出端口个数比也能很好的对用户行为进行分类，客户主机一般是使用动态端口号去和固定的服务器端口进行通信，而且使用的动态端口号数量大于服务器端口号数量；P2P 主机一般进出端口都是动态端口号，并且比例相差无几；服务主机和客户端情况完全相反。异常流中的 DDoS 和扫描在进出端口个数比例上也有相应的特征反应，比如受 DDoS 攻击的主机一般都是服务器，有大量动态端口发来的数据包，动态端口号数量远大于服务器端口号；端口扫描更是可以通过进出端口个数比例来反映，对于扫描主机，动态端口号数量远大于服务器端口号。

综上所述，本书在平衡误报和错报中得到了一些规则参数，定义规则如表 2.11 所示。

**表 2.11　用户行为规则定义**

| 规则名称 | 规则定义 |
|---|---|
| 客户主机 | ①出进流量比＜0.7；②发往服务端口；③7＜出进端口比 |
| P2P 主机 | ①0.7＜出进流量比＜2；②无服务端口；③1/7＜出进端口比＜7 |
| 服务器主机 | ①2＜出进流量比；②服务端口发出；③出进端口比＜1/7 |
| DDoS 攻击 | ①入流数远大于出流数；②被攻击是服务端口 |
| 端口扫描 | ①出流数远大于入流数；②扫描常见服务端口 |

注：本书主要利用上述规则来分类用户行为，本书定义了权重概念，对于有几条规则的，对每条规则设置了权重值，另外 DDoS 和扫描中的服务端口不包括 DNS 的。

### 3）并行算法

本部分的算法针对图 2.11 即用户行为分类计算流程图右边部分，下面直接给出 MapReduce 作业伪代码，因为 Map 函数的输入 Key 都是不同的(因为其前一个 MapReduce 作业已经将不同的合并了)，所以此 MapReduce 作业不再使用 Combine 函数。

(1) Map 函数的设计

函数的输入为＜Key1，Value1＞键值对，这些键值对来自流输入文件(即聚合作业的结果文件)，其 Key1 是 Block 文件中的文件行数，Value1 是每行中的内容，既表 2.9 中显示的 1 到 51 个测度值(1 个 IP 地址加上 50 个特征值)；函数的输出为＜Key2，Value2＞键值对，具体的内容见 Map 函数的伪代码。

函数 Map 的文字伪代码描述如表 2.12 所示。

**表 2.12　分类 Map 函数设计**

算法：Map 函数

```
Map(＜Key1,Value1＞,＜Key2,Value2＞){
    Setup{
    //此函数是每个 Map 任务只运行一次，所有的 Map 函数共用
    对 5 个规则类进行初始化；}
    //表 4.7 列出的 5 个

    不考虑 Key1，对于 Value1 分解出数值 V1 V2 V3 … V49 V50 V51；
    //V1 是 IP 地址，V2 到 V51 是关于这个 IP 地址的特征值结果
    将 V2 到 V51 的值作为参数分别匹配规则，进行打标记；
    输出 Key1＝V1；
    输出 Value2＝标记信息和一些需要用于输出的结果信息；}
```

(2) Reduce 函数的设计

这个阶段的功能相对比较简单,主要是将 Map 阶段的数据进行进一步处理,然后输出到数据库中(数据库的创建连接等函数在 MapReduce 作业处理前已经完成)。函数的输入为＜Key1, Value1＞键值对,这些键值对来自 Map 函数的输出对＜Key2, Value2＞;函数的输出为对输出接口重定义的结果(具体数据参考上文提到的用户行为分类结果),具体的内容见 Reduce 函数的伪代码。

函数 Reduce 函数的文字伪代码如表 2.13 所示。

**表 2.13　分类 Reduce 函数设计**

| 算法:Reduce 函数 |
| --- |
| Reduce(＜Key1,Value1＞,＜Key2,Value2＞){ |
| 　不考虑 Key1,对于 Value1 分解出数值; |
| |
| 　定义数据库输出格式 Wordrecord 的变量 wordrecord; |
| 　将 Value1 分解后的结果赋值给 wordrecord 变量; |
| 　Collector 输出上面定义的 Wordrecord 变量;} |

### 2.3.5　并行算法优化

因为并行 MapReduce 算法要运行在 Hadoop 云平台上面,要想对并行算法进行优化[8][9],既要对 Hadoop 云平台进行优化,也要对 MapReduce 作业优化[10]。Hadoop 云计算平台提供了很多系统配置参数,本书对这些参数进行了合理调整,使 Hadoop 集群根据本书 MapReduce 作业的实际情况尽可能快的对其处理。Hadoop 系统参数主要包括 Hadoop 通用参数和 MapReduce 作业参数。

集群 Hadoop 目录的 Conf 目录中的参数 dfs. namnode. handler. count 和 mapred. job. tracker. handler. count 是 Namenode 和 Jobtracker 中用于处理 RPC 的线程数,默认是 10,对于较大集群,可适当调大,但是本书的虚拟机只有 5 台,且考虑到数据基本分成 5 个分片,本书将其设置为 5;参数 dfs. datanode. handler. count 是 Datanode 上用于处理 RPC 的线程数,默认是 3,对于较大集群可适当调大,本书集群不做调整;参数 TaskTracker. http. threads 是 HTTP server 上的线程数,运行在每个 TaskTracker 上,用于处理 map task 输出,大集群可以设置为 40～50;参数 dfs. block. size,HDFS 中数据 block 的大小,默认是 64 MB,对于较大集群,可以设置为 128 MB 或 264 MB,本书采用默认;mapred. local. dir 和 dfs. data. dir 这两个参数配置的值应当是分布在各个磁盘上的目录,这样可以充分利用 I/O 读写能力。

## 2.4　系统实现

整个系统按层次划分可以分成三层,具体结构参照系统整体结构图,分别是数据收集层(包括收集存储模块)、并行算法层(包括 TCP 测度计算模块和用户行为分类模块)、结果查询层(测量结果查询模块),下面具体介绍每个模块的实现。

### 2.4.1　存储模块实现

存储模块的主要功能就是收集分流器发来的数据包,然后存入集群 HDFS,图 2.13 反映的是 DataNode 节点所在本地主机接收到数据后,然后存入 HDFS 的过程。首先,本地主机利用

Libpcap 库函数提供的接口，抓取网卡口的数据报文，然后对报文进行解析，将本书需要用到的测度值提取出来，存入已经申请好的内存循环队列号上（申请 $N$ 个队列，每个队列代表一个时间粒度），当内存队列达到数据分割值后，申请一个线程调用 HDFS 接口存入 HDFS 文件系统中。对应存入数据的名称是当前存入的时间值。因为 Hadoop 是批处理作业云处理平台，所以一次作业的输入数据都存放在同一个 HDFS 目录下，然后进行处理，本书设计一个输入目录就是一个时间段粒度，收集模块程序处理时，相应时间段收集到的数据存入相应的目录。

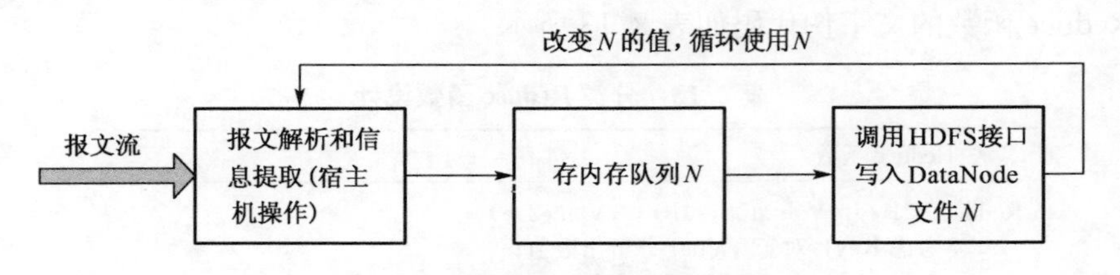


**图 2.13　系统收集模块流程图**

### 2.4.2　测度计算模块实现

图 2.14 是 TCP 并行计算流程图，一个 Block 文件对应一个切分后的数据块。首先，在 Map 函数阶段，按照前文并行算法中提到的方法，提取相应测度，即 Key 值和 Value 值，然后输出处理后的测度。数据经过集群自带 Hash 函数的处理，发送给对应机器上的 Reduce 函数去进一步处理。Reduce 函数首先判断 Key 值个数，然后循环处理每个 Key 值的 Value 集合，计算每个 Key 值的 RTT 值和重传情况（利用上文提到的方法），将结果输出到数据库中，用于结果查询。当所有的 Key 值处理结束，Reduce 函数结束。

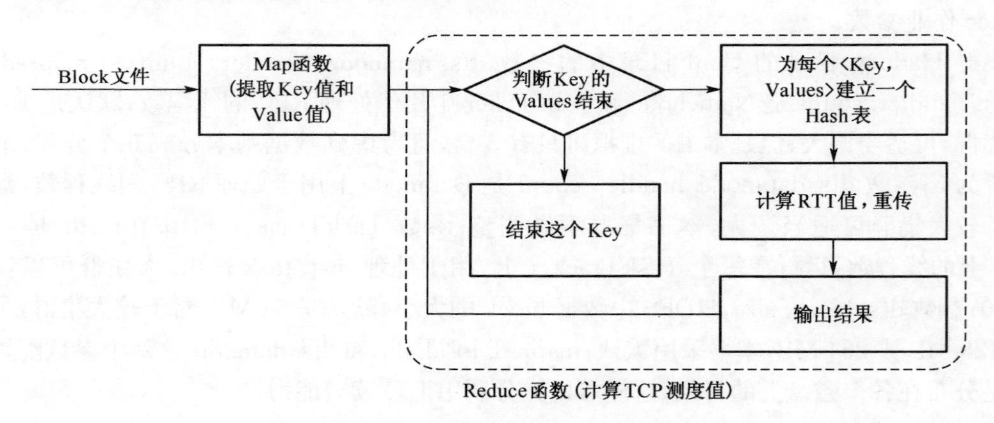


**图 2.14　TCP 测度并行计算流程图**

### 2.4.3　用户行为分析模块实现

图 2.15 是用户行为分类流程图，分成两个部分，左边部分是流聚合部分用于提取用于分类的用户特征值，右边部分是用于对用户行为进行分类图。

对于图 2.15 左边利用聚合计算特征值的计算过程参考第 4 章的流聚合并行算法研究，因为 Hadoop 集群是用 Java 开发的，所以提供了 Java 接口，本书全部使用 Java 语言开发。在计算 50 个特征测度值时，测度不同 IP 地址个数计算用到了 HashMap 数据结构，定义 HashMap＜String，Int＞，String 指代不同的 IP 地址，Int 用于表示相应的个数，其他特征值的计算主要使用数组数据结构来实现。Map 函数首先读取的是流记录文件 Block 文件，提取 Key 值和 Value 值，对于每对<Key，Value>输出两个结果（对 Key 中的源地址和目的地址分别进行聚合，每一个地址输出一个结果），然后发往 Reduce 函数去处理。Reduce 函数接收到结果前申请大量的静态数据空间（避免程序运行后重复申请和释放），首先判断 Key 值个数，然后循环处理每个 Key 值的 Value 集合，处理每个 Key 值的数据，统计上文定义的 50 个特征测度值，最后输出结果。当所有的 Key 值处理结束，Reduce 函数结束。

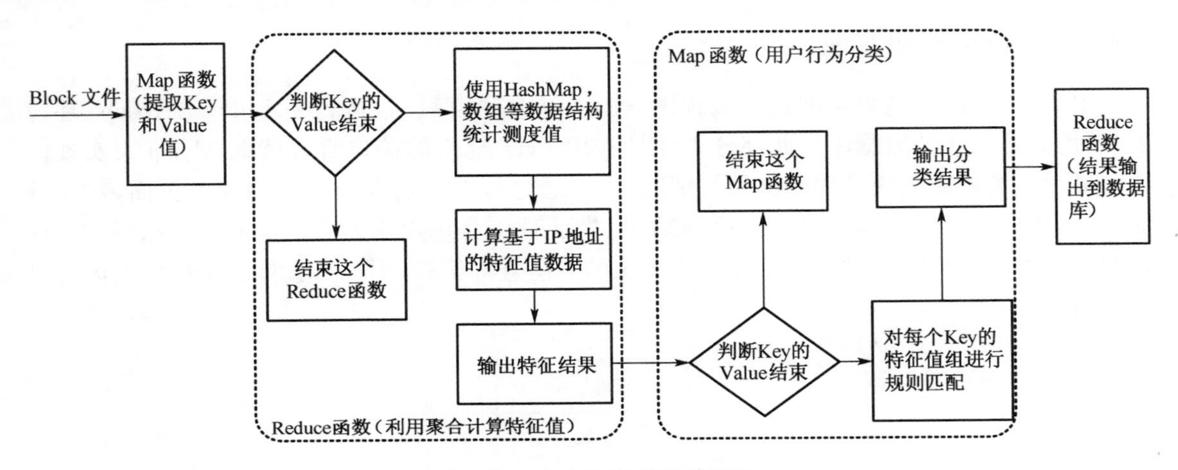


图 2.15　用户行为分类流程图

图 2.15 的右边部分是用户行为分类部分，这部分主要工作是 Map 函数部分的规则匹配，规则是按照第四章的研究结果提前定义好的，具体匹配实现过程是 Map 函数接收来自前一个 Mapreduce 任务的 Reduce 结果，此时的 Key 值、Value 值正对应这个 Reduce 结果，本书在此定义了 5 个规则类接口，对于 Map 函数中的每一个 Key 值的 Value 分别调用 5 个规则类接口进行检测，每个规则类会对 Value 的情况返回一个相似度值，当 5 个规则的相似度值都返回后，进一步比较相似度值大小，相似度最大的那个规则打上相对应的分类结果标记，然后将结果输出给 Reduce 函数，Reduce 函数对结果进一步统计处理，最后输出到数据库中。

图 2.16 是用户行为分类中，为定义规则，利用 OpenDpi 开源软件对数据报文进行深度报文检测，然后进行分类流程图。本书将数据报文分成两类，可以识别服务的数据报文和未能识别的数据报文，因为目前网络中数据流量大部分是由 P2P 流量和 HTTP 流量组成，再加上 P2P 协议不易识别，所以无法分类的流量中大部分是 P2P 流量，可以对这部分流量统计分类获取 P2P 流特征信息。

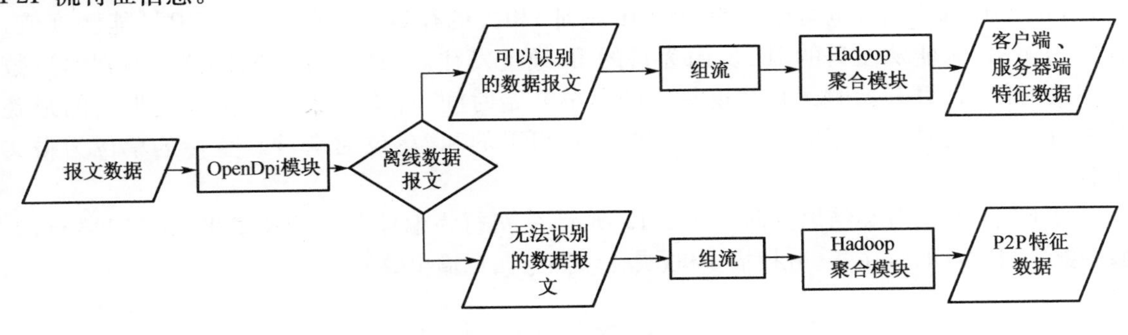


图 2.16　特征数据获取流程图

对于图 2.16，本书使用 Opendpi 模块的协议匹配特征串、头文件和库函数，使得 Opendpi 模块读取离线报文数据，然后进行标记可以分类的数据包和无法分类的数据包（Opendpi 使用的是组流分类）；对两类数据包进行组流处理，对组完流的数据利用图 2.15 左边部分的聚合算法进行聚合处理获取特征值，对未分类的特征值当做 P2P 主机情况处理。对于可以识别的根据 IP 地址段分成服务器主机和客户机主机（本部分的数据集是一组东南大学 bras 随机分配 IP 地址和外网通信的数据，因此可直接根据 IP 地址分类客户端和服务器端）。

### 2.4.4　查询模块实现

图 2.17 是测量结果查询模块流程图，使用 PHP 语言编写，运行在 Linux＋Apache 环境下，使用的是 Mysql 数据库。此部分主要是利用 PHP 提供的接口直接读取 Mysql 来实现内容的显示。流程图放映了代码的编写情况，用户通过首页可以选择不同的 5 个页面，对于普通查询，用户单个输入则提供一个反馈结果，批处理则是用户输入多个反馈多个结果。程序查询主要用于需求量更大的查询，提供了系统的一些查询信息，用户可直接根据提供的内容进行查询。

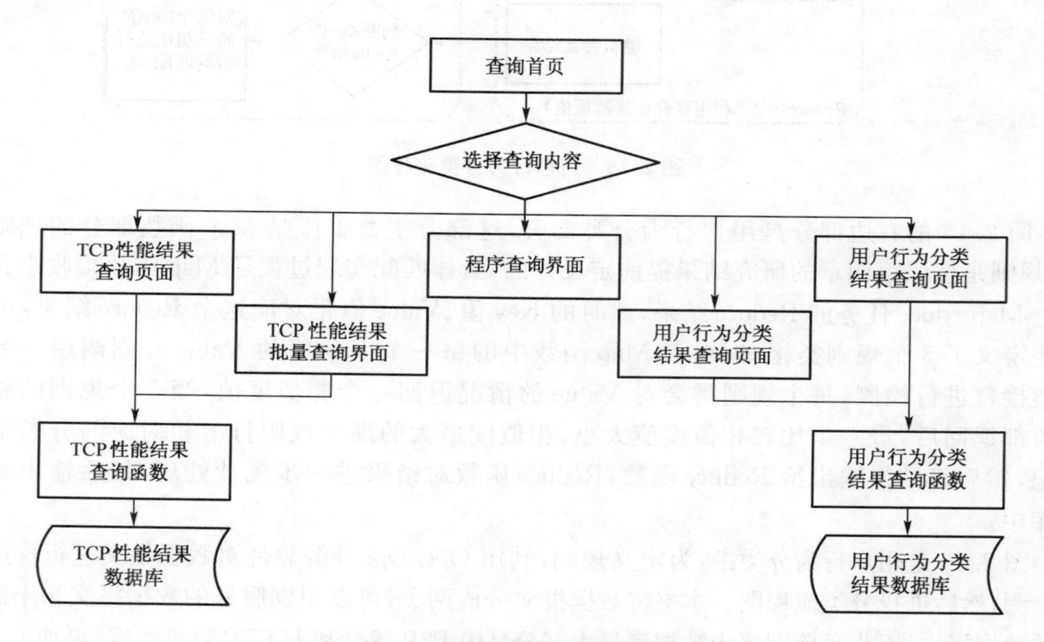


**图 2.17　数据结果查询流程图**

TCP 性能计算结果查询如图 2.18 所示，图中显示的是与 IP 地址 121.248.25.129（可以作为源 IP 地址，也可以作为目的 IP 地址）相关的往返报文的一些 TCP 性能测度值，正向为源 IP 地址发往目的 IP，反向为目的 IP 地址发往源 IP，入库时间即这个数据写进数据库的时间，计算开始时间是往返报文的最早开始时间，计算结束时间是往返报文的最晚结束时间，往返时间为正向 RTT 时间和反向 RTT 的和（单位为毫秒），重传的单位为报文个数。

对于用户行为分类结果查询如图 2.19 所示，主机行为编号 1：客户机主机，2：P2P 主机，3：服务器主机，4：DDos 主机，5：扫描主机（具体参照第四章输出数据）。

**HADOOP测量平台数据结果查询系统**

用户行为分类　　用户行为分类（批量）　　TCP性能测度　　TCP性能测度（批量）　　程序查询　　帮助

查询地址:121.248.25.129

| 入库时间 | 源ip地址 | 目的ip地址 | 计算开始时间 | 计算结束时间 | 正向报文数 | 反向报文数 | 正向RTT时延 | 反向RTT时延 | 正向重传 | 反向重传 |
|---|---|---|---|---|---|---|---|---|---|---|
| 2014-04-30 10:48:29 | 121.248.25.129 | 115.25.209.32 | 2013-03-25 10:34:58 | 2013-03-25 10:34:58 | 3 | 5 | 96.28 | 12.688 | 0 | 0 |
| 2014-04-30 10:48:29 | 121.248.25.129 | 115.25.209.32 | 2013-03-25 10:34:58 | 2013-03-25 10:34:58 | 3 | 3 | 80.457 | 6.62 | 0 | 0 |
| 2014-04-30 10:48:29 | 121.248.25.129 | 115.25.209.32 | 2013-03-25 10:35:04 | 2013-03-25 10:35:04 | 1 | 1 | 76.686 | 0 | 0 | 0 |
| 2014-04-30 10:48:36 | 121.248.25.129 | 115.25.209.32 | 2013-03-25 10:35:00 | 2013-03-25 10:35:00 | 1 | 1 | 69.515 | 0 | 0 | 0 |
| 2014-04-30 10:48:36 | 121.248.25.129 | 115.25.209.32 | 2013-03-25 10:35:02 | 2013-03-25 10:35:03 | 2 | 16 | 284.391 | 6.282 | 0 | 0 |
| 2014-04-30 10:48:36 | 121.248.25.129 | 115.25.209.32 | 2013-03-25 10:34:51 | 2013-03-25 10:35:04 | 1 | 2 | 7.438 | 1831.591 | 0 | 0 |
| 2014-04-30 10:48:36 | 121.248.25.129 | 115.25.209.32 | 2013-03-25 10:34:51 | 2013-03-25 10:34:51 | 1 | 27 | 111.026 | 5.131 | 0 | 0 |
| 2014-04-30 10:48:36 | 121.248.25.129 | 115.25.209.32 | 2013-03-25 10:35:00 | 2013-03-25 10:35:00 | 1 | 2 | 154.052 | 5.35 | 0 | 0 |
| 2014-04-30 10:48:36 | 121.248.25.129 | 115.25.209.32 | 2013-03-25 10:35:02 | 2013-03-25 10:35:08 | 3 | 3 | 70.882 | 4.55 | 0 | 0 |
| 2014-04-30 10:48:36 | 121.248.25.129 | 115.25.209.32 | 2013-03-25 10:34:58 | 2013-03-25 10:34:58 | 1 | 2 | 115.58 | 4.697 | 0 | 0 |
| 2014-04-30 10:48:36 | 121.248.25.129 | 115.25.209.32 | 2013-03-25 10:35:00 | 2013-03-25 10:35:00 | 1 | 1 | 69.354 | 0 | 0 | 0 |
| 2014-04-30 10:48:38 | 121.248.25.129 | 115.25.209.32 | 2013-03-25 10:35:02 | 2013-03-25 10:35:02 | 1 | 2 | 87.204 | 4.668 | 0 | 0 |
| 2014-04-30 10:48:39 | 121.248.25.129 | 115.25.209.32 | 2013-03-25 10:34:54 | 2013-03-25 10:35:04 | 1 | 2 | 7.408 | 1353.598 | 0 | 0 |
| 2014-04-30 10:48:39 | 121.248.25.129 | 115.25.209.32 | 2013-03-25 10:34:54 | 2013-03-25 10:35:00 | 3 | 1 | 0 | 4.878 | 0 | 0 |
| 2014-04-30 10:48:39 | 121.248.25.129 | 115.25.209.32 | 2013-03-25 10:34:58 | 2013-03-25 10:34:59 | 3 | 11 | 688.058 | 7.284 | 0 | 0 |
| 2014-04-30 10:48:39 | 121.248.25.129 | 115.25.209.32 | 2013-03-25 10:35:00 | 2013-03-25 10:35:00 | 1 | 3 | 334.323 | 0 | 0 | 0 |
| 2014-04-30 10:48:39 | 121.248.25.129 | 115.25.209.12 | 2013-03-25 10:34:47 | 2013-03-25 10:34:47 | 1 | 3 | 0 | 8.017 | 0 | 0 |
| 2014-04-30 10:48:42 | 121.248.25.129 | 115.25.209.32 | 2013-03-25 10:34:58 | 2013-03-25 10:35:01 | 1 | 4 | 94.08 | -128.72 | 0 | 0 |

**图 2.18　TCP 查询结果图**

**HADOOP测量平台数据结果查询系统**

用户行为分类　　用户行为分类（批量）　　TCP性能测度　　TCP性能测度（批量）　　程序查询　　帮助

查询地址:118.67.120.63

| 入库时间 | 源ip地址 | 源流开始时间 | 源流结束时间 | 源流个数 | 目流开始时间 | 目流结束时间 | 目流个数 | 主机行为 |
|---|---|---|---|---|---|---|---|---|
| 2014-04-29 06:40:27 | 118.67.120.63 | 2013-03-25 10:36:20 | 2013-03-25 10:40:12 | 19 | 2013-03-25 10:35:23 | 2013-03-25 10:40:24 | 69 | 3 |

**图 2.19　用户行为查询结果图**

## 2.5　实验分析

### 2.5.1　实验环境

本实验搭建的 Hadoop 环境是在一台服务器上创建的 6 台 Vbox 虚拟机组成的集群，其中每台虚拟机配置 CPU Intel Xeon E5 - 2403 1.80 GHz，内存 700 MB，Disk 30 GB，网络通信速率 100 Mbps，操作系统采用 Centos 6.2。服务器的各项配置信息如表 2.14 所示。

**表 2.14　服务器配置信息**

| 名　称 | 详细信息 |
|---|---|
| CPU | Intel Xeon E5 - 2403 1.80 GHz |
| 内　存 | 8G |
| 硬　盘 | 2T |
| 操作系统 | Centos6.2 |

Hadoop 平台主要包括是分布式文件系统 HDFS 和分布式编程模型 MapReduce，分别用于海量数据存储和计算。在海量数据存储进程方面，集群由一个 Namenode 进程和若干个 DataNode 进程组成，另外还有一个 SecondaryNamenode 进程作为 NameNode 进程信息的备份，用于数据备份

和系统恢复时使用，NameNode 主要用于管理元数据，而 DataNode 是实际存储数据的。在分布式计算方面，集群包括一个 JobTracker 进程和若干个 TaskTracker 进程，JobTracker 是负责任务调度，而 TaskTracker 是用于执行任务的。实验的 Hadoop 集群环境的配置信息如表 2.15 所示。

**表 2.15 Hadoop 在虚拟机上的部属情况**

| 机器名 | IP 地址 | 进程信息 |
| --- | --- | --- |
| Master. hadoop | 10. 129. 3. 200 | NameNode JobTracker SecondaryNameNode |
| Slave1. hadoop | 10. 129. 3. 201 | DataNode TaskTracker |
| Slave2. hadoop | 10. 129. 3. 202 | DataNode TaskTracker |
| Slave3. hadoop | 10. 129. 3. 203 | DataNode TaskTracker |
| Slave4. hadoop | 10. 129. 3. 204 | DataNode TaskTracker |
| Slave5. hadoop | 10. 129. 3. 205 | DataNode TaskTracker |

### 2.5.2 实验平台布署

本书是基于 Hadoop 云计算平台的网络测量，下面介绍 Hadoop 云计算平台的部署，本书的布署参考 Cloudera[11] 提供的支持。

(1) 网络主机名配置

本书使用 Vbox 申请桥接网络方式的最小化 Centos 安装方式的虚拟机，配置每台虚拟机的/etc/sysconfig/network-scripts/ifcfg-eth0 文件，配置 IP 地址，然后在/etc/hosts 文件中配置主机名和 IP 的对应关系。

(2) SSH 配置

Hadoop 集群之间在运行过程要有数据和命令的传输，节点之间要实现相互的无密码方式的 SSH 登录，首先需要生成每个节点的公钥信息，其次将所有的公钥信息汇总到一个 authorized_keys 文件中；最后将这个文件部属到所有节点的的指定用户的～/. ssh/目录中；对于上面用户的公钥，获取方式是首先切换到用户空间中，然后运行命令 ssh-keygen，既可在这个用户的～/. ssh/目录下生成关于这个用户的私钥和公钥。

(3) Hadoop 安装配置

本书使用 Hadoop 版本是 hadoop－1. 2. 1 稳定版，直接从官网下载源码包放到每台集群虚拟机中解压缩使用，对于 master 机，主要配置文件包括 master，填写 master 主机名 Master. hadoop；配置文件 slave，填写 5 台 slave 机的主机名，slave1. hadoop，一直到 salve5. hadoop；配置文件 core-site. xml，主要配置文件目录 fs. default. name 和 hadoop. tmp. dir 两个参数；配置文件 hdfs-site. xml，包括数据节点和名字节点的默认工作目录；配置文件 mapred-site. xml，是 mapred. job. tracker 参数。

然后使用 start-all. sh 启动 Hadoop 集群，第一次启动 Hadoop 集群需要对分布式文件系统使用命令 hadoop namenode format 进行格式化，图 2.20 是本实验 Hadoop 集群启动后的集群 DataNode 节点情况，使用命令 jps 来观察各个主机的进程有没有启动。至此，Hadoop 集群搭建完成。

(4) Ganglia 安装配置

Ganglia 的安装相对比较简单，参照一般 linux 下软件的源码安装方式，Ganglia 包括两个进程 Gmond 和 Gmetad，Gmetad 负责接收系统各种性能指标，而 Gmond 一般负责发送这些性能指标(服务器端同时运行两个进程，客户端只运行 Gmond 进程)；Ganglia 集群服务端能够通过一台服务端收集到它下属的所有客户端数据；Hadoop 集群提供了相应的配置文件支持 Ganglia，主要是配置 Hadoop 根目录下的 conf 文件夹下的 hadoop-metrics. properties 文件，将

Ganglia 的相关信息填入,启动 Ganglia 后的界面如图 2.21(彩插 3)所示。

**Live Datanodes : 5**

| Node | Last Contact | Admin State | Configured Capacity (GB) | Used (GB) | Non DFS Used (GB) | Remaining (GB) | Used (%) | Used (%) | Remaining (%) | Blocks |
|---|---|---|---|---|---|---|---|---|---|---|
| slave1 | 0 | In Service | 31.94 | 1.53 | 4.42 | 25.99 | 4.8 | | 81.38 | 311 |
| slave2 | 2 | In Service | 31.94 | 1.26 | 4.39 | 26.29 | 3.93 | | 82.32 | 306 |
| slave3 | 0 | In Service | 31.94 | 1.73 | 4.42 | 25.8 | 5.41 | | 80.77 | 303 |
| slave4 | 1 | In Service | 31.94 | 1.6 | 4.42 | 25.92 | 5.02 | | 81.13 | 311 |
| slave5 | 1 | In Service | 31.94 | 1.65 | 4.39 | 25.9 | 5.17 | | 81.09 | 315 |

**图 2.20　集群 HDFS 情况**

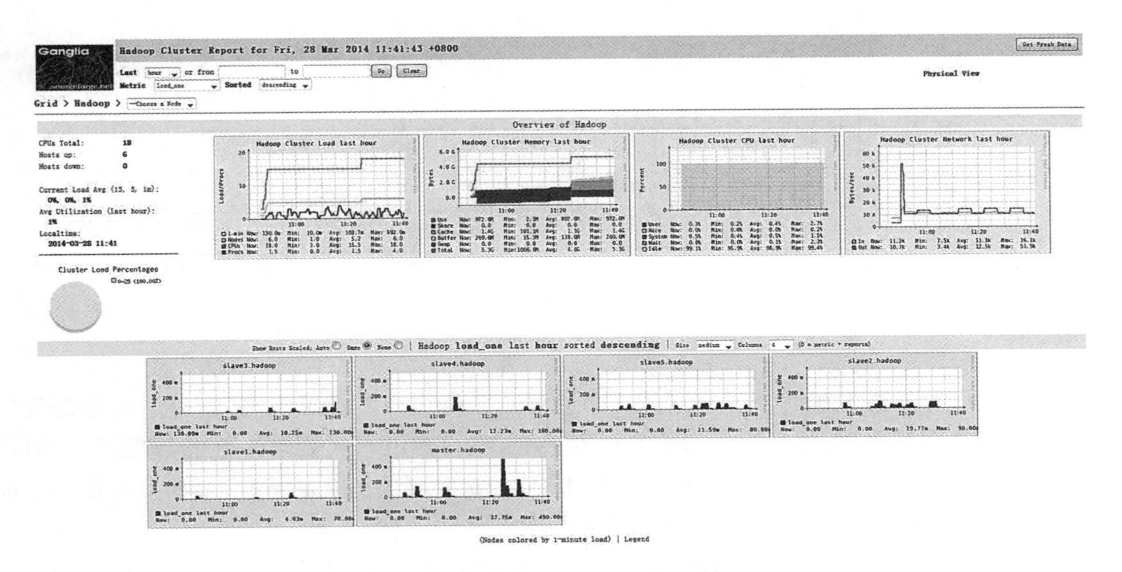


**图 2.21(彩插 3)　Hadoop 集群 Ganglia 图**

## 2.5.3　实验数据集

实验的数据来自部分东南大学 bras 动态分配地址对江苏省教育网外地址的流量。日期为 2013 年 3 月 25 日 10 点 34 分开始,时长为 60 min 的数据。在实验中,我们将这 60 min 的数据根据粒度划分为 5 组测量数据。表 2.16 为本次实验数据的相关信息。其中第 1 列为组标号,第 2 列为当前组时长,第 3 列为当前子区间内的报文数,第 4 列为当前子区间内的流数,第 5 列为当前子区间内的字节数。(因为轮文采用的使用虚拟机来实现整个集群,因此,对于上面的数据论文是直接事先处理好,形成了行记录的数据报文数据和组好的 Netflow 数据,然后调用系统命令 Hadoop fs-put 将数据集存如 HDFS 文件系统中)

**表 2.16　数据集情况**

| 标标号 | 时　长 | 报文数 | 流　数 | 字节数 |
|---|---|---|---|---|
| 第一组 | 5 min | 1 581 519 | 305 095 | 2.58 G |
| 第二组 | 10 min | 3 210 460 | 623 586 | 4.52 G |
| 第三组 | 20 min | 6 489 216 | 1 275 033 | 9.24 G |
| 第四组 | 40 min | 13 159 528 | 2 743 533 | 16.34 G |
| 第五组 | 60 min | 19 876 481 | 3 424 516 | 24.29 G |

### 2.5.4　实验结果分析

本系统利用并行算法实现了 TCP 性能测度计算和用户行为分类两个作业，为了实验并行算法的正确性，对于 TCP 性能中的往返时延的计算，论文用 Tcptrace 开源软件对论文的并行算法进行了正确性验证，在抽样 100 个 IP 对进行比较后，如图 2.22 所示是 Tcptrace 计算的往返时延和论文并行算法计算的时延值的差的绝对值，结果误差在 100 μs 内，因为 Tcptrace 时延上的精确单位是 0.1 ms，而论文使用的报文的时戳精确到 μs，所以下图结果证明了论文并行往返时延算法的正确性。

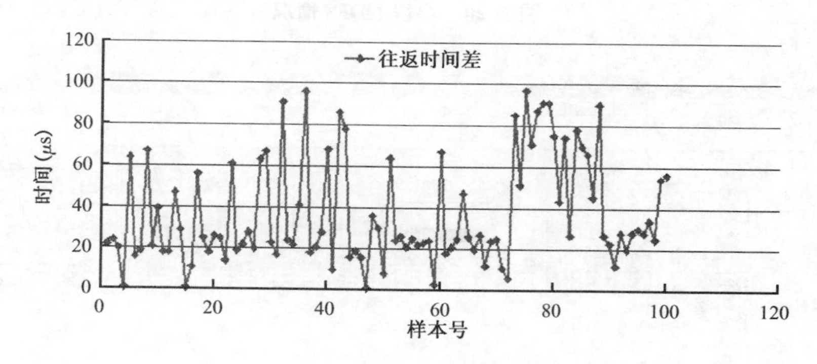


**图 2.22　时延差图**

另外，在计算往返时延时，结果中有 IP 地址对时延值很大的情况出现，通过过滤分析数据包，分析是网络出现拥塞，然后数据包被路由器丢弃，截获点没有收到第一次的数据报文，但是收到重传报文出现的情况；对于结果中出现的 IP 地址对时延值为 0 的情况，根据并行算法流程是由于没有截获足够计算结果的数据报文个数导致。

对于 TCP 性能中的重传的计算，因为所占比例很少，论文直接对数据结果进行人工抽查，论文选取 50 个结果，然后到原始离线报文中进行报文过滤查询，对比结果，结果完全正确，图 2.23(彩插 4)是一个输出结果为 211.65.45.184，110.75.127.233，6，1671，80，2，0 的信息(源地址，目的地址，协议，源端口，目的端口，源地址到目的地址的重传数，目的地址到源地址的重传数)的相对应报文重传情况。

Filter: ip.addr == 211.65.45.184 and tcp.port == 1671　Expression... Clear Apply Save

| No. | Time | Source | Destination | Protocol | Length | Info |
| --- | --- | --- | --- | --- | --- | --- |
| 63126 | 24.233651 | 211.65.45.184 | 110.75.127.233 | TCP | 66 | netview-aix-11 > http [SYN] Seq=0 Win=65535 Len=0 MSS=1414 WS=2 SACK_PERM=1 |
| 63352 | 24.245123 | 110.75.127.233 | 211.65.45.184 | TCP | 62 | http > netview-aix-11 [SYN, ACK] Seq=0 Ack=1 Win=5840 Len=0 MSS=1460 SACK_PERM=1 |
| 63374 | 24.247728 | 211.65.45.184 | 110.75.127.233 | TCP | 1468 | [TCP segment of a reassembled PDU] |
| 63375 | 24.247731 | 211.65.45.184 | 110.75.127.233 | HTTP | 287 | GET /buildconnection.do?nkh=%E8%96%87%E8%96%87%E4%B9%94%E5%AE%89%E5%A8%9C&t=1364180391601 HTTP/1.1 |
| 63578 | 24.259760 | 110.75.127.233 | 211.65.45.184 | ICMP | 590 | Destination unreachable (Fragmentation needed) |
| 93250 | 27.092633 | 211.65.45.184 | 110.75.127.233 | TCP | 1468 | [TCP Retransmission] netview-aix-11 > http [ACK] Seq=1 Ack=1 Win=65535 Len=1414 |
| 93472 | 27.112823 | 211.65.45.184 | 110.75.127.233 | TCP | 287 | [TCP Retransmission] netview-aix-11 > http [PSH, ACK] Seq=1415 Ack=1 Win=65535 Len=233 [Reassembly error |

**图 2.23(彩插 4)　报文重传情况图**

为了验证用户分类结果的正确性，我们对实验结果进行了抽样查找，对于 5 组测试数据，第一组抽样 50 个，第二组抽样 100 个，第三组抽样 200 个，第四组 400 个，第五组 600 个，然后进行 IP 查找定位查找，五组结果对五种类型分类的平均错报率和平均漏报率如图 2.24 所示。(对于客户端，P2P 主机，服务器主机三种情况使用的数据是第一到第五组数据，对于 DDos 被攻击主机和扫描主机这里面用的数据是来自美国国防部 DARPA[12] 的 DDos 和扫描数据)

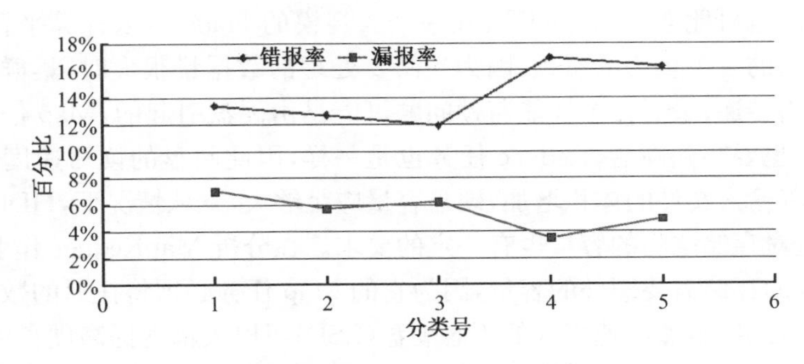


图 2.24 用户行为分类错漏率图

### 2.5.5 可扩展性分析

根据 Hadoop 集群的介绍，随着节点数的增加，计算能力不断扩展，任务完成的时间逐渐减少。论文使用第一组数据和第三组数据做了扩展性实验，分别如图 2.25 所示，图中可以发现，节点数的增加让运行时间越来越少，但是任务完成时间减少的幅度在小任务量时间的作业上反映出来的不是很明显，且节点数的增加并没有导致作业运行时间成相对应倍数的减少。

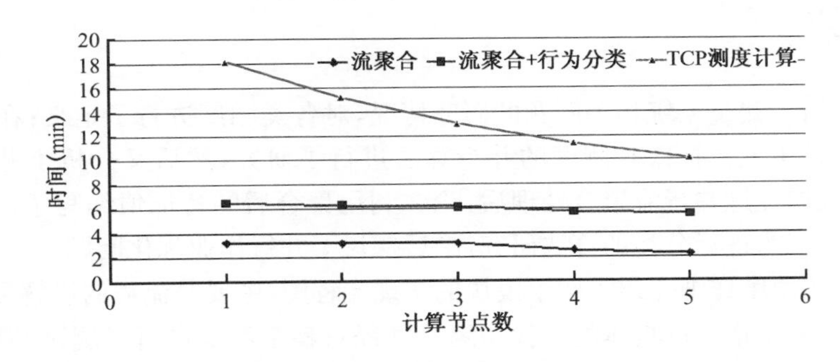


图 2.25 第一组作业运行时间图

造成这种现象的原因主要是论文的实验平台利用的是虚拟机环境，因为所有节点共用一台服务器的资源，当部分节点运行作业时，同样利用整个服务器资源(可以理解成节点性能得到了提升)，另外一个原因是当作业量很少时，作业真正计算 CPU 时间占比很少，大部分时间是 MapReduce 流程中的过程时间，这也就解释了为什么在流聚合和流聚合加行为分类的时间在节点数变化时基本没有时间的变化。

### 2.5.6 性能瓶颈分析

当 Hadoop 集群运行 MapReduce 作业时，集群面临着几个性能瓶颈问题：一个问题是与硬件相关的，例如如 CPU，内存，硬盘，以及网络，另一个是软件问题与 MapReduce 作业的具体的算法有关。

硬件问题，Hadoop 集群中，Map 和 Reduce 任务共享 CPU 资源。当任务以最大数量被分配和运行时，CPU 密集型的工作可能会遇到性能饱和情况，在论文的 TCP 性能测度计算作业，非常消耗 CPU 资源，可以通过使用更多的节点对它的性能改进(相当于增加计算能力)；Master 节点可能会遇到内存问题，当许多文件被加载到 HDFS 时，因为 HDFS 的主节点保留关于文件位置和其相关的 HDFS 块的信息，这些信息需要时刻存储在内存中，如何 Slave 节点的作业需要很大的内存空间也可能遇到内存问题；在一个大规模的 Hadoop 云计算平台上，网络也可能成为工作节点之间的一个重要的瓶颈，因为当需要处理的数据量很大时，集群中会有大量中间结果需要经过网络传递；最后一个性能瓶颈问题可能是由硬盘引起的，Map 任务需要从硬盘读取数据，然后结果也要写到硬盘，Reduce 任务也是一样，因此硬盘的读写速度会影响作业的运行情况，另外，随着输入文件的体积增加，硬盘容量应足够大，默认情况下，HDFS 复制的每个块三次进行备份，这对存储空间的容量也有一定的要求。在分析 MapReduce 作业计算 TCP 性能测量时，中间数据的存储需要额外的容量，因为它的 Map 任务必须将往返的数据报文信息组合然后给到 Reduce 任务，虽然高速接入的固态硬盘(SSD)可以大幅度提高硬盘的性能，但是应该通过考虑所确定的成本在性能中的折中，目前，一个比较流行的解决方案，是使用多个硬盘组成的阵列来提高硬盘磁盘访问的速度。

软件问题是关系到 MapReduce 的算法优化。MapReduce 算法中，Combiner 函数是对于 Map 函数和 Reduce 函数减少之间的数据流量是非常有用的，与此同时，可以减少 Reduce 任务的计算开销。中间数据量的减少有助于减少磁盘 I/O 的使用。在论文 TCP 性能测度计算的分析中，论文使用 Combiner 函数对 Map 的结果进行合并来优化算法，以便使 MapReduce 作业可以减少对存储器，网络和磁盘的开销。

## 2.6　小结

本章主要探讨了测量系统相关问题的研究情况，对各类测度进行了定义；在分析常见 TCP 测度常规方法的基础上，对 TCP 测度的并行算法进行了研究，然后又分析了并行的流聚合处理，在 Netflow 数据经过并行流聚合处理后，论文利用聚合后的特征值编写了用户行为分类规则，进行了对用户行为进行分类的算法研究，最后探讨了并行作业优化问题。

从程序实现的角度详细介绍了四个模块的实现流程图，主要是流程的讲解和各种使用的数据结构讲解。另外，本章通过具体的实验和测试过程对整个系统进行了测试和评估，首先介绍了实验环境的搭建，实验数据的来源等，接着对系统中的两个作业进行了正确性的分析评估，然后对云计算平台的一个重要的特性既可扩展性进行了实验分析，最后，对 MapReduce 作业运行过程中可能出现的性能瓶颈进行了分析。

## 参考文献

[1]　PF_RING[EB/OL]. http://www.ntop.org/products/pf_ring/.

[2]　郭占东，刘云龙. 高速网络数据包捕获计算研究[J]. 中国科技论文在线，2010.

[3]　赵立军，汪文勇. 网络服务质量的测量技术研究[D]. 成都：电子科技大学，2012.

[4]　陈宁，徐同阁. 一种高速流量聚合方法的设计与实现[J]. 微计算机信息，2008,20(1-3):98-100.

[5]　刘璇，张凤荔，叶李. 基于 Netflow 的用户行为挖掘算法设计[J]. 计算机应用研究，2009，26(2)：713-715.

[6]　孙知信，姜举良，焦琳. DDOS 攻击检测和防御模型[J]. 软件学报，2007,18(9):2245-2258.

[7]　Jung J, Paxson V, Berger AW, et al. Fast Portscan Detection Using Sequential Hypothesis Testing[C]: In Proceedings of the 2004 IEEE Symposium on Security and Privacy, 2004:211-225.

[8]　Shafer J, Rice Univ, Rixner S. The Hadoop distributed filesystem: Balancing portability and performance [C]. 2010 IEEE International Symposium on Performance Analysis of Systems & Software, 2010, 28 (39):122-133.

[9] Jiong Xie, Shu Yin, Xiaojun Ruan, Zhiyang Ding. Improving MapReduce performance through data placement in heterogeneous Hadoop clusters[C]. 2010, 19(23):1-9.

[10] Foto N. Afrati, Jeffrey D. Ullman. Optimizing Joins in a Map-Reduce Environment[C]. the 13th International Conference on Extending, 2010, 99-110.

[11] Cloudera[EB/OL]. http://www.cloudera.com/content/cloudera/en/home.html.

[12] DARPA[EB/OL]. http://www.ll.mit.edu/mission/communications/ist/corpora/ideval/data/index.html

# 3 超点数据流检测方法

## 3.1 引言

高速网络环境在线准确地检测超点对网络安全和网络管理具有重要意义。超点是指在测量时间区间内与大量不同的源(目的)节点建立链接的目的(源)节点。超点检测是指检测在测量时间区间内发送或接收链接度超过预定阈值的源(目的)节点[1]。超点检测问题存在于网络安全与网络管理的许多应用中。如:端口扫描和蠕虫传播是在短时间内源节点与不同目的节点建立大量链接引起的,而DDoS攻击是大量的节点泛洪到一个目的节点引起的。另外,在P2P和CDN中一些服务器节点或对等节点可能会吸引大量的请求,而网络中其他的大部分节点处于相对空闲的状态,检测这类节点有助于实现负载均衡和提高网络的整体性能[2]。在高速网络环境下,超点检测的难点在于如何在有限的计算、存储资源下实现准确实时地检测超点。

目前,高速链路上大量的并发活跃流存在,通过简单的方法维护每个流的状态是不可行的[3,4]。而且处理每个分组需要纳秒级时间。例如在OC-768(40 Gbps)链路上,设分组的平均大小为40 B,则需要8 ns处理每个分组。在高速网络环境下当每个报文到达时,仅仅通过存储器SRAM更新每个流的状态是可行的,而存储器SRAM容量小且昂贵无法存储大量的流状态信息[5]。然而,通过抽样和数据流方法近似测量流的统计信息,一定程度上能够减缓上述问题。抽样方法通过存储与处理少量的网络流量极大地减少了所需的存储空间和计算资源,而基于抽样的超点检测方法获得的检测精度依赖抽样率,未能获得高检测精度。数据流方法的主要思想是利用存储器SRAM实时地处理每个到达的报文。通过存储器SRAM存储所有的信息是不可行的,数据流方法的原理是仅存储与应用需求最相关的统计信息[2]。传统基于流抽样的超点检测方法需要维护Hash表与多次访问内存,使其无法实时处理到达的每个报文。另外,随着骨干链路速率的提高,基于流抽样的超点检测方法将面临更严重的实时性问题。

虽然在超点检测方面已经开展了许多研究,但实时性的问题没有得到很好的解决。近年来,随着多核处理器的发展,计算领域正在发生具有革命性影响的转变。多个厂商已经推出一批多核处理器,通用多核处理器有4至9个核,专用多核处理器有几十个至上百个核[6]。在多核处理器计算平台上,并行技术是提高超点检测方法性能的一种有效途径。

因此,针对基于流抽样的超点检测方法存在计算负荷重、检测精度低、实时性差的问题,利用多点测量[7,8]的思想和数据流技术,本章提出了超点检测的并行数据流方法。该方法构造一个并行的可逆Sketch数据结构[9],该数据结构由多个二维的位数组组成。PDS方法利用多线程并行技术实现数据流的更新和归并过程,该过程由更新线程和归并线程构成。假设数据流被均匀分配到更新线程,当子流的每个报文到达时,更新线程更新本地的数据结构,也就是说,通过一组Hash函数选择位数组中几位,将这些位置为1,测量时间周期结束后,更新线程向归并线程发送信息,然后归并线程对数据结构中对应位数组进行按位或运算,得到归并后的数据结构,在此基础上,通过概率计数方法[10]估计链接度,然后检测超点。这些Hash函数通过下文中定理5.1构造,每个位数组共享一个Hash行函数,对应一个Hash列函数。虽然可逆Sketch

数据结构没有存储节点源或目的地址信息，但能够通过简单的计算有效地重构超点的源或目的。利用真实的骨干网流量数据进行实验，理论分析和实验表明超点检测的并行数据流方法能够获得较好的精度和效率。

本章第 2 节阐述了并行数据流方法的主要思路；第 3 节从理论上分析并行数据流方法的存储开销、准确性及计算开销；第 4 节通过实验对并行数据流方法的性能进行分析；最后对本章进行总结及下一步研究方向的展望。

## 3.2　并行数据流方法

本节将描述超点检测的并行数据流方法(Parallel Data Streaming，PDS)。假设数据流 $S=p_1, \cdots, p_t, \cdots, p_n$ 被均匀分为 $R$ 个子流 $S_1, S_2, \cdots, S_R$。子流 $S_l(1\leqslant l\leqslant R)$ 由二元组$(s_{lt}, d_{lt})$构成的时间序列。这样，数据流 $S$ 就是子流 $S_1, S_2, \cdots, S_R$ 依时间戳 $t$ 重新排列后的时间序列。并行数据流方法中，每个子流被分配到一个更新线程，每个更新线程维护一个相同的可逆 Sketch 数据结构，执行相同的操作，当测量时间周期结束后，更新线程将流量概要信息发送到归并线程，然后进行链接度估计和超点检测。

### 3.2.1　方法描述

PDS 方法的框架如图 3.1 所示。PDS 方法由更新模块、归并模块、估计模块、检测模块组成。更新模块包含一个并行的可逆 Sketch 数据结构，该数据结构由一组二维位数组构成，对于到达的每个报文，取出报文的源-目的对的值，并计算其 Hash 值，根据 Hash 值确定数据结构中相应的位置，然后更新相应的位置对应的值；归并模块对更新的数据结构中对应二维位数组进行按位或运算，得到归并的数据结构；估计模块通过概率计数方法估计归并的数据结构中每一列位向量对应的节点链接度；检测模块设置超点检测的阈值和确定超列，然后对数据结构中任意两个二维位数组的超列进行组合，利用定理 3.1 进行逆计算构造节点的 IP 地址，估计节点的链接度，如果节点链接度大于阈值，则认为该节点是超点，最后输出超点。重复上述步骤，直到处理完所有的超列组合。其中，阈值依据节点链接度估计值确定，超列依据节点链接度的估计值和阈值确定。下面给出了 PDS 方法的相关定义、数据结构的构造、数据结构的更新和归并过程、链接度估计方法及超点检测方法。

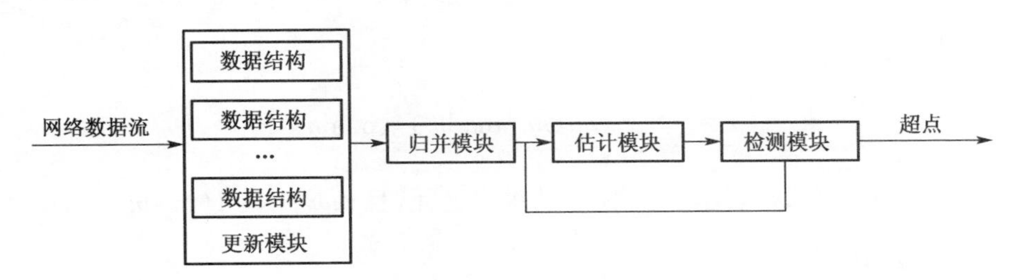


**图 3.1　PDS 方法的框架**

### 3.2.2　相关定义

**定义 3.1**　网络数据流。一个时间区间内顺序到达的报文序列，称为网络数据流，记为 $I=p_0, p_1, \cdots, p_t, \cdots, p_{n-1}$。其中 $p_t=(s_t, d_t)$ 表示第 $t$ 个报文信息，$s_t/d_t$ 分别表示该报文的源/目的。一个源由报文头的一个或多个源字段构成，如：源 IP 地址、源端口、源 IP 地址和源端口的二元组。类似的,一个目的由一个或多个目的字段构成。

**定义 3.2** 超源(Super Source)。节点的出度大于预定阈值的所有源构成的集合,称为超源,记为 $SS(S, D)$,表示为:

$$SS(S,D) = \{s \mid OD(s) \geqslant \phi_{OD} F_{OD},\ s \in S\}$$

其中,$\phi_{OD}(0 < \phi_{OD} < 1)$ 是一个阈值,$OD(s)$是源 $s$ 的出度,表示在测量时间区间内源链接的不同目的数,$F_{OD}$是所有源的出度总和。

**定义 3.3** 超目的(Super Destination). 节点的入度大于预定阈值的所有目的构成的集合,称为超目的,记为 $SD(S, D)$,表示为:

$$SD(S,D) = \{d \mid ID(d) \geqslant \phi_{ID} F_{ID},\ d \in D\}$$

其中,$\phi_{ID}(0 < \phi_{ID} < 1)$ 是一个阈值,$ID(d)$是目的 $d$ 的入度,表示在测量时间区间内目的链接的不同源数,$F_{ID}$是所有目的的入度总和。

**定义 3.4** 超列(Super Column). 对于任一列向量 $A_i[\cdot][j]$,通过 Hash 函数映射到该列的总链接度为:

$$D(A_i[\cdot][j]) = -m\ln\frac{U_{A_i[\cdot][j]}}{m}$$

当且仅当 $D(A_i[\cdot][j]) \geqslant \phi F$,则称为超列。其中,$U_{A_i[\cdot][j]}$表示位向量 $A_i[\cdot][j]$中 0 的位数,$F$ 是总链接度,通过 Bitmap 算法估计[11]。

**定义 3.5** 链接度(Connection Degree). 在一定的测量时间区间内,不同的源-目的对的总数,称为链接度,记为 $n$。链接度 $n$ 的估计表示为:

$$\hat{n} = -m\ln\frac{U_n}{m}$$

其中,$U_n$表示位向量中 0 的位数,$m$ 表示位向量的大小。

**定理 3.1**[12] 令 $n = n_1 n_2 \cdots n_H$,其中 $n_1, n_2, \cdots, n_H$是两两互质的正整数,则对任意整数 $c_1, c_2, \cdots, c_H$,联立方程组表示为:

$$x \equiv c_i(\bmod n_i),\ i = 1, 2, \cdots, H$$

对模 $n$ 有唯一解

$$x \equiv \sum_{i=1}^{H} c_i(m_i(m_i^{-1} \bmod n_i))(\bmod n)$$

其中,$m_i = n/n_i$,$m_i^{-1} \bmod n_i$ 表示 $m_i$对模 $n_i$的乘法逆元,且 $m_i m_i^{-1} \equiv 1(\bmod n_i)$。

### 3.2.3 数据结构

可逆 Sketch 数据结构 $A^l$表示为:

$$A^l = (A_1^l, A_2^l, \cdots, A_H^l)(1 \leqslant l \leqslant R)$$

其中,$A_i^l(1 \leqslant i \leqslant H)$ 是一个二维位数组 $A_i^l[j][k](0 \leqslant j \leqslant m-1,\ 0 \leqslant k \leqslant n_i-1)$,$R$ 表示数据结构的数量,$H$ 表示二维位数 $A_i^l(1 \leqslant i \leqslant H)$的个数,$A_i^l(1 \leqslant i \leqslant H)$对应一个列 Hash 函数 $h_i(1 \leqslant i \leqslant H)$,共享一个行 Hash 函数 $f$。

行 Hash 函数 $f$、列 Hash 函数 $h_i$分别表示为：

$$f:\{0,1,\cdots,M-1\}\rightarrow\{0,1,\cdots,m-1\}$$

$$h_i:\{0,1,\cdots,N-1\}\rightarrow\{0,1,\cdots,n_i-1\}$$

其中，$M$ 表示所有源/目的的二元组数；$N$ 表示源数；$m$ 表示二维位数组 $A_i^l(1\leqslant i\leqslant H)$ 的行数，$n_i$表示第 $i$ 个二维位数组 $A_i^l(1\leqslant i\leqslant H)$ 的列数，参数的具体说明如表 3.1 所示。

**表 3.1　数据结构的符号说明**

| 符　号 | 说　明 |
| --- | --- |
| $R$ | 数据结构的数量 |
| $H$ | 位数组 $A_i^l$ 的数量 |
| $H^*$ | 位数组 $B_i^l$ 的数量 |
| $A^l$ | 第 $l$ 个数据结构的可逆 sketch |
| $A_i^l$ | 位数组 $A_i^l$ 的第 $l$ 个位向量 |
| $B_i^l$ | 位数组 $B_i^l$ 的第 $l$ 个位向量 |
| $A_i^l[j][k]$ | 位数组 $A_i^l$ 中位于$(j, k)$的元素 |
| $B_i^l[j][k]$ | 位数组 $B_i^l$ 中位于$(j, k)$的元素 |
| $n_i$ | 位数组 $A_i^l$ 的列数 |
| $n_i^*$ | 位数组 $B_i^l$ 的列数 |
| $m$ | 位数组 $A_i^l$ 或 $B_i^l$ 的行数 |
| $f$ | 行 Hash 函数 |
| $h_i$ | 位数组 $A_i^l$ 的第 $i$ 个列 Hash 函数 |
| $h_i^*$ | 位数组 $B_i^l$ 的第 $i$ 个列 Hash 函数 |

列 Hash 函数 $h_i$的构造如下：

$$\begin{cases}h_i(x)=g(x)\bmod n_i,\ 1\leqslant i\leqslant H\\ g(x)=(ax+b)\bmod p\end{cases}\tag{3.1}$$

其中，$n_1,\ n_2,\ \cdots,\ n_H(\leqslant p)$是两两互质的整数，$p$ 是大于 $N$ 的质数，$a$、$b$ 是整数，且 $1\leqslant a\leqslant p,\ 0\leqslant b\leqslant p$。如果 $n_i(1\leqslant i\leqslant H)$ 是一个质数，则

$$\Pr_{1\leqslant i\leqslant H}\{h_i(x)=h_i(y)\}\leqslant\frac{1}{n}$$

其中，$x$ 与 $y(0\leqslant x,\ y\leqslant n-1)$是不相同的数，$h_i$是任意一个满足方程组(3.1)的列 Hash 函数。

### 3.2.4　更新归并过程

PDS 方法的更新和归并架构如图 3.2 所示，由 $R$ 个更新线程和一个归并线程组成。更新线程处理子流与更新本地数据结构，测量时间周期结束后，更新线程与归并线程通信，归并线程对流量概要信息进行归并。更新和归并的具体实现过程如下：

(1) 更新线程 $l(1\leqslant l\leqslant R)$为子流 $S_l$维护一个可逆 Sketch 数据结构。首先，将 $A_i^l(1\leqslant i\leqslant H,\ 1\leqslant l\leqslant R)$ 中每一位初始化为 0，当报文 $p_t=(s_t,\ d_t)$ 到达时，$A_i^l(1\leqslant i\leqslant H,\ 1\leqslant l\leqslant R)$ 中第 $f(s_t\,||\,d_t)$行和第 $h_i(s_t)$列位置的位置为 1，即

$$A_i^l[f(s_t \parallel d_t)][h_i(s_t)] = 1,\ 1 \leqslant i \leqslant H,\ 1 \leqslant l \leqslant R$$

测量时间周期结束后，更新线程 $l$ 向归并线程发送流量概要信息，再将 $A_i^l(1 \leqslant i \leqslant H, 1 \leqslant l \leqslant R)$ 中每一位重置为 0。

(2) 归并线程接收更新线程发送的信息，对流量概要信息进行归并，维护一个相同的数据结构。对 $R$ 个可逆 Sketch 数据结构相应位数组中位向量进行按位或运算得到位向量 $A_i[\cdot][j]$，即

$$A_i[\cdot][j] = A_i^1[\cdot][j] \mid A_i^2[\cdot][j] \mid \cdots \mid A_i^R[\cdot][j],\ 1 \leqslant i \leqslant H,\ 1 \leqslant j \leqslant n_i$$

其中，$A_i^l[\cdot][j]$表示第 $l$ 个可逆 Sketch 的第 $i$ 个二维位数组的第 $j$ 列，| 表示按位或运算符。

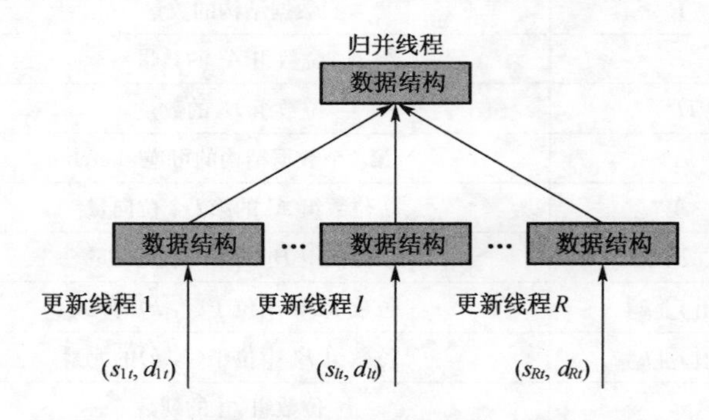


**图 3.2　PDS 方法的更新和归并架构**

假设存在 2 个超点，$A_i(1 \leqslant i \leqslant H)$ 中可能有两个超列，通过基于可逆 Sketch 的检测方法至少获得 $2^H$个超点。为了降低基于可逆 Sketch 的检测方法产生的误报，建立另一个 Sketch 数据结构 $B^l = (B_1^l, B_2^l, \cdots, B_{H^*}^l)(1 \leqslant l \leqslant R)$ 用于验证通过基于可逆 Sketch 检测方法获得的超点是否映射到 $B_i$ 中的超列，其中，$B_i^l(1 \leqslant i \leqslant H^*)$ 是一个二维位数组 $B_i^l[j][k](0 \leqslant j \leqslant m-1, 0 \leqslant k \leqslant n_i^* - 1)$，更新线程 $l(1 \leqslant l \leqslant R)$ 和归并线程需要进行类似的更新和归并，如下

$$B_i^l[f(s_t \parallel d_t)][h_i^*(s_t)] = 1,\ 1 \leqslant i \leqslant H^*,\ 1 \leqslant l \leqslant R$$

$$B_i[\cdot][j] = B_i^1[\cdot][j] \mid B_i^2[\cdot][j] \mid \cdots \mid B_i^R[\cdot][j],\ 1 \leqslant i \leqslant H^*,\ 1 \leqslant j \leqslant n_i^*$$

其中，$H^*$ 表示二维位数 $B_i^l$ 的个数，$B_i^l$ 对应一个列 Hash 函数 $h_i^*$，共享一个行 Hash 函数 $f$，列 Hash 函数 $h_i^*$ 与 $h_i$是相互独立的，列 Hash 函数 $h_i^*$ 的构造方法类似于 $h_i$。

列 Hash 函数 $h_i^*$ 表示为：

$$h_i^*: \{0, 1, \cdots, N-1\} \rightarrow \{0, 1, \cdots, n_i^* - 1\}$$

其中，$n_i^*$ 表示第 $i$ 个二维位数组 $B_i^l$ 的列数，参数的具体说明如表 3.1 所示。

由于更新线程和归并线程均维护了一个可逆 Sketch 数据结构，从而极大地降低了更新线程和归并线程之间的通信开销。

### 3.2.5　链接度估计

对于任意源 $s$，令映射到 $A_i(s) = A_i[\cdot][h_i(s)](s)(1 \leqslant i \leqslant H)$ 的所有流为 $T_i(s)$。在测量时间区间内，如果没有其他的源通过列 Hash 函数 $h_i(1 \leqslant i \leqslant H)$ 映射到 $A_1(s), A_2(s), \cdots, A_H(s)$，那么 $s$ 的出度 $OD(s) = |T_1 \cap T_2 \cap \cdots\cdots \cap T_H|$，否则，$|T_1 \cap T_2 \cap \cdots\cdots \cap T_H|$是通过列 Hash 函数 $h_i(1 \leqslant i \leqslant H)$ 映射到 $A_1(s), A_2(s), \cdots, A_H(s)$的所有源的出度总和。当 $n =$

$n_1 n_2 \cdots n_H \geqslant p$，不存在源 $s' \in S$，使得 $s'$ 被列 Hash 函数 $h_i(1 \leqslant i \leqslant H)$ 映射到 $A_1(s)$，$A_2(s)$，…，$A_H(s)$。因此，$s$ 的出度 $OD(s) = | T_1 \cap T_2 \cap \cdots\cdots \cap T_H |$。

$OD(s)$的估计表示为：

$$\hat{OD}(s) = -m\ln\frac{U_{A(s)}}{m}$$

其中，$A(s)=A_1(s)$ & $A_2(s)$ & … & $A_H(s)$。& 表示按位与运算符；$U_{A(s)}$表示 $A(s)$中 0 的位数；$m$ 表示 $A(s)$的位数。

### 3.2.6　超点检测

为了检测超点，首先根据定义 3.4 计算 $A_i(1 \leqslant i \leqslant H)$ 超列。由于超列可能包含超点，然后利用超列的任意组合，通过可逆 Sketch 重构节点。为了解决可逆 Sketch 的逆问题，考虑两种情况，具体的过程如下：

(1) 简单的情形

假设可逆 Sketch 数据结构中每个位数组 $A_i(1 \leqslant i \leqslant H)$ 只有 1 个超列，分别用 $c_1$，$c_2$，…，$c_H$表示超列。检测的超点就是通过 Hash 函数映射到 $A_i(1 \leqslant i \leqslant H)$ 的超列对应的源地址，问题转化为联立方程组的求解，联立方程组表示为：

$$\begin{cases} h(x) \equiv c_i \bmod(n_i),\ 1 \leqslant i \leqslant H \\ g(x) = (ax+b)\bmod p \\ 0 \leqslant x < n \end{cases} \tag{3.2}$$

令 $y = h(x)$，则

$$y \equiv c_i(\bmod n_i),\ 1 \leqslant i \leqslant H$$

利用定理 3.1，联立方程组(3.2)的解为：

$$y \equiv \sum_{i=1}^{H} c_i(m_i(m_i^{-1}\bmod n_i))(\bmod n) \tag{3.3}$$

其中，$m_i = n/n_i$，$m_i^{-1}\bmod n_i$ 表示 $m_i$对模 $n_i$的乘法逆元，且 $m_i m_i^{-1} \equiv 1(\bmod n_i)$。因为 $y \in \{0, 1, \cdots, p-1\}$，联立方程组(3.2)的解表示为：

$$X = \{x \mid x = a^{p-2}(kM + \hat{y} - b)\bmod p,\ 0 \leqslant k \leqslant \lfloor (p-\hat{y})M \rfloor,\ 0 \leqslant x < n\} \tag{3.4}$$

其中，$\hat{y}$是联立方程组(3.2)中小于 $M$ 的唯一解。如果 $M > p$，至多一个解，否则，至多$\lfloor (p-\hat{y})/M \rfloor + 1$ 个解。

(2) 一般的情形

假设可逆 Sketch 数据结构中每个位数组 $A_i(1 \leqslant i \leqslant H)$ 有 $k_i$个超列，令超列的所有组合的集合表示为 $\{D_1, D_2, \cdots, D_X\}$，其中 $X = \sum_{1 \leqslant i < j \leqslant H}\binom{H}{2}k_i k_j$。检测的超点就是通过 Hash 映射到 $A_i(1 \leqslant i \leqslant H)$的超列对应的源地址。对于超列的任意一个可能组合 $D_i$，利用(3.2)的联立方程组的求解方法，得到一个超点子集 $U_i(1 \leqslant i \leqslant X)$，整个超点集合就是 $U_i(1 \leqslant i \leqslant X)$ 的并集。

由于超列的错误组合使得基于可逆 Sketch 的超点检测产生误报，为了减少误报，如果节点的链接度小于 $\phi F$ 丢弃，通过可逆 Sketch 重构产生的节点，否则，认为通过可逆 Sketch 重构产生的节点是超点。这样,提高超点检测精度。

## 3.3 性能分析

本节从存储开销、准确性及计算开销分析 PDS 方法的性能。PDS 方法的目标是在有限的存储空间内实现实时准确地检测超点。因此,方法的存储开销是首先需要考虑的影响因素。在一定的存储空间下,尽量地提高超点检测的准确性,满足高速网络的特定应用需求。同时,计算开销也是影响算法性能的重要因素。存储开销是指存储链接状态所占用的内存空间。准确性是指超点的链接度估计尽可能地接近其链接度的真实值。计算开销是指处理每个报文所需的 Hash 运算和访问内存的次数。

### 3.3.1 存储开销

可逆 Sketch 数据结构由($A_l$, $B_l$)构成,其中,$A_l$是由 $H$ 个二维位数组 $A_i^l[j][k]$($0 \leqslant j \leqslant m-1$, $0 \leqslant k \leqslant n_i - 1$) 组成,$B^l$是由 $H^*$ 个二维位数组 $B_i^l[j][k]$($0 \leqslant j \leqslant m-1$, $0 \leqslant k \leqslant n_i^*-1$) 组成。因此,PDS 方法所占用的内存空间表示为:

$$R\left(\sum_{i=1}^{H} n_i + \sum_{i=1}^{H^*} n_i^*\right)m/8 \tag{3.5}$$

式(3.5)表明存储开销与 PDS 方法中参数有关,在 PDS 方法的设计过程中,需要权衡存储空间和检测精度。

### 3.3.2 准确性

检测精度与存储空间是密切相关的,从而需要在检测精度与存储空间之间进行折中。链接度估计是 PDS 方法的准确性的重要影响因素。因此,链接度估计精度大小直接对 PDS 方法准确性产生不同程度的影响。根据定义 3.5,节点 $s$ 的链接度估计$\hat{n}_s$ 表示为:

$$\hat{n}_s = -m\ln\frac{U_{A(s)}}{m}$$

其中,$A(s)$表示以 $s$ 为源形成的位向量;$U_{A(s)}$表示位向量 $A(s)$中 0 的位数;$m$ 表示位向量 $A(s)$的大小。

从$\hat{n}_s/n_s$ 的数学期望和标准差分析链接度估计的精度。

**定理 3.2** 如果 $t = n/m$ 是一个常数,那么估计量$\hat{n}_s/n_s$ 是一个渐近无偏估计量,即 $E[\hat{n}_s/n_s] \approx 1$。

证明:令 $A_j$表示位向量 $A(s)$中第 $j$ 个位为 0 的事件,$1_{A_j}$ 表示相应的指示器随机变量,即,如果 $A_j$发生,则 $1_{A_j}$ 的取值为 1,否则,$1_{A_j}$ 的取值为 0。因为不同的源-目的对的 Hash 取值是相互独立的,所以

$$P(A_j) = (1-\frac{1}{m})^n$$

$$P(A_j \cap A_k) = \left(1-\frac{2}{m}\right)^n, j \neq k$$

因为 $U_{A(s)}$是位向量 $A(s)$中 0 的位数,所以

$$U_{A(s)} = \sum_{j=1}^{m} 1_{A_j}$$

$$E[U_{A(s)}] = \sum_{j=1}^{m} P(A_j) = m\left(1-\frac{1}{m}\right)^n \approx m\mathrm{e}^{-n/m} = m\mathrm{e}^{-t},\ n,\ m \to \infty$$

$$E[U_{A(s)}^2] = E[(\sum_{j=1}^{m} 1_{A_j})^2] = E[\sum_{j=1}^{m} 1_{A_j}^2] + 2E\sum_{k=2}^{m}\sum_{j=1}^{k-1} 1_{A_j} 1_{A_k}]$$

$$= m\left(1-\frac{1}{m}\right)^n + m(m-1)\left(1-\frac{2}{m}\right)^n$$

又因为

$$= m\left(\left(1-\frac{1}{m}\right)^n - \left(1-\frac{2}{m}\right)^n + m\left(\left(1-\frac{2}{m}\right)^n - \left(1-\frac{1}{m}\right)^{2n}\right)\right)$$

$$\approx m(\mathrm{e}^{-t} - \mathrm{e}^{-2t} - t\mathrm{e}^{-2t}),\ m,\ n \to \infty$$

$$= m\mathrm{e}^{-t}(1-(1+t)\mathrm{e}^{-t})$$

令 $V_{A(s)} = U_{A(s)}$，则

$$E[V_{A(s)}] = \mathrm{e}^{-t}$$

$$Var[V_{A(s)}] = \frac{1}{m}\mathrm{e}^{-t}(1-(1+t)\mathrm{e}^{-t})$$

令 $f(V_{A(s)}) = -\ln(V_{A(s)})$，则

$$\hat{n}_s = m \times f(V_{A(s)})$$

因为 $f(V_{A(s)})$ 在 $x_0 = \mathrm{e}^{-t}$ 处的泰勒级数表示为：

$$f(V_{A(s)}) = \sum_{n=0}^{\infty} \frac{f^{(n)}(x_0)}{n!}(V_{A(s)} - x_0)^n$$

所以

$$\hat{n}_s = m\left(\sum_{n=0}^{\infty} \frac{f^{(n)}(x_0)}{n!}(V_{A(s)} - x_0)^n\right)$$

只截取到 $f(V_{A(s)})$的泰勒级数的二阶导数并计算数学期望，则

$$E[\hat{n}_s] = mt + \frac{m}{2x_0^2}E[V_{A(s)} - x_0]^2$$

$$= n_s + \frac{\mathrm{e}^t - t - 1}{2}$$

从而得到，

$$E[\hat{n}_s/n_s] = 1 + \frac{\mathrm{e}^t - t - 1}{2n}$$

当 $t$ 为常数、$n \to \infty$时，

$$E[\hat{n}_s/n_s] \approx 1$$

从而得证。

从直观的角度描述定理 3.2，如图 3.3 所示，该图描述参数 $t$、$n$、估计量$\hat{n}_s/n_s$ 的数学期望之间的关系，通过调整参数 $t$、$n$ 的值能够获得需要的期望。

只截取到 $f(V_{A(s)})$的泰勒级数的一阶导数，则

$$\hat{n}_s = m\left(t - \frac{V_{A(s)} - x_0}{x_0}\right)$$

$$Var[\hat{n}_s/n_s] = \frac{1}{n^2}\left(\frac{m^2}{x_0^2}Var[V_{A(s)} - x_0]\right) = \frac{m(e^t - t - 1)}{n^2}$$

因此，估计量$\hat{n}_s/n_s$ 的标准差 $std[\hat{n}_s/n_s]$表示为：

$$Std[\hat{n}_s/n_s] = \frac{\sqrt{m}\,(e^t - t - 1)^{1/2}}{n}$$

图 3.4 描述了参数 $t$、$n$、估计量$\hat{n}_s/n_s$ 的标准差之间的关系，通过调整参数 $t$、$n$ 的值同样能够获得需要的标准差。

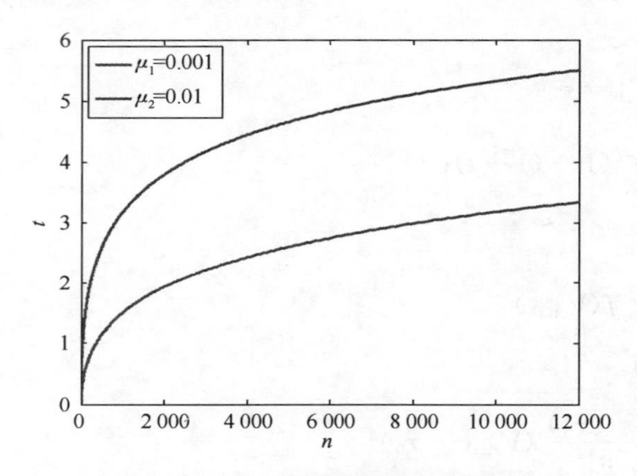


**图 3.3　参数对估计量的数学期望的影响**

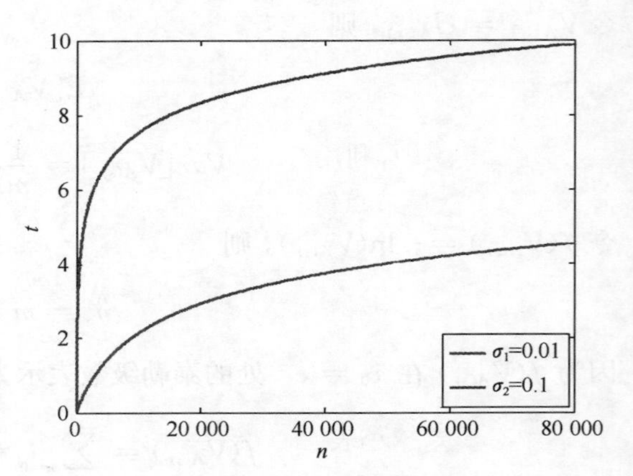


**图 3.4　参数对估计量的标准差的影响**

### 3.3.3　计算性能

除了存储开销和检测准确性外，计算开销也是影响 PDS 方法性能的重要因素。为了简化问题，将处理每个报文所需的 Hash 运算和访问内存次数作为计算开销的衡量标准。PDS 方法的更新过程中，对到达的每个报文，需要进行$(H+H^*)$次行 Hash 运算、$(H+H^*)$次列 Hash 运算及$(H+H^*)$次内存访问(写操作)，其中，$H$、$H^*$ 分别表示位数组 $A_i^l$ 的数量、位数组 $B_i^l$ 的数量，如表 3.1 所示。因此，PDS 方法需要消耗较少的计算资源，有助于其部署在入侵检测系统中进行实时地流量监控。

## 3.4　实验分析

本节通过在真实网络流量数据集进行实验。实验中将网络流量随机均匀分配到不同的处理机，从性能和准确性方面对 PDS 进行评估。针对不同的应用，例如端口扫描检测、DDoS 攻击检测、热点检测，深入分析 PDS(SPort || SIP, DIP)、PDS(SIP, DPort || DIP)、PDS(DPort || DIP, SIP)，同时与 CSE[5]、文献[2]中第一种算法(用 JM 表示)进行比较。

### 3.4.1 实验数据

为了使实验数据具有代表性，本节利用 CERNET 的流量数据[13]和 CAIDA 数据集[14]，用 Trace 1 和 Trace 2 分别表示 CERNET 数据集、CAIDA 数据集。Trace1 是在 2009-04-21 采集于 1.5 Gbps 接入链路的数据，Trace2 是在 2012-01-19 采集于 OC192 链路的数据。表 3.2 显示了网络流量的部分统计信息。

**表 3.2 数据集的统计信息**

| 数据集 | Trace 1(450 s) | Trace 2(15 s) |
| --- | --- | --- |
| 报文数 | 7 485 823 | 7 282 241 |
| SIP 的数量 | 68 998 | 438 360 |
| DIP 的数量 | 72 620 | 408 365 |
| 二元组(SIP, DPort \|\| DIP)的数量 | 357 836 | 188 292 |
| 二元组(SPort \|\| SIP, DIP)的数量 | 335 219 | 175 128 |

### 3.4.2 评价标准

本章实验中，利用平均相对误差评价节点链接度。平均相对误差(ARE，average relative error)用于衡量节点链接度的测量值与实际值之间的差异程度。令节点链接度实际值为 $F$，测量值为 $\hat{F}$，则平均相对误差 $ARE$ 表示为：

$$ARE = E\left[\frac{|\hat{F} - F|}{F}\right] \tag{3.6}$$

平均相对误差越小表明节点链接度越精确。

利用漏报率和误报率评价超点检测精度。误报率(FPR，false positive rate)指被错误识别的超点数与被识别的超点总数的比率。漏报率(FNR，false negative rate)指没有被识别的超点数与实际的超点数的比率。令实际的超点集为 $A$，被识别的超点集为 $B$，误报率 FPR 表示为：

$$\mathrm{FPR} = \frac{|B - A|}{|B|} \tag{3.7}$$

漏报率 $FNR$ 表示为：

$$\mathrm{FNR} = \frac{|A - B|}{|A|} \tag{3.8}$$

误报率、漏报率越小表明检测精度越高。

### 3.4.3 链接度估计

链接度是准确检测超点的前提。利用平均相对误差评价节点链接度。图 3.5 显示了节点的出度分布，横轴表示节点的出度，纵轴表示节点数，横坐标、纵坐标分别取对数。从图 3.5 可知，节点的出度具有重尾特性，也就是，出度小的节点占据了绝大部分，出度大的节点占据了极少部分。

图 3.6、图 3.7 显示了在参数 $H^*$、$m$、$n$ 一定的情况下 CSE、JM、PDS(SPort || SIP, DIP)和 PDS(SIP, DPort || DIP)的出度的平均相对误差分布，参数 $H^*$、$m$、$n$ 设置为：$H^*=2$，$n$ 为接近 32 K 的质数，$m=4$ K。从图 3.6(彩插 5)可知，PDS(SPort || SIP, DIP)的出度估计主要集中在图 3.6 的左下角，其也有极少部分出度估计的平均相对误差比较大，表明总体上 PDS(SPort || SIP, DIP)的出度的平均相对误差小于 CSE、JM 方法。从图 3.7(彩插 6)可知，相似地，PDS(SIP, DPort || DIP)的出度的平均相对误差小于 CSE、JM 方法。因此，说明 PDS 方法适用于教育网、ISP 的节点链接度准确估计。实际超点数见表 3.3。

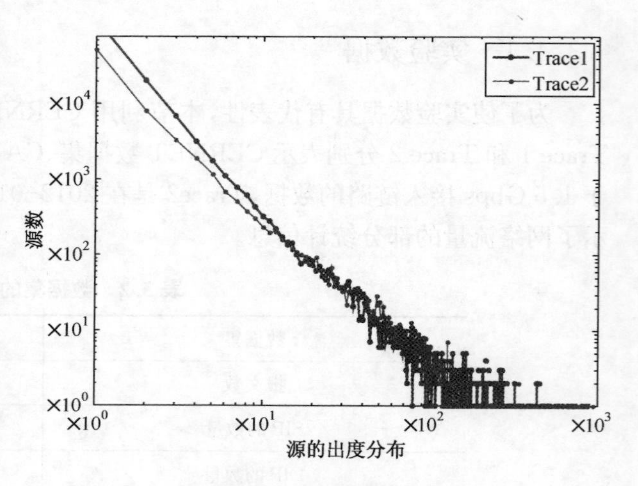


图 3.5 源的出度分布

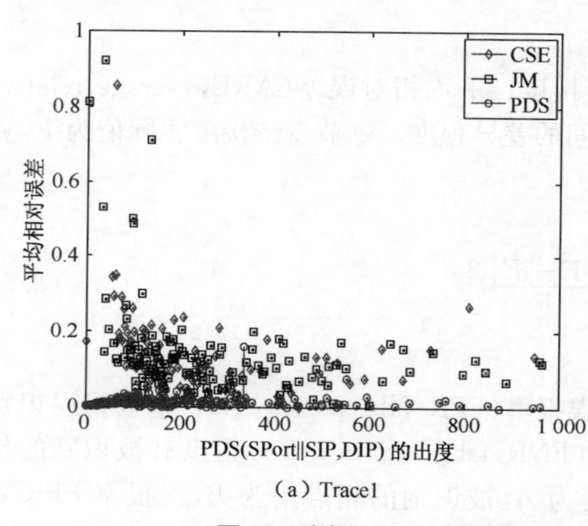


(a) Trace1

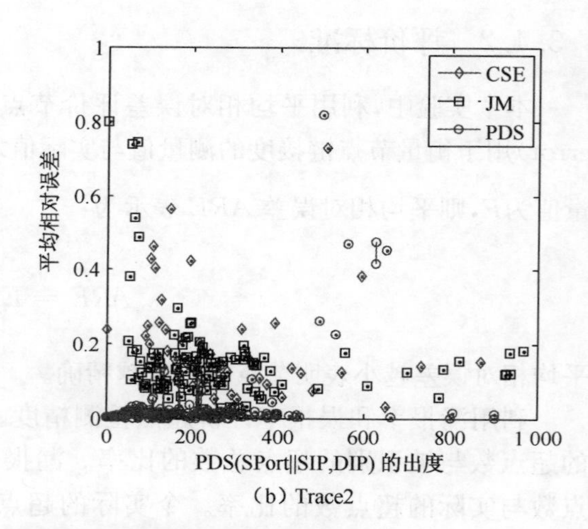


(b) Trace2

图 3.6(彩插 5) PDS(SPort || SIP, DIP)的出度的平均相对误差分布

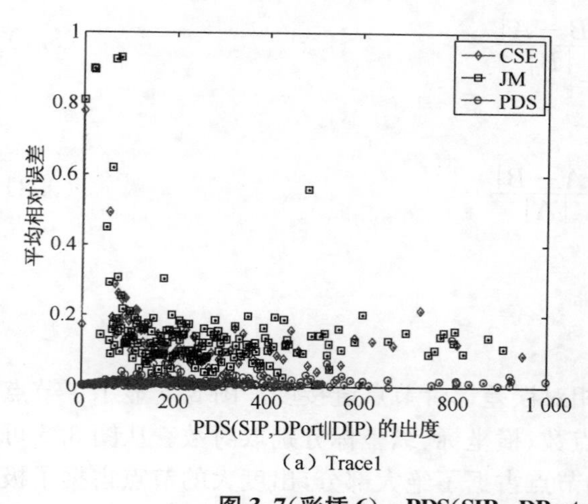


(a) Trace1

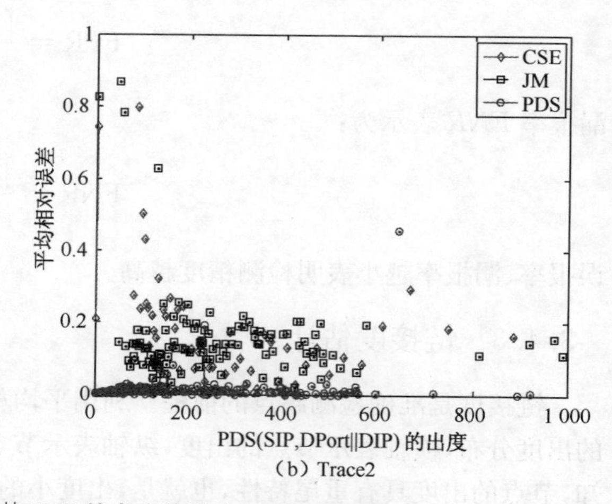


(b) Trace2

图 3.7(彩插 6) PDS(SIP, DPort || DIP)的出度的平均相对误差分布

表 3.3 实际的超点数

| 超 点 | $\phi(\times 10^{-4})$ | | | | |
|---|---|---|---|---|---|
| | 2 | 4 | 6 | 8 | 10 |
| SS(SPort ‖ SIP, DIP)的数量 | 495 | 186 | 110 | 76 | 58 |
| SS(SIP, DPort ‖ DIP)的数量 | 594 | 316 | 209 | 142 | 103 |
| SD(SIP, DPort ‖ DIP)的数量 | 500 | 184 | 115 | 79 | 62 |

## 3.4.4 参数评估

(1) 参数 $H^*$

下面通过实验分析并行数据流方法中参数 $H^*$、$m$、$n$ 的不同取值对检测精度的影响。利用误报率和漏报率评价检测精度。利用每流方法得到实际的超点,作为超点检测精度的评价标准,如表 3.3 所示。

并行的数据流方法中,$H^*$ 是指可逆 Sketch 数据结构中位数组的数量。下面通过实验研究在其他参数一定的情况下参数 $H^*$ 对超点检测精度的影响,如图 3.8、图 3.9 所示。图 3.8、图 3.9 显示了已知参数 $m$、$n$,参数 $H^*$ 的不同取值对超点检测精度的影响,参数 $m$、$n$ 设置为:$m=4$ K,$n$ 为接近 32 K 的质数。从图 3.8、图 3.9 可知,随着 $H^*$ 的增加,PDS(SPort ‖ SIP, DIP)、PDS(SIP, DPort ‖ DIP)超点检测的误报率下降,当 $H^*=2$、3 时,PDS(SPort ‖ SIP, DIP)、PDS(SIP, DPort ‖ DIP)超点检测的误报率接近,说明当 $H^*$ 增加到一定值之后,$H^*$ 对 PDS(SPort ‖ SIP, DIP)、PDS(SIP, DPort ‖ DIP)超点检测的误报率影响很小,随着 $H^*$ 的增加,PDS(SPort ‖ SIP, DIP)、PDS(SIP, DPort ‖ DIP)超点检测的漏报率非常接近,说明 $H^*$ 的变化对超点检测的漏报率影响较小。

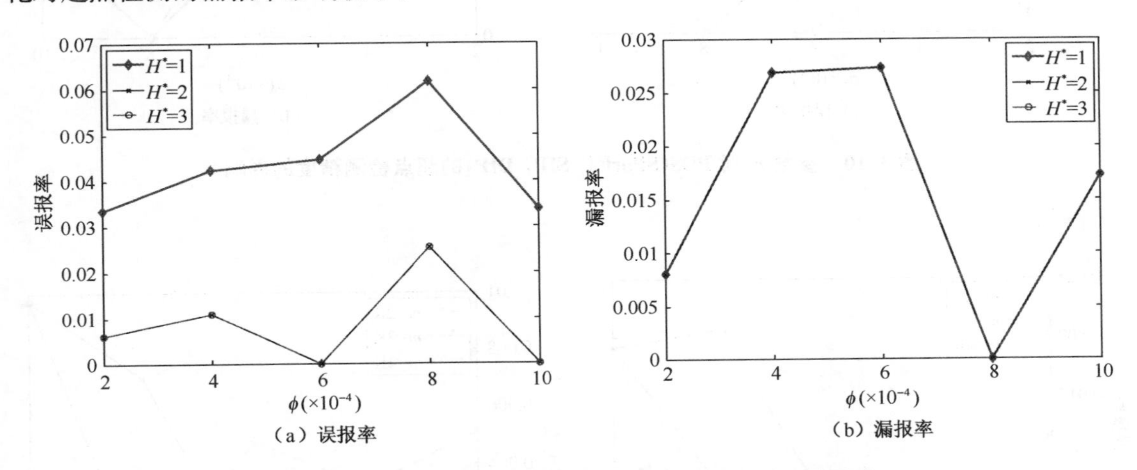

(a) 误报率　　(b) 漏报率

图 3.8 参数 $H^*$ 对 PDS(SPort ‖ SIP, DIP)的精度的影响

(2) 参数 $m$

并行的数据流方法中,$m$ 是指可逆 Sketch 数据结构中位数组的行数。下面通过实验研究在其他参数一定的情况下参数 $m$ 对超点检测精度的影响,如图 3.10、图 3.11 所示。图 3.10、图 3.11 显示了已知参数 $H^*$、$n$,参数 $m$ 的不同取值对超点检测精度的影响,参数 $H^*$、$n$ 设置为:$H^*=2$,$n$ 为接近 32 K 的质数。从图 3.10、图 3.11 可知,随着 $m$ 增加,PDS(SPort ‖ SIP, DIP)、PDS(SIP, DPort ‖ DIP)的误报率、漏报率发生波动,同时,$\phi$ 的变化对 PDS(SPort ‖ SIP, DIP)、PDS(SIP, DPort ‖ DIP)的误报率、漏报率影响较大。

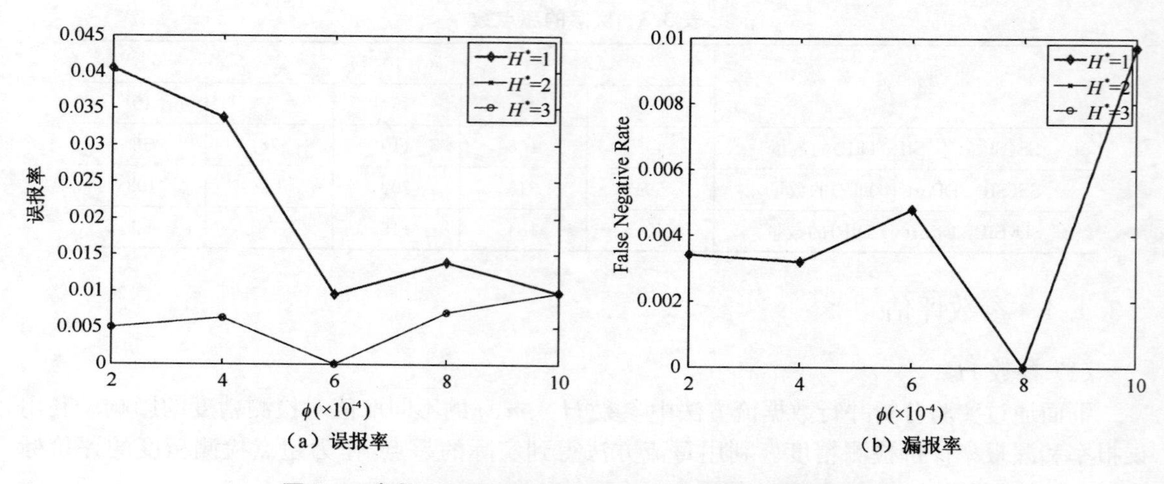


**图 3.9　参数 $H^*$ 对 PDS(SIP，DPort || DIP)的精度的影响**

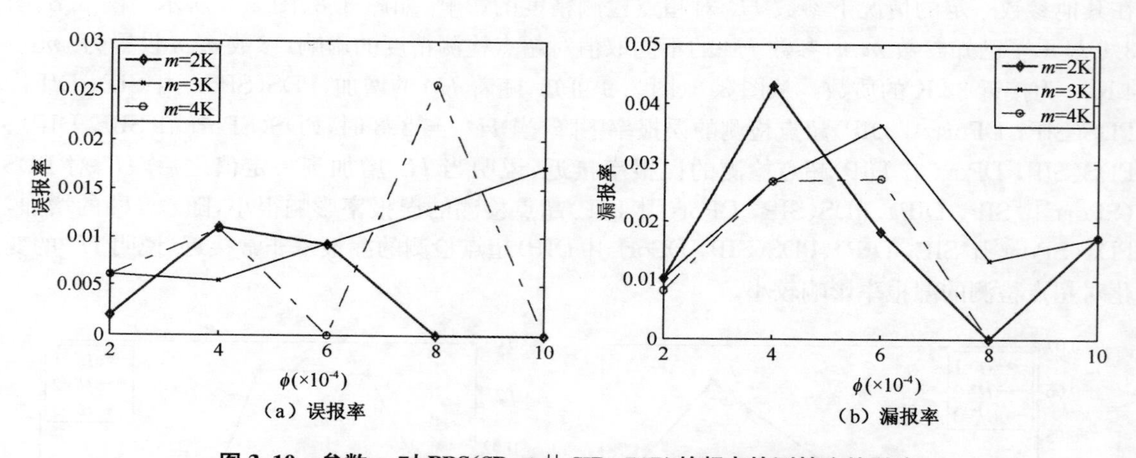


**图 3.10　参数 $m$ 对 PDS(SPort || SIP，DIP)的超点检测精度的影响**

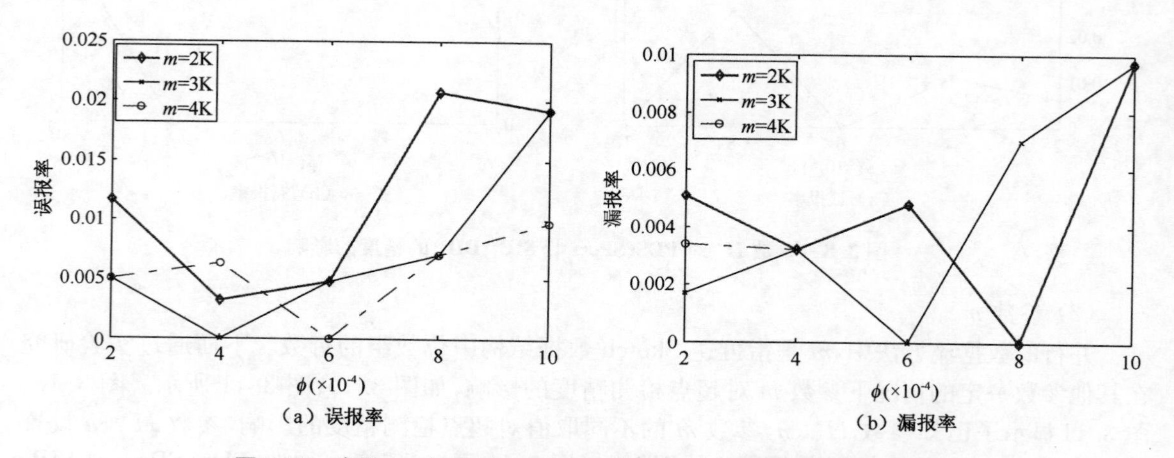


**图 3.11　参数 $m$ 对 PDS(SIP，DPort || DIP)的超点检测精度的影响**

(3) 参数 $n$

并行的数据流方法中，$n$ 是指可逆 Sketch 数据结构中位数组的列数。下面通过实验研究在其他参数一定的情况下参数 $n$ 对超点检测精度的影响，如图 3.12、图 3.13 所示。图 3.12、图 3.13 显示了在参数 $H^*$、$m$ 一定的情况下参数 $n$ 的不同取值对超点检测精度的影响，参数 $H^*$、$m$ 设置为：$H^* = 2, m = 4$ K。从图 3.12、图 3.13 可知，随着 $n$ 的增加，PDS(SPort || SIP, DIP)、PDS(SIP, DPort || DIP)超点检测的误报率下降，当 $n$=2、3 时，超点检测的误报率接近。

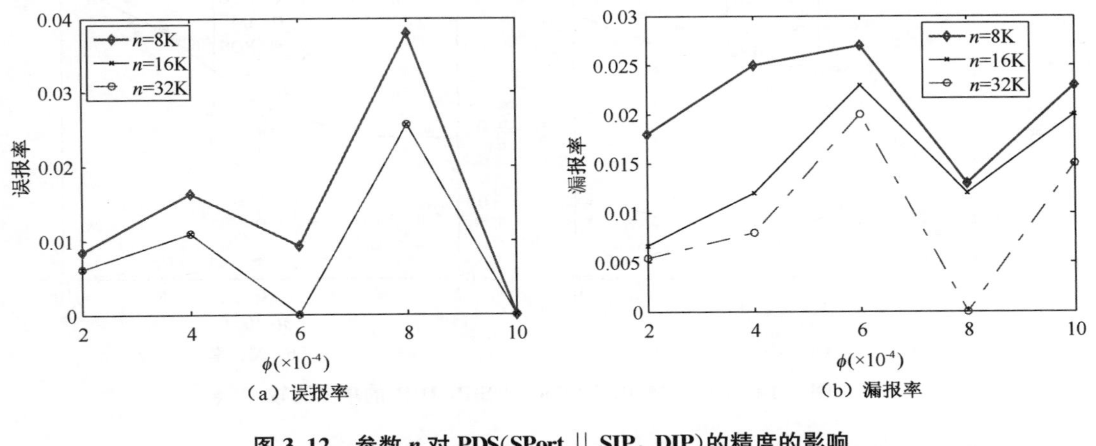

(a) 误报率　(b) 漏报率

**图 3.12　参数 $n$ 对 PDS(SPort || SIP, DIP)的精度的影响**

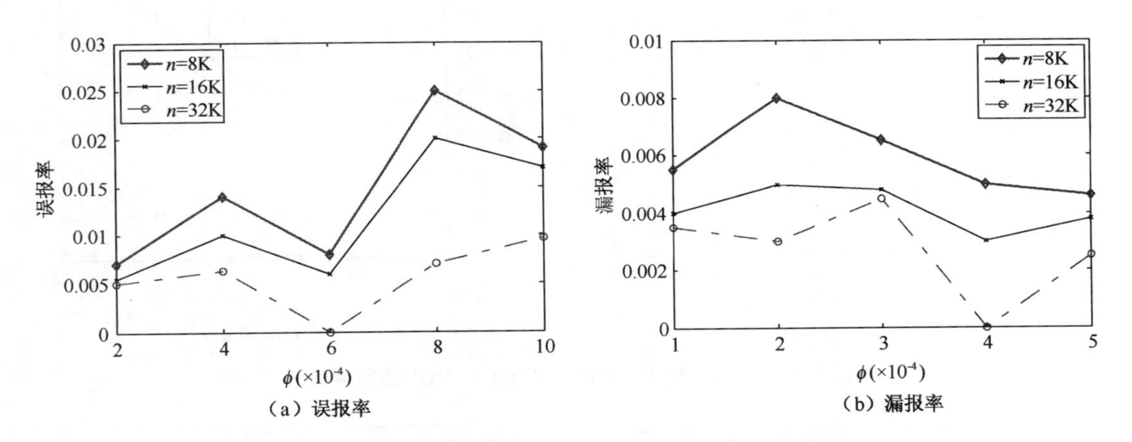

(a) 误报率　(b) 漏报率

**图 3.13　参数 $n$ 对 PDS(SIP, DPort || DIP)的精度的影响**

### 3.4.5　算法对比

实验中，我们选择 CSE 方法[5]、JM 方法[2]与 PDS 方法进行比较。CSE 方法由存储模块和估计模块构成，存储模块负责将链接存储到虚拟向量中，估计模块负责估计节点的链接度。该方法不仅具有较高的估计精度，而且能够实施有效的在线操作。JM 方法结合抽样与数据流技术提出的，在流抽样之后，对抽样流进行过滤，从而允许在最坏情况下抽样率非常接近于 Hash 表速率与链路速率之比，与基于 Hash 的流抽样算法相比，获得更高的检测精度。在一定的存储空间条件下对三种方法在检测精度和效率方面进行比较。

(1) 检测精度

对三种方法的检测精度进行比较分析。JM 方法抽样率取 0.5,PDS 的参数配置为:$H^* = 2$,$n$ 为接近 32 K 的质数,$m = 4$ K。图 3.14～图 3.16 显示了 CSE、JM、PDS(SPort || SIP, DIP)、PDS(SIP, DPort || DIP)、PDS(DPort || DIP, SIP)的超点检测精度比较。从图 3.14～图 3.16 可知,PDS(SPort || SIP, DIP)、PDS(SIP, DPort || DIP)、PDS(SIP, DPort || DIP)的误报率、漏报率最低,JM 方法次之,CSE 方法最高。

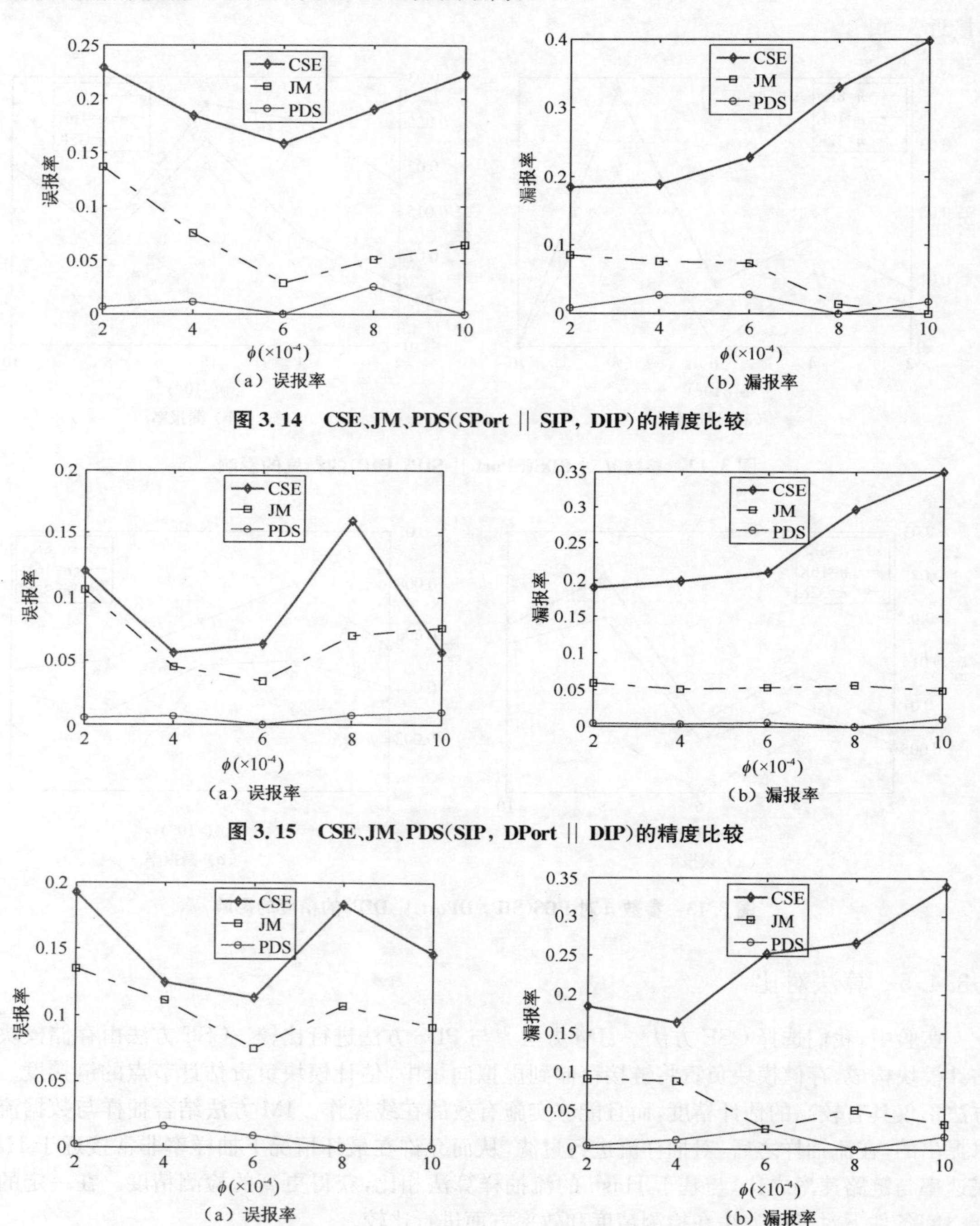


图 3.14 CSE、JM、PDS(SPort || SIP, DIP)的精度比较

图 3.15 CSE、JM、PDS(SIP, DPort || DIP)的精度比较

图 3.16 CSE、JM、PDS(DPort || DIP, SIP)的精度比较

(2) 存储开销

为了减少内存开销，CSE、JM 方法均使用位向量标识每个节点的链接信息。因此，节点链接度的准确估计依赖于位向量的大小。虽然 CSE 方法为每个节点建立一个虚拟位向量，但其占用的内存空间主要由位向量的大小决定。JM 方法利用 Hash 表存储每个节点的链接度信息，其占用的内存空间主要由 Hash 表的大小决定。假设测量的时间区间内总链接度为 $N$，对于每个不同的链接，PDS 方法更新（$H+H^*$）个位，则其所需的内存空间为 $N*(H+H^*)$；JM 方法查询位向量与更新 Hash 表，则其所需的内存空间为 $N+64*N$；CSE 方法更新 1 位，则其所需的内存空间为 $N$。假设总链接度为 1 M，分析在不同的阈值下三种方法的内存开销。为 PDS 方法分配 256 KB 内存空间，每个位数组的大小为 128 KB(32 bits×32 K)，从而使得该方法在不同的阈值下进行有效地检测。已知位向量的大小为 $m$，仅能准确估计链接度小于 $m\ln m$ 的节点。其原因在于，如果节点链接度的真实值大于 $m\ln m$，位向量中所有 1 以高概率出现，从而获得的唯一信息就是节点链接度不小于 $m\ln m$。只要阈值小于 $m\ln m$，就认为该节点为超点。当 $m=32$，$m\ln m=111>70(\phi=2\times10^{-4})$。因此，对于阈值为 $70(\phi=2\times10^{-4})$、$140(\phi=4\times10^{-4})$、$210(\phi=6\times10^{-4})$、$280(\phi=8\times10^{-4})$、$350(\phi=10\times10^{-4})$，$m$ 为 32、64、64、128、128，CSE 方法中位向量的大小为 128 KB、256 KB、256 KB、512 KB、512 KB。假设 JM 方法的抽样率为 1，为其分配 64 bits×32 K 内存空间，$m=64$，$m\ln m=266>210$。因此，对于阈值为 $70(\phi=2\times10^{-4})$、$140(\phi=4\times10^{-4})$、$210(\phi=6\times10^{-4})$、$280(\phi=8\times10^{-4})$、$350(\phi=10\times10^{-4})$，$m$ 为 64、64、64、128、128，CSE 方法中位向量的大小为 256 KB、256 KB、256 KB、512 KB、512 KB。JM 方法的抽样率越小，其所需的内存空间也较少。三种方法所需的内存开销如表 3.4 所示，由表 3.4 可知，随着阈值的增加，三种方法所需的内存空间呈上升趋势。

**表 3.4　CSE、JM、PDS 的超点检测的内存开销比较**

| 方　法 | $\phi(\times10^{-4})$ | | | | |
|---|---|---|---|---|---|
| | 2 | 4 | 6 | 8 | 10 |
| CSE | 128 KB | 256 KB | 256 KB | 512 KB | 512 KB |
| JM | 256 KB | 256 KB | 256 KB | 512 KB | 512 KB |
| PDS | 256 KB | 256 KB | 256 KB | 256 KB | 256 KB |

(3) 时间开销

PDS 方法涉及 Hash 运算、内存访问等，这些操作均需要消耗一定的时间。为了能够直观地呈现 PDS 方法的时间效率优势，一方面，将三种方法的处理时间进行比较。图 3.17 显示了 CSE、JM、PDS(SIP, DPort || DIP)的超点检测的处理时间。从图 3.17 可知，随着 $\phi$ 的增加，PDS(SIP, DPort || DIP)方法的超点检测的处理时间逐渐下降，而 CSE、JM 方法的超点检测的处理时间只发生微小的变化，当 $\phi=8\times10^{-4}$ 时，PDS(SIP, DPort || DIP)方法的超点检测的处理时间开始低于 CSE、JM 方法，表明 $\phi$ 的变化影响超点检测的时间效率。

另一方面，通过实验将 PDS 方法与利用单线程实现的超点检测方法进行比较。用 DS 表示单线程实现的超点检测方法。两种方法的时间开销如图 3.18 所示。由图 3.18 知，随着 $\phi$ 的增加，PDS 方法、DS 方法的时间开销先显著下降再缓慢下降，而 PDS 方法的时间开销始终小于 DS 方法的时间开销，表明 PDS 方法的实时性优势。

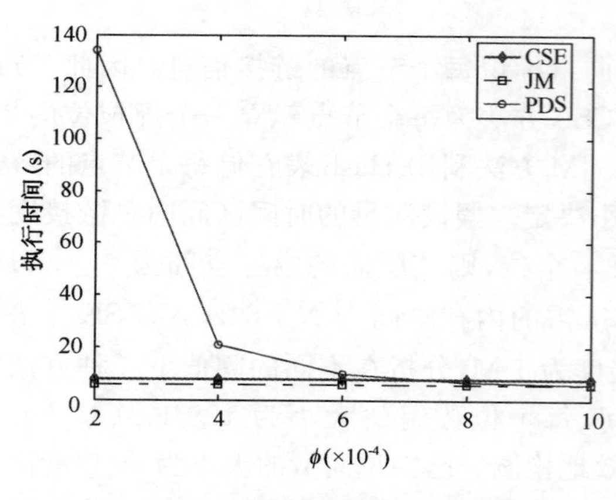


图 3.17　CSE、JM、PDS 的处理时间比较

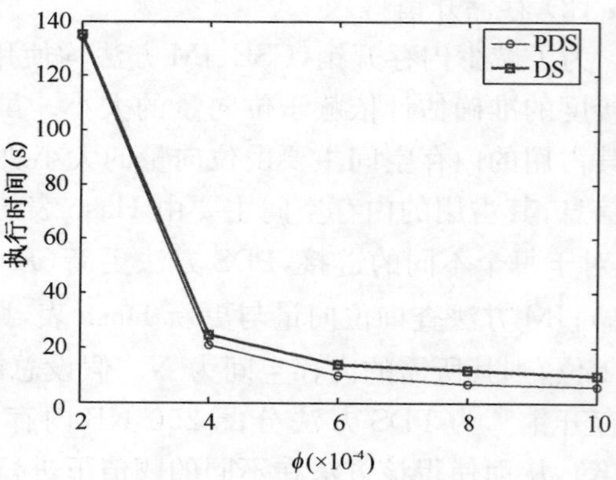

图 3.18　DS、PDS 的处理时间比较

## 3.5　小结

针对基于流抽样的超点检测方法存在检测精度低、实时性差、计算负荷重问题，本章提出了一种并行数据流方法。本章讨论可逆并行 Sketch 数据结构中参数对检测精度的影响，从时间开销和存储开销分析 PDS 方法的性能。通过实验验证了 PDS 方法的有效性，并与相关方法进行了比较。实验结果表明，PDS 方法的链接度估计精度、超点检测精度及超点检测的处理时间均优于 CSE、JM 方法，同时，PDS 方法占用较少的存储空间。因此，PDS 方法能够满足高速网络环境下高精度超点检测的应用需求。

## 参考文献

[1]　程光，龚俭，丁伟，等. 基于自适应抽样的超点检测算法[J]. 中国科学(E 辑：信息科学)，2008，38(10)：1679-1696.

[2]　Zhao Q，Xu J，Kumar A. Detection of super sources and destinations in high-speed networks：Algorithms，analysis and evaluation[J]. IEEE Journal on Selected Areas in Communications，2006，24(10)：1840-1852.

[3]　Roesch M. Snort：lightweight intrusion detection for networks[C]. In：Proceedings of the LISA. Washington：USENIX Association，1999. 229-238.

[4]　Plonka D. FlowScan：a network traffic flow reporting and visualization tool[C]. In：Proceedings of the LISA. New Orleans：USENIX Association，2000. 305-317.

[5]　Yoon M K，Li T，Chen S，et al. Fit a compact spread estimator in small high-speed memory[J]. IEEE/ACM Transactions on Networking，2011，19(5)：1253-1264.

[6]　http://tech. sina. com. cn/h/2009-04-09/13372987082. shtml [EB/OL].

[7]　Sekar V，Reiter M K，Willinger W，et al. cSamp：a system for network-wide flow monitoring[C]. In：Proceedings of the NSDI. San Francisco：USENIX Association，2008. 233-246.

[8]　Henke C，Schmoll C，Zseby T. Empirical evaluation of hash functions for multipoint measurements[J]. ACM SIGCOMM Computer Communication Review，2008，38(3)：39-50.

[9]　Wang P，Guan X，Qin T，et al. A data streaming method for monitoring host connection degrees of high-speed links[J]. IEEE Transactions on Information Forensics and Security，2011，6(3)：1086-1098.

[10]　Whang K Y，Vander-Zanden B T，Taylor H M. A linear-time probabilistic counting algorithm for data-

base applications[J]. ACM Transactions on Database Systems, 1990, 15(2): 208-229.

[11] 王洪波，程时端，林宇. 高速网络超连接主机检测中的流抽样算法研究[J]. 电子学报，2008，36(4)：809-818.

[12] Cormen T H, Leiserson C E, Rivest R L, et al. Introduction to algorithms[M]. Cambridge, MA: The MIT Press, 2009.

[13] http://iptas. edu. cn/src/system. php.

[14] The CAIDA UCSD Anonymized Internet Traces 2012 [EB/OL]-http://www. caida. org/passive passive_2012_dataset. xml.

# 4 长持续时间流检测方法

## 4.1 引言

近年来,流量测量与监控研究侧重于测量流量大小和流数。测量流量大小变化有助于诊断网络故障和检测流量异常。虽然有些网络安全事件产生大量的流数,但是可能产生较少的流量,例如端口扫描。电信运营商特别关注大流(heavy hitters)、超点(super-spreaders)检测问题。heavy hitters 与产生大量流量的主机相关,应用于网络计费、异常检测及流量工程等领域[1~3];而 super-spreaders 与产生大量流数的主机相关,应用于网络安全、网络管理等领域[4~6]。然而,流持续时间[7~9]研究相对较少。

随着互联网的快速发展和新应用不断应运而生,越来越多的应用产生长持续时间流。长持续时间流广泛存在于许多互联网应用,如网络视频、社交网络等。网络视频在服务提供商与用户之间产生大量的生命周期较长的流,且伴随大量流量;然而,社交网络上好友之间的聊天能够产生持续时间较长的流,而伴随少量流量。因此,有效利用流持续时间信息能够帮助服务提供商检测网络问题与改善用户体验。例如,通过监控网络视频应用中流持续时间估计用户的服务质量。如果大部分流是短生命周期的,那么用户在观看视频过程中存在较大的时延。服务提供商通过检测网络问题对网络链路或服务器中存在的故障做出及时的诊断和排除。另外,流持续时间的相关信息已经应用于网络流量分类[10]和异常检测[11]。僵尸网络中僵尸主机之间、僵尸主机与命令控制服务器之间维护持续时间较长的链接,是为了能够接收到僵尸控制者的命令和更新信息。因此,通过长持续时间流检测有助于检测僵尸网络流量。

虽然学者们在长持续时间流检测方面已经开展了一些研究,但是有限的系统计算速度与存储空间使得现有长持续时间流检测算法缺乏可扩展性,主要体现在两方面:海量的网络数据流需要使用大容量存储器存储流状态;网络数据流的高速率需要使用高速存储器维护流状态。网络带宽的不断增加和互联网的普及,使得我们将面临海量网络流量测量与监控难题。传统的处理器架构难以满足当前的应用需求,多核技术已成为当前处理器体系架构发展的必然趋势,基于多核的并行设计也是未来信息处理技术的趋势。多个知名厂商已经推出一系列通用多核处理器和专用多核处理器[12]。因此,在多核处理器计算平台上,并行技术是提高长持续时间流检测算法性能的一种有效途径。

目前,流持续时间已经成为流量测量与监控的一个新的流量特征,因此,需要不同于 heavy hitters、super-spreaders 检测的数据流方法解决高速网络数据流持续时间检测问题。本章研究高速网络环境下在有限的存储空间内实时准确地检测长持续时间流问题。现有的长持续时间检测方法会产生误报和漏报问题,也就是,将短持续时间流错误检测为长持续时间流和漏检一些长持续时间流,很难满足高速网络环境下长持续时间流检测的应用需求。

本章从共享数据结构和独立数据结构角度提出了两种长持续时间流检测的并行数据流方法。基于共享数据结构的长持续时间流检测的并行数据方法中所有线程共享数据结构(Cuckoo Hash 表),虽然通过读写锁能够减少一部分同步开销,但是线程之间仍然存在较大的同步开销，使得此方法不能有效地解决并行长持续时间流检测问题。为了克服基于共享数据结构的长持续时间流检测的并行数据流方法的不足，基于独立数据结构的长持续时间流检测的并行数据流方法中所有线程具有独立的本地数据结构，执行相同的检测方法，线程之间不需要同步。从复杂性角度分析基于独立数据结构的长持续时间流检测的并行数据流方法性能，分析表明此方法具有较低的时间和空间复杂度。通过真实的网络流量对基于独立数据结构的长持续时间流检测的并行数据流方法性能进行评价，实验结果表明，该方法在时间效率上具有较好的运行时间和加速比，并与 Chen 方法、Lee 方法进行对比，在检测精度上不产生漏报和存在较低的误报，在流持续时间估计上具有较低的平均相对误差。因此，该方法满足高速网络长持续时间流检测的应用需求。

本章第 2 节描述了长持续时间流检测问题和数据结构；第 3 节阐述了基于共享数据结构的长持续时间流检测的并行数据流方法；第 4 节阐述了基于独立数据结构的长持续时间流检测的并行数据流方法；最后对本章进行总结及下一步研究方向的展望。

## 4.2　问题定义

假设网络数据流 $S=p_1, \cdots, p_t, \cdots, p_n$被均匀划分为$R$ 个子流$S_1, S_2, \cdots, S_R$，子流 $S_l(1 \leqslant l \leqslant R)$为由二元组$(f_{id}, t)$构成的时间序列，$f_{id}$是流标识，$t$ 是报文的到达时间。因此，网络数据流 $S$ 是由子流$S_1, S_2, \cdots, S_R$依据报文的到达时间 $t$ 重新排列后得到的时间序列。

**定义 4.1**　网络数据流(Network Data Stream)：在一定的时间区间内顺序到达的报文序列，则称为网络数据流，记为 $S=p_1, \cdots, p_i, \cdots, p_n$。其中 $p_i=(f_{id}, t)$ 表示第 $i$ 个报文信息，$f_{id}$表示流标识，由源/目的 IP 地址、源/目的端口及协议五元组构成，$t$ 表示报文的到达时间。

**定义 4.2**　活跃流(Active Flow)：在一定的时间区间内属于流的第一个报文到达后每个超时间隔内至少有一个其报文到达，则称为活跃流。

**定义 4.3**　流持续时间(Flow Duration)：在一定的时间区间内满足超时的流第一个报文的到达时间与其最后一个报文的到达时间之间的差值，则称为流持续时间，记为 $f_d$。如图 4.1 所示，流的第一个报文在第一个 $\Delta T$ 时间内到达，终止于第 7 个 $\Delta T$ 时间内，流的持续时间为 $6\Delta T$。

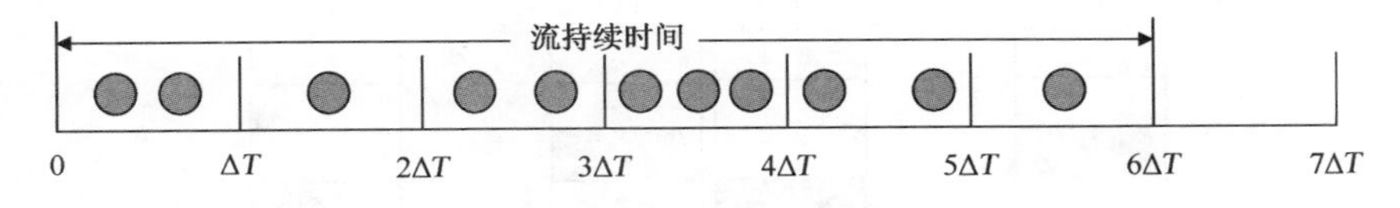


**图 4.1　流持续时间的示例**

对并行长持续时间流检测问题可以作如下定义。设长时间持续流的准确率为 $\phi \in (0, 1)$，误差率为 $\varepsilon \in (0, 1)(\varepsilon \ll \phi)$，当用户发送长持续时间流查询请求时，查询结果满足以下三个条件：

(1) 输出持续时间 $f_d > \phi D$ 的所有流，$D$ 表示测量时间区间内所有流的持续时间总和；

(2) 不输出持续时间 $f_d < (\phi - \varepsilon)D$ 的任何流；

(3) 流持续时间的估计值与真实值之间的误差不大于 $\varepsilon D$。

则称 $f_d$为长持续时间流，记为 LDF(Long Duration Flow)。

依据 LDF 的定义，在 LDF 检测中参数 $\phi$、$\varepsilon$ 的取值大小是关键的。当参数 $\phi$ 取值较小时，可能有更多的流被识别为 LDF，从而需要较大的内存空间检测 LDF；当参数 $\phi$ 取值较大时，可能有更多 LDF 漏掉。另外，参数 $\varepsilon$ 取值大小也会影响 LDF 检测精度。因此，根据实际的网络应用需求，设置参数 $\phi$、$\varepsilon$ 的大小。

为了能够满足高速网络流持续时间检测的应用需求，充分利用多核计算平台的并行性，设计并行的流持续时间检测算法成为一种必然的选择。

## 4.3 数据结构

Cuckoo Hash 表[13]是 LDF 检测方法的基本数据结构。Cuckoo Hash 是一种 Hash 冲突解决方法，其目的是即使使用简易的 Hash 函数也能够实现流的均匀分布，并保证 $O(1)$的流查询时间。其基本思想是使用两个 Hash 函数来处理冲突，从而每个流对应 2 个位置。Cuckoo Hash 表中每个数据项是一个四元组的元素，记为($f_{id}$, $c_f$, $e_f$, $t_f$)，其中，$f_{id}$表示流标识，$c_f$表示流持续时间，$e_f$表示误差，$t_f$表示时戳。Cuckoo Hash 算法如图 4.2 所示，具体步骤为：

(1) 利用 Hash 函数 func 1、func 2 计算流 $x$ 在 Hash 表 T1、T2 中的位置；

(2) 如果流 $x$ 对应 Hash 表的两个位置均为空，那么将流 $x$ 插入其中任意一个位置，如图 4.2(a)所示；

(3) 如果流 $x$ 对应 Hash 表的两个位置中其一为空，那么将流 $x$ 插入为空的位置，如图 4.2(b)所示；

(4) 如果流 $x$ 对应 Hash 表的两个位置均为非空，那么任意选择一个位置，将该位置的流 $y$ 踢出，然后插入流 $x$；如果流 $x$ 插入 Hash 表 T1，那么利用 Hash 函数 func 2 计算流 $y$ 在 Hash 表 T2 中的位置，如果 Hash 表 T2 中的位置为空，那么将流 $y$ 插入 Hash 表 T2，否则将该位置的流踢出，然后插入流 $y$，被踢出的流需要重新插入，直到没有其他流被踢出为止，如图 4.2(c)所示。

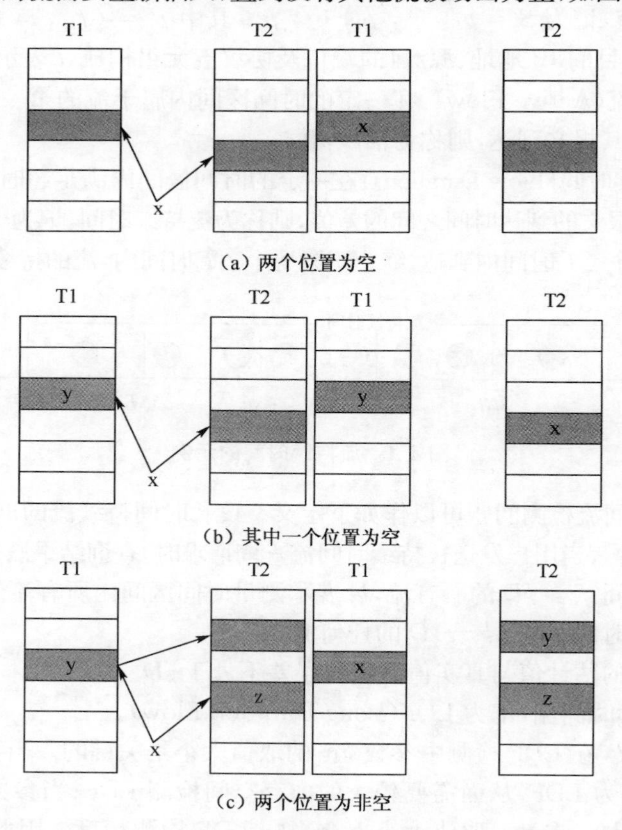


图 4.2 Cuckoo Hash 算法

当 Cuckoo Hash 表满时，需要建立一个以流持续时间为关键字的最小堆，使得每次从无序的流记录中选择最小持续时间流的效率高、复杂度低。最小堆是一棵完全二叉树，其任何一个父节点的流持续时间不大于其左右子节点的流持续时间。设流记录序列为 $\{A[i] \mid 0 \leqslant i \leqslant n-1\}$，最小堆中节点之间的关系表示为：

$$A[i].f_d \leqslant A[2i+1].f_d \&\& A[i].f_d \leqslant A[2i+2].f_d \tag{4.1}$$

由此可知，最小堆的堆顶元素是流持续时间最小的流记录。

最小堆排序的基本思想：

(1) 将初始流记录序列 $\{A[i] \mid 0 \leqslant i \leqslant n-1\}$ 建成一个最小堆；

(2) 将流持续时间最小的流记录 $A[0]$ 和最后一个流记录 $A[n-1]$ 交换，从而得到新的流记录序列 $\{A[i] \mid 0 \leqslant i \leqslant n-2\}$ 和有序的流记录序列 $\{A[n-1]\}$，且满足 $A[i].f_d \geqslant A[n-1].f_d (0 \leqslant i \leqslant n-2)$；

(3) 因为新的堆顶流记录 $A[0]$ 可能不满足最小堆关系，所以需要将新的流记录序列 $\{A[i] \mid 0 \leqslant i \leqslant n-2\}$ 重新调整为最小堆；

(4) 将流持续时间最小的流记录 $A[0]$ 和最后一个流记录 $A[n-2]$ 交换，由此得到新的流记录序列 $\{A[i] \mid 0 \leqslant i \leqslant n-3\}$ 和有序的流记录序列 $\{A[i] \mid n-2 \leqslant i \leqslant n-1\}$，且满足 $A[i].f_d \geqslant A[n-2].f_d (0 \leqslant i \leqslant n-3)$；

(5) 因为新的堆顶流记录 $A[0]$ 同样可能不满足最小堆关系，所以仍需要将 $\{A[i] \mid 0 \leqslant i \leqslant n-3\}$ 重新调整为最小堆，直到此流记录序列中只有一个元素为止，最小堆排序过程完成。

## 4.4 基于共享数据结构的检测方法

### 4.4.1 方法描述

本节将描述基于共享数据结构的 LDF 检测的并行数据流方法，其框架图如图 4.3 所示。该方法中所有线程共享数据结构(Cuckoo Hash 表)。基于共享数据结构的 LDF 检测的并行数据流方法中，每个子流被分配到不同的线程，当多个线程需要同时访问共享数据结构时，需要对不同的表项进行加锁实现同步，减少通过加锁产生的同步开销。此外，Hash 表的访问过程中读操作远比写操作频繁，因此，通过引入读写锁实现线程之间的同步。

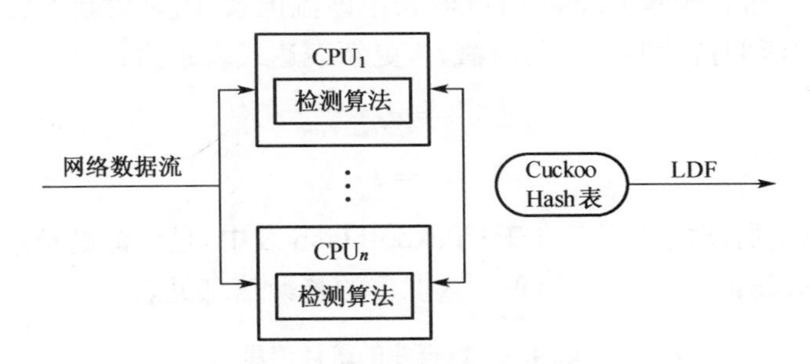


图 4.3 共享数据结构的框架图

### 4.4.2 方法流程

基于共享数据结构的 LDF 检测的并行数据流方法中，所有线程维护和更新共享数据结构(Cuckoo Hash 表)中每个流记录，当所有线程执行完成后，进行 LDF 检测，测量时间周期结束后，输出所有 LDF。该方法的具体流程如下：

(1) 初始化 Cuckoo Hash 表、测量时间区间的开始时间 $t_s$、流持续时间 $c'$、时戳 $t'$ 及流超时记录标记 $flag$；

(2) 当报文到达时，首先需要将其时戳转换为报文到达的时间区间，转换表达式表示为：

$$t=\left\lfloor\frac{T}{\Delta T}\right\rfloor \tag{4.2}$$

其中，$T$ 表示报文的时戳；$\Delta T$ 表示超时。

(3) 当每个测量时间区间开始时，利用流超时标记判断超时流记录是否被删除，如果没有删除超时流记录，那么扫描整个 Cuckoo Hash 表并删除超时流记录，然后，更新流超时记录标记 flag。另外，如果不属于 Cuckoo Hash 表的最大持续时间流发生超时，那么将该流记录的持续时间 $c'$ 置为 0，同时将测量时间区间的开始时间 $t_s$ 置为下一个测量时间区间的开始时间；

(4) 如果到达报文的所属流存在于 Cuckoo Hash 表中，分两种情况讨论：当该流记录的时戳与报文到达的时间区间相等，表明在当前的时间区间内已经更新了该流记录的时戳，从而跳过到达报文；当该流记录的时戳与报文到达的时间区间不相等，表明在前一个时间区间内已经更新了该流记录的时戳，而在当前的时间区间内还没有更新该流记录的时戳。因此，需要更新该流记录的持续时间 $c_f$ 与时戳 $t_f$，更新表达式表示为：

$$c_f=c_f+1 \tag{4.3}$$

$$t_f=t \tag{4.4}$$

(5) 如果到达报文的所属流不存在于 Cuckoo Hash 表中，且不属于 Cuckoo Hash 表中最大持续时间流的持续时间为 0 或最大持续时间流的时戳属于前一个时间区间，那么将该流插入到 Cuckoo Hash 表中，同时对该流的持续时间 $c_f$、误差 $e_f$ 及时戳 $t_f$ 进行相应的更新，更新表达式表示为：

$$c_f=c'+1 \tag{4.5}$$

$$e_f=c' \tag{4.6}$$

$$t_f=t \tag{4.7}$$

(6) 当 Cuckoo Hash 表已满时，通过最小堆排序获得最小持续时间流，查找 Cuckoo Hash 表中最小持续时间流，然后删除 Cuckoo Hash 表中该流记录，同时更新不属于 Cuckoo Hash 表且具有最小持续时间流的持续时间 $c'$ 与时戳 $t'$，更新表达式表示为：

$$c'=c_{f_{\min}} \tag{4.8}$$

$$t'=t \tag{4.9}$$

(7) 如果到达报文所属的流不存在于 Cuckoo Hash 表中，且该流的持续时间 $c_f$ 与误差 $e_f$ 的差值大于阈值 $d$，那么将该流检测为 LDF。数据集的统计信息见表 4.1。

**表 4.1　数据集的统计信息**

| 数据集 | Trace 1 | Trace 2 |
|---|---|---|
| 字节数 | 1 958 084 711 | 6 394 510 148 |
| 报文数 | 29 413 424 | 135 923 623 |
| 流数 | 2 852 574 | 9 707 390 |
| 持续时间(min) | 30 | 30 |

### 4.4.3 实验结果分析

在运行时间和加速比方面，通过实际的网络流量数据对基于共享数据结构的 LDF 检测的并行数据流方法进行评价。

实验在一台服务器上进行。服务器的配置信息为：一个英特尔至强 4 核处理器(E5 – 2403 1.80 GHz)、8 GB 内存及 CentOS6.5 操作系统。CERNET 数据集[14]采集于中国教育和科研计算网的边界路由器，仅包含匿名的报文头部信息，持续时间为 30 min，用 Trace 1 表示 CERNET 数据集。CAIDA 数据集[15]采集于 OC48 骨干链路，仅包含匿名的报文头部信息，持续时间为 30 min，用 Trace 2 表示 CAIDA 数据集。表 4.1 显示了网络流量的部分统计信息，包括网络流量的总字节数、报文数及流数。通过 CERNET 数据集计算流持续时间的累积概率分布(CDF)，如图 4.4 所示。从图 4.4 可知，79.9%流的持续时间小于 2 s，19.8%流的持续时间不小于 15 min，0.3%流的持续时间大于 15 min。

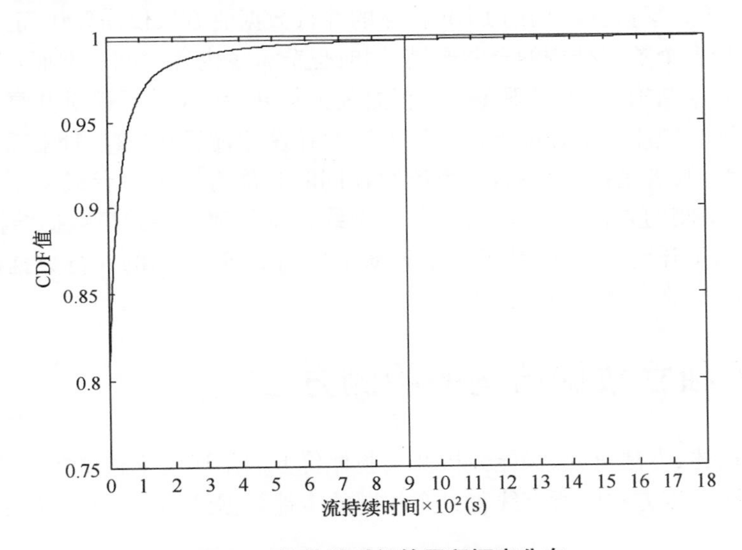


**图 4.4 流持续时间的累积概率分布**

图 4.5 显示了基于共享数据结构的 LDF 检测的并行数据流方法在 CERNET 数据集和 CAIDA 数据集上的运行时间。其中横轴表示检测方法中线程数量，纵轴表示检测方法的运行时间。从图 4.5 可知，随着线程数量的增加，该方法的运行时间增加，然后渐渐地减少。图 4.6 显示了基于共享数据结构的 LDF 检测的并行数据流方法在 CERNET 数据集和 CAIDA 数据集上的加速比。横轴表示检测方法中线程数量，纵轴表示单线程的 LDF 检测方法与该方法的运行时间的比值。从图 4.6 可知，随着线程数量的增加，该方法的加速比减小，然后渐渐地增加。

从上述实验结果分析可知，基于共享数据结构的 LDF 检测的并行数据流方法中线程数量的增加反而使得该方法的性能下降。可能原因是线程在处理每个子流时需要同时获得多把锁，导致多个线程访问共享资源时需要等待，同步开销过大。同时，还可以发现，当线程的数量少于 4 时，该方法的性能会随着线程的增加而下降；而当线程的数量多于 4 时，算法的性能慢慢增加，然后趋于稳定。造成这样现象的主要原因是服务器共有 4 个核，4 个线程分别在每个核上独立地运行是最理想的。所以，当线程的数量少于 4 时，线程应该能够实现真正的并行运行，但线程之间的同步使得开销过大。

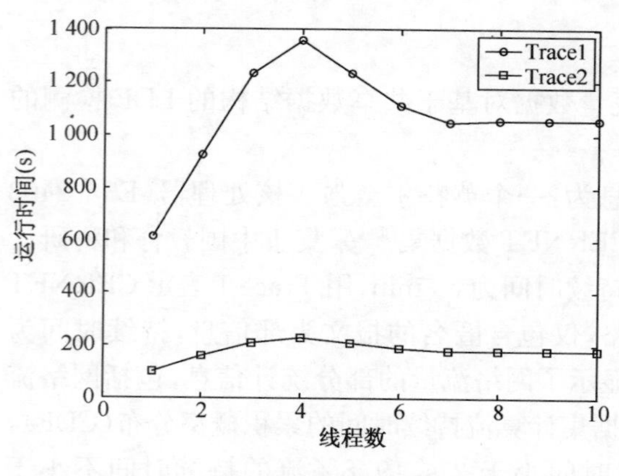

图 4.5 LDF 检测的运行时间图

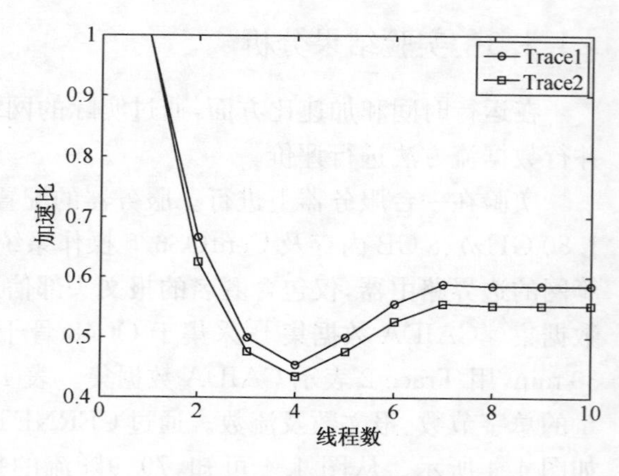

图 4.6 LDF 检测的加速比

综上所述,基于共享数据结构的 LDF 检测的并行数据流方法仅需要访问共享数据结构,从而可以显著地减少多个数据结构的合并开销,同时也节省了内存空间。然而,当报文到达时,每个线程访问共享数据结构,为了实现多个线程之间的同步,引入读写锁对共享数据结构的表项进行加锁。虽然读写锁能一定程度上提高该方法的并发性,但是多核处理器系统允许多个读者同时访问共享资源,写者是排他性的,一个读写锁同时只能有一个写者或多个读者。基于共享数据结构的 LDF 检测的并行数据流方法中,多个线程竞争和等待共享数据结构(Cuckoo Hash 表),产生多大的同步开销。因此,基于共享数据结构的 LDF 检测的并行数据流方法无法满足高速网络长持续时间流检测的应用需求。

## 4.5 基于独立数据结构的检测方法

本节从方法描述、方法流程、性能分析及实验评价方面阐述基于独立数据结构的 LDF 检测的并行数据流方法。该方法中所有线程具有相同的本地数据结构(Cuckoo Hash 表),执行相同的检测算法。

### 4.5.1 方法描述

为了能够适应流持续时间检测的应用需求,将属于相同流的报文划分到相同的子流,由于流长分布具有重尾特性,如果按照流数划分子流,可能造成有些线程的负载过重,为了实现不同线程之间的负载均衡,因此,假设每个线程处理大致相同数量的报文。由于基于共享数据结构的 LDF 检测方法中不同线程之间需要同步,导致同步开销过大,无法满足高速网络长持续时间流检测的应用需求。为了克服基于共享数据结构的 LDF 检测的并行数据流方法的不足,提出了基于独立数据结构的 LDF 检测的并行数据流方法。该方法中不同线程之间不需要同步,每个线程具有独立的本地数据结构,执行相同的检测算法,处理一个子流,维护一个本地数据结构(Cuckoo Hash 表),独立进行 LDF 检测。

基于独立数据结构的 LDF 检测的并行数据流方法的框架图如图 4.7 所示。与基于共享数据结构的 LDF 检测的并行数据流方法相比,基于独立数据结构的 LDF 检测的并行数据流方法的不同之处在于每个线程只需更新本地数据结构,独立检测 LDF,不产生同步开销和汇聚开销。当所有线程执行完成后,所有线程的检测结果的并集成为基于独立数据结构的 LDF 检测的并行数据流方法的最终检测结果。因此,该方法能够满足高速网络长持续时间流检测的应用需求。

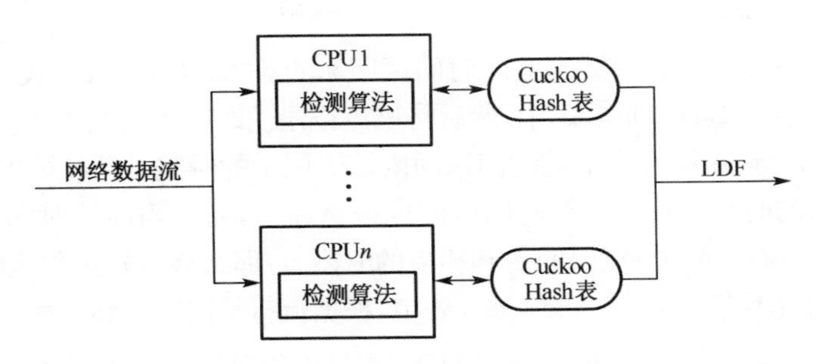


图 4.7 独立数据结构的框架图

### 4.5.2 方法流程

基于独立数据结构的 LDF 检测的并行数据流方法的基本过程：当网络数据流到达时，首先计算报文到达的时间区间，如果报文到达的时戳与测量时间周期开始时间属于不相等的时间区间，那么移走超时流；当报文所属的流存在于 Cuckoo Hash 表中时，如果该流记录的时戳属于当前报文到达的时间区间的前一个时间区间，那么更新该流记录的持续时间和时戳；当报文所属的流不存在于 Cuckoo Hash 表中时，如果不属于 Cuckoo Hash 表的流记录的最大流持续时间等于零或相应的时戳属于当前报文到达的时间区间的前一个时间区间，那么将该流插入到 Cuckoo Hash 表；当 Cuckoo Hash 表已满时，创建最小堆，使用最小堆删除 Cuckoo Hash 表中最小持续时间的流记录；当报文所属的流存在于 Cuckoo Hash 表中且流记录的持续时间与误差的差值大于阈值时，该流被识别为 LDF；最后，将各个 LDF 子集的并集作为检测结果。

基于独立数据结构的 LDF 检测的并行数据流方法流程如下：

(1) 初始化 Cuckoo Hash 表、测量时间区间开始时间 $t_s$、流持续时间 $c'$ 及时戳 $t'$。

(2) 当属于流 $f_{id}$ 的某个报文到达时，提取时戳 $T$，计算其到达的时间区间 $t$。

(3) if $t$ 不等于 $t_s$。

(4) 移走 Cuckoo Hash 表中超时的流记录。

(5) if $t'$ 不等于 $t_s$。

(6) 将 $c'$ 置为 0。

(7) 将 $t_s$ 赋值为 $t$。

(8) if 流 $f_{id}$ 属于 Cuckoo Hash 表。

(9) if $t_f$ 等于 $t-1$。

(10) 更新流持续时间 $c_f$ 和时戳 $t_f$。

(11) else if $c'$ 等于 0 或 $t'$ 等于 $t-1$。

(12) 在 Cuckoo Hash 表中创建新的流记录，并更新流持续时间 $c_f$、误差 $e_f$ 和时戳 $t_f$。

(13) if Cuckoo Hash 表已满。

(14) 建立最小堆，删除 Cuckoo Hash 表中持续时间最短的流记录，并更新流持续时间 $c'$ 和时戳 $t'$。

(15) if 流 $f_{id}$ 属于 Cuckoo Hash 表且流持续 $c_f$ 与误差 $e_f$ 的差值大于阈值。

(16) 识别流 $f_{id}$ 为长持续时间流。

(17) 合并各个 LDF 子集。

### 4.5.3 性能分析

**定理 4.1** 假设 $n$ 个子流，基于独立数据结构的 LDF 检测的并行数据流方法处理每个报文的平均时间复杂度为 $O(1/n)$。

**证明** 当报文到达时，计算报文到达的时间区间 $t$，查询 Cuckoo Hash 表中两个位置，如果报文所属的流 $f_{id}$存在于 Cuckoo Hash 表中，然后将该流记录的时戳 $t_f$与当前报文到达的时间区间 $t$ 进行比较，若 $t_f$与 $t$ 相等，说明在当前的时间区间内该流记录的时戳 $t_f$已经被更新，则跳过该报文，否则，说明该流记录的时戳 $t_f$在前一个时间区间内被更新了，而在当前的时间区间内还没有被更新，因此，需要更新该流记录的持续时间 $c_f$和相应的时戳 $t_f$，那么该更新过程能够在 $O(1)$时间内完成；如果报文所属的流不存在于 Cuckoo Hash 表中，根据流持续时间 $c'$和时戳 $t'$判断是否将该流插入到 Cuckoo Hash 表中，如果不属于 Cuckoo Hash 表且最小持续时间流的持续时间 $c'$为 0 或相应的时戳 $t'$属于上一个时间区间，那么需要将该流插入 Cuckoo Hash 表和更新其持续时间 $c_f$、误差 $e_f$及时戳 $t_f$，该过程同样能够在 $O(1)$时间内完成。假设 $n$ 个子流，因此，基于独立数据结构的 LDF 检测的并行数据流方法处理每个报文的平均时间复杂度为$O(1/n)$得证。

**定理 4.2** 假设 $n$ 个子流，$m=\lceil 1/\varepsilon \rceil$，在每个测量时间区间内，基于独立数据结构的 LDF 检测的并行数据流方法维护 Cuckoo Hash 表的平均时间复杂度为 $O(m/n)$。

**证明** 当每个测量时间区间开始时，扫描整个 Cuckoo Hash 表，根据报文到达的时间区间 $t$ 和流记录的时戳 $t_f$删除超时的流，该过程在 $O(1/\varepsilon)$时间内完成。如果 Cuckoo Hash 表已满，删除最小持续时间流记录，同时更新不属于 Cuckoo Hash 表且最小持续时间流的持续时间 $c'$和时戳 $t'$，该过程也在 $O(1/\varepsilon)$时间内完成。因此，在每个时间区间内，维护 Cuckoo Hash 表的时间复杂度为 $O(1/\varepsilon)$。假设 $n$ 个子流，$m=\lceil 1/\varepsilon \rceil$，所以在每个测量时间区间内，维护 Cuckoo Hash 表的平均时间复杂度为 $O(m/n)$得证。

**定理 4.3** 假设 $n$ 个子流，$m=\lceil 1/\varepsilon \rceil$，基于独立数据结构的 LDF 检测的并行数据流方法的平均空间复杂度为 $O(nm)$。

**证明** 如果在每个时间区间内每个流只有一个报文出现，LDF 检测问题等价于大流识别问题。基于大流识别的分析结果，至少需要 $O(1/\varepsilon)$内存空间检测 LDF。在一般的情况下，在每个时间区间内只考虑每个流的第一个报文，通过流标识 $f_{id}$和时戳 $t_f$跳过之后出现的报文。因此，基于独立数据结构的 LDF 检测的并行数据流方法的空间复杂度为 $O(1/\varepsilon)$。假设 $n$ 个子流，$m=\lceil 1/\varepsilon \rceil$，因此，基于独立数据结构的 LDF 检测的并行数据流方法的平均空间复杂度为 $O(nm)$得证。

### 4.5.4 实验结果分析

前面对基于独立数据结构的 LDF 检测的并行数据流方法进行了理论分析，本节利用相同的实验环境和数据集对基于独立数据结构的 LDF 检测的并行数据流方法进行评价。从运行时间、检测精度及流持续时间估计方面评价该方法的性能，并与相关方法进行比较。ILDF 表示基于独立数据结构的 LDF 检测的并行数据流方法，Chen 表示文献[16]中 LDF 检测方法，Lee 表示文献[17]中 LDF 检测方法。

(1) 评价标准

实验中，利用运行时间和加速比评价时间效率。加速比(speedup)指同一个任务在单处理器系统和并行处理器系统中执行时间的比率，用于衡量基于独立数据结构的 LDF 检测的并行数据流方法的性能。

通过误报率和漏报率评价 LDF 检测精度。误报率(FPR，false positive rate)是指被错误识别的 LDF 数量与被识别的 LDF 总数的比率。漏报率(FNR，false negative rate)是指没有被识别的 LDF 数量与实际的 LDF 数的比率。令实际的 LDF 集为 $A$，被识别的 LDF 集为 $B$，误报率

*FPR* 表示为：

$$FPR = \frac{|B - A|}{|B|} \tag{4.10}$$

漏报率 *FNR* 表示为：

$$FNR = \frac{|A - B|}{|A|} \tag{4.11}$$

误报率、漏报率越小表明检测精度越高。

通过相对误差评价流持续时间。相对误差(RE，relative error)用于衡量流持续时间的测量值与真实值之间的差异程度。令流持续时间的测量值为$\hat{F}$与真实值为 $F$，则流持续时间相对误差 *RE* 表示为：

$$RE = \frac{|\hat{F} - F|}{F} \tag{4.12}$$

相对误差越小表明测量值越精确。

(2) 时间效率

图 4.8 显示了基于独立数据结构的 LDF 检测的并行数据流方法在 CERNET、CAIDA 数据集上的运行时间。从图 4.8 可知，随着线程数量的增加，此方法的运行时间先减小后增加。图 4.9 显示了基于独立数据结构的 LDF 检测的并行数据流算方法的加速比。从图 4.9 可知，随着线程数量的增加，此方法的加速比先增加后减小。从上述实验结果可以看出，因为服务器只有 4 个核，所以随着线程数量的增加，基于独立数据结构的 LDF 检测的并行数据流方法的性能先提高后下降。

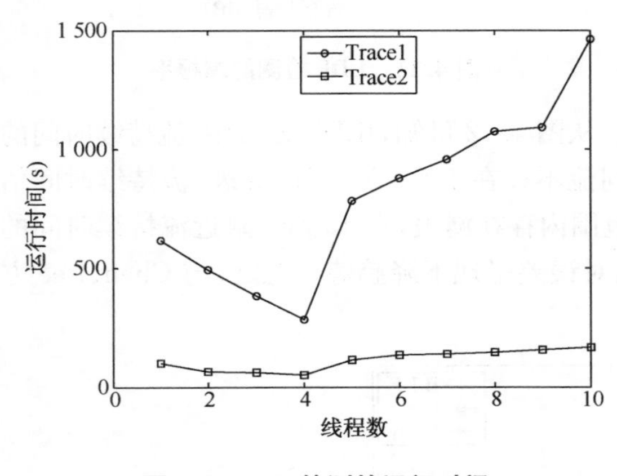


**图 4.8　LDF 检测的运行时间**

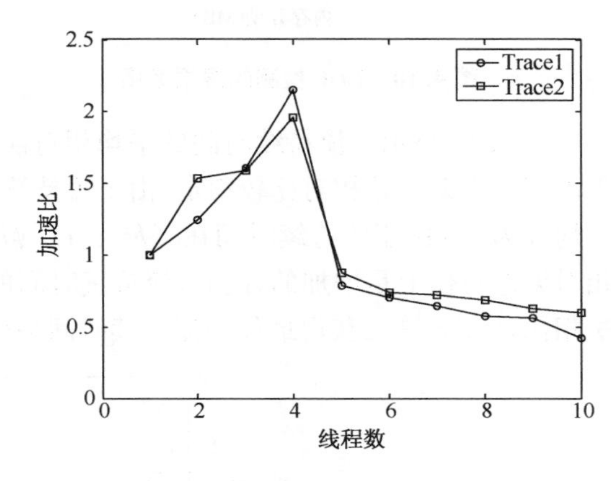


**图 4.9　LDF 检测的加速比**

(3) 检测精度

图 4.10 显示了三种 LDF 检测方法的误报率。从图 4.10 可知，随着内存开销增加，Chen 与 Lee 方法的误报率减小，而 ILDF 方法不产生误报。图 4.11 显示了三种 LDF 检测方法的漏报率。从图 4.11 可知，随着内存开销增加，Chen 与 ILDF 方法的漏报率减小，而 Lee 方法不产生漏报。从上述实验结果可知，在误报率和漏报率方面，ILDF 方法的检测精度优于 Chen、Lee 两种方法。

(4) 流持续时间估计

Chen 方法中，流持续时间估计$\hat{d}_f^1$ 表示为：

$$\hat{d}_f^1 = B_i(f) = \min_{1 \leqslant k \leqslant K}(B_i[h_{ik}(f)]),\ i = 1,\ 2 \tag{4.13}$$

Lee 方法中，流持续时间估计$\hat{d}_f^2$ 表示为：

$$\hat{d}_f^2 = \min_{1 \leqslant k \leqslant K}(C[H_k(f)] + B[H_k(f)]) \tag{4.14}$$

ILDF 算法中，流持续时间估计$\hat{d}_f^3$ 表示为：

$$\hat{d}_f^3 = \begin{cases} c_f - e_f, \text{如果流 } f \text{ 属于 CuckooHash 表} \\ 0, \text{其他} \end{cases} \tag{4.15}$$

流持续时间的相对误差 $RE$ 表示为：

$$RE = \frac{|\hat{d}_f^i - d_f|}{d_f}, i = 1,2,3 \tag{4.16}$$

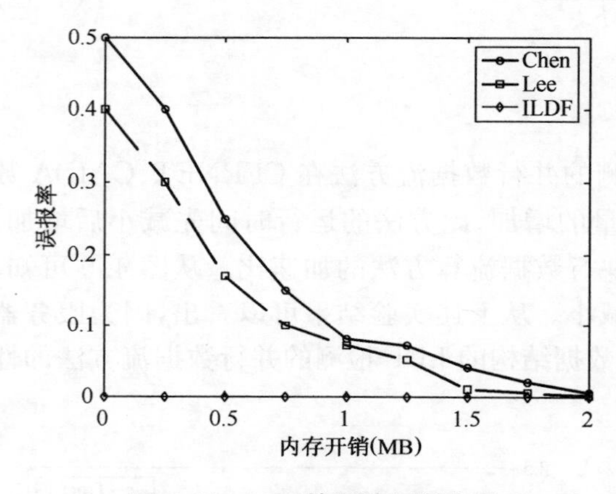


图 4.10　LDF 检测的误报率图

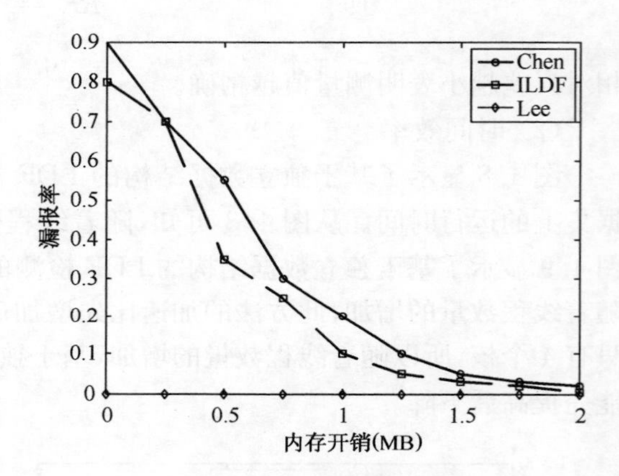


图 4.11　LDF 检测的漏报率

图 4.12 显示了流持续时间的平均相对误差。从图 4.12 可知，ILDF 方法中，流持续时间的平均相对误差开始相对比较稳定，由于短持续时间流不存在于 Cuckoo Hash 表，流持续时间估计均设为 0。由于流持续时间在$[(\phi-\varepsilon)D,\ \phi D]$范围内存在漏报，在 15 min 附近流持续时间的相对误差总体上是增加的，此后，流持续时间的相对误差呈现下降趋势。总之，与 Chen、Lee 方法相比，ILDF 算法获得最佳的流持续时间估计。

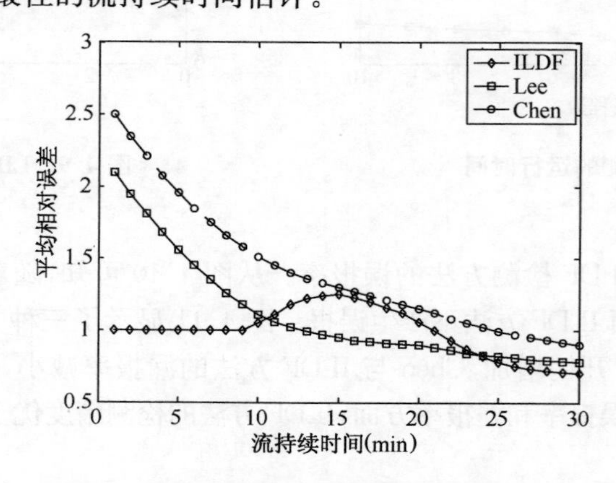


图 4.12　流持续时间的平均相对误差

## 4.6 小结

本章研究了在多核处理器硬件平台上的并行长持续时间流检测问题。从共享数据结构和独立数据结构两方面设计了长持续时间流的并行检测算法。基于共享数据结构的长持续时间流的并行检测算法存在资源共享,导致线程之间存在较大的竞争开销,并不能有效地解决并行长持续时间流检测问题;而基于独立数据结构的长持续时间流的并行检测算法中每个线程具有独立的本地数据结构,线程之间不存在资源共享,因此,不产生竞争开销,并且没有合并开销。利用真实的网络流量进行实验,实验结果表明两种长持续时间流的并行检测算法存在不同的优缺点,基于共享数据结构的长持续时间流的并行检测算法具有占用内存空间小的优点,其不足之处在于执行时间长,竞争开销过大;基于独立数据结构的长持续时间流的并行检测算法具有时间效率高和检测精度高的优点,满足高速网络流量监测的应用需求,其不足之处在于占用稍大的内存空间。然而,总体上,后者优于前者。两种算法的有效结合将成为我们下一步研究的重点。

## 参考文献


[1] 王宏,龚正虎. Hits 和 Holds:识别大象流的两种算法[J]. 软件学报,2010,21(6):1391-1403.

[2] 张震,汪斌强,张风雨,等. 基于 LRU - BF 策略的网络流量测量算法[J]. 通信学报,2013,34(1):111-120.

[3] Frederic R C. Scalable identification and measurement of heavy-hitters[J]. Computer Communications, 2013, 36(8): 908-926.

[4] Shin S, Im E, Yoon M. A grand spread estimator using a graphics processing unit[J]. Journal of Parallel and Distributed Computing, 2014, 74(2): 2039-2047.

[5] Liu Y, Chen W, Guan Y. Identifying high-cardinality hosts from network-wide traffic measurements[C]. In: Proceedings of the IEEE Conference on Communicaions and Network Security (CNS). MD: National Harbor, 2013. 287-295.

[6] Cheng G, Tang Y. Line speed accuratesuperspreader identification using dynamic error compensation[J]. Computer Communications, 2013, 36(13): 1460-1470.

[7] Brownlee N, Claffy K. Understanding Internet traffic streams: Dragonflies and tortoises[J]. IEEE Communications Magazine, 2002, 40(10): 110-117.

[8] Lee D J, Brownlee N. Passive measurement of one-way and two-way flowlifetimes[J]. ACM SIGCOMM Computer Communication Review, 2007, 37(3): 17-28.

[9] Quan L, Heidemann J. On the characteristics and reasons of long-lived internet flows[C]. In: Proceedings of the 10th ACM SIGCOMM conference on Internet measurement (IMC). New York: ACM, 2010. 444-450.

[10] Li D, Hu G, Wang Y, et al. Network traffic classification via non-convex multi-task feature learning[J]. Neurocomputing, 2015, 152(25): 322-332.

[11] Giroire F, Chandrashekar J, Taft N, et al. Exploiting temporal persistence to detect covert botnet channels[C]. In: Proceedings of the 12th International Symposium on Recent Advances in Intrusion Detection (RAID). Saint-Malo: Springer, 2009. 326-345.

[12] http://tech. sina. com. cn/h/2009-04-09/13372987082. shtml[EB/OL].

[13] Pagh R, Rodler F F. Cuckoo hashing[J]. Journal of Algorithms, 2004, 51(2): 122-144.

[14] The CERNET TracesDataset[EB/OL]. http://iptas. edu. cn/src/system. php，2014.

[15] The CAIDA UCSD OC48 Internet TracesDataset[EB/OL]. http://www. caida. org/data/passive/passive_oc48_dataset. xml，2014.

[16] Chen A，Jin Y，Cao J，et al. Tracking long duration flows in network traffic[C]. In：Proceedings of the International Conference on Computer Communications (INFOCOM). San Diego：IEEE，2010. 1-5.

[17] Lee S，Shin S，Yoon M. Detecting long duration flows without false negatives[J]. IEICE transactions on communications，2011，E94 - B(5)：1460-1462.

# 5 大流的自适应抽样识别方法

## 5.1 引言

随着带宽的不断增加和应用的多样化，高速网络环境下海量网络流量存在，给网络流量测量与分析带来了新挑战。许多研究表明IP流长度分布具有重尾特性，即少数的IP流占据了网络的大部分流量，多数的IP流分担了少部分的网络流量[1]。通常将占据了网络大部分流量的少部分流称为大流(heavy hitters)。大流定义为在一定的测量时间周期内传输的字节数或报文数超过当前链路上实际传输总流量的一定比例。通过大流识别可以及时发现大规模网络安全事件和采用相应的防御措施，如DDoS攻击、蠕虫传播等，有效缓解有限系统资源与海量网络流量之间的矛盾[2]。因此，大流识别研究引起人们的广泛关注。

高速网络环境下一方面大量并发流存在，需要大容量存储器存储流状态信息，另一方面分组到达的时间间隔短，例如，在OC-768(40Gbps)链路上，大小为40B的分组仅需要8ns的传输时间，需要高速存储器维护流状态信息。因此，在有限系统资源下实时准确识别大流成为一个难点。集中式的处理方式难以满足大规模网络流量数据的处理需求，并行分布式架构成为高速网络环境下海量网络流量数据挖掘的一种有效途径。随着云计算的快速发展，云计算已经在学术界和工业界得到了广泛研究和应用。设计云计算环境下的并行分布式算法成为高速网络环境下大流识别问题的一种可行的解决方案。MapReduce是一种处理大规模数据集的并行分布式架构。Google早期提出MapReduce计算框架并应用于自己的搜索领域，Hadoop开源实现了Google的MapReduce编程模型和计算框架。MapReduce也是目前云计算环境中的核心计算模式[3]。

在现有MapReduce框架中，当输入数据集服从偏态分布时，很难使reducer之间达到负载均衡。通常使用默认的Hash划分函数将Mapper的输出结果按照key值均匀分配到每个reducer，这样可以保证位于某一范围的key一定由某个reducer处理。如果输入数据集服从均匀分布，即数据集中每个元素的基数大致相同，使用默认的Hash划分函数，使得每个reducer接收到数量相同的不同元素，reducer的处理时间也是大致相等的。由于IP流长分布具有重尾特性，通过默认的Hash划分函数使得每个reducer处理大致相同的流数，然而，难以保证每个reducer处理相同数量的报文，即一些reducer接收到许多大流，而另一些reducer接收到许多小流，造成一些reducer处理大量的报文，具有较高的负荷，另一些reducer处理少量的报文，具有较低的负荷。例如，假设有3个reducer和9个流，每个流长度依次为50、45、15、9、9、7、3、3、2，通过默认的Hash划分函数分配流，虽然每个reducer接收到3个不同流，但是reducer分别接收到110、25、8个报文。

流长分布的重尾特性给MapReduce框架下大流识别带来许多困难。一方面，reducer之间的输入数据集不均衡分配，reducer之间的执行时间差异；另一方面，由于一个MapReduce作业的完成时间由最慢的reducer决定的，下一个MapReduce作业直到前一个MapReduce作业的所有reducer完成才开始执行，导致MapReduce作业的效率降低[4]。上述问题造成大流识别方法的性能下降。因此，reducer之间的负载均衡是MapReduce框架下大流识别方法中迫切需要解决的问题。为了解决因流量分布的重尾特性而造成的负载不均衡问题，在一个MapReduce

作业中，通过自适应抽样得到流长分布估计。自适应抽样方法通过抽样流的计数器值调整抽样率，能够减少大量网络流量数据所需的系统资源，获得准确的流长分布估计。然后在此基础上制定数据划分策略指导另一个 MapReduce 作业中大流识别，使得本章方法获得良好的性能。

本章第 2 节详细阐述大流识别方法；第 3 节通过实验对大流识别方法的性能进行评价；最后对本章进行总结。

## 5.2 大流识别方法

本节将描述 MapReduce 框架下基于自适应抽样的大流识别方法。其主要思路是利用一个 MapReduce 作业对输入文件块进行自适应抽样，依据抽样流的计数器值来估计网络流量的原始流长分布，然后制定数据划分策略；另外一个 MapReduce 作业利用数据划分策略实现 reducer 之间负载均衡，有效地进行大流识别。

### 5.2.1 问题定义

假设机器的执行时间与其负载成正比，作业的执行时间由最大负载机器的执行时间决定的。机器的负载表示分配的 key - value 对的数量。本章的目标是通过最大负载的最小化使得大流识别的性能最大化。输入数据集表示为 $S=\{p_1,p_2,\cdots,p_N\}$，其中，$p_i(i=1,2,\cdots,N)$ 表示(key, value)二元组。数据集中不同流构成的集合表示为 $C=\{f_1,f_2,\cdots,f_{N'}\}$，$p_i\in C(i=1,2,\cdots,N)$。令机器的执行时间函数为 $T(M_i)=M_i$，其中，$M_i$ 表示机器 i 的负载。我们的目标是分配每个 $p_i(i=1,2,\cdots,N)$ 到一个机器使得最大负载机器的完成时间最小化，形式化表示为：

$$\min \max_{i=1,2,\cdots,r} T(M_i) \tag{5.1}$$

由于高速网络中大量的流存在，求解上述问题的最优解是不切实际的。因此，通过抽样和统计学理论求解优化问题的近似解。

### 5.2.2 方法描述

基于自适应抽样的大流识别方法的架构如图 5.1 所示。MapReduce 框架下基于自适应抽样的大流识别方法由自适应抽样过程、数据划分过程、大流识别过程组成。首先，对流量 trace 进行解析，提取报文的五元组信息(源 IP 地址、目的 IP 地址、源端口、目的端口、协议)，逐行写入文件中，将文件存储到 HDFS 文件系统中，形成流记录输入文件。自适应抽样过程主要负责从分布式文件系统 HDFS 中读取文件块(默认大小为 64 MB)，根据抽样流的计数器值调整抽样率，以抽样率函数 P(c)对每个流进行抽样，然后利用计数器值估计流长分布。数据划分过程依据流长分布估计将流量均衡地分配到每个 reducer。大流识别过程负责检测原始流量数据中大小超过阈值 T 的流。最后，将被识别的大流写入输出文件，输出文件存储在 HDFS 文件系统中，形成流记录输出文件。

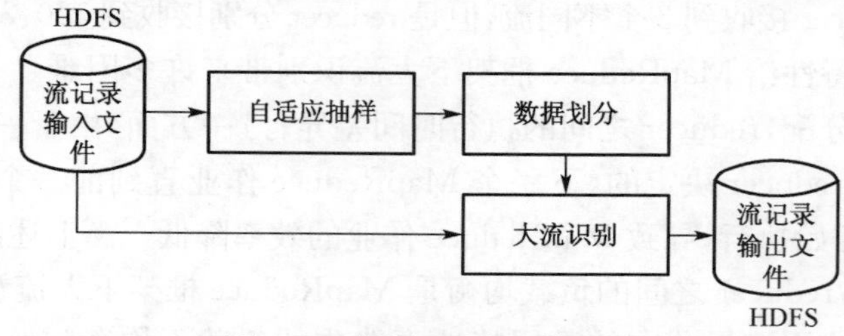


**图 5.1　大流识别方法的架构**

### 5.2.3　自适应抽样

高速网络环境下实时产生的海量网络流量要求大量的计算资源、传输带宽及巨大的存储空间。抽样是指从总体流量中随机或伪随机选取部分流量作为样本数据，丢弃未被选择的流量数据。因此，抽样技术成为减少流量数据又保留流量的原始信息的一种有效方式，同时极大地减少了处理、存储开销。通过样本数据推断总体流量的特征信息。由于受到抽样率的限制，静态抽样方法不能够准确地估计小流的大小。研究表明，大部分流的大小少于2个报文[5]。虽然大抽样率减少相对误差，但是会增加内存开销。即使提高抽样率，几乎所有增加的抽取样本来自大流，这样的话，小流和中流的估计精度仅仅得到一点的提高。因此，论文提出自适应的抽样方法[6]。利用一个 MapReduce 作业完成抽样过程，主要包括为每个流维护一个计数器，根据计数器值调整抽样率对行记录进行抽样，更新抽样报文所属的对应流计数器，利用计数器值估计流长。

自适应抽样方法中，通过抽样率函数 $P(c)$ 代替静态抽样方法中抽样率 $p$，表达式为：

$$c_{t+\Delta t}=\begin{cases}c_t+1, & P(c)\\ c_t, & 1-P(c)\end{cases} \tag{5.2}$$

其中，抽样率函数 P(c)随着计数器 c 的增加而降低，其定义为：

$$P(c)=1/[h(c+1)-h(c)] \tag{5.3}$$

其中，抽样函数 $h(c)$ 是一个递增的凸函数，且 $h(c+1)\leqslant ah(c)+1, h(0)=0, h(1)=1, a>1, c>0$。

**定理 5.1**　$\hat{n}(c)=h(c)$ 是流长 $n$ 的无偏估计

证明：当流长为 $n$ 时，计数器取值为 $i$ 的概率 $P(i|n)$ 表示为：

$$P(i\mid n)=\coprod_{j=0}^{i-1}P(j)\sum\nolimits_{x_0+x_1+\cdots+x_i=n-i}(1-P(0))^{x_0}(1-P(1))^{x_1}\cdots(1-P(i))^{x_i} \tag{5.4}$$

$$P(i\mid n)=P(i-1\mid n-1)P(i-1)+P(i\mid n-1)(1-P(i)) \tag{5.5}$$

其中，$x_j(j=0,1,\cdots,i-1)$ 表示在第 $j$ 抽样报文与第 $j+1$ 个抽样报文之间未抽样报文数，$x_i$ 表示第 $i$ 个抽样报文后未抽样报文数。

令 $\hat{n}(c)$ 的数学期望为 $U(n)$，表示为：

$$U(n)=\sum\nolimits_{i=0}^{n}h(i)P(i\mid n) \tag{5.6}$$

因此，

$$\begin{aligned}&U(n)-U(n-1)=\\&\sum\nolimits_{i=1}^{n}h(i)[P(i-1\mid n-1)P(i-1)+P(i\mid n-1)(1-P(i))]\\&-\sum\nolimits_{i=1}^{n-1}h(i)P(i\mid n-1)[P(i)+(1-P(i))]\\&=\sum\nolimits_{i=2}^{n}h(i)P(i-1\mid n-1)P(i-1)-\sum\nolimits_{i=1}^{n-1}h(i)P(i\mid n-1)P(i)\\&=\sum\nolimits_{i=1}^{n-1}h(i+1)P(i\mid n-1)P(i)-\sum\nolimits_{i=1}^{n-1}h(i)P(i\mid n-1)P(i)\\&=\sum\nolimits_{i=1}^{n-1}[h(i+1)-h(i)]P(i\mid n-1)P(i)\end{aligned} \tag{5.7}$$

将式(5.3)代入，得到：

$$U(n)-U(n-1)=\sum_{i=1}^{n-1}P(i\mid n-1)=1 \tag{5.8}$$

所以，

$$U(n)=n \tag{5.9}$$

定理 5.1 得证。

**定理 5.2**　流长 $n$ 的相对误差不大于 $\sqrt{\frac{a-1}{2}\left(1-\frac{1}{n}\right)}$。

证明：令 $\hat{n}^2(c)$ 的数学期望为 $V(n)$，表示为：

$$V(n)=\sum_{i=0}^{n}h^2(i)P(i\mid n) \tag{5.10}$$

$$\begin{aligned}V(n)-V(n-1)&=\sum_{i=1}^{n}h^2(i)[P(i-1\mid n-1)P(i-1)+P(i\mid n-1)(1-P(i))]\\&\quad-\sum_{i=1}^{n-1}h^2(i)P(i\mid n-1)[P(i)+(1-P(i))]\\&=\sum_{i=2}^{n}h^2(i)P(i-1\mid n-1)P(i-1)-\sum_{i=1}^{n-1}h^2(i)P(i\mid n-1)P(i)\\&=\sum_{i=1}^{n-1}h^2(i+1)P(i\mid n-1)P(i)-\sum_{i=1}^{n-1}h^2(i)P(i\mid n-1)P(i)\\&=\sum_{i=1}^{n-1}[h^2(i+1)-h^2(i)]P(i\mid n-1)P(i)\end{aligned} \tag{5.11}$$

将式(5.3)代入，得到：

$$V(n)-V(n-1)=\sum_{i=1}^{n-1}P(i\mid n-1)[h(i+1)+h(i)] \tag{5.12}$$

根据定义和定理 5.1，得到：

$$\begin{aligned}V(n)-V(n-1)&\leqslant(1+a)\sum_{i=1}^{n-1}P(i\mid n-1)h(x)+1\\&=(1+a)U(n-1)+1\\&=(1+a)(n-1)+1\end{aligned} \tag{5.13}$$

所以，

$$V(n)\leqslant\frac{(a+1)n^2-(a-1)n}{2} \tag{5.14}$$

因为 $\hat{n}(c)$ 的方差为：

$$Var[\hat{n}(c)]=V(n)-U^2(n)\leqslant\frac{a-1}{2}(n^2-n) \tag{5.15}$$

因此，

$$\frac{\sqrt{Var[\hat{n}(c)]}}{n}\leqslant\sqrt{\frac{a-1}{2}\left(1-\frac{1}{n}\right)} \tag{5.16}$$

定理 5.2 得证。

由定理 5.2 可知，当流长 $n$ 为 0 时，相对误差为 0。随着 $n$ 的增加，相对误差增加，但收敛于 $\sqrt{(a-1)/2}$。随着 $a$ 的减小，相对误差减小，但始终大于 1。

### 5.2.4 数据划分

具有相同 key 的 key - value 对形成一个簇 cluster，cluster 的大小为 key - value 对的数量。MapReduce 默认的数据划分方法是 HashPartitioner，首先，通过计算 key 的 Hash 值，然后，将 Hash 值与 reducer 的数量取模，最后，将 key - value 对发送到对应的 reducer。这样不同 key 均匀分配到每个 reducer。然而，如果数据存在偏态分布，会导致 reducer 之间的负载不均衡，从而降低算法的总体性能。由于网络流量分布具有重尾特性，需要一种新的数据划分方法解决 reducer 之间的负载不均衡问题，提高大流识别算法的整体性能。根据自适应抽样得到的流长分布估计，提出一种数据划分方法。数据划分方法的详细过程如下：

(1) $K = \{K_1, K_2, \cdots, K_m\}$ 为 MapReduce 作业的输入数据，$K_i$为每个簇 cluster 的集合，自适应抽样方法获得原始流长分布的准确估计；

(2) 根据 $|K_i|$ 的大小，对 $K$ 进行降序排列，得到 $K' = \{K'_1, K'_2, \cdots, K'_m\}$；

(3) 将 $K'_1, K'_2, \cdots, K'_n$ 分配到对应的 $r_1, r_2, \cdots, r_n$ reducers；

(4) 依次将 $K'_{n+1}, K'_{n+2}, \cdots, K'_m$ 分配到 $r_1, r_2, \cdots, r_n$ reducers 中最小负载的 $r_k$ reducer。

### 5.2.5 大流识别

大流是指字节数或报文数超过当前链路总流量一定百分比(如 0.001)的流。本章中，大流表示报文数超过当前链路总流量千分之一的流。由于 MapReduce 作业中存在多个 Reducer 任务，每个 Reducer 任务生成一个输出文件。虽然每个输出文件是局部有序，但输出文件之间不是全局有序，因为相同 key 可能存在于多个输出文件中。为了能够有效识别大流，调用 TotalOrderPartitioner 类，保证了输出文件之间的全局有序性。

## 5.3 实验结果分析

本节通过实验对大流识别算法的性能进行验证。首先介绍实验环境和流量数据集；然后分析三种大流识别方法的估计精度、负载均衡度和可扩展性，并从数据更新、reducer 数量角度对三种大流识别方法的执行时间进行比对。我们的研究表明：

(1) 自适应抽样方法获得原始流长分布的准确估计；

(2) 根据流长分布估计数据划分策略均匀地将网络流量分配到不同的 reducer，实现 reducer 之间负载均衡；

(3) 数据更新改善本章方法的性能。

### 5.3.1 实验环境

为了评价本文方法的性能，搭建一个 Hadoop 集群测试环境。Hadoop 集群测试环境是在一台服务器上创建的 6 台虚拟机构成的，其中一台虚拟机为 Master 节点，其他 5 台虚拟机为 Slave 节点。NameNode、Secondary NameNode、JobTracker 运行在 Master 节点上，而在每个 Slave 节点上，部署一个 DataNode 和 TaskTracker，以便这个 Slave 服务器上运行的数据处理程序能尽可能直接处理本机的数据。每台虚拟机配置为 Intel Xeon E5 - 2403 1.80 GHz CPU，700 MB 内存，30 GB 的本地存储磁盘，Centos6.2 操作系统，节点间网络通信速率为 100 Mbps，MapReduce 框架基于 Hadoop 平台 1.2.1 稳定版本。服务器的配置信息如表 5.1 所示。在本章中，Hadoop 中大部分参数使用默认配置。

**表 5.1　服务器配置信息**

| 名　称 | 详细信息 |
|---|---|
| CPU | Intel Xeon E5 - 2403 1. 80 GHz |
| Memory | 8G |
| HD | 2T |
| OS | Centos6. 2 |

本节利用CAIDA数据集[7]，其是在2013年5月29日采集于OC192(10 Gbps)链路上的流量数据。CAIDA数据集只包含报文头部信息。在实验中，由于Hadoop集群是由虚拟机搭建的，在存储到HDFS文件系统之前，先对该数据进行预处理提取五元组信息(源IP地址、目的IP地址、源端口、目的端口、协议)，形成了以五元组信息为行记录的文本文件。依据报文的时间戳将报文的五元组信息存储在5个文本文件中，每个文本文件的大小约为2.5 GB。数据集的统计信息如表5.2所示。

**表 5.2　数据集的统计信息**

| 文件序号 | 时间(min) | 报文数 | 流　数 | 字节数(GB) |
|---|---|---|---|---|
| 1 | 2 | 33, 959, 616 | 1,152,517 | 2. 42 |
| 2 | 2 | 35, 811, 348 | 1, 208, 548 | 2. 56 |
| 3 | 2 | 35, 395, 873 | 1, 123, 438 | 2. 53 |
| 4 | 2 | 35, 148, 257 | 1, 127, 241 | 2. 51 |
| 5 | 2 | 35, 142, 634 | 1, 118, 204 | 2. 51 |

在实验中，将本章的基于自适应抽样的方法(ASH, adaptive sampling method with Hadoop)、基于默认的数据划分方法(DH, the default Hadoop method)和TopCluster[8]进行对比。从估计精度、负载均衡、可扩展性、数据更新及reducer数量等方面评价大流识别方法的总体性能。

### 5.3.2　估计精度

均方根误差(RMSE)衡量估计值与真值之间的偏差。通过RMSE评价三种抽样方法的估计精度。ASH、TopCluster和DH的均方根误差分别为6 944、12 988和28 096，表明本章方法的估计精度优于TopCluster和DH。图5.2(彩插7)显示了前859个大流的大小分布，横轴表示大流序号，纵轴表示流长，纵坐标取对数。由图5.2可知，ASH曲线和DH曲线更接近于原始流长分布，而TopCluster曲线有个长尾。TopCLuster中，master从所有的map任务收集大流，假设小流服从均匀分布。从而，大流能够被准确估计，而小流的估计精度较低。因此，ASH获得的流长分布估计更接近于原始流长分布。

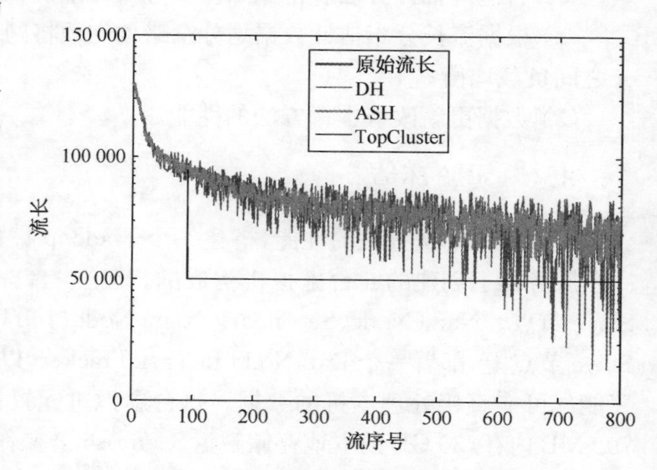


**图 5.2(彩插 7)　三种抽样方法的估计精度比较**

### 5.3.3　负载均衡

标准差反映了一个数据集的离散程度。reducer 的分配任务作为数据集，通过计算该数据集的标准差来评价数据划分方法的负载均衡。标准差越小，负载均衡越好。由于不同数据划分方法获得的标准差存在较大差异，为了便于比较它们的负载均衡，对数据集进行归一化处理，使得它们的标准差属于(0, 1]。本节从服务器数量、数据更新及 reducer 数量等方面评价三种数据划分方法的负载均衡。如图 5.3(a)所示，横轴表示服务器数量，纵轴表示不均衡度。随着服务器数量的增加，每种数据划分方法的不均衡度大致接近。尽管服务器数量不改变每个 reducer 的分配任务，由于 reducer 之间的系统资源不均衡分配，服务器数量影响数据划分方法的性能。然而，ASH 的不均衡度小于 TopCluster、DH。如图 5.3(b)所示，横轴表示时间，纵轴表示不均衡度。随着时间的变化，ASH 的不均衡度也在增加，但 ASH 的不均衡度依然小于 TopCluster、DH。如图 5.3(c)所示，横轴表示 reducer 数量，纵轴表示不均衡度。随着 reducer 数量的增加，ASH 的不均衡度也在增加，但仍然低于 TopCluster、DH。总之，就服务器数量、数据更新和 reducer 数量而论，ASH 的负载均衡优于 TopCluster、DH。

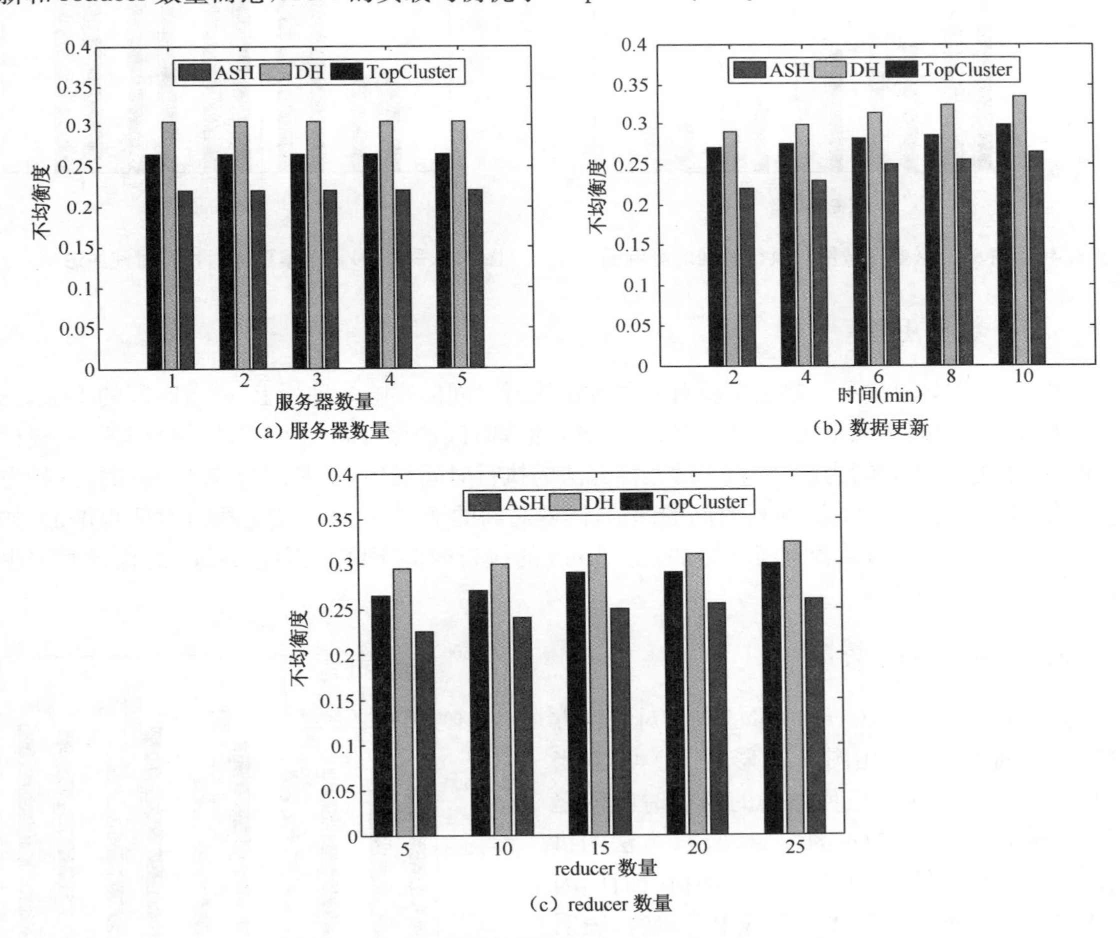


**图 5.3　三种数据划分方法的负载均衡比较**

### 5.3.4　可扩展性

本节从服务器数量方面讨论本章方法的可扩展性。图 5.4(彩插 8)显示了服务器数量的变化对三种方法执行时间的影响。理论上,执行时间与服务器数量成线性关系。由图 5.4 可知,当只有一台服务器时,三种方法的执行时间是最长的,当增加到两台服务器时,三种方法的执行时间呈现显著的下降。随着服务器数量的增加,三种方法执行时间下降的幅度变小。总体上,随着服务器数量的增加,虽然三种方法的执行时间不是完全线性地下降,但是呈现明显的下降趋势。ASH 的执行时间始终低于 TopCluster、DH 的执行时间,说明 ASH 具有较好的可扩展性。

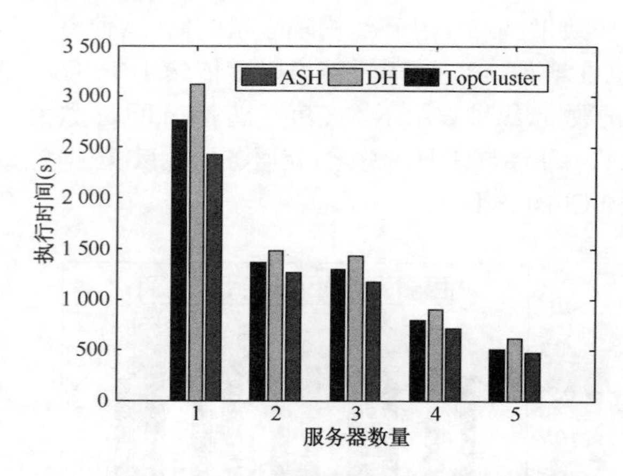


图 5.4(彩插 8)　服务器数量对执行时间的影响图

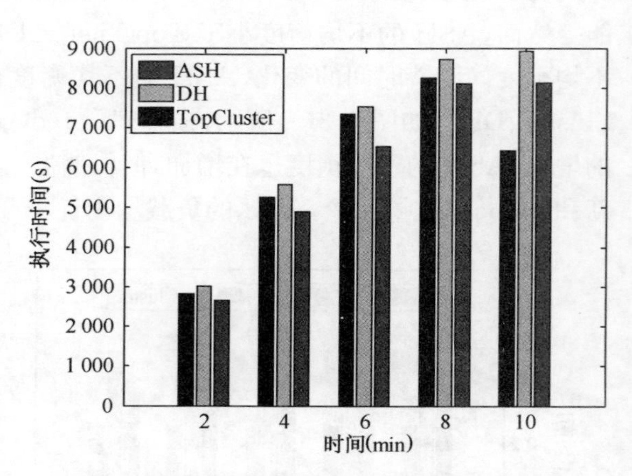


图 5.5(彩插 9)　数据更新对执行时间的影响

### 5.3.5　数据更新

图 5.5(彩插 9)显示了数据更新对三种方法执行时间的影响。理论上,随着时间的增加,三种方法的执行时间应该是线性地增加。相反的,随着时间的增加,三种方法的执行时间非线性地增加,也就是,当时间为前 2 min 时,三种方法的执行时间最短,当时间为前 4 min 时,三种方法的执行时间低于前 2 min 执行时间的两倍,随着时间的增加,三种方法的执行时间也增加,如图 5.5 所示。总体上,随着时间的增加,每 2 min 的执行时间下降。因此,ASH 的执行时间少于 TopCluster、DH。

### 5.3.6　Reducer 数量

图 5.6 显示了 reducer 数量的变化对三种方法执行时间的影响。由图 5.6(彩插 10)可知,当 reducer 数量为 5 时,三种方法的执行时间均是最低。随着 reducer 数量的增加,ASH 方法的执行时间变化幅度较小,而 DH 方法的执行时间因受到系统资源限制而总体上呈现上升趋势,表明 ASH 优于 TopCluster、DH。因此,reducer 数量的最优化设置依赖于 reducer 负载和系统资源。

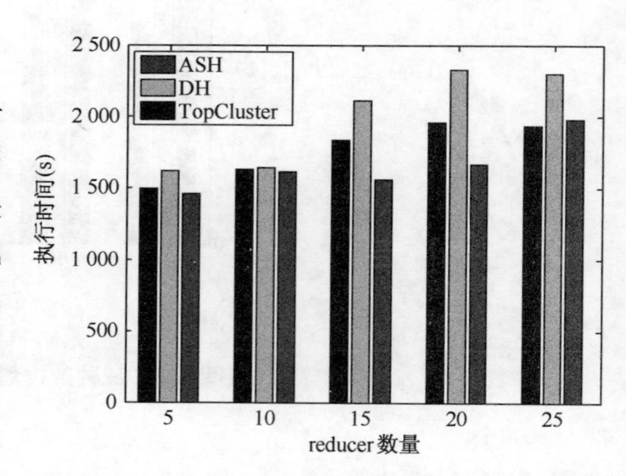


图 5.6(彩插 10)　reducer 数量对执行时间的影响

## 5.4　小结

由于网络流量分布具有重尾特性，MapReduce 框架下 reducer 之间产生负载不均衡问题。负载均衡是影响分布式算法性能的重要因素。本章针对上述问题，提出了一种 MapReduce 框架下基于自适应抽样的大流识别方法。该方法由两个作业组成，其一作业负责制定数据划分策略，另一作业负责在数据划分策略基础上进行大流识别。在数据划分策略中，本章提出基于自适应抽样的数据划分方法，自适应抽样技术不仅极大地减少了处理的网络流量和所需的系统资源，而且得到无偏的和可控的原始流长分布估计。在大流识别中，本章利用数据划分策略在 reducer 之间实现负载均衡，提高了本章方法的总体性能。利用真实的网络流量数据评价本章方法的性能，实验结果表明，与 TopCluster、DH 相比，本章方法获得较好的性能。

## 参考文献


[1] Zhang Z, Wang B, Lan J. Identifying elephant flows in internet backbone traffic with bloom filters and LRU[J]. Computer Communications, 2015, 61: 70-78.

[2] 王风宇，郭山清，李亮雄，等. 一种高效率的大流提取方法[J]. 计算机研究与发展，2013，50(4):731-740.

[3] Gu R, Yang X, Yan J, et al. SHadoop: Improving MapReduce performance by optimizing job execution mechanism in Hadoop clusters[J]. Journal of Parallel and Distributed Computing, 2014, 74(3): 2166-2179.

[4] Xu J, Qu W, Li Z, et al. Balancing reducer workload for skewed data using sampling based partitioning [J]. Computers and Electrical Engineering, 2014, 40(2): 675-687.

[5] Guan X, Qin T, Li W, et al. Dynamic feature analysis and measurement for large-scale network traffic monitoring[J]. IEEE Transactions Information Forensics and Security, 2010, 5(4): 905-919.

[6] Hu C, Liu B, Wang S, et al. ANLS: adaptive non-linear sampling method for accurate flow size measurement[J]. IEEE Transactions on Communications, 2012, 60(3): 789-798.

[7] The CAIDA UCSD Anonymized Internet Traces 2013 [EB/OL]. http://www.caida.org.

[8] Gufler B, Augsten N, Reiser A, et al. Load balancing in MapReduce based on scalable cardinality estimates[C]. In: Proceedings of the 28th International Conference on Data Engineering (ICDE). Washington: IEEE, 2012. 522-533.

# 6 流量异常的信息熵检测方法

## 6.1 引言

### 6.1.1 研究背景

(1) 信息熵

熵[1]的概念源于热力学。在热力学中熵是大量微观粒子的位置和速度的分布概率的函数，是描述系统中大量微观粒子的无序性的宏观参数，熵越大则无序性越强，称为热熵。1948 年，香农[2]将热力学中的熵引入到信息论中。香农认为信息是人们对事物不确定性的消除或减少，其不确定的程度称为信息熵。

设随机变量 $X$，其所有可能的结果是 $x_1$、$x_2$、…、$x_n$，每种结果对应的概率是 $p_1$、$p_2$、…、$p_n$，则其不确定程度，即信息熵是：

$$H(X) = -\sum_{i=1}^{n} p_i \log p_i \qquad 0 \leqslant H(X) \leqslant \log |X|$$

当 $X$ 只有一种取值情况，即是绝对值时，没有不确定性，其信息熵取得最小值 0；当 $X$ 在随机结果中均匀分布时，取得最大值 $\log|X|$，$|X|$ 是随机结果的数量。

一个孤立系统的熵，自发性地趋于极大，随着熵的增加，有序状态逐步变为混沌状态，不可能自发的产生新的有序结构，熵的这种性质叫着熵增原理。熵增原理预示。在理想的情况下，事物是朝着无序方向发展的。但是自然界的事物是自由与约束的统一体。在外在的约束下，事物并无法发展成为最为无序的状态。与此同时，事物本身又具有一定自主性和自由度，事物总是朝着在这个自由度下所能达到的最无序的状态方向发展。事物在约束下尽可能达到最无序状态的这种性质称为最大熵原理。

最大熵统计建模是以最大熵理论为基础的一种选择模型的方法，即从符合条件的分布中选出熵最大的最优分布，即最接近的事物的真实分布。Jaynes[3]证明：在随机事件的所有相容预测中，熵最大的预测出现的概率占绝对优势。Tribus[4]证明，正态分布、伽玛分布、指数分布等，都是最大熵理论的特殊情况。

(2) 网络行为观测系统 NBOS

NBOS(Network Behavior Observation System)是用于监控和管理 CERNET 2 网络服务质量和网络安全状态的新型网络流量行为监控系统。作为国家科技支撑计划课题“新一代可信任互联网安全和网络服务”(2008BAH37B04)的组成部分，该系统在于设计和实现对网络流量的分析、异常发现和应急控制，限制网络异常流量对正常网络服务的影响，为用户提供网络服务质量监测和评估功能。NBOS 系统的开发环境位于东南大学的 CERNET 华东北地区网络中心，基于 JSERNET 和 CERNET 主干网互联节点的流量数据实现对网络服务质量和安全状态的监测，该系统的运行环境将位于 CERNET/CERNET 2 的国家网络中心，以及东南大学、北京邮电大学、西安交通大学、重庆大学和复旦大学主节点，并实现这些系统之间的管理数据共享和协同工作。

NBOS包括数据接收及预处理、QoS[5]、热点和威胁分析四大模块：数据接收模块接收来自路由器的NetFlow[6]数据并对其进行预处理，形成NBOS中间数据，存放于共享内存，供其他模块使用；QoS模块主要是利用NBOS中间数据进行被动测量，描述当前网络状态，包括带宽、RTT、SLA[7]以及丢包率；热点模块包括聚合分析、公平性、热点分析和流量统计四个子模块，聚合分析和热点分析主要是通过计算获知流经路由器的热点IP、热点子网及单位，公平性主要是通过计算获知流量反映出的单个IP之间、单位之间及应用之间的公平性；流量统计主要是统计不同应用的带宽和流数、端口分布、流长分布以及不同单位的出入带宽和流数等情况；威胁分析主要是通过黑名单检测流量蕴藏的僵尸网络控制器，最后对各个单位的安全状态做出评估。

本章的EBAD系统将NBOS中间数据作为数据源，并采用区别于威胁分析模块的基于信息熵的异常检测方法进行大规模网络异常的检测，并最终部署在NBOS环境中。

### 6.1.2　研究意义

本章从理论和实验两方面出发对信息熵灵敏度进行分析，指出基于信息熵的异常检测方法中常见的一种应用模型的两个缺陷，对今后将信息熵应用于异常检测的研究具有一定借鉴意义。本章提出的用IP行为分类标识进行网络流量异常检测方法，新颖有效，具有较好的理论价值，且基于该方法设计开发的EBAD系统部署在NBOS环境中，能够有效地从流经JSERNET边界路由器的网络流量中检测出规模性的攻击流量，具有较好的实用价值。

### 6.1.3　相关研究

(1) 入侵检测系统

入侵检测系统通常分为滥用检测[8]和异常检测[9]两大类。滥用检测是利用专家知识制定异常行为的规则，符合规则的行为为异常行为，其余行为为正常行为。相反，异常检测是利用专家知识制定正常行为的规则，符合规则的行为为正常行为，其余行为为异常行为。滥用检测的优点是误报率低且效率高，缺点是不能检测规则之外的新出现的异常行为，且规则的数量与异常的种类成正比，规则的增加势必导致检测效率的降低。异常检测的优点是能较好地支持新类型异常的检测，缺点是误报率较高，且正常行为规则较难建立。

滥用检测中比较常见的是基于规则的滥用检测和基于状态迁移分析的滥用检测。著名的入侵检测系统Snort[10]就是基于规则的滥用检测系统。Snort具有易扩展的特点，其异常行为规则库是插件形式组成的，通过增加新的插件可以较好地支持新型异常的检测。其工作过程是读取规则库文件，在内存中建立规则语法，然后对捕获的数据报文进行规则匹配，若匹配到一条规则则报警，若一条规则都不匹配，则视为正常行为。STAT[11]和USTAT[12]采用的是基于状态迁移分析的滥用检测，用状态图来描述入侵过程出现的不同状态，若系统从初始状态转换到入侵成功状态则报警。

图6.1是由Dorothy Denning提出的异常检测模型[13]，如今已经发展出许多异常检测方法，如基于统计的异常检测方法[14,15]、基于机器学习的异常检测[16,17,18]、基于神经网络的异常检测方法[19]，但这些方法仍然遵循该异常检测模型。

(2)基于信息熵的流量异常检测

自从香农在1948年提出信息熵的概念之后，信息熵在许多领域都得到了很好的应用，如物理学、化学和经济学等。在计算机领域，信息熵也有着广泛的应用，例如：图像识别[20]、机器学习、机器翻译[21]和异常检测等。下面主要介绍信息熵在异常检测中的现有相关研究工作。

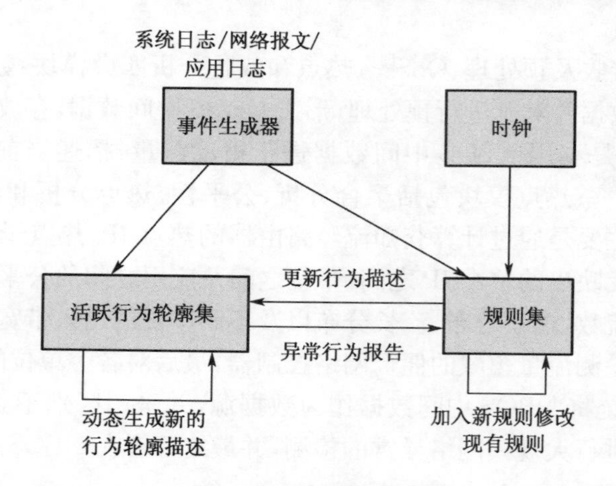


**图 6.1　异常检测模型**

Wenke Lee[22]等人介绍了信息论中一些适用于异常检测的概念,并举例说明这些概念如何应用于异常检测。信息熵可以用于描述审计日志的规律性,当信息熵越小,则不同种类的记录数越少,说明审计日志越有规律。条件信息熵可以通过测量审计日志记录的顺序的规律性来进行异常检测。相对熵可以测量两个数据集规律的相似性。信息增益可以衡量某个特征划分数据集的能力。信息成本可以用于衡量异常检测模型处理数据所花费的代价。

Laura Feinsteind[23]等人提出基于信息熵的 DDoS 检测方法,区别一般的在固定时间 $T$ 内计算流量特征的信息,其设定一个窗口,里面有 $w$ 个报文,计算流量特征的信息熵。然后向后滑动一个报文得到一个新的信息熵,以此类推,形成一系列的信息熵值。采用卡方检验[24](Chi-Square Statistic)判断熵值分布是否正常,从而判定流量是否出现异常。

Arno Wagner[25]等人提出用压缩工具 bzip 2、gzip 和 lzo 来计算数据集的熵,共有两种模式:一是流模式,即每读取数据集的一项便进行计算,处理完最后一个数据项便计算出整个数据集的熵;另一种是块模式,即先将数据集存储起来,然后计算整个数据集的熵。论文的数据来源是瑞士的科研与教育网的四个边界路由器的 Netflow v5 数据。论文通过将数据按 5 分钟为单位进行分割,然后计算每个粒度的熵,形成时间序列,然后观察熵随时间的变化情况,由此判断网络是否受到扫描攻击。论文用含有基于 TCP 的 blaster[26]蠕虫和基于 UDP 的 witty[27]蠕虫的数据论证了方法的有效性,同时也探讨了抽样对方法的影响。论文最后还指出方法只适合初步的网络异常警报,因为其不提供异常的更详细信息,同时方法对小规模的异常不是很奏效。

George Nychis[28]等人讨论各个基于信息熵的异常检测的测度的关联性以及检测能力的评估。本章将流量分布分成两类:一是流头部特征分布,包括源 IP、宿 IP、源端口、宿端口和流大小;二是行为特征分布,例如主机关联的源 IP 数和宿 IP 数。通过计算每两个测度的计算熵值的时间序列之间相关系数来衡量两个测度之间的关联,实验发现报文数在源 IP、宿 IP、源端口、宿端口上分布的四个测度关联性很强,并且在异常时计算出的方差也体现了很强的关联性,其他测度之间的关联性不是很强。本章研究表明,流量模式的本质决定了 IP 地址和端口具有很强的关联性,而源和宿之间的关联是因采用单向流量的计算模型所致(一个报文既对源有贡献,又对宿有贡献)。另外,通过实验发现不同的测度对不同异常的检测能力不同,例如 FSD(流大小的分布)在检测 DDoS 攻击时有较好的表现,宿端口和宿 IP 在检测带宽泛洪攻击时有较好的表现,Indeg(关联宿 IP 数)和 FSD 在检测网络扫描时有较好的表现。

Bernhard Tellenbach[29]提出一种比香农熵更适合描述网络流量的度量——广义熵。Tsallis 熵是广义熵的一种，其计算公式如下：

$$S_q(X) = \frac{1}{q-1}\left(1 - \sum_{i=1}^{n}(p_i)^q\right)$$

$p_i$ 是事件发生的概率；$q$ 是可变参数。当目标分布变得集中，即某个特征 $p_i$ 突然增大：当分布里的 $p_i$ 均比较小时，$q < -1$ 具有较好的检测效果；当分布里的 $p_i$ 处于中等时，$-1 < q < 1$ 具有较好的检测效果；当分布里的 $p_i$ 均比较大时，$q > 1$ 时具有较好的检测效果。论文利用 Tsallis 熵提出利用流量熵光谱（TES）方法来进行流量异常检测。Artur Ziviani[30]等人也使用 Tsallis[31]熵进行异常检测，相较于香农熵，Tsallis 熵能检测出更多的网络异常，减少了误报也使得检测系统更加灵活，因为其可以改变检测系统的灵敏度。

Vijay Karamcheti[32]等人提出的方法异于通常计算分布的信息熵，是通过报文内容的相反分布来捕获流量的异常。一般分布是指流量在某个特征上的分布，而相反分布是指特征分布里概率的分布。假设相反分布的概率为 $p_i$，表示流量在特征分布上概率为 $i$ 的特征数。本章提出的方法将报文内容视为由指纹集合组成，指纹定义为报文 $K$ 字节中的 $p$ 位，然后计算报文在指纹上的相反分布。当蠕虫爆发时，会出现大量相似的报文，这样具有同一概率的指纹数大量增加，使得相反分布变得集中，进而检测出异常。

在数据流的熵值计算[33,34,35]方面，更多的研究是关注在如何提高 CPU 和内存的效率。Amit Chakrabarti[36]等人提出一个算法可以在特定情况下以对数空间复杂度、线性时间复杂度下估算一个流的信息熵因子，同时论文提出两个计算机数据流信息熵的算法：一个以线性空间复杂度、一趟的算法，另一个算法是对数空间复杂度、两趟的算法。Ashwin Lall[37]等人提出两个算法可以高效（时间和空间）近似计算出信息熵。算法一是基于计算数据流信息熵与估算流频率片刻问题结构性相似，空间复杂度 $O(mlogm)$，$m$ 是流的长度。算法二是在对信息熵大小有实际假设的情况下，对流进行抽样，然后再进行计算，算法具有较高的 CPU 和内存使用效率。

Yu Gu[38]等人采用最大熵估计的方法来进行异常检测。该方法对网络报文议和目的端口进行分类，按协议分成四类，分别是 TCP、UDP、SYN 和 RST；按目的端口分类，0～1 023 号端口每 10 个端口归为一类，特别的 80 端口单独归为一类，1024～49151 号端口每 100 个端口归为一类，49151 之后的端口归为一类，所以报文总共分为 4×（104＋482＋1）＝2348 类。然后采用最大熵估计的方法从训练数据获得报文在所有分类的基准分布 $P$。最后，其通过计算实时网络流量与基准分布在某个分类上的相对熵来判断网络流量是否出现异常，计算公式为：

$$D_{\widetilde{P}\,||\,P}(w) = \widetilde{P}\log\frac{\widetilde{P}(w)}{P(w)}$$

其中，$w$ 属于一个分类；$P(w)$是基准分布在分类 $w$ 的概率；$\widetilde{P}(w)$是实时流量在分类 $w$ 上的概率。当某个分类 $w$ 连续 $h$（$h$ 是窗口大小）个粒度 $D_{\widetilde{P}\,||\,P}(w) > d$（$d$ 是阈值），则认为流量在该分类上出现了异常。该方法能够很好地检测出一些网络异常，例如：端口扫描、SYN Flood 攻击等，也能够检测出那些能够引起网络流量在分类分布变化的新攻击方法。但该方法存在一些缺陷，例如，要求训练数据不包含异常，这是很难做到的。另外，当路由变化时，基准分布也会发生变化。

Anukool Lakhina[39]等人提出利用流量的特征分布进行大规模网络的流量异常检测。该方法采用抽样信息熵来衡量特征分布的离散和集中程度，一共使用了 srcIP、dstIP、srcPort 和

dstPort 四个特征，相应的衡量指标是 H(srcIP)、H(dstIP)、H(srcport)和 H(dstPort)。在检测和识别异常的方法中，其采用了子空间方法的变种方法多路子空间方法。多路子空间方法将时间 $t\times$ OD 流 $p\times$ 特征 $k$ 组成三维矩阵 $\bar{H}$ 转化成二维矩阵 $H(t\times kp)$，其中，$t$ 是时间粒度数，$p$ 是 OD 流全网 OD 流的数量，$k$ 是特征数，然后在 $H$ 上采用子空间方法检测和识别异常。另外，还通过误报率和检测率比较了基于流量大小（如字节数或报文数）和基于信息熵的两种异常检测方法。误报率的统计是对检测出异常进行人工的行为特征分析，判断其是否为异常，若不符合则视为误报。检测率是通过在真实流量中混入攻击流量，并通过抽样改变攻击流量的强度，来检测两种方法的检测率。比较发现基于信息熵的检测方法对网络流量异常更为敏感，尤其是在检测流量较小的异常方面，具有绝对的优势。此外，本章还将 Kmeans 和分层聚类方法应用于异常分类。

基于信息熵的异常检测方法相较于基于流量的异常检测方法能够更好地反映异常的本质，因为信息熵可以反映流量在某个特征分布的集中或离散情况。例如：流量中出现 Alpha 大流，基于流量的异常检测方法因流量大增可以检测出流量异常。基于信息熵的异常检测方法可以由流量在报文五元组上的分布变得集中检测出流量出现异常，亦可以由分布上的变化推测出异常的类型为 Alpha 大流。基于信息熵的异常检测方法也具有一些缺陷：

① 通过分布上的变化检测异常，可以推断出异常的类型，除此之外无法提供更加详细的异常信息，例如，哪些 IP 发起了攻击，哪些 IP 是受害主机，因此，只能提供初步的报警。

② 上述论文通过实验发现，基于信息熵的异常检测方法适用于大规模的网络异常，例如，DDoS 攻击、蠕虫传播。

在上述的一些基于信息熵的异常检测方法中，存在这样一个应用模型：将网络流量分成许多片段，计算每段流量在特征上的分布的信息熵，形成时间序列，通过观察时间序列的波动情况来判断网络是否发生异常。通过对信息熵灵敏度进行分析，指出这种应用模型的两个缺陷：第一，无法提供异常细节；第二，灵敏度不够，只适合于检测大规模的网络异常。本章借鉴 Kuai Xu[40] 等人提出的网络流量描述的思想，提出一种基于信息熵的检测新方法。

Kuai Xu[40] 等人定义了大簇 IP 行为分类标识，用于标识一个大簇 IP 的行为，并提出方法提取大簇 IP 的主通信模式。论文中提出了一个迭代算法以计算流量中的大簇 IP，具体迭代方法如下：

$\alpha=\alpha_0;\beta=0.9;S=\phi;R=A;k=0$

计算 $R$ 的信息熵 $\theta$

while $\theta\leqslant\beta$ do

$\alpha=\alpha\times2^{-k};k++$

for each $\alpha_i\in R$ do

if $P(\alpha_i)\geqslant\alpha$ then

$S=S\cup\{\alpha_i\};R=R-\{\alpha_i\};$

end if

end for

重新计算 $R$ 的信息熵 $\theta$

end while

其中，$\alpha$ 是概率值；$\alpha_0$ 是初始值；$\beta$ 是信息熵值，迭代的终止条件；$R$ 是 IP 集合；$S$ 是大簇的集合，初始值为空。得到大簇集合 $R$ 后，每个大簇即 IP 对应许多流，然后计算流量在其他报文元组上的分布的信息熵值。假设流量在某元组上的分布的熵值为 $ru$，并定义一个阈值 $\varepsilon$，流量在元组上取值 $v$ 如下：

$$v=\begin{cases}0(\text{集中}) & 0\leqslant ru\leqslant \varepsilon \\ 1(\text{正常}) & \varepsilon < ru\leqslant 1-\varepsilon \\ 2(\text{离散}) & 1-\varepsilon < ru\leqslant 1\end{cases}$$

IP 行为分类标识定义如下：

$$bid = v_1\times 3^2 + v_2\times 3^1 + v_3\times 3^0$$

其中，$v_1$、$v_2$ 和 $v_3$ 分别是流量在源 IP(当 $R$ 是源 IP 集合时为宿 IP)、源端口和宿端口上的取值。通过实验得出常见的应用的 $bid$ 值，如 Web、DNS、email servers 其 $bid$ 取值为{6,7,8,18,19,20}。

在将 Kuai Xu[40] 提出的网络流量描述思想应用于骨干网络流量的异常检测的过程中，采用了传统阈值方法获取大簇 IP，重新定义大簇 IP 行为分类标识，增加了正常应用 bid 学习模块、辅助测度模块和白名单过滤模块。

### 6.1.4　本章内容

从理论和实验两方面对信息熵灵敏度进行分析，并指出现有一些基于信息熵的异常检测方法中不足之处。本章借鉴 Kuai Xu[40] 等人提出的网络流量描绘的方法，将其应用于网络流量的异常检测中，并且设计开发出一个基于信息熵的异常检测系统(EBAD)。本章研究了下面几个具体的问题：

(1) 测度定义

选取四个分布来衡量一个 IP 的行为特征，它们分别是流量在源端口、宿端口、目标主机和平均报文大小上的分布，将分布分为五类，分别是绝对分布、集中分布、正常分布、离散分布和均匀分布。

(2) IP 行为分类标识定义(bid)

定义 IP 行为分类标识，使得不同行为特征的 IP 具有不同的行为分类标识，IP 行为分类标识能唯一标识一种 IP 行为特征，而异常 IP 与正常 IP 具有不同的行为特征，所以可以通过 IP 行为分类标识区分 IP 异常与否。阈值选择。每个 IP 关联四个分布，每个分布有五种状态，一个 IP 的某个分布属于哪个状态是通过阈值来确定。本章采用 Kmeans 聚类方法确定该阈值。

(3) 建立常见正常应用 bid 库

EBAD 系统主要是通过 IP 的 bid 来区分 IP 异常与否，所以需要建立常见正常应用 bid 库。如果一个 IP 的 bid 不落在 bid 库中，则将其判定为异常 IP。本章主要对 NAT 服务器和 Web 服务器的 bid 进行学习建立正常应用 bid 库。

(4) 辅助测度定义

由于信息熵自身的特点或异常 IP 行为与某些常见应用 IP 的行为相似，一些类型的异常 IP 其 bid 会出现在常见应用的 bid 库里，例如：一些僵尸控制器的 bid 与 Web 服务器的 bid 会相同，这就需要辅助测度对 bid 落在常见应用 bid 里 IP 进行进一步的分析，以便判定其异常与否。

## 6.2　信息熵灵敏度分析

在众多基于信息熵的异常检测方法中，有一部分方法是通过观察特征分布的变化来判定网络流量是否出现异常，而特征分布的变化是通过信息熵的变化来衡量，所以最终是通过观察信息熵值组成的时间序列的波动情况来判定网络是否发现异常，如 Laura Feinsteind[23] 等人提出的用统计方法进行 DDoS 攻击检测，Arno Wagner[25] 提出用三种压缩工具计算熵值来检测蠕虫攻击。研究表明：异常流量会在一定程度引起流量在特征分布上的变化，当特征分布变得集中时，信息熵会变小；当特征分布变得离散时，信息熵变大。然而，异常程度与信息熵变化幅度之间的因子却鲜有研究。

本章提出了一个新概念，即信息熵灵敏度，用于衡量信息熵检测流量分布变化的能力，从理论和实验两方面出发对信息熵灵敏度进行分析。

### 6.2.1　理论分析

在研究背景小节中提到信息熵的计算公式如下：

$$H(X) = -\sum_{i=1}^{n} p_i \log p_i \qquad (0 \leqslant H(X) \leqslant \log|X|)$$

在实际应用中，常常将其规格化，使其取值统一在[0,1]，规格化公式如下：

$$H_r(X) = H(X)/\log|X|$$

如果流量中新增一个 IP，其在分布里的概率为 $p_i$，假设其他 IP 对应的流量不变。设原来流量的总数 $M$，新增 IP 后的流量总数为 $M'$，则有：$(M'-M)/M' = p_i$。原来流量的信息熵计算公式如下：

$$e = \left(-\sum_{i=1}^{n} \frac{m_i}{M} \log \frac{m_i}{M}\right)/\log n \tag{6.1}$$

其中，$m_i$ 是 $\text{IP}_i$ 对应的流量，新增 IP 后的信息熵计算公式如下：

$$e' = \left(-\sum_{i=1}^{n} \frac{m_i}{M'} \log \frac{m_i}{M'} - p_i \log p_i\right)/\log(n+1) \tag{6.2}$$

由 $M$ 和 $M'$ 的关系可以推导出如下公式：

$$e' = \left(-\sum_{i=1}^{n} (1-p_i)\frac{m_i}{M} \log(1-p_i)\frac{m_i}{M} - p_i \log p_i\right)/\log(n+1) \tag{6.3}$$

其中，$n$ 代表特征值的总数，在本次讨论中其是 IP 数（源或宿），在骨干网络中 $n$ 值较大，$\log n$ 与 $\log(n+1)$ 值近似相等，设 $\log n \approx \log(n+1) = 1/C$，其中，$C$ 是常数，由公式(6.3)可以推导出 $e$ 和 $e'$ 之间的关系：

$$e' = -C(1-p_i)\log(1-p_i) + (1-p_i)e - Cp_i \log p_i \tag{6.4}$$

则信息熵的变化 $e - e'$ 可以表示为：

$$f(p,e) = pe + C(1-p)\log(1-p) + Cp\log p \tag{6.5}$$

函数 $f(p,e)$ 对 $p$ 求偏导：$f'_p = e + C(\log p - \log(1-p))$，其中，$g(p) = \log p - \log(1-p)$

的平面图如图 6.2 所示。从图中可以看到 $g(p)$在[0,1]区间是增长函数,所以 $f'_p = e + g(p)$ 在[0,1]区间是增长函数,取值范围是$[-\infty, +\infty]$。当 $f'_p < 0$,$f(p,e)$ 是递减函数;当 $f'_p > 0$ 时,$f(p,e)$是递增函数。在流量异常检测中表示:当流量中某个 IP 的流量突然增加到一定的比例,则会导致信息熵变小,且随着比例的增加,信息熵的变化增大。

函数 $f(p,e)$对 $e$ 求偏导:$f'_e = p$。$f'_e > 0$,所以 $f(p,e)$ 在 $e$ 方向上是递增函数。在流量异常检测中表示:异常引起的信息的变化幅度跟流量原本的信息熵相关,当原本流量的信息熵越大时,相同异常程度引起的信息熵的变化幅度越大。

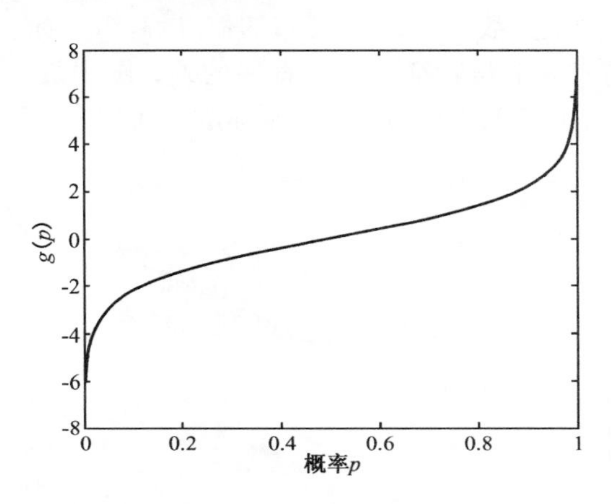


**图 6.2 g(p)函数平面图**

为了对异常程度与信息熵变化幅度有更直观的感受,表 6.1 列出几组 $f(p,e)$取值,其中根据实验观察设 $C = 1/10$。从图表可以看出,信息熵的变化幅度与异常程度相关,也与流量原本的信息熵相关。表中的负数指的是新增 IP 后的信息熵比原本的信息熵大,新增的 IP 的概率小于某个值时,会使原本流量的特征分布变离散;大于该值时,会使原本流量的特征分布变得集中,该值满足公式 $f(p,e) = 0$。

**表 6.1 不同异常强度下的信息熵变化量取值**

| $p$ \ $f(p,e)$ \ $e$ | 0.9 | 0.8 | 0.5 |
|---|---|---|---|
| 0.5% | 0.001 4 | 0.000 8 | −0.000 6 |
| 1% | 0.003 4 | 0.002 4 | −0.000 6 |
| 10% | 0.057 5 | 0.047 5 | 0.017 5 |

## 6.2.2 实验分析

理论分析是从信息熵的计算公式出发分析信息熵的灵敏度,实验分析是从统计的角度出发。本次实验的方案是:首先获得一定统计规模的真实流量,然后真实流量中混入异常流量,通过改变异常的强度来观察信息熵的变化情况,从而获知信息熵的灵敏度。

本章实验计算的是报文数在宿 IP 上分布的信息熵,计算公式如下:

$$H_{r\times p}(dstip) = \left(-\sum_{i=1}^{N} p_i \log(p_i)\right)/\log(N)$$

其中,$N$ 是出现的不同宿 IP 的数量;$p_i$是某个宿 IP 对应的报文数量占总报文数量的比例。

本章实验的数据源是 NBOS 的中间数据，NBOS 中间数据由 NBOS 预处理模块生成，NBOS 预处理模块接收来自 JSERNET 边界路由器的 NetFlow 数据，然后对 NetFlow 进行预处理，例如：往返流合并、给 IP 打上归属地标签等，生成以 5 min 为单位粒度的 NBOS 中间数据。本次实验一共采用了连续 450 个粒度的数据。然后在这些粒度的数据中混入 4 种异常程度的单点流量，这些异常单点流量的占总报文数的比分别为 0.5%、1%、5%和 10%。在统计实验结果的过程中，并不是只是单纯地统计信息熵的变化量，而是将信息熵的变化量与原本流量的信息熵关联起来。图 6.3(彩插 11)展示了异常强度、背景流量信息熵和信息熵变化三者关系。横坐标表示背景流量中报文数在源 IP 上分布的信息熵，纵坐标表示混入异常单点流量后的流量特征分布信息熵与背景流量特征分布信息熵的差。图中最上面线对应的异常强度是 10%，次之为 5%，再次之为 1%，最下面对应的异常强度为 0.5%。

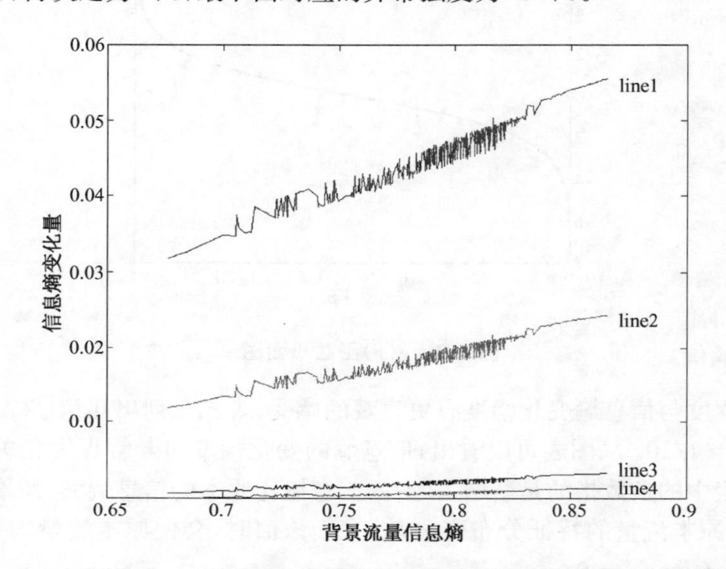


**图 6.3(彩插 11)　异常强度、背景流量信息熵和信息熵变化三者关系图**

从图 6.3 中四条线的走向可以看出，混入异常单点流量之后信息熵的变化量随着背景流量中的信息熵增大而增大，即背景流量在某个特征分布越离散，则异常单点的流量引起特征分布变化越显著。图中四条线之间的对比说明异常程度越大的单点流量引起信息熵的变化量越大，即特征分布变化越显著。

同样，为了对异常程度与信息熵变化幅度有更直观的感受，表 3.2 列出几组数据来直观地描述信息熵变化量与异常程度及原本流量信息熵之间的关系，相较于理论分析小结是通过公式计算得出，表 6.2 数据是通过实际流量统计得出。从图 6.3 和表 6.2 可以看出，信息熵的变化幅度与异常程度相关，也与流量原本的信息熵相关。

**表 6.2　不同异常强度下的信息熵变化量取值**

| $p$ \ $f(p,e)$ \ $e$ | [0.7,0.75] | [0.75,0.8] | [0.8,0.85] |
|---|---|---|---|
| 1% | 0.001 4 | 0.001 9 | 0.002 5 |
| 5% | 0.015 6 | 0.018 1 | 0.020 7 |
| 10% | 0.038 8 | 0.043 9 | 0.048 7 |

### 6.2.3 分析结论

(1) 应用模型

第 6.2.2 节从理论和实验两方面论证了信息熵的变化幅度与异常程度相关，也与流量原本的信息熵相关。当异常强度小于一定强度，其会导致特征分布变得离散；当异常强度大于一定强度，会导致特征分布变得集中，且强度越大，特征分布变得越集中。强度的取值与原本流量的特征分布的离散集中情况相关，当原本流量的特征越离散(信息熵越大)，其取值越小；当原本流量的特征越集中(信息熵越小)，其取值越大。

根据上述结论，可以将网络流量按时间等分成多个部分，然后计算每个部分流量的信息熵组成信息熵时间序列，通过观察信息熵的波动情况来判定网络流量是否出现异常。当信息熵值时间序列波动成凸形时，如图 6.4 所示，说明网络流量中增加了许多流量小的特征(特征可以为源 IP 或宿 IP)，且凸形幅度越大，说明这种类型的特征值越多。例如：在流量中出现扫描攻击时，会出现许多报文数少的宿 IP，这时报文数在宿 IP 上的分布就会变得离散。当信息熵时间序列波动成凹形时，如图 6.5 所示，说明网络流量中出现一个或一些关联大流量的特征值，且凹形幅度越大，说明这种类型的特征值关联的大流量越大。例如：流量中出现 Alpha 大流时，会出现某个流关联的大量的报文数，这时报文数在源 IP 和宿 IP 上的分布会变得集中。图 6.6 和图 6.7 展示了熵的变化量与原本流量的信息熵相关。图 6.6 中报文数在宿 IP 上的分布原本流量信息熵为 0.87，异常出现后的信息熵为 0.72，变化量为 0.15；报文数在宿端口上的分布原本流量信息熵为 0.74，异常出现后的信息熵为 0.66，变化量为 0.08。这说明在异常强度相同的情况下，原本流量特征分布的信息熵值越大，所引起的信息熵变小的幅度越大。图 6.7 中流数在源 IP 上的分布原本的流量信息熵为 0.86，异常出现后的信息熵为 0.89，变化量为 0.03；报文数在源端口上的分布原本的流量信息熵为 0.72，异常出现后的信息熵为 0.78，变化量为 0.06。这说明在异常强度相同的情况下，原本流量特征分布的信息熵值越小，所引起的信息熵变大的幅度越大。

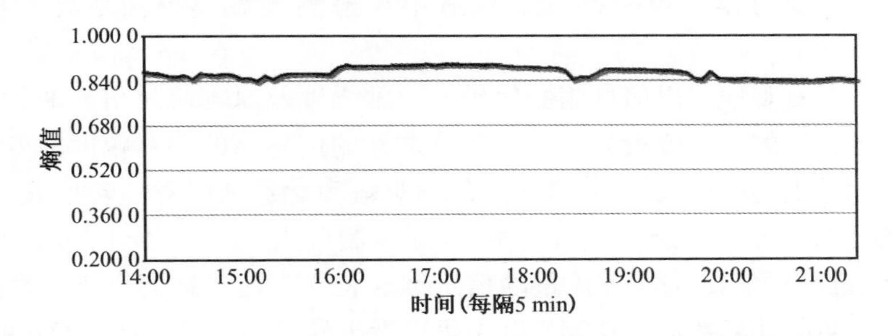


**图 6.4 2011-12-13 14:00-2011-12-13 21:00 流数在源 IP 上分布的信息熵值时序**

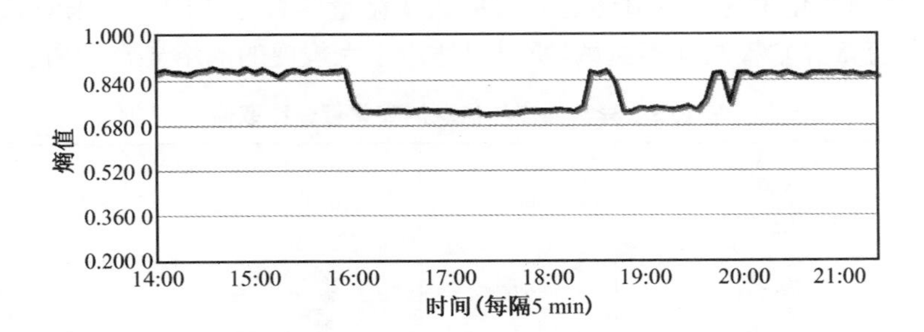


**图 6.5 2011-12-13 14:00-2011-12-13 21:00 报文数在宿 IP 上分布的信息熵值时序**

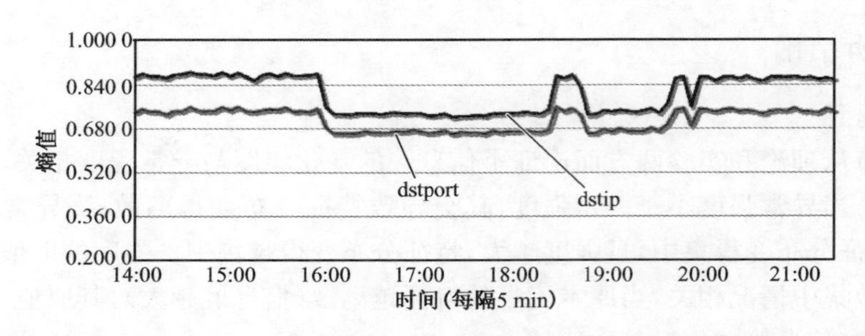


**图6.6　2011-12-13 14:00-2011-12-13 21:00 报文数在宿 IP 和宿端口上的分布的信息熵值时序**

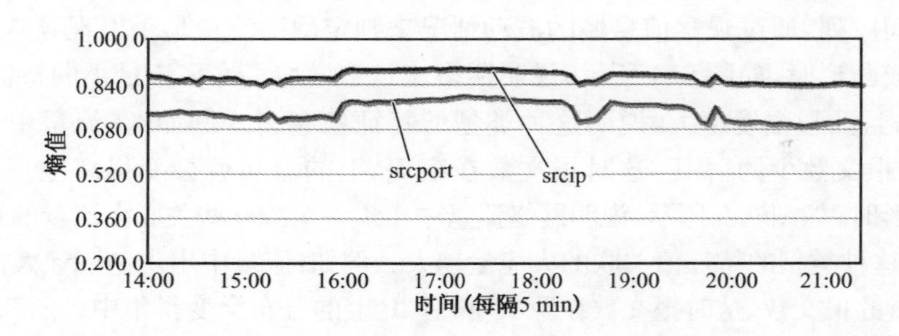


**图6.7　2011-12-13 14:00-2011-12-13 21:00 流数在源 IP 上和源端口上的分布的信息熵值时序**

(2) 应用模型缺陷

第(1)节描述了信息熵在网络流量异常检测中应用的一个模型,且已有相关研究使用该模型,如 Laura Feinsteind[23] 等人提出的用统计方法进行 DDoS 攻击检测,Arno Wagner[25] 等人提出用三种压缩工具计算熵值来检测蠕虫攻击,但是正如 Arno Wagner 等人在论文中提到的,该模型具有两个显著的缺陷:其一,不能提供异常的详细细节,如异常攻击主机、异常受害主机等,所以只能作为初步的异常报警;其二,只适用与检测大规模的网络异常检测,如蠕虫、DDoS 等。

表 6.1 和表 6.2 直观地列出信息熵变化量与异常强度及原本流量信息熵的关系。从两个表中我们可以看出,1%的异常流量只会引起千分之几的信息熵的绝对幅度的变化。为了使异常强度与信息变化量更具有比较性,将表 6.1 的信息熵变化量从绝对值转换成百分比形式,转换公式为:百分制形式——$(|\Delta e|/e)\times 100\%$,千分制形式——$(|\Delta e|/e)\times 1\,000‰$,其中$|\Delta e|$为信息熵变化量绝对值,$e$ 是原本流量的信息熵。表 6.3 是信息熵变化量百分比与异常强度及原本信息熵关系的几组数据。从表 6.3 中可以看出异常强度是信息熵变化的一倍以上,所以可以在某种程度上说,通过信息熵的变化来检测异常不如通过流量变化来检测异常灵敏。所以,无论是从信息熵变化量的绝对值还是从信息熵变化量的百分比的角度来看,通过观察信息熵的变化来进行流量异常检测并不灵敏,所以只适用于大规模的网络异常检测。

**表 6.3　异常强度与信息熵变化百分比取值**

| $e$ / $\|\Delta e\|/e$ / $p$ | 0.9 | 0.8 | 0.5 |
|---|---|---|---|
| 0.5% | 1.6‰ | 1‰ | 1.2‰ |
| 1% | 3.8‰ | 3‰ | 1.2‰ |
| 10% | 6.4% | 5.9% | 3.5% |

通过上述分析可知，通过观察信息熵变化来进行异常检测有两大缺陷：其一，不能提供异常细节；其二，检测灵敏度不够。所以该种基于信息熵的异常检测模型并不是好的异常检测方法。本章提出新的一种基于信息熵的异常检测方法正好可以避免上述应用模型的两个缺陷。

## 6.3 流量异常检测方法

### 6.3.1 测度定义

(1) 大簇 IP

本章将大簇 IP 分为大簇源 IP 和大簇宿 IP，并且从 IP 关联的报文数、字节数和流数三个方面来定义大簇 IP。Kuai Xu[x10] 在论文中是用迭代算法来计算出大簇 IP 的，迭代算法的基本前提：如果一个特征分布的熵值为大于或等于 0.9，则认为分布里的所有特征是基本相似的。在本章的实验过程中，发现这个前提并没有充分的根据且并不适用于异常检测。首先，当特征分布的熵值大于或等于 0.9 时，分布里的所有特征并不是基本相似，而只是大部分的特征相似，仍有少部分特征异于大部分特征，例如，2011-12-14 00:00-2011-12-14 00:05 之间的 NBOS 网络流量，计算出流数在宿 IP 上分布的信息熵为 0.906 552，图 6.8 是宿 IP 在概率上的分布图，从图中可以看出，大部分宿 IP 的概率分布在 0.002 之下，但是仍有少部分的宿 IP 的概率异于大部分的宿 IP，有些 IP 的概率还大于 0.01。其次，即使分布里的所有特征相似，只能说明在这个分布里的所有特征相似，然而，每个特征的本质并不是一样的。在异常检测方法中，仍需对每个特征进一步考察，例如：每个 IP 的关联的报文数基本相同，但是存在这样一种情况，有的 IP 向多个目标 IP 发送了这么多报文，有的 IP 向一个目标 IP 发送了这么多报文，虽然发送了同样报文数，但两个 IP 表现出的行为是不一致。

本章采用传统的阈值设定来确定大簇 IP，设定阈值为 $\delta$，则从报文数角度大簇源 IP 定义为：

$$\{sip_i \mid sip_i\_packets >= Total\_packets \times \delta\}$$

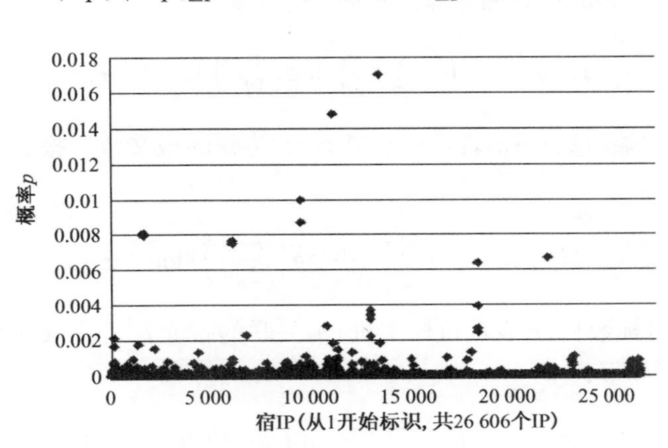


图 6.8 宿 IP 在概率上的分布

从字节数角度大簇源 IP 定义为：

$$\{sip_i \mid sip_i\_bytes >= Total\_bytes \times \delta\}$$

从流数角度大簇源 IP 定义为：

$$\{sip_i \mid sip_i\_\text{flows} >= \text{Total\_flows} \times \delta\}$$

其中，$sip_i \in S_{sip}$，$S_{sip}$ 表示流量中出现的所有源 IP，$sip_i$_packets 表示 $sip_i$ 关联的报文数，$sip_i$_bytes 表示 $sip_i$ 关联的字节数，$sip_i$_flows 表示 $sip_i$ 关联的流数，Total_packets、Total_bytes 和 Total_flows 分别表示流量的总报文数、总字节数和总流数。从报文数、字节数和流数三个方面计算得出的大簇源 IP 分别为 $sipp=\{sip_1,sip_2,\cdots,sip_m\}$，$sipb=\{sip_1,sip_2,\cdots,sip_n\}$ 和 $sipf=\{sip_1,sip_2,\cdots,sip_t\}$，相同方法计算出的大簇宿 IP 分别为 $dipp=\{dip_1,dip_2,\cdots,dip_p\}$，$dipb=\{dip_1,dip_2,\cdots,dip_r\}$ 和 $dipf=\{dip_1,dip_2,\cdots,dip_s\}$，其中不同集合 $sip_i$ 或 $dip_i$ 不代表同一源 IP 或宿 IP，则大簇源 IP 为 $sip=sipp \cup sipb \cup sipf$，大簇宿 IP 为 $dip=dipp \cup dipb \cup dipf$。之所以从报文数、字节数和流数三个方面来获得大簇 IP，是为了使异常检测方法更具有完备性，能够检测出不同类型的异常。例如，端口扫描异常，其发送向大量的目标 IP 发送大量报文，但报文大小一般会比较小，所以从流数和报文数角度其容易出现在大簇 IP 中，但从字节数角度其可能不会出现在大簇源 IP 中；又如 Alpha Flows 类型的异常，其向少数 IP 发送大量报文，且报文大小较大，所以从报文数和字节数角度其容易出现在大簇源 IP 中，当从流数角度其可能不会出现在大簇源 IP 中。

(2) 行为分类标识

一个 IP 的行为可以从许多特征来进行描绘，如关联的源端口数目、宿端口数目、目标主机数、报文数、字节数、流数及平均报文大小等等，这些都是一些简单特征，反应 IP 行为的本质极其有限，如关联源端口数目不能反映端口之间的流量差异。本章采用了更为复杂的特征来描绘 IP 行为的本质，分别是流量在目标主机上的分布、流量在源端口上的分布、流量在宿端口上的分布和流数在平均报文大小的分布，因此，分别对 IP 的四个分布计算其信息熵值。

报文数在源端口上的分布的信息熵计算公式如下：

$$H_{p\times sport}=\left(-\sum_{i=1}^{N}\frac{m_i}{M_p}\log\left(\frac{m_i}{M_p}\right)\right)/\log\mid N\mid \tag{6.6}$$

其中，$N$ 表示关联的源端口数目；$M_p$ 是该 IP 关联报文数；$m_i$ 表示源端口 $port_i$ 关联的报文数。报文数在宿端口上的分布的信息熵计算公式如下：

$$H_{p\times dport}=\left(-\sum_{i=1}^{P}\frac{n_i}{M_p}\log\left(\frac{n_i}{M_p}\right)\right)/\log\mid P\mid \tag{6.7}$$

其中，$P$ 表示关联的宿端口数目；$n_i$ 表示宿端口 $port_i$ 关联的报文数。报文数在目标主机上的分布的信息熵计算公式如下：

$$H_{p\times dip}=\left(-\sum_{i=1}^{S}\frac{r_i}{M_p}\log\left(\frac{r_i}{M_p}\right)\right)/\log\mid S\mid \tag{6.8}$$

其中，$S$ 表示关联的目标数目；$r_i$ 表示目标主机 $ip_i$ 关联的报文数。流数在平均报文大小上的分布的信息熵计算公式如下：

$$H_{f\times aps}=\left(-\sum_{i=1}^{T}\frac{q_i}{M_f}\log\left(\frac{q_i}{M_f}\right)\right)/\log\mid T\mid \tag{6.9}$$

其中，$T$ 表示每条流平均报文大小出现的种数；$M_f$ 是该 $IP$ 关联的流数；$q_i$ 表示平均报文大小为 $aps_i$ 的流数。

同理，可以计算字节数在源端口上的分布的信息熵 $H_{b\times sport}$、字节数在宿端口上分布的信息熵 $H_{b\times dport}$、字节数在目标主机上的分布的信息熵 $H_{b\times dip}$、流数在源端口上的分布的信息熵

$H_{f\times sport}$、流数在宿端口上分布的信息熵 $H_{f\times dport}$ 和流数目数在目标主机上的分布的信息熵 $H_{f\times dip}$。

信息熵是衡量分布离散集中的指标，离散和集中是个相对的概念，所以通过信息熵值判断一个分布是离散还是集中或正常，需要设定阈值。设定阈值 $\varepsilon_1$，信息熵值 $\varepsilon_1 < H < 1$，则认定为分布离散；设定阈值 $\varepsilon_2$，信息熵值 $0 < H < \varepsilon_2$，则认定为分布集中；信息熵值 $\varepsilon_2 \leqslant H \leqslant \varepsilon_1$，则认定分布正常；同时还存在两个特殊分布，一是分布中只有一个特征值，此时熵值 $H = 0$，另一个是分布中所有特征值概率 $p_i$ 相等，此时熵值 $H = 1$。为了便于标识和计算，给五种不同的分布赋予不同值，如下：

$$V_H = \begin{cases} 0 & H = 0 \\ 1 & 0 < H < \varepsilon_2 \\ 2 & \varepsilon_2 \leqslant H \leqslant \varepsilon_1 \\ 3 & \varepsilon_1 < H < 1 \\ 4 & H = 1 \end{cases} \tag{6.10}$$

前面章节中提到，一个 IP 的行为由流量在特征源端口上的分布、流量在宿端口上的分布、流量在目标主机上的分布和流数在平均报文大小上的分布这四个分布来定义。每个分布有 5 种取值，所以四个分布将 IP 的行为划分为 625 种，通过值来标识一个 IP 的行为，值的计算公式如下：

$$bid = V_{H_{dIP}} \times 5^3 + V_{H_{sport}} \times 5^2 + V_{H_{dport}} \times 5^1 + V_{H_{aps}} \times 5^0 \tag{6.11}$$

其中，$V_{H_{dIP}}$ 表示流量在目标主机上分布的熵值；$V_{H_{sport}}$ 表示流量在源端口上分布的熵值；$V_{H_{dport}}$ 表示流量在宿端口上分布的熵值；$V_{H_{aps}}$ 表示流数在平均报文大小上分布的熵值。通过 bid 可以计算出 IP 在四个分布的取值，计算公式如下：

$$V_{H_{dip}} = (bid \ mod 5^4)/5^3 \tag{6.12}$$

$$V_{H_{sport}} = (bid \ mod 5^3)/5^2 \tag{6.13}$$

$$V_{H_{dport}} = (bid \ mod 5^2)/5 \tag{6.14}$$

$$V_{H_{aps}} = (bid \ mod 5^1)/5^0 \tag{6.15}$$

本章的 IP 行为标识 bid 定义如式(6.11)，该定义保证了 IP 关联的四种分布的不同取值组合能计算出唯一的 IP 行为标识 bid，一个 IP 行为标识 bid 也只能对应 IP 关联四种不同分布的唯一取值组合。

(3) 辅助测度

在实际的应用过程中，由于测度的有限性(不能衡量一个 IP 具有的所有特征)，并不能完全做到通过 IP 的 bid 来区分其行为是正常行为还是异常行为，某些类型的异常 IP 其 bid 会落在某一正常应用的 bid 库中。下面两幅图是扫描攻击的行为模式与 NAT 服务器行为模式的比较。图 6.9 是针对 139 端口和 445 端口的端口扫描攻击的攻击主机的行为模式，图 6.10 是苏州大学一台 NAT 服务器作为源 IP 的行为模式。表 6.4 展示的是攻击主机和 NAT 服务器在四个分布上信息熵值和 bid 值。从表中可以看出两者具有相同的行为分类标识 bid，但是通过观察易发现：攻击主机关联的目标 IP 具有子网特征，而 NAT 服务器关联的目标 IP 是具有随机性的；攻击主机关联的目标端口的数量为 2 个且是常见的易被扫描的端口，而 NAT 服务器关联的目标端口数量众多，且主要由 Web 服务端口和私有端口组成。两者不完全相同的行为模式计算出相同的分类标识，所以完全依赖 bid 来区分 IP 正常或异常是不可靠的，需要辅助测度进行异常检测。下面本文定义了几个异常检测的辅助测度。

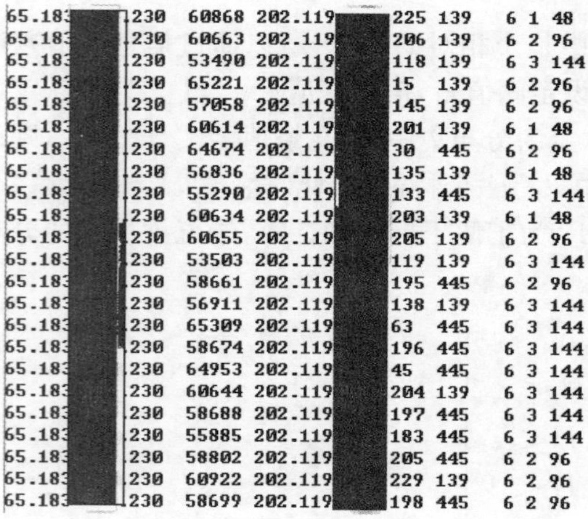

```
65.183  .230 60868 202.119  225 139  6 1 48
65.183  .230 60663 202.119  206 139  6 2 96
65.183  .230 53490 202.119  118 139  6 3 144
65.183  .230 65221 202.119  15  139  6 2 96
65.183  .230 57058 202.119  145 139  6 2 96
65.183  .230 60614 202.119  201 139  6 1 48
65.183  .230 64674 202.119  30  445  6 2 96
65.183  .230 56836 202.119  135 139  6 1 48
65.183  .230 55290 202.119  133 445  6 3 144
65.183  .230 60634 202.119  203 139  6 1 48
65.183  .230 60655 202.119  205 139  6 2 96
65.183  .230 53503 202.119  119 139  6 3 144
65.183  .230 58661 202.119  195 445  6 2 96
65.183  .230 56911 202.119  138 139  6 3 144
65.183  .230 65309 202.119  63  445  6 3 144
65.183  .230 58674 202.119  196 445  6 3 144
65.183  .230 64953 202.119  45  445  6 3 144
65.183  .230 60644 202.119  204 139  6 3 144
65.183  .230 58688 202.119  197 445  6 3 144
65.183  .230 55885 202.119  183 445  6 3 144
65.183  .230 58802 202.119  205 445  6 2 96
65.183  .230 60922 202.119  229 139  6 2 96
65.183  .230 58699 202.119  198 445  6 2 96
```

**图 6.9　端口扫描攻击主机行为模式**

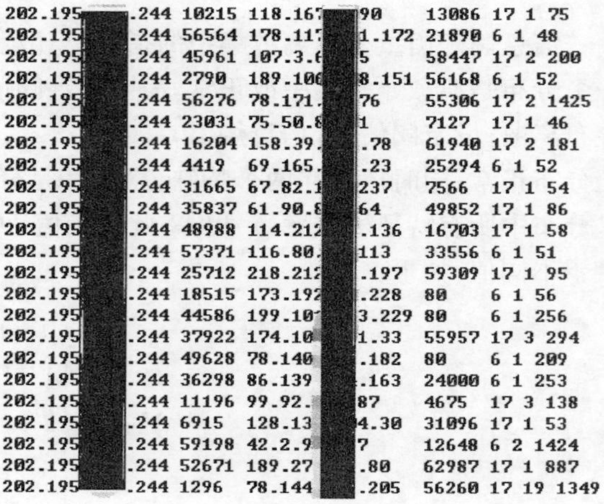

```
202.195  .244 10215 118.167  90     13086 17 1 75
202.195  .244 56564 178.117  1.172  21890 6 1 48
202.195  .244 45961 107.3.6  5      58447 17 2 200
202.195  .244 2790  189.106  8.151  56168 6 1 52
202.195  .244 56276 78.171.  76     55306 17 2 1425
202.195  .244 23031 75.50.8  1      7127  17 1 46
202.195  .244 16204 158.39.  .78    61940 17 2 181
202.195  .244 4419  69.165.  .23    25294 6 1 52
202.195  .244 31665 67.82.1  237    7566  17 1 54
202.195  .244 35837 61.90.8  64     49852 17 1 86
202.195  .244 48988 114.212  .136   16703 17 1 58
202.195  .244 57371 116.80.  113    33556 6 1 51
202.195  .244 25712 218.212  .197   59309 17 1 95
202.195  .244 18515 173.192  .228   80    6 1 56
202.195  .244 44586 199.101  3.229  80    6 1 256
202.195  .244 37922 174.10   1.33   55957 17 3 294
202.195  .244 49628 78.140   .182   80    6 1 209
202.195  .244 36298 86.139   .163   24000 6 1 253
202.195  .244 11196 99.92.   87     4675  17 3 138
202.195  .244 6915  128.13   4.30   31096 17 1 53
202.195  .244 59198 42.2.9   7      12648 6 2 1424
202.195  .244 52671 189.27   .80    62987 17 1 887
202.195  .244 1296  78.144   .205   56260 17 19 1349
```

**图 6.10　NAT 服务器行为模式**

注：(1)顾及用户隐私，本文对文字中出现的 IP 地址的某个字段用 * 代替，图片中出现的 IP 地址的部分用蓝色隐去。

(2)图中每一行代表一条流记录，每列依次代表源 IP、源端口、宿 IP、宿端口、协议号、报文数和字节数。

**表 6.4　攻击主机和 NAT 服务器的五个值比较**

| 主机类型 \ 值 \ 测度 | $H_{f\times dip}$ | $H_{f\times sport}$ | $H_{f\times dport}$ | $H_{f\times aps}$ | BID |
|---|---|---|---|---|---|
| 攻击主机 | 0.991 955 | 1.0 | 0.992 705 | 0.0 | 490 |
| NAT 服务器 | 0.996 029 | 1.0 | 0.958 253 | 0.0 | 490 |

(1) 子网信息熵

在测度定义小节提到，$H_{v\times dip}$ 是流量在目标主机上的分布的信息熵，而子网信息熵 $H_{v\times subnet}$ 是流量在目标子网上的分布的信息熵。子网信息熵的计算首先需要定义子网长度 $L$，后计算所有目标 IP 的子网号，然后将归属于同一子网的目标 IP 流量进行聚合，形成子网 $i$ 的流量 $m_i$，下面是子网信息熵的计算公式：

$$H_{v\times subnet} = \left(-\sum_{i=1}^{N} \frac{m_i}{M_v} \log\left(\frac{m_i}{M_v}\right)\right) / \log |N|$$

其中，$N$ 是目标 IP 归属不同子网的个数。在具体实践中，流量可以报文数、字节数或流数，相应分布的子网信息熵为 $H_{p\times subnet}$，$H_{b\times subnet}$ 和 $H_{f\times subnet}$。子网信息熵并不参与大簇 IP 的行为分类标识的计算，只是作为辅助测度参与异常检测。在一定程度上，可以认定 NAT 服务器是随机与公网中的主机进行通信的，所以其目标主机的 IP 应该不具有子网特征，如果某个大簇 IP 的行为分类标识 bid 落在 NAT 服务器的 bid 库中，但是其子网信息熵 $H_{v\times subnet}$ 等于 0，那么仍将该大簇 IP 归类为异常 IP。面向全网的 Web 服务器，其访问主机可以认为是随机，所以其关联的目标主机的 IP 也应该不具有子网特征，如果某个大簇 IP 的行为分类标识 bid 落在 Web 服务器的 bid 库中，但是其子网信息熵 $H_{v\times subnet}$ 等于 0，那么仍将该大簇 IP 归类为异常 IP。从上面两个例子来看，子网信息熵适合用于 bid 落在某一正常应用 bid 库，且该类正常应用应该是随机与全网主机进行通信的大簇 IP 异常与否的在判断。所以再使用子网信息熵作为辅助测度时，应该遵循这个原则，否则，会增加检测方法的误报率。

(2) 端口范围信息熵

在测度定义小节提到，$H_{v\times sport}$ 和 $H_{v\times dport}$ 是流量在单个端口上的分布的信息熵，而端口分类信息熵 $H_{v\times port\_rg}$ 是流量在端口范围上的分布的信息熵。端口范围信息熵的计算首先需要将端口进行划分，本章将 0～1023 端口划分为一类，1024～65535 的端口按每 100 个归为一类进行划分，所以端口总共被划分为 647 类。计算端口范围信息熵时，将归属于同一子网的目标 IP 流量进行聚合，然后计算流量在这些端口分类上的分布。下面是端口范围信息熵的计算公式：

$$H_{v\times port\_rg} = \left(-\sum_{i=1}^{N}\frac{m_i}{M_v}\log\left(\frac{m_i}{M_v}\right)\right)/\log \mid N \mid$$

其中，$N$ 是出现在该大簇 IP 的端口分类的数量；$m_i$ 是端口分类 i 的聚合流量。在具体实践中，流量可以报文数、字节数或流数，端口可以是源端口和宿端口，相应分布的端口范围信息熵为：$H_{p\times sport\_rg}$、$H_{b\times sport\_rg}$、$H_{b\times sport\_rg}$、$H_{p\times dport\_rg}$、$H_{b\times dport\_rg}$ 和 $H_{b\times dport\_rg}$。

端口范围信息熵作为辅助测度，在本章的具体实践中，可以按下面的方法辅助异常检测。

① NAT 服务器在进行内网地址映射成端口时，实际应用中其端口号不会落在系统端口(避免与 NAT 服务器本身的系统服务产生冲突)，且作为大簇 IP 的 NAT 服务器其通信规模大于 100 条流，所以关联的源端口不会完全只映射在一个端口分类上，即其关联的源端口至少落在两个端口分类上，所以其关联的源端口的端口范围信息熵不可能会等于零。NAT 服务器除了访问公网的服务器，也与公网中的主机进行通信，与主机通信时，其关联的宿端口是随机且不会是系统端口，所以 NAT 服务器关联的目标端口至少在落在两个端口分类上，其关联目标端口的端口范围信息熵不会等于零。所以当某一大簇 IP 的 bid 落在 NAT 服务器 bid 库时，如果其端口范围信息熵 $H_{v\times sport\_rg}$ 和 $H_{v\times dport\_rg}$ 等于零时，则将其归类为异常 IP。

② 范围 Web 服务器的端口通常是浏览器端口和 NAT 服务器端口，这两类端口都会为系统端口，在实际应用中，这两类端口的地址范围通常不重叠，浏览器端口号通常小于 10 000，而 NAT 服务器端口号通常大于 10 000，所以 Web 服务器关联的目标端口不会完全只落在一个端口分类上，即其关联目标端口的端口范围信息熵不会等于零。所以，当一个大簇源 IP 的 bid 落在 Web 服务器的 bid 库时，如果 $H_{v\times dport\_rg}$ 等于零，则仍将其归类为异常 IP；当一个大簇宿 IP 的 bid 落在 Web 服务器的 bid 库时，如果 $H_{v\times sport\_rg}$ 等于零，则仍将其归类为异常 IP。

(3) 平均报文大小

网络流量存在这样一种规律，客户端主机的上行流量要小于下行流量，服务器主机的上行流量大于下行流量。ADSL 用户接入技术就是利用客户端上行流量和下行流量的不对称的流量特点。下面分析 NAT 服务器和 Web 服务器作为大簇源 IP 和大簇宿 IP 的平均报文大小分布情况。

为了了解 NAT 服务器作为大簇源 IP 和大簇宿 IP 时平均报文大小的分布情况，本章统计了 19 个 NAT 服务器在从 2012-04-07 00:00 开始的 2016 个粒度的 NBOS 中间数据中作为大簇源 IP 和作为大簇宿 IP 时的平均报文大小分布情况。图 6.11 是 NAT 服务器作为大簇源 IP 时其平均报文大小的分布情况，平均报文大小是 247 B，平均报文长度大于 1 300 B 出现的次数占总数小于 1‰。图 6.12 是 NAT 服务器作为为大簇宿 IP 时的平均报文大小分布情况，平均报文大小是 986 B，平均报文大小小于 340 B 出现的次数占总数小于 1‰。

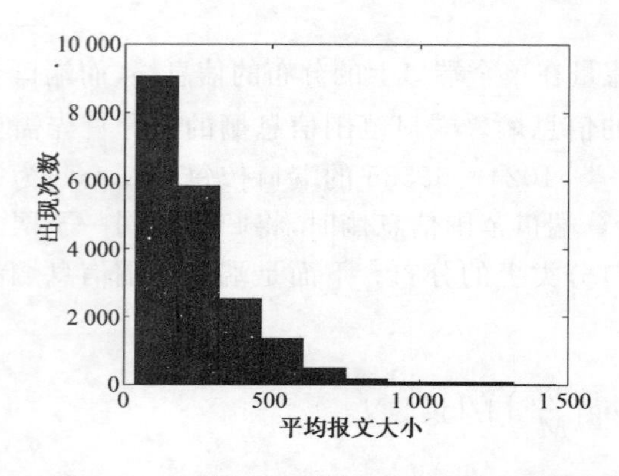


图 6.11　大簇源 IP 时的平均报文大小分布

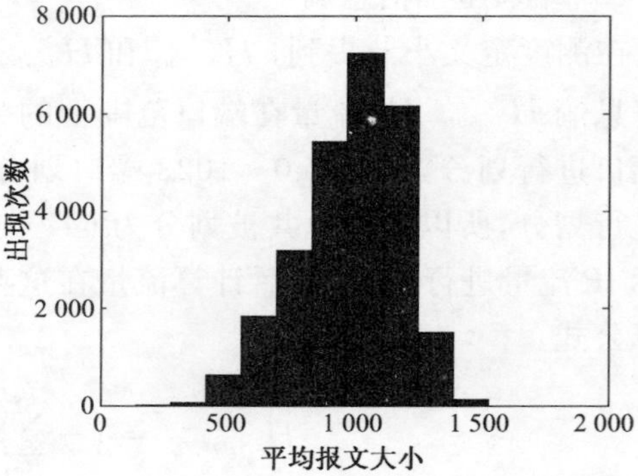

图 6.12　大簇宿 IP 时的平均报文大小分布

为了了解 Web 服务器作为大簇源 IP 和大簇宿 IP 时平均报文大小的分布情况，统计了 33 个 Web 服务器在从 2012-04-07 00:00 开始的 2 016 个粒度的 NBOS 中间数据中作为大簇源 IP 和作为大簇宿 IP 时的平均报文大小分布情况。图 6.13 是 Web 服务器作为大簇源 IP 时其平均报文大小的分布情况，平均报文大小是 1 400 B，平均报文长度小于 770 B 出现的次数小于总数的 1‰。图 6.14 是 Web 服务器作为为大簇宿 IP 时的平均报文大小分布情况，平均报文大小是 75 B，平均报文长度大于 280 B 出现的次数小于总数的 1‰。

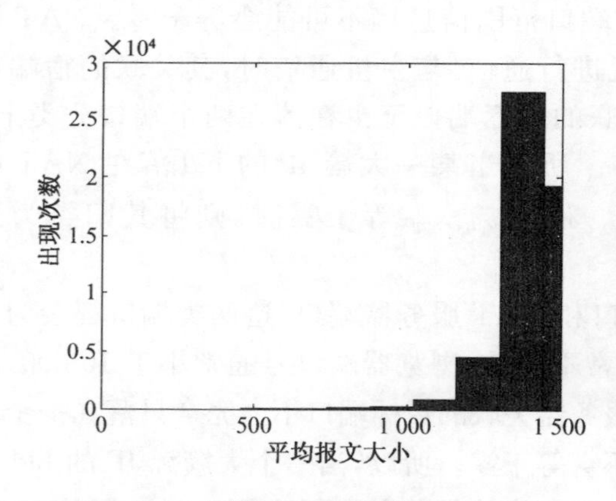


图 6.13　大簇源 IP 平均报文大小分布

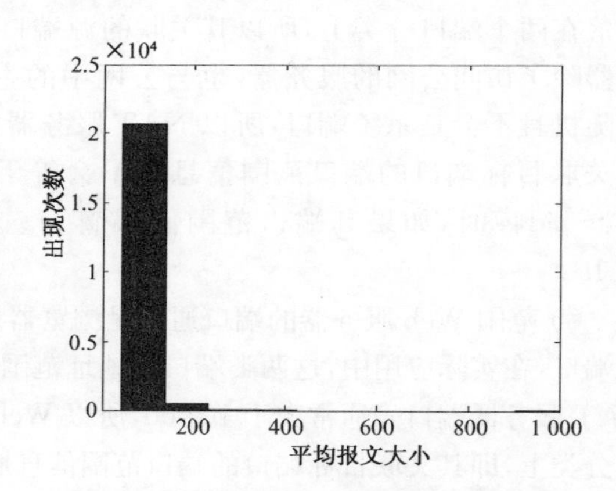


图 6.14　大簇宿 IP 平均报文大小分布

通过实验学习在平均报文大小方面，可以对应用的平均报文大小设置阈值。当 NAT 服务器作为大簇源 IP 时，其平均报文大小应该小于 1 300 B，作为大簇宿 IP 时，其平均报文大小应该大于 340 B；当 Web 服务器作为大簇源 IP 时，其报文平均报文大小应该大于 770 B，当作为大簇宿 IP 时，其平均报文大小应该小于 280。

### 6.3.2　基于 Kmeans 的阈值选择

在 Kuai Xu[40] 等人提出的网络流量描绘的方法中，设定 $\varepsilon_1 = 0.9$，$\varepsilon_2 = 1 - \varepsilon_1$。这种阈值的选择是基于这样的理论假设：当 $H > 0.9$ 时，则说明分布是离散的；当 $H < 0.1$ 时，则分布是集中。这种基于理论假设的阈值设定方法缺乏实践性，如果实践中，分布的信息熵大部分介于 0.1 和 0.9 之间，则信息熵值会高度集中在 2 上，类推可知其会导致由四个分布计算出的行为分类标识 bid 亦高度集中，这会导致不利于通过 bid 来区分不同的 IP 行为。在本章的应用场景下，阈值选择原则为：第一，相同行为模式的 bid 取值越集中越好；第二，不同行为模式的 bid 取值越

相异越好。

阈值 $\varepsilon_1$ 和 $\varepsilon_2$ 可以看做是把一个分布分成三类，分别表示分布离散、正常和集中。Kmeans[41]是经典的基于划分的聚类算法，其无需接收预先设定阈值，只需接收参数 $k$，便可将数据集分为 $k$ 类，且有同一分类中的数据项相似度较高，而不同分类之间的数据项相似低。本章使用 Kmeans 并不是将其用于将数据集划分为 $k$ 类，而是通过分类获得分类的边界来设定阈值。方法的理论前提是网络流量的自相似性，即单个粒度的网络流量特征符合多个粒度的网络流量的特征，该理论前提保证通过多个粒度学习的阈值可以应用于单个粒度。方法的基本工作流程是：假定训练数据的有 $N$ 个粒度，计算粒度 $i$ 中大簇 IP 四个分布的信息熵，获得每个分布的信息熵集合：

$$S_{v\times dip}(i) = \{H_1, H_2, \cdots, H_m\}$$

$$S_{v\times sport}(i) = \{H_1, H_2, \cdots, H_n\}$$

$$S_{v\times dport}(i) = \{H_1, H_2, \cdots, H_p\}$$

$$S_{v\times aps}(i) = \{H_1, H_2, \cdots, H_q\}$$

其中，$S_{v\times dip}(i)$、$S_{v\times sport}(i)$、$S_{v\times dport}(i)$ 和 $S_{v\times aps}(i)$ 分别表示在粒度 $i$ 中大簇 IP 的流量在目标 IP、源端口、宿端口和平均报文大小上的分布的信息熵值集合，其中各个集合中的信息熵不包括等于 0 或等于 1 的信息熵值，$m$、$n$、$p$ 和 $q$ 分别表示各个结合数据项的个数。$N$ 个粒度的四个分布的信息熵集合为：

$$S_{v\times dip} = \{S_{v\times dip}(1), S_{v\times dip}(2), \cdots, S_{v\times dip}(N)\}$$

$$S_{v\times sport} = \{S_{v\times sport}(1), S_{v\times sport}(2), \cdots, S_{v\times sport}(N)\}$$

$$S_{v\times dport} = \{S_{v\times dport}(1), S_{v\times dport}(2), \cdots, S_{v\times dport}(N)\}$$

$$S_{v\times aps} = \{S_{v\times aps}(1), S_{v\times aps}(2), \cdots, S_{v\times aps}(N)\}$$

通过 Kmeans 算法将四个集合分成三类：

$$HC_{v\times dip} = \{hc_{v\times dip}[\min1, \max1], hc_{v\times dip}[\min2, \max2], hc_{v\times dip}[\min3, \max3]\}$$

$$HC_{v\times sport} = \{hc_{v\times sport}[\min1, \max1], hc_{v\times sport}[\min2, \max2], hc_{v\times sport}[\min3, \max3]\}$$

$$HC_{v\times dport} = \{hc_{v\times dport}[\min1, \max1], hc_{v\times dport}[\min2, \max2], hc_{v\times dport}[\min3, \max3]\}$$

$$HC_{v\times aps} = \{hc_{v\times aps}[\min1, \max1], hc_{v\times aps}[\min2, \max2], hc_{v\times aps}[\min3, \max3]\}$$

其中，$hc_{v\times dip}[\min1, \max1]$ 表示流量在目标 IP 上分布的信息熵集合的第一个分类，且分类中最小信息熵为 $min1$，最大信息熵为 $max1$，并且在每个集合中有 $\min1 \leqslant \max1 \leqslant \min2 \leqslant \max2 \leqslant \min3 \leqslant \max3$，最后将流量在目标 IP 上分布的取值的阈值 $\varepsilon_1$ 和 $\varepsilon_2$ 设为 $HC_{v\times dip}$ 的第二个分类的最大值 $max2$ 和最小值 $min2$。依此便可以获得流量在其他特征上分布的取值的两个阈值 $\varepsilon_1$ 和 $\varepsilon_2$。在本章中，流量有三种：报文数、字节数和流数，每种流量对应四个特征上的分布（特殊的是，平均报文大小的流量只有流数一种），大簇 IP 分为大簇源 IP 和大簇宿 IP，所以总共需要求得 $3 \times 4 \times 2 = 24$ 组阈值 $\varepsilon_1$ 和 $\varepsilon_2$。

### 6.3.3　正常流量 BID 学习

入侵检测方法可以大致分成两大类：第一，滥用检测，即利用专家知识建立异常的规则，符合异常规则的行为则为异常行为，反则认定为正常行为；第二，异常检测，建立正常流量模型，符合模型的行为为正常行为，反则认定为异常行为。滥用检测方法具有较低的误报率，但是不易于检测新类型的异常。异常检测则相反，易于检测新类型的异常行为，但是误报率较高，且正常流量模型较难建立。本章的异常检测方法是基于这样的一个认识—异常 IP 的行为与正常 IP 行为相异，而本章是通过 IP 行为分类标识来标识一个 IP 的行为，所以可以说本文的异常检测方法是基于这样的一个认识—异常 IP 的行为分类标识 bid 与正常 IP 的行为分类标识 bid 是不相同(不是完全不同)。所以对于本章来说，建立正常的网络流量模型就是建立正常 IP 的行为分类标识库。

大簇 IP 的应用类型跟数据源是密切相关的，本章 EBAD 系统的数据源是 NBOS 中间数据，NBOS 中间数据是来自 JSERNET 边界路由器。通过长期的观察，大簇 IP 大部分是 Web 服务器和 NAT 服务器，其中 NAT 服务器大部分归属于被管网内的各个单位，Web 服务器有网内的 Web 服务器，如南大小百合、仙林 7788，但大部分是 CERNET 和电信网络的 IDC 中心服务器。这些观察结果是符合理论预期，所以本章主要针对 NAT 服务器和 Web 服务器两类 IP 的行为分类标识进行学习。

(1) NAT 服务器

NAT 是“Network Address Translation”的简称，中文称为网络地址转换，它将欲与公网通信的内网主机的内网 IP 地址转化成公网 IP 地址，使之能与公网主机进行通信；同时，它接收来自公网的报文，并将目的 IP 地址映射成内网 IP 地址，将内容发送对应的内网主机。NAT 的上网机制可以缓解 IP 资源紧张的压力，同时还可以隐藏内网的拓扑结构，保障内网的安全。NAT 有三种类型的技术：静态地址转换、动态地址转换和网络地址端口转换。静态 NAT 是将内部网络中的每个主机永久映射成合法的公网 IP 地址。而动态地址 NAT 则是内部网络主机欲与公网主机通信时，动态将内网主机的 IP 地址映射成合法地公网 IP 地址。NAPT 则是将内网主机的 IP 地址映射到一个合法的公网 IP 地址的不同端口上。目前，网络地址端口转换是较为常用的一种技术，因为其可以最大化的利用紧缺的 IP 地址，这一结论在长期的网络流量观察中得到了验证。

从理论上研究基于网络地址端口转换技术的 NAT 服务器的行为特征。当 NAT 服务器作为大簇源 IP 时，其将内网主机 IP 地址映射成不同的端口，由于端口的随机性，所以流量在源端口上的分布应该是离散或正常，但不能是集中的；理论上内网的主机访问公网 IP 具有随机性，实际上内网的主机访问公网 IP 具有一定规律，即访问热门网站，所以假定流量在宿 IP 上的分布是离散或正常，但不能是集中的；内网主机发送报文的大小是随机，所以假定流量在平均报文大小的分布是离散或正常，但不能是集中的；许多研究表明，Web 应用是目前互联网的第一大应用，所以宿端口具有一定集中性，所以假定流量在宿端口上的分布是离散、正常和集中。表 6.5 是描述当 NAT 服务器作为大簇源 IP 时，各个分布可能取值情况。其中，$S$ 取值为 0，表示只有一个特征值的特殊分布；$C$ 取值为 1，表示分布集中；$N$ 取值为 2，表示分布正常；$D$ 取值为 3，表示分布离散；$M$ 取值为 4，表示均匀分布。NAT 服务器作为大簇宿 IP，各个分布可能取值情况，如表 6.6 所示。

**表 6.5　NAT 服务器作为大簇源 IP 时的各个分布可能取值**

| 流量在目标 IP 上的分布 | 流量在源端口上的分布 | 流量在宿端口上的分布 | 流量在平均报文大小上的分布 |
|---|---|---|---|
| N/D | N/D | C/N/D | N/D |

表 6.6 NAT 服务器作为大簇宿 IP 的各个分布可能取值

| 流量在目标 IP 上的分布 | 流量在源端口上的分布 | 流量在宿端口上的分布 | 流量在平均报文大小上的分布 |
|---|---|---|---|
| N/D | C/N/D | N/D | N/D |

(2) Web 服务器

在互联网发展的早期，Web 服务器常常是一台普通的主机，可是随着网民规模的成倍地增长，这种 Web 服务器的架构模式已经不能再适应超大规模的访问量了。现如今，大部分 Web 服务器都部署在专业化的 IDC[42]（互联网数据中心），这种集中化的管理具有更高的效率和更强的安全性。且目前许多大型网站都采用 CDN[43] 技术在热门访问源就近节点部署内容镜像，并通过负载均衡技术将用户的访问引导到能快速反应的服务。这些技术的采用使得原本简单的 Web 访问过程变得复杂，例如，访问采用 CDN 技术的 Web 访问过程如下：

● 用户提交 Web 服务器域名。

● 系统通过用户提交的域名解析出 CDN 服务对应的域名 CNAME。

● CDN 采用负载均衡技术返回一个缓存服务器的 IP 地址。

● 系统通过 IP 地址访问缓存服务器

● 缓存服务器接收到用户提交的请求，如果请求内容不在缓存服务器上，则向源站取内容，然后将内容发送给用户，并拷贝到缓存服务器上；若请求内容在缓存服务器上，则直接将其返回给用户。

为了了解其中不同之处，做了一些实验。在很短的间隔时间，两次 Ping 国内知名社交网站人人网，第一次返回 IP 地址 58.205. *.237，第二次返回 IP 地址 58.205. *.236，两次返回的地址不同，但 IP 地址都归属于 CERNET 分布式数据中心项目（上海）。虽然采用这些技术之后，Web 服务器的访问的过程不一样了，但是 Web 服务器所具有的特征还是跟单 IP Web 服务器的特征是一致的。先从理论上研究 Web 服务器的行为特征。Web 服务器服务端口通常是固定的，所以流量在服务端口上的分布是绝对的；访问 Web 服务器的浏览器端口通常是随机的，所以假定流量在宿端口上的分布是离散或正常的；访问 Web 服务器的主机通常是随机的，所以假定流量在目标 IP 上的分布是离散或正常的；Web 服务器响应报文的大小通常是随机的，所以假定流量在平均报文大小上的分布是离散或正常。表 6.7 和表 6.8 分别是 Web 服务器作为源和宿 IP 的各个分布的可能取值。

表 6.7 Web 服务器作为大簇源 IP 时的各个分布的可能取值

| 流量在目标 IP 上的分布 | 流量在源端口上的分布 | 流量在宿端口上的分布 | 流量在平均报文大小上的分布 |
|---|---|---|---|
| N/D | S | N/D | N/D |

表 6.8 Web 服务器作为大簇宿 IP 时的各个分布的可能取值

| 流量在目标 IP 上的分布 | 流量在源端口上的分布 | 流量在宿端口上的分布 | 流量在平均报文大小上的分布 |
|---|---|---|---|
| N/D | N/D | S | N/D |

(3) 正常应用 BID 学习流程

本章正常应用 BID 学习的流程如下：

● 先理论分析该应用的行为特征以及当其作为源 IP 或者宿 IP 时，其在各个分布的可能取值。

● 获取该正常应用一定数目的 IP 地址，如 NAT 服务器的 bid 学习时，NAT 服务器 IP 地址。

● 播放一定数量的真实网络流量，计算每个粒度中大簇 IP 的 bid，并将 IP 在步骤 2 获得正常应用的 IP 地址集合的 bid 分类筛选出来，总共分为六类（源 IP，报文数在特征上的分布）、（源

IP,字节数数在特征上的分布)、(源 IP,流数在特征上的分布)、(宿 IP,报文数在特征上的分布)、(宿 IP,字节数数在特征上的分布)和(宿 IP,流数在特征上的分布)。

● 筛选出 bid,计算每个 bid 在各个分布上的取值,看其是否是理论上的可能取值。如果是,则将该 bid 加入该正常应用的 bid 库,否则不加入。

本章的异常检测方法支持可扩充可修正的正常应用 bid 学习。当异常检测的结果中,长期出现某一已学习的正常应用,则可以按照上面的正常应用 bid 学习流程,并将所学习到的 bid 更新到正常应用 bid 库。需要说明的是,正常应用 bid 库的扩充会降低检测的方法的检测率,相反正常应用 bid 库的越小会增加检测方法的误报率。因此,在实际应用中是否进行正常应用 bid 学习需要平衡检测方法检测率与误报率。

### 6.3.4　验证方案

检测效果的评估是入侵检测系统和其他异常检测系统不可或缺的一个环节,其主要是研究检测系统的有效性、效率和可用性。有效性是指检测结果的精度和系统报警的可信度,是检测效果评估的主要指标。效率是指检测系统处理数据的速度以及经济效益。可用性是从经济、社会和政治等其他非技术角度对检测系统进行评估。本文主要是对检测系统的有效性进行评估。检测系统的有效性有三个衡量指标:检测率、误报率和漏报率。检测率是指如果被检测系统出现异常,异常被检测出的概率。误报率是指被检测系统的正常行为被误报为异常的概率。漏报率是指被检测系统出现异常没有被检测出的概率。

现有的评估方案中有两个方案:一是使用 MIT DARPA[44]数据集;二是在背景数据中混入特定类型的攻击数据。下面针对这两种方案作简要的介绍。

MIT DARPA 数据集是 MIT 林肯实验室在 DARPA 基金的支助下,为了能够有效地对 IDS 进行评估,经过长期地研究生成的评估数据集。在 1998 年,发布了第一个数据集,现今已发布了三个数据集—DARPA1998、DARPA1999 和 DARPA 2000。MIT DARPA 数据集并不是人工生成的网络流量,而是通过搭建网络模拟现实网络环境,从网络线路上抓取的网络流量,从主机上提取的相关有用信息,其数据类型包括 Solaris 基本安全模块提供的审计数据、Windows NT 服务器的日志文件和主机夜间与安全有关的备份数据。MIT 1998 数据集的攻击类型分为四大类:DoS(拒绝服务攻击)、R2L(远程未授权进入攻击)、U2L(取得用户根权限)和 probe(探测攻击),DARPA 1999 数据集的在 DARPA 1998 的基础上增加 Data 类型的攻击,2000 数据集增加了 DDoS 类型的攻击。DARPA 1999 数据集总共有五周的数据,前三周是训练数据,后两周是测试数据。第一周和第三周的数据含有攻击,第二周的数据不含攻击,训练数据不含有所有测试数据含有的全部攻击类型,这可以检测 IDS 是否能够检测新型的攻击。数据集中攻击数据的生成,一是采用自动化脚本在搭建的网络环境中发起各种类型的攻击;二是人工操作发起较为复杂的攻击。MIN 林肯实验室还首次提出采用 ROC 曲线来描述检测率与误报率之间的关系,如图 6.15 所示,图中表示两个 IDS 的 ROC 曲线。通常情况下,检测率与误报率是成正比,好的检测算法具有较小的正比系数,即其 ROC 曲线较为平滑,图中的 IDS2 的检测效果要优于 IDS1。

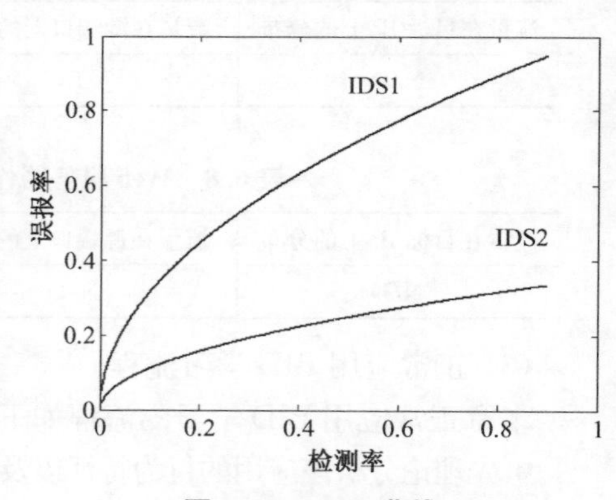

**图 6.15　ROC 曲线**

在背景数据中混入攻击数据,然后将混合数据作为异常检测方法的输入数据,通过观察算法能否检测出攻击数据来评估检测算法。攻击数据可以是人工生成的，也可是通过综合方法获取的真实攻击数据。背景数据通常是真实数据，或是从网络抓取，或是主机日志文件等。Anukool Lakhina[39]等人提出的大规模网络里流量异常诊断方法的验证就是采用该种方法，其采用时间序列观察等综合方法从网络流量中获得异常流量，然后将异常流量按级别混入网络流量中，通过观察检测方法的检测结果评估方法的效果。Laura Feinstein[23]等人使用 Stacheldraht 工具生成 DDoS 流量来评估其基于统计理论的 DDoS 检测方法。

MIT DARPA 数据集含有的攻击类型比较完备，包含具有规模的网络攻击，如蠕虫、DoS 和 Probe，也包含小流量的攻击类型，如 R2L、U2R 攻击，且还包括不同操作系统的不同攻击类型，所以 MIT DARPA 的离线测试适合对具有不同类型攻击检测能力的 IDS 系统的评估。许多采用信息论的异常检测方法，其检测的攻击类型主要是能引起网络流量规模变化的攻击，而对小流量的攻击类型不具备较好的检测能力，所以这类方法并不适合采用 MIT DARPA 数据集进行方法效果评估，更多的是采用第二种评估方案。

本章的验证方案采用第二方案——在背景流量中混入攻击流量，攻击流量和背景流量都采用 NBOS 中间数据，通过统计方法加人工流量分析的综合方法获得攻击流量。统计方法包括计算流量源 IP 数、目标 IP 数、源端口数、宿端口数和流量在报文四元组的熵分布的信息熵，并形成时间序列，通过观察这些时间序列是否发生剧烈的变化来判断初步判断是否发生网络攻击，并对攻击的类型作出初步的判断，如果需要获取该攻击类型的流量，则对该时间段内的网络流量计算流量在源 IP 和宿 IP 的 TopN，N 根据实验经验设定，并对 TopN 的 IP 计算其行为分类标识。根据攻击的类型，从理论上推导该攻击类型可能的 bid 取值，然后对 bid 落在这些取值上的 IP 进行人工流量分析，筛选出特定攻击类型的流量。上述综合方法一定会漏掉攻击流量，但这不影响最终获得攻击流量，且能极大地加快锁定特定类型的攻击的 IP，使得能够更加的快速获得攻击流量。下面举例演示获取攻击流量的整个流程。

实验时间 2011-12-14 12:00—2011-12-14 22:00，实验环境 NBOS。下面五幅图是各个统计值在这个时间段的序列的图。从图中可以看出统计值时间序列在 2011-12-14 15:15 发生了剧烈的变化，说明网络发生异常。从图 6.16 可以看出源 IP 数急剧增加，从图 6.17 可以看出目标

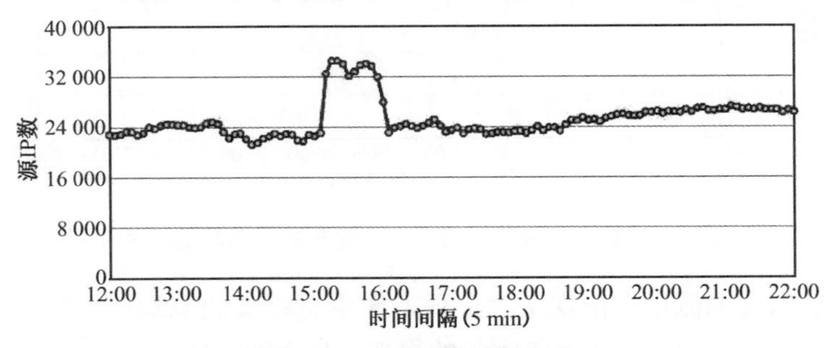


**图 6.16　源 IP 数时间序列**

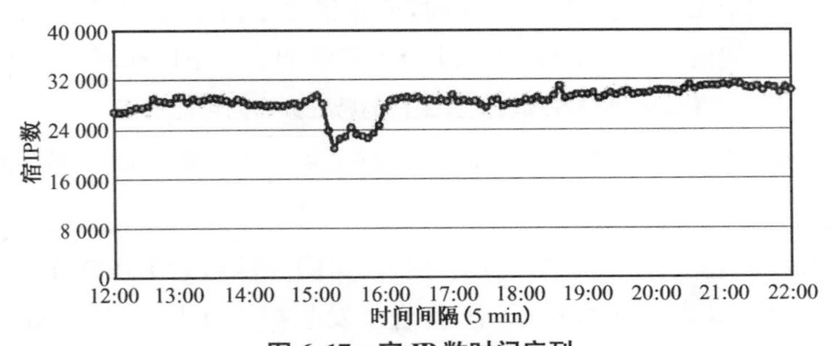


**图 6.17　宿 IP 数时间序列**

IP 数急剧减少(本章的流量数据是通过抽样产生的,所以当一个 IP 以很高的频率出现,这样其他 IP 被采集到机会就会变小,所以宿 IP 数会变少,在没经过抽样的流量中,IP 数是不会变少的),图 6.18说明源端口数急剧增大,宿端口数急剧减小。这可以假定流量大量 IP 通过随机端口向一个或少量目标 IP 的一个或少数端口发送大量报文,从而可以推测网络流量出现了 DDoS 攻击。从图 6.19 可以看出流数在源 IP 上的分布变得离散,说明流量中出现大量只发送少数报文的源 IP;而流数在宿 IP 上变得集中,说明一个或少数 IP 接收了大量报文。从图 6.20 可以看出流数在源端

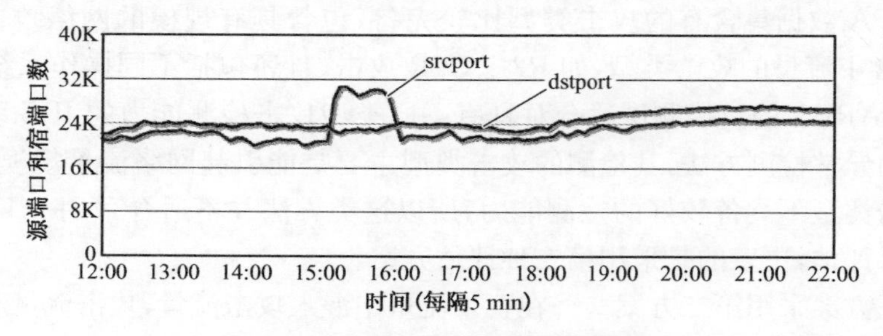


**图 6.18　源端口数和宿端口数时间序列**

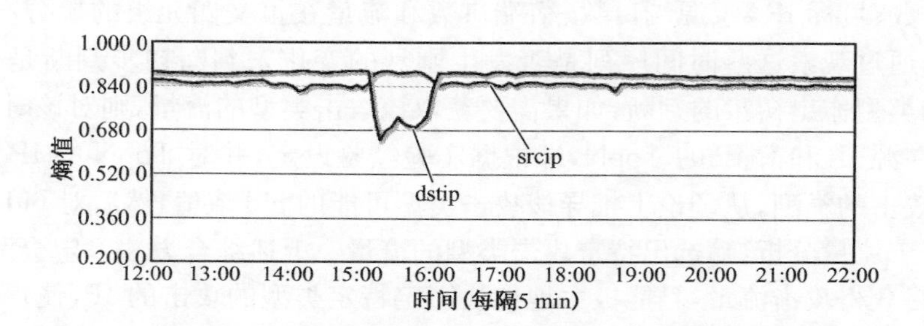


**图 6.19　流数在源 IP 和宿 IP 上分布的信息熵值时间序列**

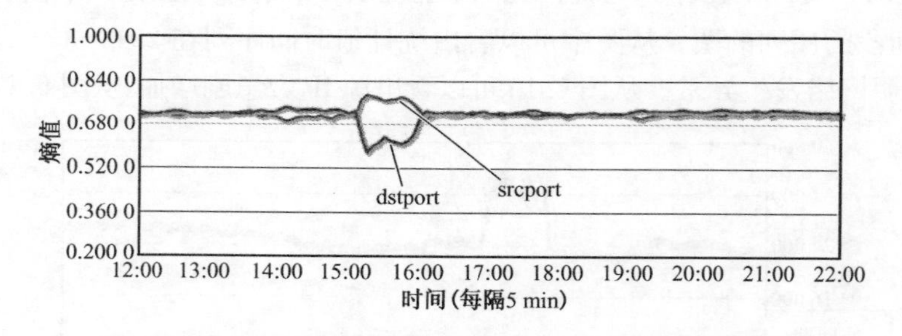


**图 6.20　流数在源端口和宿端口上分布的信息熵值时间序列**

口上的分布变得离散,说明流量中出现了大量只发送少量报文的源端口;流数在目标端口上的分布变得集中,说明一个或少数端口接收了大量的报文。从上面这些特征可以据此猜测网络正经历 DDoS 攻击,且是攻击固定 IP 的固定端口。此时,要获得攻击流量就要锁定 DDoS 攻击的受害主机。计算流数 Top 100 的宿 IP,表 6.9 该类型 DDoS 攻击的受害主机在四个分布的可能状态:

**表 6.9　DDoS 攻击受害主机的特征分布的可能取值**

| 流量在目标 IP 上的分布 | 流量在源端口上的分布 | 流量在宿端口上的分布 | 流量在平均报文大小上的分布 |
|---|---|---|---|
| D/M | D/M | C | S/C |

可能的 bid 取值为[450, 451, 475, 476, 501, 501]。然后对 bid 落在这些 bid 中的源 IP 进行人工流量分析,在 bid 为 450 的源 IP 中,发现了发起扫描攻击的主机,如图 6.21 所示。

```
202.119.246.112 33662 59.34.197.210   7002  6 1 44
202.195.115.232 37700 59.34.197.210   7002  6 1 40
202.119.137.211 62263 59.34.197.210   7002  6 1 44
202.195.18.196  60777 59.34.197.210   7002  6 1 44
210.29.230.133  3934  59.34.197.210   7002  6 1 40
202.195.94.41   47918 59.34.197.210   7002  6 1 40
202.195.26.135  58386 59.34.197.210   7002  6 1 44
202.195.30.60   62266 59.34.197.210   7002  6 1 44
202.195.23.103  64334 59.34.197.210   7002  6 1 44
202.195.30.21   62226 59.34.197.210   7002  6 1 44
202.119.247.86  33377 59.34.197.210   7002  6 1 44
210.28.198.14   7470  59.34.197.210   7002  6 1 44
202.195.175.42  21510 59.34.197.210   7002  6 1 44
202.195.23.106  64328 59.34.197.210   7002  6 1 44
202.119.242.251 34680 59.34.197.210   7002  6 1 44
210.28.96.245   44813 59.34.197.210   7002  6 1 40
202.119.117.26  851   59.34.197.210   7002  6 1 44
202.119.255.58  38961 59.34.197.210   7002  6 1 44
202.195.112.208 37396 59.34.197.210   7002  6 1 40
210.28.192.206  2106  59.34.197.210   7002  6 1 44
202.195.162.251 23165 59.34.197.210   7002  6 1 44
202.195.28.12   61791 59.34.197.210   7002  6 1 44
```

**图 6.21　DDoS 受害主机的行为模式**

## 6.4　实验结果分析

检测效果的评估是入侵检测系统和其他异常检测系统不可或缺的一个环节，本章通过在背景流量中混入攻击流量，然后观察 EBAD 系统能否在混合流量中检测出混入的攻击流量来评估 EBAD 系统的检测能力。

### 6.4.1　实验环境

(1) 软硬件环境

EBAD 系统采用 LAMP(Linux＋Apache＋Mysql＋PHP)架构方式。后台程序在 Linux 中实时运行，计算出实时异常 IP 信息，并将信息写入 Mysql 数据库。使用 Apache 作为 Web 服务器，网页 PHP 脚本从 Mysql 数据库读取异常 IP 信息，然后以网页的形式进行报告。系统详细开发环境如表 6.10 所示。

**表 6.10　系统的开发环境**

| 处理器 | Dual-Core AMD Opteron(tm) Processor 2216 HE 2.4GHz×2 |
|---|---|
| 内存 | DDR3 4GB |
| 操作系统 | Red Hat Enterprise Linux 4(Kernel v 2.6.9-42) |
| Web 服务器 | Apache v2.0.52 |
| 数据库 | MySQL v5.1.33 |
| 编译环境 | Gcc v3.4.6 PHP v 4.3.9 |

(2) 配置参数

在 EBAD 系统中，需要配置的如下参数：

大簇 IP 阈值。大簇 IP 阈值总共有 6 组，在系统中设置如表 6.11。

**表 6.11　大簇 IP 阈值**

| 流量 / 阈值 / 源宿 | 报文数 | 字节数 | 流数 |
|---|---|---|---|
| 源 IP | 0.000 5 | 0.000 5 | 0.000 5 |
| 宿 IP | 0.000 5 | 0.000 5 | 0.000 5 |

● 分布取值阈值。系统中 24 组分布取值阈值设置如表 5.7。

● 平均报文大小阈值。系统中对 NAT 服务器和 WEB 服务器的平均报文大小设置了阈值，如表 6.12。

**表 6.12　平均报文大小阈值**

| 流量 / 阈值 / 源宿 | 源 IP | 宿 IP |
|---|---|---|
| NAT 服务器 | ≤1 300 | ≥340 |
| WEB 服务器 | ≥770 | ≤280 |

● 正常应用 bid 库。如第 6.3.4 节所述，系统对 NAT 服务器和 WEB 服务器两类应用的 bid 进行学习，所以正常应用 bid 库即为这两类应用对应的 bid。

● 白名单。本次系统评估试验没有设置白名单。

### 6.4.2　攻击流量获取

采用统计手段加上人工流量分析的综合方法来获取攻击流量。EBAD 系统主要设计用于检测网络流量中的规模攻击，所以只需获取规模攻击的网络流量。将规模的网络攻击分为四类，分别为 Alpha flows、Scan、Probe 和 DDoS。Alpha flows 是指两个主机之间的流量大，表 6.13 是获取的 Alpha Flows。为了验证数据更具有代表性，所选取的 Alpha Flows 都属于不同的类型，有的 Alpha Flows 有固定的源宿端口；有的源端不固定，宿端口固定；有的源宿端口都不固定；有的隐藏在源 IP 关联的多个 IP 中；有的隐藏在宿 IP 关联的多个 IP 中。

**表 6.13　Alpha Flows**

| 源 IP | 源端口 | 宿 IP | 宿端口 | 源 IP 关联 1 个 IP、宿 IP 关联多个 IP |
|---|---|---|---|---|
| 202. *. 161. 76 | 1 个 | 210. *. 62. 2 | 1 个 | 源 IP 关联 1 个 IP、宿 IP 关联多个 IP |
| 157. *. 160. 224 | 1 个 | 202. *. 43. 155 | 多个 | 源 IP 关联多个 IP、宿 IP 关联 1 个 IP |
| 111. *. 5. 125 | 多个 | 118. *. 7. 122 | 多个 | 源 IP 关联多个 IP、宿 IP 关联 1 个 IP |
| 140. *. 25. 63 | 多个 | 180. *. 9. 179 | 1 个 | 源 IP 关联 1 个 IP、宿 IP 关联 1 个 IP |
| 138. *. 88. 210 | 多个 | 114. *. 190. 146 | 1 个 | 源 IP 关联 1 个 IP、宿 IP 关联多个 IP |

**表 6.14　扫描攻击事件**

| 时间 | 攻击发起主机 | 源端口 | 宿端口 | 目标主机是否具有子网特征 | 报文大小是否相同 |
|---|---|---|---|---|---|
| 2011-12-13 7:10 | 60. *. 11. 144 | 6000 | 8909 | 不具有 | 相同 |
| 2011-12-13 7:10 | 218. *. 3. 183 | 1303 | 1434 | 具有 | 相同 |
| 2011-12-13 7:10 | 124. *. 234. 60 | 6000 | 3389 | 具有 | 不同 |

续表 6.14

| 时间 | 攻击发起主机 | 源端口 | 宿端口 | 目标主机是否具有子网特征 | 报文大小是否相同 |
|---|---|---|---|---|---|
| 2011-12-13 7:10 | 222. *.6.55 | 随机 | 445 | 不具有 | 相同 |
| 2011-12-13 7:10 | 202. *.222.83 | 随机 | 445 | 具有 | 相同 |
| 2011-12-13 7:10 | 61. *.190.232 | 随机 | 9415 | 不具有 | 不同 |
| 2011-12-13 7:10 | 125. *.200.31 | 随机 | 8080 | 具有 | 相同 |
| 2011-12-13 7:10 | 61. *.198.171 | 随机 | 445 | 具有 | 相同 |
| 2011-12-13 7:10 | 121. *.112.20 | 随机 | 22 | 不具有 | 不同 |
| 2011-12-13 7:10 | 176. *.243.185 | 随机 | 80 | 具有 | 相同 |
| 2011-12-13 7:10 | 65. *.225.230 | 随机 | 139 和 445 | 具有 | 相同 |
| 2011-12-137:10 | 190. *.141.182 | 随机 | 139 和 445 | 具有 | 相同 |
| 2011-12-13 7:10 | 202. *.50.244 | 随机 | 80 和 23 | 具有 | 相同 |

Scan 包括网络扫描和端口扫描，端口扫描是指扫描少部分目标主机，但是扫描每个主机的大量端口，网络扫描是指只扫描部分的端口，但是扫描大量的目标主机。扫描通常是其他网络攻击的前期准备，现如今网络存在大量的扫描。表 6.14 是本文获取的扫描攻击事件的一些信息。这些扫描事件中，被扫描的端口都是容易存在漏洞的端口，8909 是优酷的加速软件 Ikucmc 的端口，装机量非常大；1434 是 MSSQL 软件端口；3389 是 Windows 的远程管理终端的端口；445 和 139 端口用于 Windows 的文件和打印机共享，是 IPC $ 入侵的主要通道；8080 和 80 是常用的 Web 服务端口；23 端口是 Telnet 远程登陆服务端口；22 是 SSH 协议使用的端口。

Probe 中文名称为主机探测，主要用于探测主机是否“存活”，探测主机发送 ICMP ECHO 报文给目标主机，如果目标主机“存活”，则发送 ICMP ECHO REPLY 相应报文。表 6.15 是本章获取的 Probe 事件。

**表 6.15　Probe 事件表**

| 时间 | 发起主机 | 源端口 | 宿端口 | 目标主机是否具有子网 | 报文大小是否相同 |
|---|---|---|---|---|---|
| 2011-12-13 07:10 | 220. *.5.60 | 8 | 0 | 不具有 | 是 |
| 2011-12-13 07:10 | 125. *.78.40 | 0 | 0 | 不具有 | 是 |
| 2011-12-13 07:10 | 71. *.93.217 | 8 | 0 | 具有 | 是 |
| 2011-12-13 07:10 | 123. *.64.56 | 8 | 0 | 不具有 | 是 |
| 2011-12-13 07:10 | 168. *.163.81 | 8 | 0 | 不具有 | 是 |
| 2011-12-13 07:10 | 67. *.210.45 | 8 | 0 | 具有 | 否 |

DDoS 攻击是指网络中的大量主机在同一时间段向目标主机发起请求，使得目标主机无法提供正常的服务。DDoS 攻击是有 DoS 攻击发展演化而成的，现如今，服务器的计算能力和带宽资源都远远大于一般主机，所以单个主机向服务发起 DoS 攻击并不能使服务器无法提供服务。表 6.16 是本章在真实网络流量中获取的 DDoS 攻击事件。

**表 6.16　DDoS 事件**

| 时间 | 受害主机 | 目标端口 | 攻击主机是否具有子网特征 | 报文大小 |
|---|---|---|---|---|
| 2011-12-14 15:15 | 59. *.197.210 | 7002 | 不具有 | 40 和 44 |
| 2011-12-15 15:25 | 121. *.133.25 | 80 | 不具有 | 40 和 44 |

### 6.4.3　攻击检测能力评估

（1）Alpha Flows 检测能力

将第 6.4.2 小节获得的 Alpha Flows 混入粒度开始时间 2011-12-13 22：10 为期 5 min 的 NBOS 中间数据，用本章算法对混合后的数据进行异常检测，部分检测结果的异常源 IP 如图 6.22所示，异常宿 IP 如图 6.23 所示。从图 6.22 和图 6.23 可以看出，通过异常源 IP 可检测出 4 条 Alpha Flows，通过异常宿 IP 可以检测出 5 条 Alpha Flows。所以，对于各种类型 Alpha Flows，EBAD 系统都能够能很好地检测出来。

异常源IP　异常宿IP

| 序号 | IP地址 | 归属单位 | 地理位置 | 运营商 | POP节点 | bid |
|---|---|---|---|---|---|---|
| 1 | 115[illegible].102.145 | -- | -- | -- | -- | 0,0,0 |
| 2 | 202[illegible]64.240 | -- | -- | -- | -- | 0,0,0 |
| 3 | 202[illegible].161.76 | -- | -- | -- | -- | 0,0,0 |
| 4 | 210[illegible]150.124 | -- | -- | -- | -- | 0,0,0 |
| 5 | 222[illegible].159.117 | -- | -- | -- | -- | 0,0,0 |
| 6 | 210[illegible]230.80 | -- | -- | -- | -- | 0,0,0 |
| 7 | 211[illegible]237.250 | -- | -- | -- | -- | 0,0,0 |
| 8 | 211[illegible]2.30.169 | -- | -- | -- | -- | 0,0,0 |
| 9 | 219[illegible].51.222 | -- | -- | -- | -- | 0,0,0 |
| 10 | 58.[illegible]55.21 | -- | -- | -- | -- | 0,0,0 |
| 11 | 118[illegible].177.43 | -- | -- | -- | -- | 0,0,0 |
| 12 | 222[illegible]194.55 | -- | -- | -- | -- | 0,0,0 |
| 13 | 157[illegible].160.224 | -- | -- | -- | -- | 17,17,22 |
| 14 | 138[illegible]88.210 | -- | -- | -- | -- | 78,78,103 |
| 15 | 210[illegible]62.2 | -- | -- | -- | -- | 129,129,504 |

**图 6.22　从 Alpha Flows 混入后混合流量检测出的异常源 IP**

异常源IP　异常宿IP

| 序号 | IP地址 | 归属单位 | 地理位置 | 运营商 | POP节点 | bid |
|---|---|---|---|---|---|---|
| 1 | 222.[illegible]170.113 | -- | -- | -- | -- | 0,0,0 |
| 2 | 188.[illegible]222.4 | -- | -- | -- | -- | 0,0,0 |
| 3 | 183.[illegible]178.168 | -- | -- | -- | -- | 0,0,0 |
| 4 | 180.[illegible]15.206 | -- | -- | -- | -- | 0,0,0 |
| 5 | 180.[illegible]11.14 | -- | -- | -- | -- | 0,0,0 |
| 6 | 180.[illegible]9.119 | -- | -- | -- | -- | 0,0,0 |
| 7 | 180.[illegible]1.115 | -- | -- | -- | -- | 0,0,0 |
| 8 | 188.[illegible]02.198 | -- | -- | -- | -- | 0,0,0 |
| 9 | 125.[illegible]169.188 | -- | -- | -- | -- | 0,0,0 |
| 10 | 125.[illegible]136.215 | -- | -- | -- | -- | 0,0,0 |
| 11 | 125.[illegible]134.176 | -- | -- | -- | -- | 0,0,0 |
| 12 | 202.[illegible]161.76 | -- | -- | -- | -- | 0,0,0 |
| 13 | 180.[illegible]9.179 | -- | -- | -- | -- | 16,16,21 |
| 14 | 138.[illegible]8.210 | -- | -- | -- | -- | 19,19,24 |
| 15 | 114.[illegible]190.146 | -- | -- | -- | -- | 78,78,103 |
| 16 | 118.[illegible]7.122 | -- | -- | -- | -- | 34,34,124 |
| 17 | 210.[illegible]2.2 | -- | -- | -- | -- | 129,129,504 |

**图 6.23　从 Alpha Flows 混入后混合流量检测出的异常宿 IP**

（2）Scan 检测能力

将第 6.4.2 小节获得的 Scan 混入粒度开始时间 2011-12-13 08：00 为期 5 分钟的 NBOS 中间数据，用本章算法对混合后的数据进行异常检测，部分检测结果的异常源 IP 如图 6.24 所示，异常宿 IP 如图 6.25 所示。图 6.24 显示 EBAD 系统检测出 13 个发起扫描攻击的 IP，即所有混入的扫描攻击流量的发起扫描攻击的 IP 都被成功检测。图 6.24 和图 6.25 对比显示，扫描攻击通常只会在异常源 IP 中被检测出来。所以实验证明，EBAD 系统具有较好的扫描检测能力。

异常源IP | 异常宿IP

| 序号 | IP地址 | 归属单位 | 地理位置 | 运营商 | POP节点 | bid |
|---|---|---|---|---|---|---|
| 1 | 59.[illegible]1.40 | -- | -- | -- | -- | 0,0,0 |
| 2 | 202[illegible]37.85 | -- | -- | -- | -- | 0,0,0 |
| 3 | 61.[illegible]39.13 | -- | -- | -- | -- | 0,0,0 |
| 4 | 61.[illegible]1.38 | -- | -- | -- | -- | 0,0,0 |
| 5 | 61.[illegible]1.42 | -- | -- | -- | -- | 0,0,0 |
| 6 | 61.[illegible]1.44 | -- | -- | -- | -- | 0,0,0 |
| 7 | 61.[illegible]79.237 | -- | -- | -- | -- | 0,0,0 |
| 8 | 202[illegible]135.205 | -- | -- | -- | -- | 0,0,0 |
| 9 | 62.[illegible].107 | -- | -- | -- | -- | 0,0,0 |
| 10 | 202[illegible]45.88 | -- | -- | -- | -- | 0,0,0 |
| 11 | 202[illegible]23.45 | -- | -- | -- | -- | 0,0,0 |
| 12 | 202[illegible]222.83 | -- | -- | -- | -- | 450,450,450 |
| 13 | 121[illegible]112.20 | -- | -- | -- | -- | 478,453,478 |
| 14 | 65.[illegible]25.230 | -- | -- | -- | -- | 465,465,490 |
| 15 | 190[illegible]141.182 | -- | -- | -- | -- | 465,465,490 |
| 16 | 218[illegible]3.183 | -- | -- | -- | -- | 500,500,500 |
| 17 | 60.[illegible]1.144 | -- | -- | -- | -- | 500,500,500 |
| 18 | 124[illegible]234.60 | -- | -- | -- | -- | 503,377,503 |
| 19 | 125[illegible]200.31 | -- | -- | -- | -- | 575,575,575 |
| 20 | 222[illegible]6.55 | -- | -- | -- | -- | 450,450,600 |
| 21 | 176[illegible]243.185 | -- | -- | -- | -- | 600,600,600 |
| 22 | 61.[illegible]8.171 | -- | -- | -- | -- | 450,450,600 |
| 23 | 61.[illegible]90.232 | -- | -- | -- | -- | 602,452,602 |
| 24 | 202[illegible]50.244 | -- | -- | -- | -- | 615,615,615 |

**图 6.24　从 Scan 混入后的混合流量检测出的异常宿 IP**

异常源IP | 异常宿IP

| 序号 | IP地址 | 归属单位 | 地理位置 | 运营商 | POP节点 | bid |
|---|---|---|---|---|---|---|
| 1 | 111[illegible]14.204 | -- | -- | -- | -- | 0,0,0 |
| 2 | 119[illegible]3.18 | -- | -- | -- | -- | 0,0,0 |
| 3 | 119[illegible]0.134 | -- | -- | -- | -- | 0,0,0 |
| 4 | 119[illegible]148.238 | -- | -- | -- | -- | 0,0,0 |
| 5 | 119[illegible]57.205 | -- | -- | -- | -- | 0,0,0 |
| 6 | 119[illegible]232.86 | -- | -- | -- | -- | 0,0,0 |
| 7 | 119[illegible]136.8 | -- | -- | -- | -- | 0,0,0 |
| 8 | 120[illegible]92.226 | -- | -- | -- | -- | 0,0,0 |
| 9 | 121[illegible]2.254 | -- | -- | -- | -- | 0,0,0 |
| 10 | 121[illegible]13.89 | -- | -- | -- | -- | 0,0,0 |
| 11 | 121[illegible]133.51 | -- | -- | -- | -- | 0,0,0 |
| 12 | 121[illegible]112.20 | -- | -- | -- | -- | 398,393,398 |

**图 6.25　从 Scan 混入后的混合流量检测出的异常源 IP**

(3) Probe 检测能力

将第 6.4.2 小节获得的 Probe 流量混入粒度开始时间 2011-12-13 08:00 为期 5 分钟的 NBOS 中间数据，用本章算法对混合后的数据进行异常检测，部分检测结果的异常源 IP 如图 6.26 所示，异常宿 IP 如图 6.27 所示。图 6.26 显示 EBAD 系统检测出 6 个进行主机探测的 IP，即所有混入的扫描攻击流量的进行主机探测的 IP 都被成功检测。图 6.26 和图 6.27 对比显示，主机探测通常只会在异常源 IP 中被检测出来。因此，实验结果表明 EBAD 系统具有较好的主机探测检测能力。

异常源IP | 异常宿IP

| 序号 | IP地址 | 归属单位 | 地理位置 | 运营商 | POP节点 | bid |
|---|---|---|---|---|---|---|
| 1 | 59[illegible]41.40 | -- | -- | -- | -- | 0,0,0 |
| 2 | 20[illegible].37.85 | -- | -- | -- | -- | 0,0,0 |
| 3 | 61[illegible]139.13 | -- | -- | -- | -- | 0,0,0 |
| 4 | 61[illegible]41.38 | -- | -- | -- | -- | 0,0,0 |
| 5 | 61[illegible]41.42 | -- | -- | -- | -- | 0,0,0 |
| 6 | 61[illegible]41.44 | -- | -- | -- | -- | 0,0,0 |
| 7 | 61[illegible]179.237 | -- | -- | -- | -- | 0,0,0 |
| 8 | 20[illegible].135.205 | -- | -- | -- | -- | 0,0,0 |
| 9 | 62[illegible]3.107 | -- | -- | -- | -- | 0,0,0 |
| 10 | 20[illegible].45.88 | -- | -- | -- | -- | 0,0,0 |
| 11 | 20[illegible].23.45 | -- | -- | -- | -- | 0,0,0 |
| 12 | 67[illegible]210.45 | -- | -- | -- | -- | 437,437,437 |
| 13 | 22[illegible].5.60 | -- | -- | -- | -- | 500,500,500 |
| 14 | 16[illegible].163.81 | -- | -- | -- | -- | 500,500,500 |
| 15 | 12[illegible].64.56 | -- | -- | -- | -- | 500,500,500 |
| 16 | 12[illegible]78.40 | -- | -- | -- | -- | 500,500,500 |
| 17 | 71[illegible]93.217 | -- | -- | -- | -- | 500,500,500 |

**图 6.26　从 Probe 混入后的混合流量检测出的异常宿 IP**

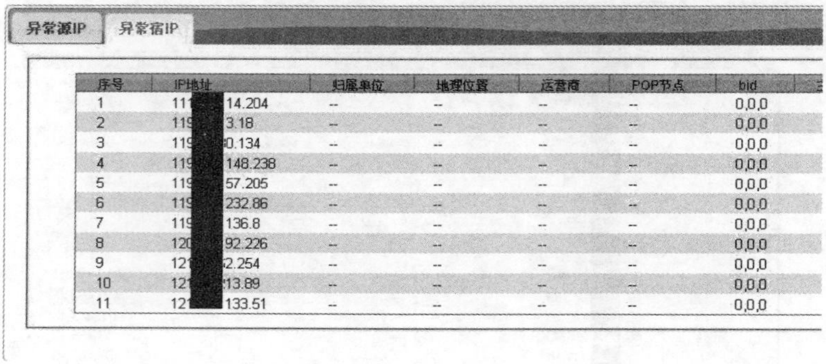

异常源IP　异常宿IP

| 序号 | IP地址 | 归属单位 | 地理位置 | 运营商 | POP节点 | bid |
|---|---|---|---|---|---|---|
| 1 | 111[illegible]14.204 | -- | -- | -- | -- | 0,0,0 |
| 2 | 119[illegible]3.18 | -- | -- | -- | -- | 0,0,0 |
| 3 | 119[illegible]0.134 | -- | -- | -- | -- | 0,0,0 |
| 4 | 119[illegible]148.238 | -- | -- | -- | -- | 0,0,0 |
| 5 | 119[illegible]57.205 | -- | -- | -- | -- | 0,0,0 |
| 6 | 119[illegible]232.86 | -- | -- | -- | -- | 0,0,0 |
| 7 | 119[illegible]136.8 | -- | -- | -- | -- | 0,0,0 |
| 8 | 120[illegible]92.226 | -- | -- | -- | -- | 0,0,0 |
| 9 | 121[illegible]2.254 | -- | -- | -- | -- | 0,0,0 |
| 10 | 121[illegible]13.89 | -- | -- | -- | -- | 0,0,0 |
| 11 | 121[illegible]133.51 | -- | -- | -- | -- | 0,0,0 |

**图 6.27　从 Probe 混入后的混合流量检测出的异常源 IP**

(4) DDoS 检测能力

在 DDoS 检测能力实验中,本章没有将 DDoS 攻击流量混入其他粒度的流量,而是直接应用 EBAD 系统对发生 DDoS 攻击的粒度进行异常检测。为了检测对 59. *. 197. 210 的 DDoS 攻击,应用 EBAD 系统对开始时间为 2011-12-14 15:15 的 NBOS 粒度进行异常检测,部分检测结果的异常源 IP 如图 6.28 所示,异常宿 IP 如图 6.29 所示。

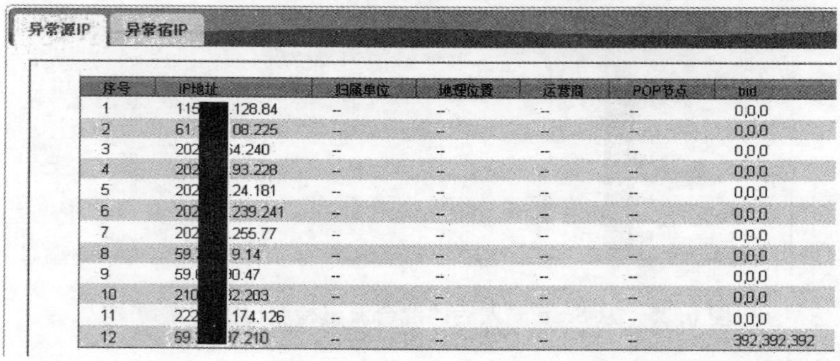

异常源IP　异常宿IP

| 序号 | IP地址 | 归属单位 | 地理位置 | 运营商 | POP节点 | bid |
|---|---|---|---|---|---|---|
| 1 | 115[illegible].128.84 | -- | -- | -- | -- | 0,0,0 |
| 2 | 61.[illegible]08.225 | -- | -- | -- | -- | 0,0,0 |
| 3 | 202[illegible]4.240 | -- | -- | -- | -- | 0,0,0 |
| 4 | 202[illegible].93.228 | -- | -- | -- | -- | 0,0,0 |
| 5 | 202[illegible].24.181 | -- | -- | -- | -- | 0,0,0 |
| 6 | 202[illegible].239.241 | -- | -- | -- | -- | 0,0,0 |
| 7 | 202[illegible].255.77 | -- | -- | -- | -- | 0,0,0 |
| 8 | 59.[illegible]9.14 | -- | -- | -- | -- | 0,0,0 |
| 9 | 59.[illegible]0.47 | -- | -- | -- | -- | 0,0,0 |
| 10 | 210[illegible]2.203 | -- | -- | -- | -- | 0,0,0 |
| 11 | 222[illegible].174.126 | -- | -- | -- | -- | 0,0,0 |
| 12 | 59.[illegible]7.210 | -- | -- | -- | -- | 392,392,392 |

**图 6.28　从 DDoS 混入后的混合流量检测出的异常源 IP**

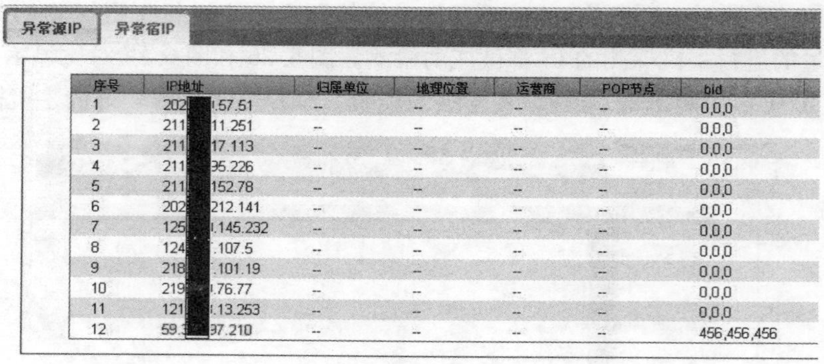

异常源IP　异常宿IP

| 序号 | IP地址 | 归属单位 | 地理位置 | 运营商 | POP节点 | bid |
|---|---|---|---|---|---|---|
| 1 | 202[illegible].57.51 | -- | -- | -- | -- | 0,0,0 |
| 2 | 211[illegible]11.251 | -- | -- | -- | -- | 0,0,0 |
| 3 | 211[illegible]17.113 | -- | -- | -- | -- | 0,0,0 |
| 4 | 211[illegible]5.226 | -- | -- | -- | -- | 0,0,0 |
| 5 | 211[illegible]152.78 | -- | -- | -- | -- | 0,0,0 |
| 6 | 202[illegible]212.141 | -- | -- | -- | -- | 0,0,0 |
| 7 | 125[illegible].145.232 | -- | -- | -- | -- | 0,0,0 |
| 8 | 124[illegible].107.5 | -- | -- | -- | -- | 0,0,0 |
| 9 | 218[illegible].101.19 | -- | -- | -- | -- | 0,0,0 |
| 10 | 219[illegible].76.77 | -- | -- | -- | -- | 0,0,0 |
| 11 | 121[illegible].13.253 | -- | -- | -- | -- | 0,0,0 |
| 12 | 59.[illegible]97.210 | -- | -- | -- | -- | 456,456,456 |

**图 6.29　从 DDoS 混入后的混合流量检测出的异常宿 IP**

为了检测对 121. *. 133. 25 的 DDoS 攻击,应用 EBAD 系统对开始时间为 2011-12-15 15:25 的 NBOS 粒度进行异常检测,部分检测结果的异常源 IP 如图 6.30 所示,异常宿 IP 如

图 6.31所示。

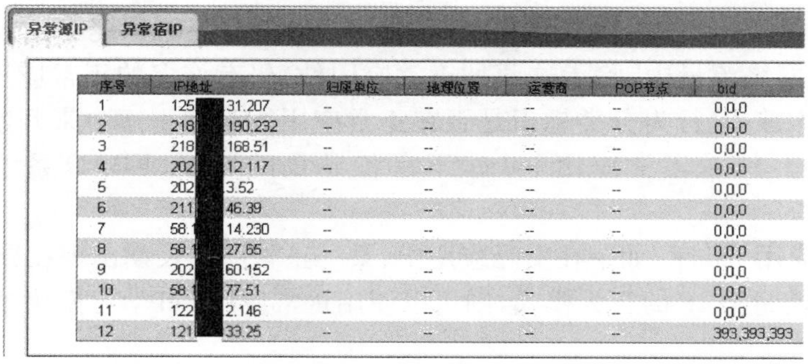

异常源IP　异常宿IP

| 序号 | IP地址 | 归属单位 | 地理位置 | 运营商 | POP节点 | bid |
|---|---|---|---|---|---|---|
| 1 | 125[illegible]31.207 | -- | -- | -- | -- | 0,0,0 |
| 2 | 218[illegible]190.232 | -- | -- | -- | -- | 0,0,0 |
| 3 | 218[illegible]168.51 | -- | -- | -- | -- | 0,0,0 |
| 4 | 202[illegible]12.117 | -- | -- | -- | -- | 0,0,0 |
| 5 | 202[illegible]3.52 | -- | -- | -- | -- | 0,0,0 |
| 6 | 211[illegible]46.39 | -- | -- | -- | -- | 0,0,0 |
| 7 | 58.1[illegible]14.230 | -- | -- | -- | -- | 0,0,0 |
| 8 | 58.1[illegible]27.65 | -- | -- | -- | -- | 0,0,0 |
| 9 | 202[illegible]60.152 | -- | -- | -- | -- | 0,0,0 |
| 10 | 58.1[illegible]77.51 | -- | -- | -- | -- | 0,0,0 |
| 11 | 122[illegible]2.146 | -- | -- | -- | -- | 0,0,0 |
| 12 | 121[illegible]33.25 | -- | -- | -- | -- | 393,393,393 |

**图 6.30　从 DDoS 混入后的混合流量检测出的异常源 IP**

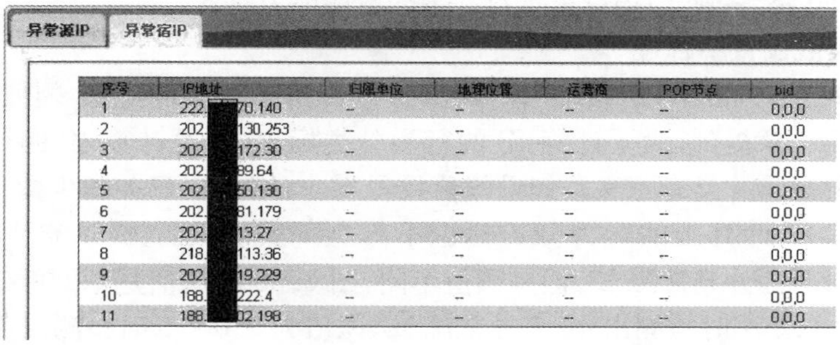

异常源IP　异常宿IP

| 序号 | IP地址 | 归属单位 | 地理位置 | 运营商 | POP节点 | bid |
|---|---|---|---|---|---|---|
| 1 | 222.[illegible]70.140 | -- | -- | -- | -- | 0,0,0 |
| 2 | 202.[illegible]130.253 | -- | -- | -- | -- | 0,0,0 |
| 3 | 202.[illegible]172.30 | -- | -- | -- | -- | 0,0,0 |
| 4 | 202.[illegible]89.64 | -- | -- | -- | -- | 0,0,0 |
| 5 | 202.[illegible]50.130 | -- | -- | -- | -- | 0,0,0 |
| 6 | 202.[illegible]81.179 | -- | -- | -- | -- | 0,0,0 |
| 7 | 202.[illegible]13.27 | -- | -- | -- | -- | 0,0,0 |
| 8 | 218.[illegible]113.36 | -- | -- | -- | -- | 0,0,0 |
| 9 | 202.[illegible]19.229 | -- | -- | -- | -- | 0,0,0 |
| 10 | 188.[illegible]222.4 | -- | -- | -- | -- | 0,0,0 |
| 11 | 188.[illegible]02.198 | -- | -- | -- | -- | 0,0,0 |

**图 6.31　从 DDoS 混入后的混合流量检测出的异常宿 IP**

从图中可以看出 DDoS 受害主机 59. *. 197. 210 在异常源 IP 和异常宿 IP 中被检测出来，而受害主机 121. *. 133. 25 只在异常源 IP 中被检测出来。之所以出现这种现象，是因为当这两类 DDoS 攻击受害主机作为宿 IP 时，其行为模式与 Web 服务的行为模式类似，但是受害主机 59. *. 197. 210 被攻击的端口是非 Web 服务端口，所以在辅助测度的二次检测中被检测出来，而 121. *. 133. 25 被攻击的端口是 Web 服务端口，不能在辅助测度的二次检测中检测出来。DDoS 攻击被害主机之所以在异常源 IP 中都被检测出来，是因为相较于正常的 Web 服务，其响应报文大小小很多。从这两类 DDoS 事件来看，EBAD 系统对 DDoS 攻击也具备较好的检测能力。

### 6.4.4　检测准确性

本节将就 EBAD 系统的误报和漏报进行分析。

(1) 误报分析

在 EBAD 系统中，误报是指原本正常的 IP 被报警为异常 IP。图 6. 11 是 EBAD 系统在开始时间为 2012-04-16 08:00 的 NBOS 粒度检测的部分异常源 IP，大簇 IP 的阈值为 0. 001。在 EBAD 系统中，误报的产生主要有两个原因：

① 正常应用 bid 库不完备

EBAD 系统的数据源时 NBOS 中间数据，NBOS 中间数据是由 CERNET 江苏省网边界路由器 Netflow v5 记录预处理而成。流经省网边界路由器的网络流量可谓是包罗万象，有许许多多的不同应用产生的流量汇聚而成。不同的应用具有不同的行为模式，反映到 EBAD 系统就是不同应用的关联的 IP 具有不同的行为分类标识。本章的 EBAD 系统的正常应用行为分类标识库是学习 NAT 服务器和 Web 服务器行为分类标识建立的。实际上，流经省网边界路由器的网络流量中，除了这两种正常应用外，仍有许多的正常应用的 IP 出现在大簇 IP，所以根据大簇 IP 行为分类标识是否在正常应用行为标识库中来判断 IP 是否异常会必然会产生误报。针对正常应用 bid 库不完备导致的误报，EBAD 系统提供两种解决方案。

- 扩充正常应用 bid 库，如果在实际应用中，某一正常应用长期出现在异常 IP 中，且其行为模式异于攻击流量中 IP 的行为模式，则可以使用正常应用 bid 学习模块对该应用的 bid 进行学习。

- 白名单，如果有少量主机、子网或单位的流量的 IP 长期出现在异常 IP 中，且其 IP 的行为模式与攻击流量中的 IP 的行为模式相似，则可以将其添加至白名单中。需要说明的是正常应用 bid 库中的 bid 越多，则 EBAD 系统对异常的检测能力越弱。

② 大簇 IP 阈值设置不合理

在 EBAD 系统中，大簇 IP 是通过判断其流量是否超过阈值来确定，阈值的设定会影响系统的误报率。在第 4 章提到，为了计算 IP 的行为分类标识，需要计算 IP 四个分布的信息熵。分布要具有一定的数量才具有意义。如果阈值设置太小，则会使只关联少数流的 IP 称为大簇 IP，这样这些大簇 IP 计算出的行为分类标识不具有现实意义。图 6.33 与图 6.32 是同一 NBOS 粒度检测出的部分异常源 IP，但是阈值不同，图 6.33 的阈值是 0.000 5，图 6.32 的阈值是 0.001。阈值为 0.001 时检测出 42 个异常源 IP，阈值为 0.000 5 时检测出 109 个异常源 IP，且 bid 为 0 的异常源 IP 增加了 20 个，也就是只关联一条流的源 IP 增加了 20 个。这 20 个 IP 的四个分布是没有意义的，如果其不视为 Alpha Flows，则便是误报，所以至少增加 20 个误报。图 6.34 是开始时间为 2012-04-16 08:00 的 NBOS 粒度检测出的异常源 IP 数与大簇 IP 阈值之间的关系图，从图中可以看出，大簇 IP 阈值越小，检测出的异常源 IP 越多，且阈值越小，曲线变得越陡，即检测出的异常源 IP 数增加地越多。综上所述，大簇 IP 阈值设置不合理会大大增加系统的误报率。

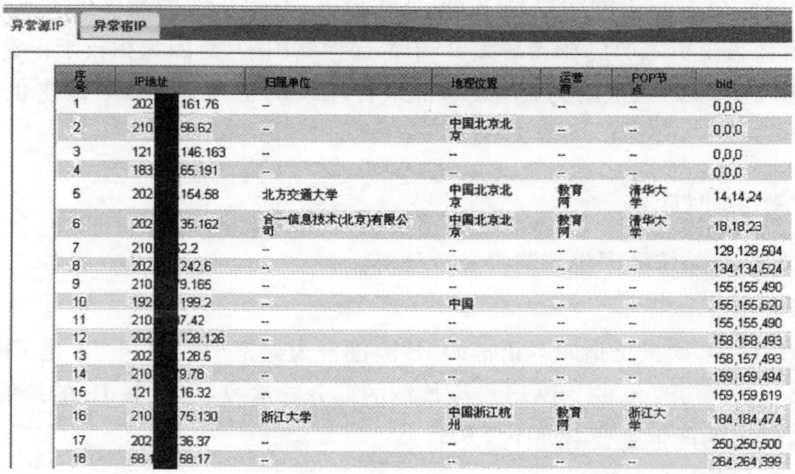

异常源IP　异常宿IP

| 序号 | IP地址 | 归属单位 | 地理位置 | 运营商 | POP节点 | bid |
|---|---|---|---|---|---|---|
| 1 | 202[illegible]161.76 | -- | -- | -- | -- | 0,0,0 |
| 2 | 210[illegible]56.62 | -- | 中国北京北京 | -- | -- | 0,0,0 |
| 3 | 121[illegible]146.163 | -- | -- | -- | -- | 0,0,0 |
| 4 | 183[illegible]65.191 | -- | -- | -- | -- | 0,0,0 |
| 5 | 202[illegible]154.58 | 北方交通大学 | 中国北京北京 | 教育网 | 清华大学 | 14,14,24 |
| 6 | 202[illegible]35.162 | 合一信息技术(北京)有限公司 | 中国北京北京 | 教育网 | 清华大学 | 18,18,23 |
| 7 | 210[illegible]2.2 | -- | -- | -- | -- | 129,129,504 |
| 8 | 202[illegible]242.6 | -- | -- | -- | -- | 134,134,524 |
| 9 | 210[illegible]9.165 | -- | -- | -- | -- | 155,155,490 |
| 10 | 192[illegible]199.2 | -- | 中国 | -- | -- | 155,155,620 |
| 11 | 210[illegible]7.42 | -- | -- | -- | -- | 155,155,490 |
| 12 | 202[illegible]128.126 | -- | -- | -- | -- | 158,158,493 |
| 13 | 202[illegible]128.5 | -- | -- | -- | -- | 158,157,493 |
| 14 | 210[illegible]9.78 | -- | -- | -- | -- | 159,159,494 |
| 15 | 121[illegible]16.32 | -- | -- | -- | -- | 159,159,619 |
| 16 | 210[illegible]75.130 | 浙江大学 | 中国浙江杭州 | 教育网 | 浙江大学 | 184,184,474 |
| 17 | 202[illegible]36.37 | -- | -- | -- | -- | 250,250,500 |
| 18 | 58.1[illegible]58.17 | -- | -- | -- | -- | 264,264,399 |

**图 6.32　阈值为 0.001 时检测出异常源 IP**

异常源IP　异常宿IP

| 序号 | IP地址 | 归属单位 | 地理位置 | 运营商 | POP节点 | bid |
|---|---|---|---|---|---|---|
| 1 | 222. 184.75 | -- | 中国广东 | -- | -- | 0,0,0 |
| 2 | 59.7 .81 | 上海交通大学 | 中国上海上海 | 教育网 | 上海交大 | 0,0,0 |
| 3 | 115. 36.147 | -- | 新加坡 | -- | -- | 0,0,0 |
| 4 | 121. 7.112 | -- | -- | -- | -- | 0,0,0 |
| 5 | 211. 4.16 | 哈尔滨工程大学 | 中国黑龙江哈尔滨 | 教育网 | 哈工大 | 0,0,0 |
| 6 | 211. 2.62 | -- | -- | -- | -- | 0,0,0 |
| 7 | 211. 07.169 | -- | -- | -- | -- | 0,0,0 |
| 8 | 180. 8.120 | -- | -- | -- | -- | 0,0,0 |
| 9 | 202. 161.76 | -- | -- | -- | -- | 0,0,0 |
| 10 | 210. 56.62 | -- | 中国北京北京 | -- | -- | 0,0,0 |
| 11 | 202. 159.36 | 广东工业大学 | 中国广东广州 | 教育网 | 华南理工 | 0,0,0 |
| 12 | 202. 128.6 | -- | -- | -- | -- | 0,0,0 |
| 13 | 121. 146.163 | -- | -- | -- | -- | 0,0,0 |
| 14 | 202. 60.152 | -- | -- | -- | -- | 0,0,0 |
| 15 | 202. 53.137 | -- | -- | -- | -- | 0,0,0 |
| 16 | 202. 53.89 | -- | -- | -- | -- | 0,0,0 |
| 17 | 58.2 4.54 | -- | -- | -- | -- | 0,0,0 |
| 18 | 183. 65.191 | -- | -- | -- | -- | 0,0,0 |
| 19 | 202. 1.187 | 中国科学技术大学 | 中国安徽合肥 | 教育网 | 中科大 | 0,0,0 |
| 20 | 219. 120.199 | CERNET全国分布式数据中心项目(武汉) | 中国湖北武汉 | 教育网 | 华中科技 | 0,0,0 |

**图 6.33　阈值为 0.000 5 时检测出的异常源 IP**

(2) 漏报分析

理论上,EBAD 系统在下面主要在下面两个过程产生漏报:其一,大簇 IP 提取,如果攻击流量的关联 IP 没有超过阈值,则产生漏报;其二,行为分类标识异常检测和辅助测度二次检测,如果攻击流量的关联 IP 的行为分类标识落在正常应用 bid 库,则产生漏报。在攻击检测能力评估的小节里可以观察到—EBAD 系统没有产生漏报,所以可以在一定程度上说,EBAD 系统对 Alpha Flows、Scan、Probe 和 DDoS 四种类型的攻击在行为分类标识异常检测过程具有较低的漏报率。所以,对于这四种类型的攻击,EBAD 系统主要在大簇 IP 的提取过程产生漏报。当阈值越大时,则漏报率越大;阈值变小,则漏报率变小。

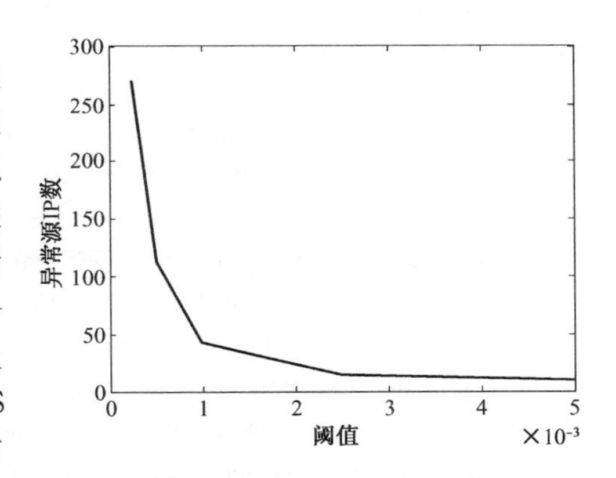


**图 6.34　异常源 IP 数与大簇 IP 阈值关系图**

综上所述,误报率与阈值成反比,漏报率与阈值成正比,因此,通过设置阈值平衡误报率与漏报率。

## 6.5 小结

通过理论和实验分析两种异常检测方法对信息熵的灵敏度,表明信息熵的灵敏度与原本流量在特征上的分布的信息熵相关,并且这种应用模型存在两个缺陷:第一,无法提供详细异常细节;第二,灵敏度不够,只适用检测大规模的网络异常。本章借鉴 Kuai Xu[40] 等人提出的网络流量描述方法,并将其应用于网络流量的异常检测。异常检测方法评估的结果显示对 Alpha、Scan、Probe 和 DDoS 等四类攻击具有较好的检测能力,而对一些特殊应用会产生误报,对规模较小的攻击会产生漏报。

# 参考文献


[1] Robert M G. Entropy and information theory[M]. [S. J. ]: Springer, 1990.

[2] Shannon C E, Weaver W. The mathematical theory of communication[M]. Urbana: University of Illinois Press, 1949.

[3] Jaynes. Information theory and statistical mechanics[J]. Physical Review, 1957, 171-190.

[4] Raphael D L, Myron T. The maximum entropy formalism[M]. Cambridge, Mass: MIT Press, 1978.

[5] QoS[EB/OL]. http://baike. baidu. com/view/20897. htm.

[6] Netflow[EB/OL]. http://en. wikipedia. org/wiki/Netflow.

[7] SLA[EB/OL]. http://baike. baidu. com/view/163802. htm.

[8] Kumar S, Spafford E H. A pattern matching model for misuse intrusion Detection[R]. Technical Report, 1994.

[9] Chandola V, Banerjee A, Kumar V. Anomaly detection: a survey[J]. ACM Computing Surveys (CSUR), 2009, 41(3): 1-15.

[10] Snort[EB/OL]. http://www. snort. org/.

[11] Ilgun K, Kemmerer R A. State transition analysis: a rule-based intrusion detection approach[J]. IEEE Transactions on Software Engineering, 1995, 21(3): 181-199.

[12] Ilgun K. USTAT: a real-time intrusion detection system for UNIX[D]. University of California, 1992.

[13] Denning D E. Intrusion-detection model[J]. IEEE Transactions on Software Engineering, 1987, SE-13 (2): 222-232.

[14] Javitz H S, Valdes A. The SRI IDES statistical anomaly detector[C]. In: Proceedings of the Symposium on Security and Privacy. Oakland: IEEE, 1991. 316-326.

[15] Anderson D, Lunt T F, Javitz H, et a1. Detecting unusual program behavior using the statistical component of the next generation intrusion detection expert system (NIDES)[R]. Techical Report, 1995.

[16] Lee W, Stolfo S J. Data mining approaches for intrusion detection[C]. In: Proceedings of the 7th USENIX Security Symposium. San Antonio: USENIX Association, 1998. 1-15.

[17] Lee W, Stolfo S J, Mok K W. Mining audit data to build intrusion detection models[C]. In: Proceedings of the 4th International Conference on Knowledge Discovery and Data Minin. New York: Advancement of Artificial Intelligence, 1998. 1-7.

[18] Lee W, Stolfo S J, Mok K W. A data mining framework for building intrusion detection models[C]. In: Proceedings of the Symposium on Security and Privacy. Oakland: IEEE, 1999. 120-132.

[19] Ryan J, Lin M J, Miikkulainen R. Intrusion detection with neural networks[R]. AAAI Technical Report, 1997.

[20] Dehmer M, Mowshowitz A. A history of graph entropy measures[J]. Information Sciences, 2011, 181 (1): 57-58.

[21] Berger A L, Pietra S A D, Pietra V J D. A maximum entropy approach to natural language processing [J]. Computational Linguistics, 1996, 22(1): 39-71.

[22] Lee W, Xiang D. Information-theoretic measures for anomaly detection[C]. In: Proceedings of the Symposium on Security and Privacy. Oakland: IEEE, 2001. 130-143.

[23] Feinstein L, Schnackenberg D, Balupari R, et al. Statistical approaches to DDoS attack detection and response[C]. In: Proceedings of the DARPA Information Survivability Conference and Exposition. IEEE, 2003. 303-314.

[24] TheChi Square Statistic[EB/OL]. http://math. hws. edu/javamath/ryan/ChiSquare. html.

[25] Wagner A, Plattner B. Entropy based worm and anomaly detection in fast IP networks[C]. In: Proceedings of the 14th International Workshops on Enabling Technologies: Infrastructure for Collaborative En-

terprise. IEEE, 2005. 172-177.

[26] Bailey M, Cooke E, Jahanian F, et al. The blaster worm: then and now[J]. IEEE Security & Privacy, 2005, 3(4): 26-31.

[27] Shannon C, Moore, The spread of the Witty worm[J]. IEEE Security & Privacy, 2004, 2(4): 46-50.

[28] Nychis G, Sekar V, David G, et al. An empirical evaluation of entropy-based traffic anomaly detection [C]. In: Proceedings of the 8th ACM SIGCOMM conference on Internet measurement. New York: ACM, 2008. 151-156.

[29] Tellenbach B, Burkhart M, Sornette D, et al. Beyond shannon: characterizing internet traffic with generalized entropy metrics[C]. In: Proceedings of the 10th International Conference on Passive and Active Measurement. Seoul: Springer, 2009. 239-248.

[30] Ziviani A, Gomes A T A, Monsores M L, et al. Network anomaly detection using nonextensive entropy [J]. IEEE Communications Letters, 2007, 11(12): 1034-1036.

[31] Tsallis C. Possible generalization of Boltzmann-Gibbs statistics[J]. Journal of Statistical Physics, 1988, 52(1): 479-487.

[32] Karamcheti V, Geiger D, Kedem Z, et al. Detecting malicious network traffic using inverse distributions of packet contents[C]. In: Proceedings of the ACM SIGCOMM workshop on Mining network data. New York: ACM, 2005. 165-170.

[33] Hsu W L, Liao H Y M, Jeng B S, et al. Real-time traffic parameter extraction using entropy[J]. IEE Proceedings on Vision, Image and Signal Processing, 2004, 151(3): 194-202.

[34] Harvey N J A, Nelson J, Onak K. Sketching and streaming entropy via approximation theory[C]. In: Proceedings of the 49th Annual Symposium on Foundations of Computer Science. Philadelphia: IEEE, 2008. 489-498.

[35] Bhuvanagiri L, Ganguly S. Estimating entropy over data streams[C]. In: Proceedings of the 14th Annual European Symposium Computer Science on Algorithms. Zurich: Springer, 2006. 148-159.

[36] Chakrabarti A, Ba K D, Muthukrishnan S. Estimating entropy and entropy norm on data streams[C]. In: Proceedings of the 23rd Annual Symposium on Theoretical Aspects of Computer Science. Marseille: Springer, 2006. 196-205.

[37] Lall A, Sekar V, Ogihara M. Data streaming algorithms for estimating entropy of network traffic[C]. In: Proceedings of the joint international conference on Measurement and modeling of computer systems. New York: ACM, 2006. 145-156.

[38] Gu Y, McCallum A, Towsley D. Detecting Anomalies in Network Traffic Using Maximum Entropy Estimation[C]. In: Proceedings of the 5th ACM SIGCOMM conference on Internet (IMC). New York: ACM, 2005. 32-32.

[39] Lakhina A, Crovella M, Diot C. Mining anomalies using traffic feature distributions[C]. In: Proceedings of the conference on Applications, technologies, architectures, and protocols for computer communications (SIGCOMM). New York: ACM, 2005. 217-228.

[40] Xu K, Zhang Z L, Bhattacharyya S. Profiling internet backbone traffic: behavior models and applications [C]. In: Proceedings of the conference on Applications, technologies, architectures, and protocols for computer communications (SIGCOMM). New York: ACM, 2005. 169-180.

[41] Robards M W, Sunehag P. Semi-Markov kmeans clustering and activity recognition from body-worn sensors [C]. In: Proceedings of the ninth International Conference on Data Mining. Miami: IEEE, 2009. 438-446.

[42] IDC[EB/OL]. http://baike. baidu. com/view/4684. htm.

[43] CDN[EB/OL]. http://baike. baidu. com/view/21895. htm.

[44] DARPA Intrusion Detection Data Sets[EB/OL]. http://www. ll. mit. edu/mission/communications/ist/corpora/ideval/data/index. html.

# 7 网页关联分析方法

## 7.1 概述

### 7.1.1 研究背景

(1) 广告对 HTTP 流关联影响

早期由于互联网带宽等原因，广告的内容相对简单，主要以文本以及低像素的 GIF、JPG 图片所组成。但是随着技术的进步以及消费市场的成熟，目前的广告具备声音、图像、文字等多媒体组合的媒介形式，由 Java、JavaScript、DHTML 等程序设计语言所组成。因此，这些广告所表现的流量特征为：展示一个完整的广告浏览器需发送多个 HTTP 请求，且服务器返回的响应总字节数较大。

在 RTB 模式中，当受众访问网页时，页面中被触发的某段 JS 代码会为其选择合适的展位，同时 SSP 根据受众本身的综合特征以及竞价结果，将广告服务器中合适的广告返回给受众。虽然这个过程号称能在 10～100 ms 内完成，但对实际环境中所获取的流量进行分析后发现部分 RTB 广告与其源端页面的时间间隔要远超出 100 ms，有时能达到十几秒甚至更高。而且部分广告主的请求没有 Referer 或 Referer 与实际源端页面的 URL 不匹配。

因此，RTB 广告流量表现出如下特征：

- 广告本身可以看做一个小的展示页面，流量特征与部分正常网页相似；
- 存在部分广告主流与源端页面主流时间间隔较大。

上述两个特征导致了 RTB 广告流量与一个正常页面的流量表现地十分相似，因此算法容易将一个广告主流错误地当成是正常页面主流，从而增加识别主流的难度。

(2) CDN 对 HTTP 流关联影响

CDN 加速技术研究的分析得出，基于 DNS 重定向与基于 HTTP 重定向实现的 CDN 加速技术虽然对用户透明，但是均会对 HTTP 流量产生一定影响[1]，从而增加了设计 HTTP 流关联算法的难度。主要表现在服务器 IP 地址动态变化以及对网页加载速度的提升。

对于不采用 CDN 加速技术的普通网站，网站页面中资源会被保存在一个或几个固定的服务器中，通过对浏览器访问这些网站产生的流量进行分析可以发现，浏览器只向一个或几个固定 IP 地址发送 HTTP 请求。若不考虑内嵌第三方对象资源，通过 IP 地址和 Think times 便能实现 HTTP 流关联算法，因为在这种情况下，网站只部署在一台或几台固定的服务器中，只要通过匹配 IP 便能区分不同的网站。对同一个网站中不同网页产生的流量，再通过 Think times 对它们进行分类，识别出每一个页面的 HTTP 流量。

然而，目前大多数知名网站都会采用 CDN 加速技术，全局负载均衡技术会使浏览器访问不同对象资源时所建立的 TCP 连接或发送的 HTTP 请求被重定向到离它最近的服务器上。并且这是一个动态变化的过程，例如，同一个用户多次访问相同的页面并请求相同的内嵌对象，但是受负载均衡策略的影响，两次请求可能被分配到不同的服务器上，导致加载一个页面平均需要访问多个主机[2]。此外，部分没有搭建自己 CDN 服务器的网站会租用第三方 CDN 服务商所提供的加速服务，而 CDN 服务商可能会同时为多个网站提供加速服务，在这种情况下，不同的网站可能会使用相同的 CDN 服务器。综合上述几点因素可以得出仅通过判断 IP 地址是否相同是无法区分不同网站的流量。考虑到不同网站之间可能共享 CDN 服务器，因此通过建立 IP 与域名的映射关系数据库也无法对不同网站的流量进行分类，而且这种方法代价也很高。

此外，浏览器在访问使用 CDN 加速技术网站的网页时，其加载速度要远高于没有采用加速服务的网页。基于 DFI 的方法通过分析流量行为特征识别流量，其流之间时间间隔是一个重要的特性属性，因此会影响时间间隔阈值的设定。

### 7.1.2　研究意义

基于流的网络测量技术一直以来都是研究热点之一[3,4]。如何以较低代价搜集 10 Gbps 以上网络流的统计信息是目前该领域的主要难点之一。基于网络的应用识别机制[5]是另一个备受关注的研究热点。通过设计一套基于网络测量的平台，可以分析在网络中捕获的流量并识别产生这些流量的应用程序。该平台的识别技术可以应用于针对每个应用程序的网络使用情况报告、应用感知流量管理、用户管理和计费等。

此外，各种服务与应用的性能对用户的互联网体验有着重要的影响，良好的性能体验是用户选择服务商、服务商吸引并留住用户的重要手段。服务提供商迫切需要一种手段来获取所提供服务的性能参数，实时监控服务质量并检测出服务可能存在的故障。如何测量并评估互联网上的服务与应用质量，定位能够影响用户体验质量的瓶颈，成为这一系列问题的核心[6]。例如网页浏览时反应用户体验质量的一个重要指标是页面加载时间，而加载时间是由网页中最后一个被加载的对象资源所决定，通过对 HTTP 流量进行关联，计算网页中最后被加载的资源，也就确定了网络故障点或网络瓶颈的位置。

现阶段 ISP(Internet Service Provider)主要还在提供流量计费的网络服务，因此当前 ICP (Internet Content Provider)可以替用户向 ISP 支付访问 Web 服务所产生的流量费用来吸引更多客户。如阿里巴巴已经宣布淘宝、来往、聚划算、天猫、支付宝等手机客户端应用用户可以申领它所赠送的每月 2 GB 定向免费流量包。但是上述程序主要是针对客户端的应用程序，本章提出的 HTTP 流关联算法可以对浏览器访问不同网页所产生的流量进行精确分类，从而统计出用户访问不同网站各自所产生的流量。

本章研究的是一个全新的测量问题，即将特定 Web 服务所产生的所有相关 HTTP 流量进行归并，这些流量包括下载来自原始主机、内容分发网(CDN，Content Delivery Network)的流量以及来自第三方的内嵌对象(例如微博分享、广告等)。与基于流的传统网络测量不同，本章提出的归并实际是构建一棵节点为 HTTP 流的关联关系树，如图 7.1 所示。其中根节点为包含访问页面 URL 的 HTTP 请求以及该请求所属的流记录(原宿 IP 与原宿端口相同的报文集合)，由访问内嵌对象(例如图像、JS 文件、广告等)所产生的流则组成这棵关联树的子节点。此外，这是一棵动态变化的关联关系树，即不同的用户或同一个用户在不同时间或地点访问相同的 URL 会产生不同的关联关系树。

这个新型测量问题的研究动机在很大程度上类似于现有的网络测量解决方案，目前基于流的流量测量以及应用程序识别技术被互联网服务提供商广泛应用于认知它们所构建的网络服务。ISP 主要通过能提供每个应用程序、每个用户甚至每条会话使用报告的特制监控设备来完成上述工作。但是这些监控设备所提供的是粗粒度的解决方案，例如基于 IP 或是协议签名。网络测量技术需要不断发展以适应现代互联网应用的需求，本章提出的 HTTP 流关联算法是一种高效的 Web 流量识别技术，若将它添加到现有的测量系统中，可以更为有效地对 HTTP 流进行监控，实现网络故障定位、后向收费等应用。

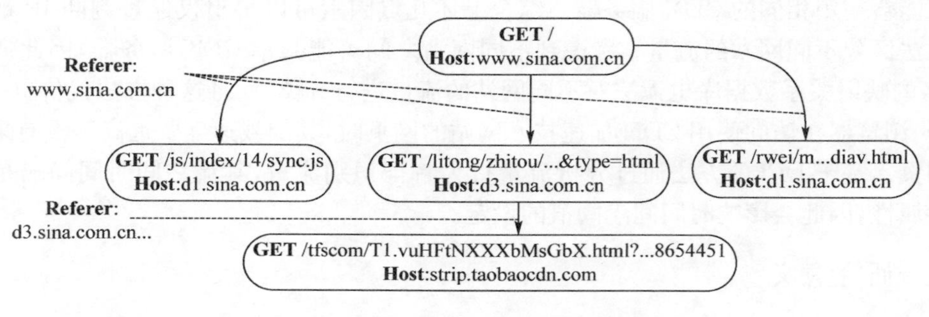


**图 7.1　HTTP 流关联关系树**

### 7.1.3　相关研究

(1) DFI 技术

DFI 是 Deep Flow Inspection（深度流检测）的简称[7]，不同于 DPI（Deep Packet Inspection，深度包检测）通过对应用层的信息进行解析，DFI 采用的是基于流量行为特征的应用识别技术，因为不同的应用表现在数据流上的特征各有不同。例如 P2P 业务会话传输时间长，传输字节数目高；Chat 业务会话时间短，传输字节量较少。

基于流量行为特征的分类算法认为不同应用应具备其特有的流量统计特征，因为不同的网络业务对于丢包率、可靠性、带宽、时延等要求都不同，通过网络层与传输层参数所表现出来的流统计特征就会存在差异，可以通过诸如流长分布、报文时间间隔分布、流持续时间等特征来识别不同的应用流量[8]。DFI 方法具备三大特点：无需通过端口号识别应用，因此不易被其所误导；不必对数据包应用层信息进行解析，因此能够处理加密流量；只需要获得一般网络监控设备能够提取的信息，例如 NetFlow 只能提供网络流量的会话级视图而不能像 Tcpdump 那样提供网络流量的完整记录。

与传统 DPI 方法相比，DFI 方法具备的优势如下[9]：

● DPI 方法通过对应用层中获得的关键字或其他特征信息进行分析来识别流量。而僵尸等恶意软件可能采取欺骗的方式，在应用层中插入正常应用流量的关键字，用于欺骗检测系统。DFI 方法则是基于对流量行为特征的一种识别技术，不同的应用在流量行为上是很难模仿其他应用；

● DPI 方法除了对网络数据报文传输层以下内容要进行处理，还需要对应用层的信息进行深度包检测，就这对服务器的处理能力和存储空间具有较高的要求。因为在高速网络中，短时间内便能聚集海量流量，DPI 方法需要较大的存储空间用于暂存这些数据报文的全部内容。此外还需要高效的算法以及高吞吐量 CPU 用于对报文进行处理，从而减轻存储空间压力；

● DPI 方法无法解析被加密的网络数据包并提取相关信息，也就无法对流量进行识别。随着网络安全意识的加深，尤其是爆发棱镜门事件后，越来越多的网络应用在传输用户隐私信息，甚至是普通数据时也采用加密技术，如采用 HTTPS[10]、FTPS 协议等。而 DFI 方法只需获取传输层以下的信息，而且加密技术只会对报文载荷信息进行加密而不是对流量行为特征进行处理；

● 对应用层载荷进行解析可能涉及用户隐私问题，在不久的将来可能会出台相关互联网安全法规，限制第三方软件对互联网流量进行深度包解析；

● 实现实时流量识别。基于包负载分析的方法需要经常更新及维护特征库来检测新出现的网络应用，进行数据包深度检测时，匹配算法复杂度较高，占用的存储空间比较大，算法处理时间长，故基于包负载的分析方法实现在线流量分类难度较大。

(2) HTTP 流关联

HTTP 流关联是指在一次网页浏览所产生的所有 HTTP 流量中识别出主流与辅流，并将辅流关联到它所属的主流上。本章涉及主流、辅流等定义，具体阐述如下所示：

● 主请求：包含访问页面 URL 的 HTTP 请求，也是访问网页主页面（主页面是指网页主体框架页面）的 HTTP 请求；

● 主响应：主请求对应的 HTTP 响应；

● 主流：包含所访问页面 URL 的流记录，也是包含主请求的流纪录；

● 辅流：浏览器为请求一个网页所产生的所有 HTTP 流中，除主流以外用于访问内嵌对象产生的所有 HTTP 流，网页加载结束后，用户与服务器端交互所产生的流量也认为是辅流，例如 Ajax[11] 流量。

HTTP 流关联在多个方面具有应用价值，包括：

● 路由加速：若能对通过边界路由的 HTTP 流进行关联，对属于同一个网页的流量进行统一交付，提高网页加载速度从而改善用户的上网体验；

● 网络测量与管理：传统方法在研究 Web 服务的流量时主要通过安装浏览器插件的方式统计 HTTP 流量特征，若能在边界路由将获取的 HTTP 流进行关联，还原出每一次网页请求所产生的流量，从而协助研究 Web 服务产生的流量行为特征；

● 后向收费：统计用户访问各个不同网站所产生的流量，为后向收费服务提供技术支持。

目前针对 HTTP 流关联的相关研究工作较少，尤其是专门针对 HTTP 流关联问题的研究。HTTP 流关联方法主要分为 3 大类：

● 基于 IP 与 Think times 的 HTTP 流关联算法；

● 基于 Referer 与 Think times 的 HTTP 流关联算法；

● 主动 HTTP 流关联。

Think times 是 Mah[12] 在 1997 年首次提出的概念，Mah 认为两条不同 HTTP 流之间要么会重叠，要么存在一定的时间间隔，因此 Think times 是指两条不同 HTTP 流之间的时间间隔。这个时间间隔一般是由用户或浏览器所决定，因此有两种不同类型的 Think times，一种是由于浏览器在请求内嵌对象时产生的 Think times，另一种则是用户在浏览网页后打开新页面时产生的 Think times。Mah 认为用户浏览网页并选择点击一个超链接的 Think times 与浏览器发送内嵌对象的 Think times 会存在明显的区别。

基于 IP 与 Think times 的 HTTP 流关联算法。早期 Web 网站大多简单、规模相对较小、使用静态文档，而且一个网页中所有资源均来自同一个台服务器，因此可以通过 IP 对 HTTP 流量进行初步聚类。Mah 第一个提出基于 Think times 的 HTTP 流关联模型，在之后很长一段时间内所设计的针对 HTTP 流关联问题的解决方案几乎都基于该模型。Mah 在对 HTTP 流进行关联时主要考虑 IP 和 Think times 因素。

通过 IP 将路由器中抓取的所有 HTTP 流进行分类，客户机端与服务器端 IP 均相同的 HTTP 流量属于同一个集合，每一个分类后的流量集表示单个主机访问一个网站中所有页面产生的 HTTP 流量。之后再通过基于 Think times 的分类算法识别出访问每一个网页所产生的 HTTP 流量。

$T_{\text{thresh}}$表示时间间隔的阈值，$f_1$ 和 $f_2$ 表示两条不同的 HTTP 流，$S(f)$、$E(f)$分别表示流 $f$ 的开始时间与结束时间，假设 $S(f_1) < S(f_2)$，那么只要满足 $S(f_2) - E(f_1) < T_{\text{thresh}}$，则认为这两条 HTTP 流属于一次页面访问产生的流量。

如图 7.2 所示，第一、第三种情况都表示 $f_1$和 $f_2$属于同一个页面，而第二种情况则表示它们属于不同的页面。

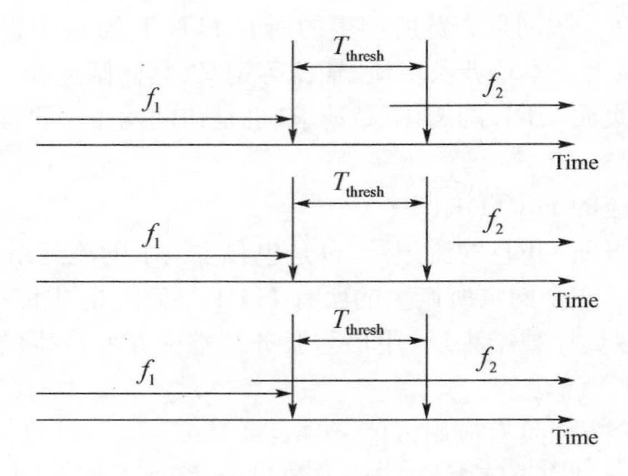


**图 7.2　主流识别示例图**

Barford[13]与 Smith[14]提出的关于 Web 流量关联算法从本质上来说也是基于 Mah 的模型。Choi 与 Limb[15]在 Mah 模型的基础上通过对 HTTP 报文头部进行分析，利用 HTTP 请求所访问资源类型协助区分主请求与访问内嵌对象请求。

**基于 Referer 与 Think times 的 Web 流量关联算法**。如今 Web 网站已经发展成为交付应用和带宽密集型实时多媒体内容整合在一起的一个平台[16]，页面的复杂程度早已今非昔比。根据 HTTP Archive 的统计结果[17]，2015 年 4 月 1 日当天统计的所有网页的平均传输大小 1950KB，而网页页面产生的平均请求数已达 93 次，而且随着 HTTP 协议不断发展以及 CDN 等网络加速技术被普遍应用，互联网拓扑结构朝着复杂化发展，Web 服务所表现出的流量行为特征也日新月异。仅通过 IP 与 Think times 已经无法对 Web 服务产生的流量进行有效关联，所以当前研究阶段所提出的 HTTP 流关联算法均涉及 HTTP 请求中的字段。通过对不同 HTTP 请求中 Referer 值与完整 URL 进行匹配，找出每一个 HTTP 请求所属源端页面的 HTTP 请求，从而确定不同请求之间的关联关系，并在这个基础上通过 Think times 识别出主流与辅流。

Ihm 提出的 StreamStructure[18]算法通过 Referer 与 Thinks times 对 HTTP 流量以各自所属的页面进行关联。算法计算每个 HTTP 请求与最近出现的相关 HTTP 请求对应的响应报文时间间隔(若一个 HTTP 请求中 Referer 与另一个请求中完整 URL 相同，则认为它们是相关的)，Ihm 认为主请求对应的时间间隔应超过设定的 Think times 阈值，而用于访问内嵌对象的 HTTP 请求对应的时间间隔应小于 Think times 阈值。此外算法还考虑该请求所访问的资源类型，只有访问的资源类型为 HTML 才被认为是主请求。不满足上述条件的 HTTP 请求均认为用于访问网页的内嵌对象，并通过 Referer 值将这些请求与主请求进行关联。

Khandelwal 设计的 CobWeb[19,20]系统则是通过 HTTP 请求头部的 Referer 字段对 HTTP 流量以各自所属的网站进行关联，该系统的主要特点是可以对在线流量进行实时处理。

**主动 HTTP 流关联**。该关联方法是一种基于浏览器的主动网页关联测量，通过浏览器插件精确地记录本地所有网页加载事件，再根据日志信息得出 HTTP 流的关联结果。Butkiewicz[21]在对网页复杂性进行分析的研究中提出了基于浏览器的测量框架，用于研究用户使用浏览器上网的行为。采用扩展 Net:Export(version 0.8b10)的 Firebug(version 1.7X.0b1)和 Firestarter(version 0.1.a5),将渲染网页时所产生的所有 HTTP 请求与响应自动导出到日志中。

基于 IP 与 Think times 的 HTTP 流关联算法只适用于早期 Web 服务所产生的 HTTP 流量。基于 Referer 与 Think times 的 HTTP 流关联算法则通过解析 HTTP 请求的内容完成对 HTTP 流的关联,优点是不需要像主动流量关联那样需要浏览器插件提供其他参考数据,但具有需解析报文载荷与主流识别精度不高等缺点。主动 HTTP 流关联需要浏览器插件的支持,具有精度高的优点,可以通过它对其他 HTTP 流关联算法进行评价。

## 7.2 网页关联概念

### 7.2.1 定义

(1) 相同网页:用户一次点击或地址栏输入所获得的网页中的各个组成部分。

(2) 流:具有相同源/宿 IP、端口的报文集合。

(3) 网页:由若干属于相同网页的流构成。

(4) 网页关联技术:一种将属于相同网页的所有流进行关联的方法。

(5) 内容引用:一个流的内容中具有的 URL;

(6) 被引用:一个流的 URL 在其他流的引用 URL 中出现;

(7) 子引用:一个流中所包含的 URL 浏览器会主动去请求下载,这类 URL 是属于子引用;

(8) 父引用:一个流包含有其他子引用

(9) 用户引用:一个流中的 URL 需要用户点击后才能下载的 URL

(10) 原始引用:没有任何父引用的引用

### 7.2.2 问题描述

从测量点测量到的所有报文中,将报文进行网页关联,为属于相同网页的报文给出统一的标记。

将报文关联到流可以简单地使用报文头中的五元组信息,而报文关联到网页没有明确的信息,如果从报文或流中找到属于相同网页具有相同的属性,而不同网页具有不同的属性。

由于报文头中没有明确的网页归属信息,因此我们只能从网页内容中的关联关系寻找网页流的关联关系,具体可以分为以下三个问题和步骤:①由底层的报文数据还原成包含具体内容的 HTTP 数据;②从 HTTP 找出用户曾打开过的页面 URL;③将属于同一页面的其他流记录关联到页面请求 URL 所在的流记录上。

### 7.2.3 输入输出描述

输入:本地的报文数据文件,如 pcap 日志文件;

输出:流记录信息,每个流记录信息包括流记录编号、源/宿 IP、源/宿端口、报文数、字节数、关联到的流记录编号等 8 个字段,以及关联好分类的报文数据文件。

### 7.2.4 分类

用户浏览网页有两种方式:(1)用户从地址栏输入 URL;(2)用户从已有的网页上点

击URL。

每个网页流所引用的URL包括有2类:(1)浏览器自动请求下载的子引用URL;(2)用户点击请求下载的用户引用URL。其中子引用URL是被父引用网页所引用下载,应该是和父引用网页同属于相同网页;用户引用URL不是为父引用网页下载,因此用户引用URL和父引用网页不同属于相同网页。

### 7.2.5 网页引用方法

由于相同网页的流具有引用的层次关系,因此可利用网页流之间的父子引用判断是否属于相同网页。由于每个网页流都可以标记为URL,故我们进行网页流关联实质上就变成了URL之间的关联关系,而URL关联的核心思想是:针对URL的不同来源,采用不同的关联规则。

在用户浏览网页时,所有HTTP报文的请求URL的来源有且仅有如下三种:

(1) 用户在浏览器的地址栏中输入的URL;

(2) 用户在已打开的页面上点击链接(HREF)产生的URL;

(3) 浏览器解析网页内容时,请求内嵌资源时产生的URL。

其中,前面两种URL是程序希望找到的原始引用的URL,第三种URL是需要通过HTTP数据之间的联系进行引用关联的。如果能够找到一个URL的来源,那么就能很好的实现HTTP流关联的目的。

## 7.3 基于DPI的网页关联方法

### 7.3.1 方法概述

首先,将网页流分类成为请求HTTP报文和应答HTTP报文,这个步骤可以直接完成,简单根据HTTP报文头的格式即可区分,下面不再详细描述。

对于请求HTTP报文,找到当前网页流本身的URL;对于应答HTTP流,找到该网页中包含的所有内容引用,将所有内容引用分类成为子引用和用户引用。

其次,建立所有引用之间的关系,构成引用树。

最后,将每颗引用树归类为相同网页。

引用发现算法包括两种:请求HTTP报文本身引用的发现和应答HTTP报文所包含的内容引用。

### 7.3.2 基于HTTP头信息的引用发现方法

HTTP报文的开始行用于区分报文是请求报文还是响应报文。请求报文中的开始行叫做请求行(Request-Line),响应报文中叫做状态行(Status-Line)。请求报文的请求行只有3个内容:方法、请求资源的URL以及HTTP的版本。由于服务器方的应答流就是根据请求资源的URL所下载的网页流数据,因此HTTP报文头中请求资源的URL实际上也就是该网页流本身的URL。如"GET /js/bdsug.js? v=1.0.3.0 HTTP/1.1\r\n",其中方法为"GET",请求资源的URL为"/js/bdsug.js? v=1.0.3.0",HTTP的版本为"1.1"。

请求资源的URL使用相对URL是因为下面的首部行给出了对应主机的域名,即Host字段给出的内容。Host头域指定请求资源的Internet主机和端口号,表示请求URL的原始服务器或网关的位置。一个客户端必须在所有 HTTP/1.1 请求消息里包含一个 Host 头域，如果请求 URI 没有包含请求服务的网络主机名，那么 Host 头域必须给一个空值。一个 HTTP/1.1 代理必须确保任何它转发的请求消息里包含一个合适的 Host 头域，此头域指定了代理请求的服务地址。所有基于网络的 HTTP/1.1 服务器必须响应 400(坏请求)状态码，如果请求消息里缺少 Host 头域，如“Host：www.baidu.com\r\n”。

我们得到相对资源的 URL 和主机 Host 地址以后，可以将两者进行拼接得到全局的本地网页流的本身引用 URL，如对于 URL：/js/bdsug.js? v=1.0.3.0，Host：www.baidu.com，则该网页流的本身 URL 引用为：www.baidu.com/js/bdsug.js? v=1.0.3.0

### 7.3.3 请求网页父引用提取方法

HTTP 请求报文中有 Referer 字段，我们可以通过 Referer 字段来找到当前请求资源的父引用，也就是当前请求资源的来源。

Referer 请求头域包含一个 URL，用户从该 URL 代表的页面出发访问当前请求的页面。Referer 请求头域的功能是服务器允许客户指定某资源的 URL，客户端从此资源获得的请求 URL 的地址。Referer 请求头域允许服务器产生返回到资源的 URL 链接的列表，允许服务器为维护而跟踪过时或写错的链接。如果请求 URL 从一个本身没有 URL 的资源获得，则 Referer 头域不能被发送，例如用户从键盘输入。

根据以上 Referer 字段的原理我们可以知道，使用 Referer 的 URL 具有至少一项功能，就是如果 Referer 为空，表示用户从键盘输入，那么这个网页流本身就可以作为一个原始引用。

如果 Referer 字段的 URL 不为空，我们至少可以得到以下结论：该引用如果有父引用，那么父引用就来自于这个 Referer 中的 URL。我们可以在后续的程序中查找该引用是否有父引用。

### 7.3.4 HTTP 网页解码算法

为了进行 7.3.2 节中的网页内容引用发现，首先需要进行网页内容解码。

HTTP 响应报文：字段有 Content-Encoding，Transfer-Encoding，Content-Length 和 Content-Type。Content-Length 头域表示内容长度，只有当浏览器使用持久 HTTP 连接时才需要这个数据。Content-Type 头域表示后面的文档属于什么 MIME 类型。Server 默认为 text/plain，通常需要显式地指定为 text/html。Content-Encoding 是文档的编码(Encode)方法，只有在解码之后才可以得到 Content-Type 头域指定的内容类型，利用压缩文档能够显著地减少 HTML 文档的下载时间。Transfer-Encoding 是在传输过程中由路由器进行二次编码的定义，当不能预先确定报文体的长度时，不可能在头中包含 Content-Length 域来指明报文体长度，此时就需要通过 Transfer-Encoding 域来确定报文体长度，通常情况下，Transfer-Encoding 域的值应当为 chunked，表明采用 chunked 编码方式来进行报文体的传输，chunked 编码的基本方法是将大块数据分解成多块小数据，每块都可以自定义长度。

通过 Content-Type 字段值来判断当前接收的资源是否需要重组并解析。如果当前资源需要解析，整个响应的长度是由 Content-Length 来确定的。通过 Content-Encoding 与 Transfer-Encoding 字段值来选择合适的解码方式对网页内容进行解码。

经过前面的报文处理和重组程序，得到一个完整的 HTTP 响应报文的数据部分以及数据长度、报文的传输编码(Transfer-Encoding)和内容编码(Content-Encoding)。

在 HTTP 的 RFC 文档中，现在的报文传输编码(Transfer-Encoding)只有两个值：null 和

chunked。null表示不采用任何传输编码，chunked表示采用chunked标准编码方式。采用图7.3中chunked编码的原因如下：有时候服务生成HTTP回应是无法确定消息大小的，比如大文件的下载，或者后台需要复杂的逻辑才能全部处理页面的请求，这时需要实时生成消息长度。

**图7.3　chunked编码结构**

采用chunked编码的网页内容由若干个chunk组成，由一个标明长度为0的chunk结束。每个chunk由两部分组成，第一部分是该chunk的长度和长度单位(一般不写)，第二部分就是指定长度的内容，每个部分用CRLF隔开。最后一个长度为0的称为footer的内容，是用于定义chunk块尾的标记。

在对chunked编码的网页内容进行解码时，可先读出第一个chunk的长度size，如果不为0，则读出size个字节的内容，然后重复上述过程，直到读到某一个chunk的长度为0。所有读出的内容即是当前网页的明文内容。

网页的内容编码(Content-Encoding)有三种：gzip、deflate和compress，但是当前只有google的浏览器chrome支持compress，大部分服务器都不支持compress压缩编码，所以现在不用考虑对compress编码的解码问题。

deflate(RFC1951)是一种使用LZ77和哈弗曼进行编码的压缩算法。gzip(RFC1952)只是一种格式，是对deflate进行简单的封装，在deflate压缩过的内容头部和尾部各添加了一个gzip的格式标识，具体如下所示：

gzip ＝ gzip头(10字节) ＋ deflate编码的实际内容 ＋ gzip尾(8字节)

程序中针对gzip编码有专门的接口函数对其进行解码。而对于deflate编码方式，利用上述gzip和deflate编码方式之间的联系，在采用deflate编码内容的头和尾各添加一个对应的标识，将其转换成gzip编码方式，然后进行解码。

传输编码和内容编码既能在HTTP响应头部分别单独存在，也能同时存在。当两种编码方式同时出现在HTTP响应头部时，采用的解码策略是：先对响应内容采用chunked解码，然后对chunked解码过的内容再进行gzip或者deflate解码。

经过上述的解码处理之后，就能得到网页内容的明文。

### 7.3.5　基于网页内容的引用发现算法

通过解码模块得到的网页明文内容，在其中查找如下三个关键字对应的值：

(1) HREF，这是用户在其他页面点击链接对应的URL；

(2) SRC，这是浏览器解析网页内容时，请求内嵌资源产生的URL；

(3) URL，同SRC。

如何确定某URL是其他页面点击链接对应的URL，还是本页面请求内嵌资源产生的URL的方法如下：在此URL出现前所有需要解析的网页内容全部解压缩并对其进行解析，查找出其中的所有链接地址：HREF关键字表示需要用户点击才会产生HTTP请求的链接地址；SRC和URL关键字表示网页内容中嵌入资源的链接地址，由浏览器自动解析并请求。在完成上述步骤的基础上，将查找到的HREF链接地址单独存放到一个HREF_list链表结构中，链表中的每个节点存放一个HREF链接地址，同时将SRC和URL链接地址存放到一个insideUrl_ list 链表结构中。当需要确定一个 URL 的来源时，先在 HREF_list 中查找当前 URL 是否存在：若存在则判断当前 URL 是其他页面上的 HREF 链接地址，是由用户点击而产生的 HTTP 请求，从而判断当前 URL 为主页面的 URL；若不存在，则当前 URL 不是 HREF 链接地址，进一步到 insideUrl_list 中查找当前 URL，以此来判断当前 URL 是否为某页面请求内嵌资源时产生的请求 URL。

算法性能分析：我们测试的数据集 data1 有 3.2 GB，数据时长 1 小时 48 分 30 秒(12:15:15～14:03:45)，程序处理耗时约为 30 min。从程序的逻辑上来看，其中比较复杂的处理部分有如下几个：HTTP 响应报文的重组；HTTP 响应报文的解压缩；HTTP 响应内容中 HREF 和 URL&SRC 的查找；请求 URL 的检索和匹配。

HTTP 报文内容中的 SRC、URL 和 HREF 这三种不同类型关键词均包含链接引用 URL，其中 SRC、URL 中的引用 URL 浏览器自动下载，而 HREF 中的引用 URL 需要用户点击下载。这些被检索出来的 URL 和 HREF 链接共同构成了一个流记录与其他流记录的交集：当前流记录的某个 URL 可能就是某个流记录中某个请求资源的 URL，而这也是流关联的内在逻辑。

在网页明文内容中，采用 strstr()函数逐个字符查找上述 3 个关键字，并将对应关键字的值存放到对应的链表中：HREF 值存放到 HREF 链表中，SRC 和 URL 存放到 SRC&URL 链表中，同时在每个值后面存放获取这些值的流记录编号，方便进行流关联。

在存放 HREF 时，为了后面查找时的高效，采用字符串 HASH 的方法，将 HREF 值存放到对应的 HASH 节点中，同时存储其字段值，以便进行 HASH 冲突处理。在程序中，对当前 URL 的处理流程如图 7.4 所示。

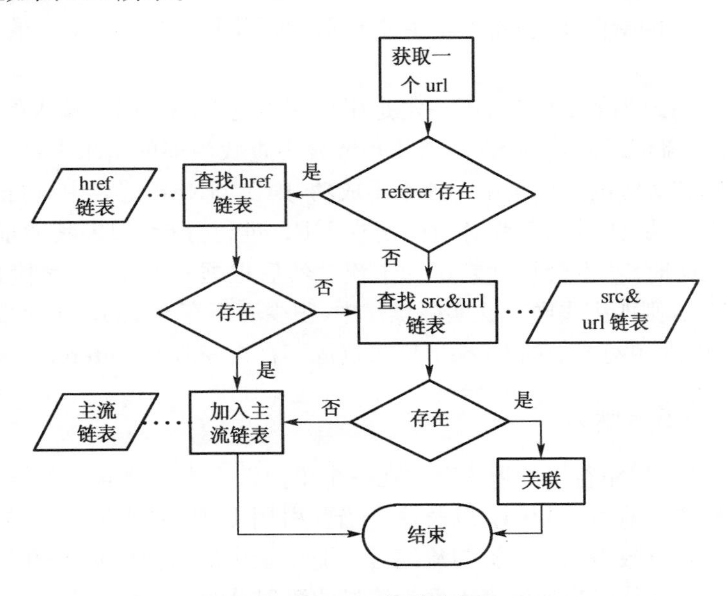


**图 7.4 URL 关联流程图**

如果当前请求 URL 没有 Referer 字段，则表明它不是 HREF 链接地址，因而可以直接去查找 SRC&URL 链表。如果在 SRC&URL 链表中找到了当前 URL，则表示当前 URL 是某个已打开页面中内嵌资源的 URL，则可根据 SRC&URL 表项中的流记录编号进行关联。如果没有查找到，则表示当前 URL 是用户在浏览器地址栏中输入的 URL(在实际抓包过程中发现，当用户从浏览器地址栏中输入 URL 进行浏览时，请求 URL 不存在 Referer 字段)，因此可以把当前

URL加入到主流链表中。

如果存在Referer字段，先在HREF链表中查找当前URL。如果查找到了当前URL，则可以推断出当前URL的来源是某个已打开页面上的HREF链接地址，因此可以把当前URL加入到主流链表中。如果没有查找到，则继续在SRC&URL链表中查找，与前面提到的查找过程没有太大差别。

为了简化查找过程，程序在对URL进行查找匹配之前，先对其进行简单的判别：如果当前请求URL的后缀名是jpg、png等明显不可能是主页面URL的类型，则直接查找SRC&URL链表，以节省时间和资源。

在一个页面上顺序点击两个链接，其间的时间差为很短，区分这两个链接的方法为：设定第一个链接地址为A，第二个为B：①因为点击的是不同的链接地址，因此浏览器会根据不同的链接地址产生不同的HTTP请求报文，这里假设产生请求A和请求B，记作reqA和reqB。②服务器接收到reqA和reqB，处理之后返回对应的响应resA和resB。③浏览器接收到resA和resB，解析出其中内嵌资源的链接地址，用不同的TCP连接去请求这些资源。这些请求报文的头部字段中的Referer字段的设置对应其父页面的链接地址，即A和B。根据上述的分析可以看出，在不同的页面上请求内嵌资源时使用的Referer字段是不相同的。因此，就可以根据Referer字段的不同来区分同一个页面上顺序点击的两个链接，与时差基本没有关系。

Referer和HREF基本上没有直接关系。当用户在某个页面上点击一个HREF链接时，就会产生一个相应的HTTP请求，请求的资源即是HREF链接所代表的页面，这里记作Response。当浏览器继续请求Response中的内嵌资源时，其HTTP请求报文头部的Referer字段就会被设定成用户曾点击的HREF链接地址。在进行URL的关联操作时，就可以根据上面的分析，利用Referer的指向作用，将不是主流URL的URL关联到其对应的Referer指向的流记录上去。

没有Referer字段的请求URL，不一定是用户在浏览器地址栏中输入的URL。因此在进行判断时，会优先在流记录的内部SRC&URL链表中查找当前的请求URL，如果存在匹配记录则可以将其关联到对应的流记录中。如果不成功，则在HREF链表中进行查找和匹配，成功即为主流。如果不成功，此时就需要对当前请求URL进行分析：如果其请求资源的类型明显不会是一个主流页面时，就不会将其判定为主流。然后根据其Referer字段进行关联匹配，如果其Referer不存在，则匹配失败。在实际操作中，很少有不存在Referer字段的请求出现。在本地实验时，只有内嵌在网页中的Google广告资源不存在相应的Referer字段。

### 7.3.6　父子引用关联方法

被检索出的URL以字符串的形式存放在一个单向链表中。建立一个数组，数组中按照顺序存放每个网页流的当前引用URL，以及这个当前引用URL中所包含的内容引用URL。数组中的元素存放的是以数组元素下标为流编号的流记录中的当前网页流的URL链表，其中数组中的每个元素存放的是以当前元素下标为编号的流记录的一个结构体，这个结构体中存放了流记录的主流记录编号、流记录结束时间以及在当前流记录中查找到的SRC&URL链接地址链表；数组下标和流记录编号对应是程序设计的：将流记录编号存放到对应的数组元素中，这样做的目的是方便请求URL的查找和匹配。每次当前流记录接收到新的内容并检索到新的URL时，就会更新这个URL链表。

由于HREF链接地址的用户URL数量太大，不能采用上面的内嵌子引用URL的方法，在HREF链接地址URL存放上，采用HASH与链表冲突处理的方法。被检索出的HREF链接地址通过一个字符串 HASH 函数,转化成一个 unsigned short 值,同时将完整的 HREF 链接地址存放在内存中,以便在发生冲突时进行必要的比较和处理。HREF 链接地址的存储结构如图 7.5 所示。使用 HASH 方法能使得后续流关联操作中的查找、匹配 HREF 链接地址的效率和速度得到大大提升。

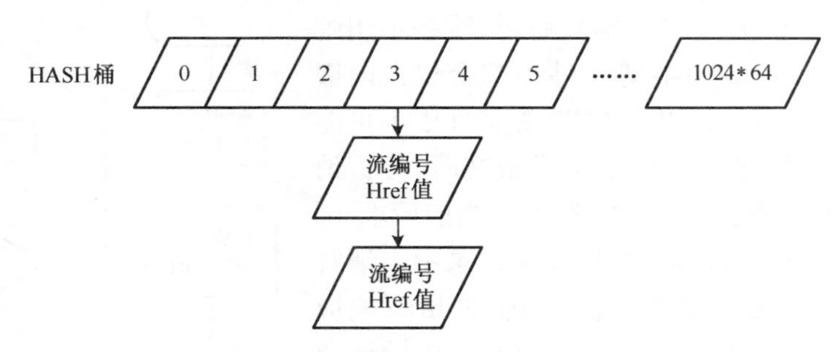


**图 7.5　HREF 链接地址的存放结构图**

在进行流关联时,先判断请求 URL 的来源,有用户输入的 URL、HREF 的 URL、内容的 URL 三类,以确定当前 URL 是否为用户打开的页面,并根据 Referer 字段来进行流记录的关联操作。在数据中准确区分出这三种情况的 URL 方法如下:①请求 URL 为其他页面中的 HREF 链接地址:在 HREF 链表中,存放了所有其他页面中的 HREF 链接地址。所以当请求 URL 出现在 HREF 链表中时,就可以判定当前请求 URL 为其他页面的 HREF 链接地址。②请求 URL 为其他页面中内嵌资源的链接地址:在每个流记录中,存放了在此流记录中查找到的 SRC&URL 链接地址。因此,如果当前请求 URL 出现在某个流记录的 SRC&URL 链表中时,就可以判定当前请求 URL 为其他页面中内嵌资源的链接地址。同时,如果在 SRC&URL 链表中查找不成功时,还可以根据与当前请求 URL 对应的 Referer 字段去查找其他流记录的请求 URL 链表(其中记录了流记录请求过的所有 URL),查找成功也可以判定当前请求 URL 为某个页面中内嵌资源的链接地址。③请求 URL 为用户输入的 URL:当一个请求 URL 经过上述两步的查找匹配还没成功时,如果当前请求 URL 不存在对应的 Referer 字段,且请求 URL 的类型是潜在的主流页面的类型时,根据前面的分析,不存在 Referer 字段的请求基本为用户输入和广告资源,而广告资源的 URL 类型不可能是主流页面的类型,因此判定当前请求 URL 为用户输入的 URL。

图 7.6 为流关联的算法设计。当然网页流数据可能存在乱序,但是根据实际情况而言,这种网页流乱序出现的几率会非常小,因此在实际算法中不考虑乱序情况。在查找对应的 URL 时,由于是匹配网页内容中嵌入资源的 URL,网页内容应该在其请求 URL 之前出现。利用这样的时间先后关系,在进行匹配时,就可以只匹配那些流编号比当前请求所在流编号小的流记录中的 URL,当出现一个新的 TCP 四元组时,根据时间的先后关系,给其分配一个编号,编号从 1 开始,到 65536 * 8 截止。每次分配一个编号之后,下一次分配的流记录编号加 1。这样使得匹配的 URL 数目减少,加快程序的运行速度。同时,假设一个页面的“生存”时间为32 s,则可以在一定的时间间隔后检查 URL 链表,删除超时的 URL,进一步减少需要匹配的 URL 数目,提升程序的处理效率。

超时 URL 的判断方法:在实际操作中,用户在打开一个网页时的耗时可视为当前网页中内嵌资源链接地址的生存期,当用户的浏览器请求完这些内嵌资源后,这些内嵌资源的链接地址就没有任何意义了。因此,可以把用户打开一个页面的耗时设置成这些内嵌资源链接地址的生存时间,超过这个时间,就可以删除这些内嵌资源的链接地址以降低进行其他请求 URL 查找和匹配时的代价，同时也降低了程序所需的内存空间。根据一般的情况，程序将此超时设置成流记录超时的 4 倍，以提高程序的容错性。每处理 100 000 个报文，就对整个流记录数组进行一次扫描，删除那些已经超时的链接地址。

从网页中提取 URL 需要对网页内容进行解析，我们采用下面的方法确定哪些内容需要解析，哪些不用解析。一般情况下，在 html、asp 等文件中都会包含内嵌资源的链接地址，而 jpg、gif 以及 MP3 等文件中不可能存在内嵌资源。所以，在处理 http 请求报文时，分析请求报文头部获取到的请求 url 的类型，确定当前请求 url 的响应是否需要解析。如果需要，则在流记录中申请解析时需要的资源。在接收到当前请求 url 的 http 响应报文时，对其头部的 Content-Type 进行分析，以验证通过请求 url 分析出的类型是否需要解析。如果通过 Content-Type 分析出的类型同样需要解析，则利用在处理 http 请求头部时申请的解析资源进行资源的解析。如果通过 Content-Type 分析出的类型是不需要解析的，则释放申请过的解析资源。

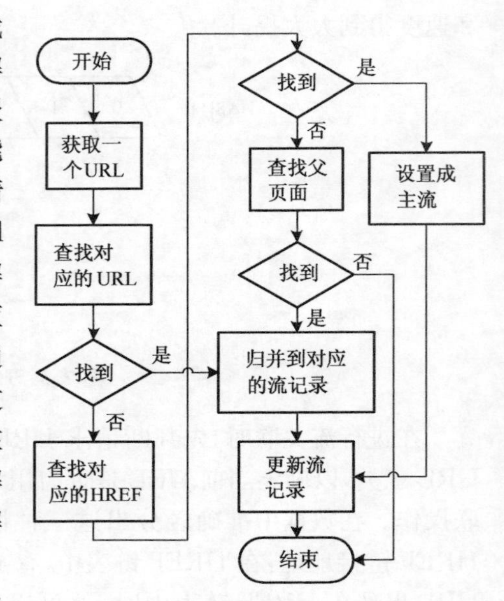


**图 7.6　流关联的流程设计**

在查找 href 链接地址时，先将需要查找的 href 地址经过 HASH 计算得到 KEY 值，然后在 KEY 值对应的桶中一一匹配查询。一旦匹配成功，根据前面的分析可知，当前的 URL 为用户在已打开页面点击某个链接而产生的，即用户主动打开了这个页面，这是可将此 URL 所在流记录设置成主流，也就是原始引用。即用户打开某个页面时，产生第一个 HTTP 请求所在的流的引用，这个流可以用来代替这个页面进行流记录的关联。在此之后，就可以把其他内嵌资源的流记录关联到原始引用上来，完成流记录的关联操作。

最后一次查找时，是利用 HTTP 请求报文头部的 Referer 字段来进行的。如果当前请求 URL 没有 Referer 字段，则可以判断当前 URL 是用户在地址栏中输入的，可以设置成原始引用。如果 Referer 字段存在，如能成功匹配，根据 Referer 字段的意义，则可以将当前 URL 为子引用，所在流关联 Referer 字段所在的流的 URL 为父引用，由此建立两者之间的父子引用的关联关系。

## 7.4　DPI 关联方法实验分析

### 7.4.1　在线采集数据分析

在本次的测试试验中，利用 IE(version 8.0)打开了以下的 10 个页面：

(1) www. baidu. com

(2) http://www. baidu. com/s? wd=html&rsv_bp=0&rsv_spt=3&inputT=1375

(3) http://www. w3school. com. cn/html/

(4) http://baike. baidu. com/view/692. htm

(5) http://zhidao. baidu. com/question/313725. html

(6) http://www. baidu. com/s? tn=baidurt&rtt=1&bsst=1&wd=html

(7) http://www.chinavalue.net/Media/Article.aspx? ArticleID=93158&PageID=7

(8) http://bj.58.com/jisuanji/10129790190467x.shtml

(9) http://bbs.admin5.com/thread-4792058-1-1.html

(10) http://www.chinavalue.net/Story/Common.ashx? StoryID=459854

其中,页面①是在浏览器的地址栏中手动输入地址而产生网页的,后面的页面②～⑩全部是在已有的页面上点击产生的。

在打开这些页面的同时,利用 Wireshark(version 1.6.8)抓包并保存捕获的报文数据到本地磁盘上,然后利用前面的组流和流关联模块进行处理和分析。这些被捕获的数据没有预处理模块中提到的复杂的协议层次,所以没有用到预处理模块。捕获的报文数据(pcap 文件)总大小为 6 548 KB,报文流的持续时间为 134.187 117 s。

在程序得出的结果中,共找到了 8 个用户曾打开的页面 URL。在这个基础上,对其他的流记录进行了关联,共关联了 255 个流记录。表 7.1 为预期结果与实际结果的详细对比。

**表 7.1　预期结果与实际结果的对比**

| | 预期结果 | 实际结果 |
|---|---|---|
| 页面数 | 10 | 8 |
| 打开页面的URL | www.baidu.com | http://www.baidu.com/ |
| | http://www.baidu.com/s? wd=html&rsv_ bp=0&rsv_spt=3&inputT=1375 | |
| | http://www.w3school.com.cn/html/ | http://www.w3school.com.cn/html/ |
| | http://baike.baidu.com/view/692.htm | http://baike.baidu.com/view/692.htm |
| | http://zhidao.baidu.com/question/313725.html | http://zhidao.baidu.com/question/313725.html |
| | http://www.baidu.com/s? tn=baidurt&rtt=1&bsst=1&wd=html | http://www.baidu.com/s? tn = baidurt&rtt = 1&bsst=1&wd=html |
| | http://www.chinavalue.net/Media/Article.aspx? ArticleID=93158&PageID=7 | http://www.chinavalue.net/Media/Article.aspx? ArticleID=93158&PageID=7 |
| | http://bj.58.com/jisuanji/10129790190467x.shtml | http://bj.58.com/jisuanji/10129790190467x.shtml |
| | http://bbs.admin5.com/thread-4792058-1-1.html | http://bbs.admin5.com/thread-4792058-1-1.ht-ml |
| | http://www.chinavalue.net/Story/Common.ashx? StoryID=459854 | |
| 流记录数 | 未知 | 320 |
| 关联好的流记录数 | 320 | 255 |
| 未关联的流记录数 | 0 | 65 |

结果中未能找到的两个用户曾打开的页面 URL 为 http://www.baidu.com/s? wd=html&rsv_bp=0&rsv_spt=3&inputT=1375(URL1)与 http://www.chinavalue.net/Story/Common.ashx? StoryID=459854(URL2)。利用 Wireshark 仔细分析报文数据,得出了以下的结论:

由于 URL1 所代表的页面是由测试人员在百度首页(www.baidu.com)中搜索关键词"html"产生的,URL1 所代表的地址是由百度的搜索引擎根据搜索的关键词动态生成的,其 URL 值未能在前一页面(www.baidu.com)的静态 Href 链接地址中找到,所以 URL1 所表示的页面没有被找到。

URL2 所表示的页面的地址，在其父引用上只能找到一个前缀“http://www.chinavalue.net/Story/Common.ashx?”，后面的部分“StoryID=459854”是动态生成的。由于在检索 Href 时，采用的是字符串 HASH 与之匹配，则完整的页面请求 URL 所产生的 key 值匹配不到完整的 Href 地址，所以 URL2 表示的页面也未能被找出来。

实际结果中被关联的流记录数只有 255，而未被关联的流记录数为 65。仔细观察分析这些未被关联的流记录，出现一个资源的流基本都是广告，而这些广告的地址在其父页面上找不到发现。这些流记录都具有下面的特点：

(1) 单个流记录中只请求了一个资源(URL)。现在的 http 版本号是 1.1，一般一个连接中请求多个资源，出现一个连接只请求一个资源的情况非常少见。分析其原因是因为如果一个流记录中包含多个请求 url，那么只要其中一个请求 url 被关联到某个主流，就可以把整个流记录都关联到这个主流记录上来；而只请求了单个 url 的流记录，一旦这个 url 不能被关联，那么整个流记录也无法被关联了。

(2) 请求的 URL 长度长且复杂。

(3) 流记录请求的资源基本为弹出广告，在父引用的网页中找不到相应的链接，且其 referer 不是父引用的地址。

### 7.4.2 被动测量数据关联分析

被动测量的数据集 DATA1 在数据集分析中存在以下 2 个方面的问题：

(1) 由于数据集 DATA1 的数据是从中途开始采集的，所以刚开始的流的关联关系都不正确，因为它们之前的信息都丢失了。

(2) 由于是移动网络的数据，其中的丢包和乱序较多，导致流的完整性不是太好，这也会影响结果的正确性。

我们经过关联处理后发现，数据集 DATA1 中总共可处理的流有 478 326，这些流被关联在 82 887 个不同的网页集合中。

其中找到了 83 024 个父引用 URL，发现了 260 230 个本地 URL，在网页内容中发现了 105 611 个内嵌的 URL。由于 HREF 中的 URL 数量太大，因而我们这里没有对 HREF 的 URL 进行输出处理。

从上面可以看到，URL 数量和流的数量是不一致的，这是因为流是按照源/宿端口其中有一个是 80 号端口来归类的，但不是所有的 80 号端口都是完整的 HTTP 流。

数据集 DATA1 包括了 5 个数据文件：

mainflow.xls：表示的是原始引用网页流的四元组的源宿 IP 地址和源宿端口号。

flow.xls：表示所有的网页流信息以及每个网页流的关联情况，每条记录包括：流编号、源 IP 地址、宿 IP 地址、源端口、宿端口、报文数、字节数、父引用流的编号。父引用流的编号字段中的含义如下：0 表示没被关联，由于每个请求 URL 都会匹配其 URL 和 Referer 字段，和其他流的关系就是通过 Referer 字段来表示，现在没有匹配到表示其 Referer 字段没有在这个流之前出现。出现这种情况主要是在数据集 DATA1 表示采集开始其引用的 Referer 报文数据没有被抓取到。－1 表示是该流本身的原始引用流。

mainURL.txt：是所有原始引用列表。

requestURL.txt：是 GET URL HTTP/1.1 中的 URL 加上 host 字段的值。

InsideURL.txt：是所有子引用的 URL 列表。

## 7.5 网页关联存在的问题

### 7.5.1 页面悬浮广告

1）分析

对于页面悬浮广告，往往由于它的 Request 报文里没有 Referer 字段或者 Referer 字段并不是指向它所在的主页面，所以不能被正确地归并。一般页面悬浮广告的 Referer 字段会有如下三种情况出现：

（1）有 Referer 字段，且 Referer 字段值就是它所在的主页面的 URL 地址。此时程序能将该广告正确的归并。

（2）有 Referer 字段，但是 Referer 字段并不是指向它所在的主页面的 URL，例如，下面给出的一个地址就是在打开 www.feizl.com 页面时一个悬浮式广告的 Request 报文中的 Referer 值：

http://googleads.g.doubleclick.net/pagead/ads?client=ca-pub-4505563943255664&output=html&h=200&slotname=7295767344&w=200&lmt=1351931943&flash=11.4.31&url=http%3A%2F%2Fwww.feizl.com%2F&dt=1351993430333&bpp=55&shv=r20121023&jsv=r20110914&correlator=1351993430784&frm=20&adk=845279194&ga_vid=588228015.1351993431&ga_sid=1351993431&ga_hid=934313193&ga_fc=0&u_tz=480&u_his=2&u_java=1&u_h=800&u_w=1280&u_ah=760&u_aw=1280&u_cd=32&u_nplug=27&u_nmime=39&dff=tahoma&dfs=12&adx=775&ady=377&biw=989&bih=637&oid=3&fu=0&ifi=1&dtd=924&xpc=CzglNfYfwo&p=http%3A//www.feizl.com

观察发现，虽然该 Referer 值并不是 http://www.feizl.com，但是在一长串地址中能找到主页面 URL 的信息，如上灰色底纹字体地址（%3A%2F%2F 是 URL 编码后的结果，可以通过解码还原到://）。当然，也有些虽然也有 Referer 字段，但是在字段中是找不到主页面 URL 的地址信息的，这种情况下就只能依靠其他途径进行归并。

（3）没有 Referer 字段。对于那些没有 Referer 字段的但是由页面悬浮广告产生的 Request，例如图 7.7（打开 www.feizl.com 时抓的包），有很大一部分是百度、谷歌或是其他公司的推广广告。虽然这些广告是在各类网站上出现，但是它们所显示的广告资源却是存储在谷歌、百度等服务器上。

虽然它们没有 Referer，但是在它们的 GET 字段值中，我们还是可以找到该广告所在主页面的 URL 信息，如图 7.7 中的灰色底纹方框。

```
⊞ Frame 1588: 1206 bytes on wire (9648 bits), 1206 bytes captured (9648 bits)
⊞ Ethernet II, Src: Wistron_fe:2f:99 (00:26:2d:fe:2f:99), Dst: HuaweiTe_f1:7d:f2 (28:6e:d4:f1:7d:f2)
⊞ PPP-over-Ethernet Session
⊞ Point-to-Point Protocol
⊞ Internet Protocol Version 4, Src: 172.31.222.118 (172.31.222.118), Dst: 58.192.112.38 (58.192.112.38)
⊞ User Datagram Protocol, Src Port: l2f (1701), Dst Port: l2f (1701)
⊞ Layer 2 Tunneling Protocol
⊞ Point-to-Point Protocol
⊞ Internet Protocol Version 4, Src: 58.192.126.35 (58.192.126.35), Dst: 74.125.128.156 (74.125.128.156)
⊞ Transmission Control Protocol, Src Port: 49984 (49984), Dst Port: http (80), Seq: 1, Ack: 1, Len: 1104
⊟ Hypertext Transfer Protocol
  ⊞ [truncated] GET /pagead/ads?client=ca-pub-4505563943255664&output=html&h=15&slotname=4276558451&w=728&lmt=1351931943&flash=11.4.31&url=http%3A%2F%2Fwww.fe
    Host: googleads.g.doubleclick.net\r\n
    Connection: keep-alive\r\n
    User-Agent: Mozilla/5.0 (Windows NT 6.1) AppleWebKit/537.10 (KHTML, like Gecko) Chrome/23.0.1270.0 Safari/537.10\r\n
    Accept: text/html,application/xhtml+xml,application/xml;q=0.9,*/*;q=0.8\r\n
    Accept-Encoding: gzip,deflate,sdch\r\n
    Accept-Language: zh-CN,zh;q=0.8\r\n
    Accept-Charset: GBK,utf-8;q=0.7,*;q=0.3\r\n
    Cookie: id=2286351f65010042|3533519/1206138/15646,3272639/1121051/15646,2621346/869267/15626,3698515/1308360/15625|t=1348148802|et=730|cs=002213fd48baa38d
    \r\n
    [Full request URI [truncated]: http://googleads.g.doubleclick.net/pagead/ads?client=ca-pub-4505563943255664&output=html&h=15&slotname=4276558451&w=728&lmt
```

图 7.7

2）方法实现

修改前的程序流程图如图 7.8。

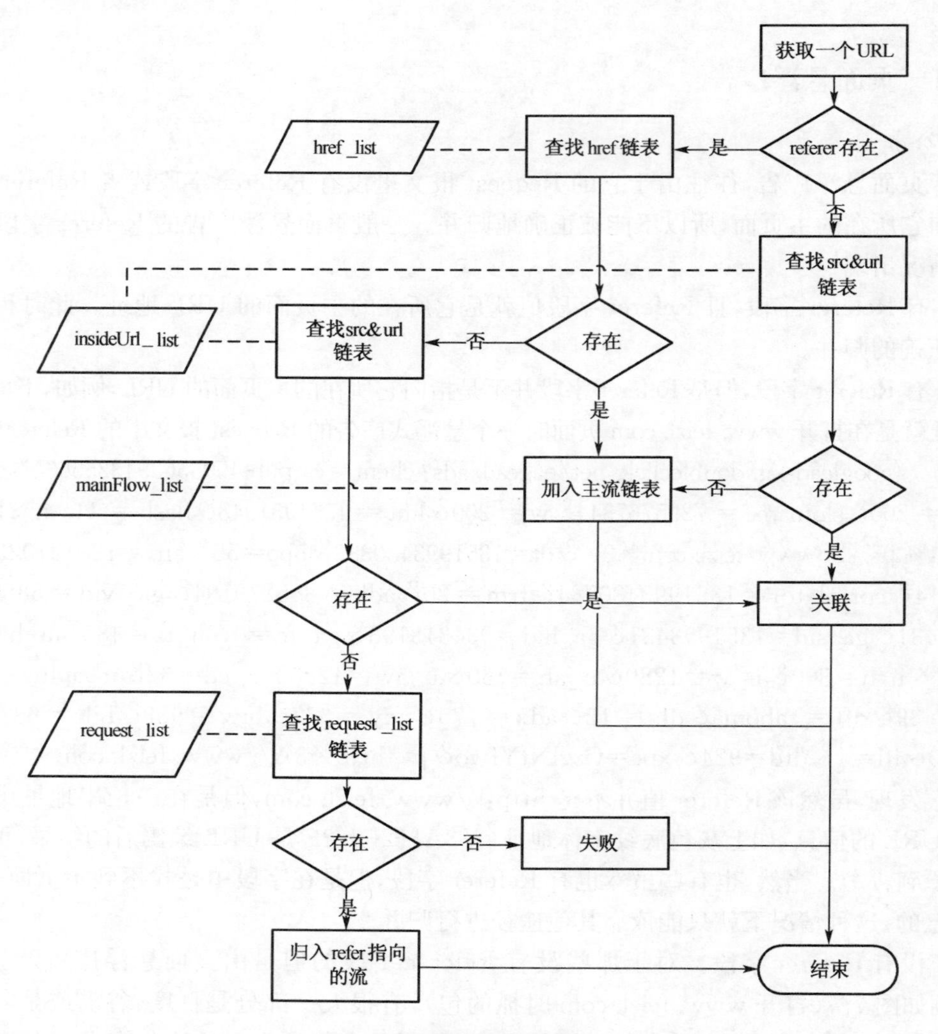


**图 7.8 修改前的程序流程**

在上面的基础上，在程序中添加了如下判断及处理过程：

(1) 若该 Request 报文的 referer 存在，但是查找 href_list 时失败，且查找 src&url 链表(insideUrl_list)也失败，原来程序的做法(如图 7.8)是去 request_list 链表里查找是否存在与 referer 字段相同的元素，若存在，则将当前流归入到 referer 指向的流当中，若不存在，则失败，什么也不做。现在的做法是(如图 7.9 中否(1)箭头)先直接利用 referer 去 request_list 链表里查找，若查找成功，则将当前流归入到 referer 指向的流中去。若查找失败，判断 referer 字段里除开始第一个 http 之外是否含有其他以 http 开始且以 & 结束的地址，记为 addr(例如下面所给的一个 referer 值中的灰色底纹地址。从？后开始查找，因为 referer 值肯定都是以 http 开头的，我们要找的不是该 http，而是后面的某个 http，其一般都出现在一个？之后)。若无 http 字段，什么也不做；若有，则利用找到的 addr 的值去更新 referer，利用 referer 再去 request_list 链表里查找，若查找成功，则将当前流归入到 http 地址值指向的流中去；若查找失败，则什么也不做。

Referer=http://googleads.g.doubleclick.net/pagead/ads?client=ca-pub-4505563943255664&output=html&h=200&slotname=7295767344&w=200&lmt=1351931943&flash=11.4.31&url=http%3A%2F%2Fwww.feizl.com%2F&dt=1351993430333&bpp=55&shv=r20121023&jsv=r20110914&correlator=1351993430784&frm=20&adk=845279194&ga_vid=588228015.1351993431&ga_sid=1351993431&ga_hid=934313193&ga_fc=0&u_tz=480&u_his=2&u_java=1&u_h=800&u_w=1280&u_ah=760&u_aw=1280&u_cd=32&u_nplug=27&u_nmime=39&dff=tahoma&dfs=12&adx=775&ady=377&biw=989&bih=637&oid=3&fu=0&ifi=1&dtd=924&xpc=CzglNfYfwo&p=http%3A//www.feizl.com

(2) 若该 Request 报文的 reference 不存在,用 Request 报文中获取的 Full request URL(后面简称 url)值查找 src&url 也不成功时,原本的做法是直接将该 url 加入主流链表。现在我们将它改为先判断是否为百度、谷歌或者其他公司的插入式广告(这些广告也没有 referer,与主流特征相似)。方法就是判断这些 Request 报文中的 Host 是否为百度或是谷歌的服务器,若是,则视其为广告;若不是,则视为主页面。所以若不是广告就视其为主流,加入到 mainFlow_list;若是广告,则提取出 Request 报文 GET 字段中的以 http 开始且以 & 结束的地址 addr(下面 GET 值中的灰色底纹地址)赋值给 referer,利用 referer 的值到 request_list 里查找,若能找到,则将它归入到(referer 指向的)流中,若不存在,则失败。

GET=/pagead/ads?client=ca-pub-4505563943255664&output=html&h=15&slotname=4276558451&w=728&lmt=1351931943&flash=11.4.31&url=http%3A%2F%2Fwww.feizl.com%2F&dt=1351993431283&bpp=5&shv=r20121023&jsv=r20110914&prev_slotnames=72957673

经(1)和(2)两步修改后,此时流程图为图 7.9。

### 7.5.2 弹出窗口广告

1) 分析

弹出窗口广告是指当人们浏览某网页时,网页会自动弹出一个新的浏览器对话框。弹出窗口广告一般是由 javascript 中的 window.open()新打开一个浏览器窗口,新浪、凤凰都是如此。不过这个 javascript 代码有时候在主页面的 html 代码中是看不到的,比如说保存在 *.js 文件中,然后在主页的 HTML 代码中只给出该 *.js 文件的 src。下面给出凤凰网的弹出窗口广告代码:

```
window.open(backwindow_pageUrl,backwindow_name,"left=4000"+",top=3000"+",width=10,height=10,scrollbars=no,location=no,status=no");
```

该弹出窗口广告的 Request 报文中没有 referer 字段,所以在程序运行过程中,它很自然地就被认为是主流。

对于凤凰网等网站,弹出窗口广告中的地址栏 URL 在主页面的 javascript 源码中是可以找到的,只是通过多个 VAR 变量存储,调用 window.open()函数时通过"+"拼接成一个完成的地址,所以通过直接用弹出窗口广告地址栏中的 URL 地址去主页面的源码中查找是否存在匹配项是不太可行的。

下面第一个是凤凰网主页的弹出 IE 广告,第二个是新浪网的:

http://img.ifeng.com/tres/html/pop_page.html?http://bc.ifeng.com/main/c?db=ifeng%26bid=5908,5693,1255%26cid=1630,46,1%26sid=13031%26advid=433%26camid=1340%26show=ignore%26url=http://chexian.pingan.com/campaign/IB/ty09-fh.jsp?WT.mc_id=Wc03-fh-03${}

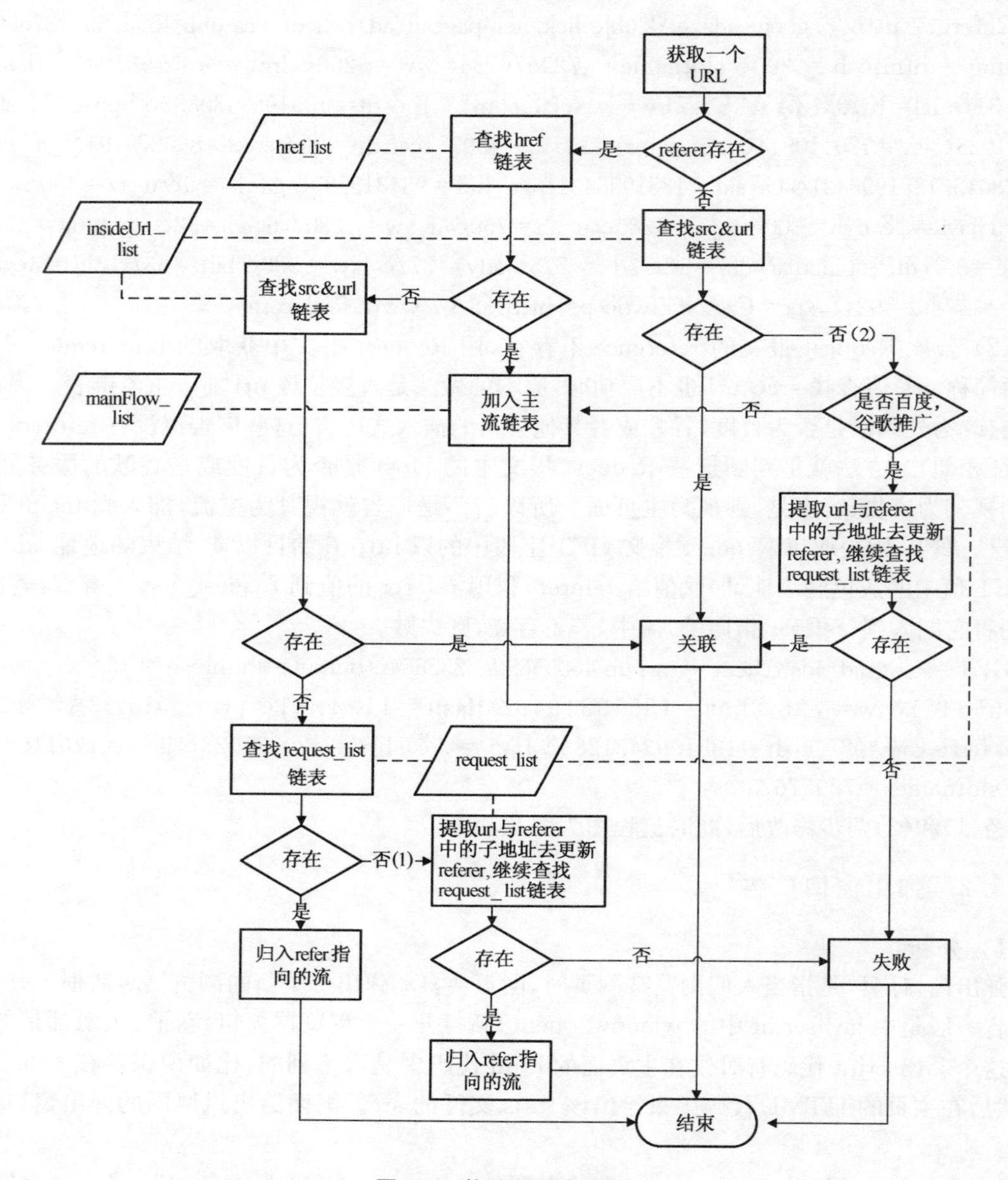


**图 7.9　修改后程序流程**

http://y2. ifengimg. com/mappa/2012/11/27/d6b870e12652935bcc6140f7752bad2c. swf \$ {}0

http://d1. sina. com. cn/d1images/pb/pbv4. html? http://sina. allyes. com/main/adfclick? db = sina&bid = 343571, 402779, 408093&cid = 0, 0, 0&sid = 405374&advid = 3406&camid=65333&show=ignore&url=http://sxpp. sina. com. cn \$ {}jpg \$ {}http://d3. sina. com. cn/201112/22/384545_750450-YANGFAN. jpg

它们在程序中都被当成是主页面,它们有个共同的特点,就是地址中都有 \$ {}。所以对在程序中已经被判定是主页面的那些 URL,我们要再进行筛选,如果它的地址中含有"\$ {}",那么它不是主页面而是弹出广告。

判断是弹出窗口广告的,要将该广告归并到所属的主页面中去,直接去弹出窗口广告中很长的那段地址中查找去主页面的源码是不现实的,因为源码中虽然有时候会存储弹出广告的地址，但是它是分为好几部分存储在 VAR 变量中，可以参照下面的 javascript 代码（只给出部分），在调用 open 函数时再用“＋”拼接。

var backwindow_domain = "http://img.ifeng.com/tres/html/";

var backwindow_popPage = 'pop_page.html';

var backwindow_pageUrl = backwindow_domain + backwindow_popPage + '?' + backwindow_href + '${}' + backwindow_advPage + '${}' + backwindow_isinteract;

window.open(backwindow_pageUrl, backwindow_name, "left=4000" + ", top=3000" + ", width=10, height=10, scrollbars=no, location=no, status=no" );

因此如果找到 open 函数的第一个参数变量，例如上面的 backwindow_pageUrl，可以再通过 var backwindow_pageUrl = backwindow_domain + backwindow_popPage + '?' + backwindow_href + '${}' + backwindow_advPage + '${}' + backwindow_isinteract；这个公式，将 backwindow_pageUrl 的真实值利用程序算出来，插入到 src 链表中。但是，有些网站，例如新浪，在主页面的 javascript 中只存储部分弹出窗口广告的地址信息（比如说后半段地址），然后通过一个函数 RotatorPB()处理上面的地址信息（可以参考 http://www.jb51.net/article/19013.htm），在 RotatorPB()函数的实现部分也会存储弹出广告的另一部分信息（比如前半部分地址），而且 RotatorPB()函数是存储在 js 文件中，主页面的源码只给出该 js 文件资源的超链接。所以说，想把弹出广告的 URL 地址在主页面中的对应项找出来很难现实。

2) 方法实现

观察弹出窗口广告的地址栏，发现是由很多个地址拼接的，一般通过 ${}分割。这些地址包括弹出广告里所包含的 Flash 或图片的资源链接地址，或者是弹出窗口广告所服务的那个的客户超链接地址，且这些被分割后的地址，在主页面的 html 源码中一般都能找到对应项。所以将弹出窗口广告地址栏中的 http 地址一个个提取出来，去 src 链表中查找，若找到，则可以归并。这里还要修改 src 链表的实现部分代码，原本 src 链表中只会存储 src 或 url 开头的地址，这里将 javascript 代码中的以 http 开始的地址也视为 src 地址，加入到 src 链表中。

### 7.5.3 link href

1) 分析

有些网页中拥有 link href 字段（参考 http://www.divcss5.com/html/h64.html），就是 HTML 源码中以 link href 开头的 http 地址，其作用和 src 类似，会自动请求服务器下载资源。在原来的程序中，我们没有考虑这个问题，只要是以 href 字段开头的地址，我们都视其为超链接。所以在运行打开 www.163.com 主页所抓的包中，有两条地址信息如下，被误当成是主流（因为它们的特征与在一个主页面中手动打开一个超链接相同，但是在主页源码中，它们前面的字段是 link href)，实际上它们都属于 link href。

http://cm.mbscss.com/? p=css/190_180_1.0/190_180_new.css&_=2012112301

http://cm.mbscss.com/? p=css/190_190_1.0/190_190.css&_=1

2) 程序实现

把程序中的 src 链表的实现函数再更改一下，将 link href 也视为 src 插入到 src 链表中去，而不是当成 href 插入到 href 链表中。

### 7.5.4 广告关联问题分析

根据网上的一些资料发现，网民对弹出窗口广告这种形式正日益感到厌烦，且许多浏览器都拥有拦截弹出窗口广告的功能，许多国际公司都已经开始放弃使用弹出窗口广告，虽仍有一些门户网站对弹出广告情有独钟，例如新浪、腾讯以及凤凰网等，但一般只会在这些网站的主页出现，所以很难找到有弹出窗口广告的网页。

对新浪网主页的抓包，弹出窗口广告的流一直没能被归并，也就是它的 mainflow=0，主要原因是程序运行中弹出窗口广告的 URL 地址中取到的部分地址，在解析的明文中找不到对应项。不过程序本身并没有错。后来注意到，每次清空 IE 缓存，第一次打开 www. sina. com. cn 是不会弹出窗口广告的，如果不清除浏览器缓存，就会弹出广告。要想抓到有弹出窗口广告的包，必须不能清空缓存，我们分析可能是每次抓包前没有缓存的缘故，导致在主页面明文中查找不到广告的 URL 地址(因为缓存的存在，很多 request 没有发出去，当然也就抓不到携带有网页源码的报文)。用 IE 和 chrome 浏览器都有这样的问题。

对凤凰网的抓包，能够正常的运行，并能将弹出广告正确归并。

www. 163. com 这个网页没有弹出窗口广告，但是运行结果中它的 mainUrl. txt 有多条：

(1) http://www. 163. com/

(2) http://news. 2hua. com/adiframe/163/IndexLeft/01/index. htm

(3) http://news. 2hua. com/adiframe/163/IndexRight/01/index. htm

(4) http://static. moonbasa. com/media/wangyi05/index3. html

(2)和(3)两条是主页的内嵌资源，但是它们的 URL 会跳转，且无 referer，所以就被错误的认为是主流。(4)不知道为何会出现在 mainUrl. txt 中。

腾讯网 www. qq. com 主页中有弹出窗口广告，但是抓的包全是 IPv6 地址，故程序无法运行。

东南大学主页 www. seu. edu. cn，也有弹出窗口广告，但是由于抓的包的协议与其他网站不同，程序无法运行；而且它的弹出窗口广告实现方式有些特别，是先打开一个空的浏览器窗口(window. open()函数第一个参数本该是该窗口的 URL 地址，这里没有给出，所以显示该广告的浏览器窗口地址栏为空)，然后再向该窗口里面注入 html 代码。东大主页中生成该弹出窗口广告的代码如下：注意到 window. open(″，第一个参数为空。

```
<div id="Layer2">
<script>newWindow = window. open('','PopWindow33','top='+(window. screen. height/2-235)+',left='+(window. screen. width/2-245)+',height=200,width=300,scrollbars=0,top=0,left=0');try{newWindow. document. write("<html><head><title>热烈祝贺我校梁金玲教授获第九届“中国青年女科学家”光荣称号！</title><Link href='/page/main123/css. css' type='text/css' rel='stylesheet'></head><body topmargin='0' leftmargin='0'><p align='center'><a target='_blank' href='http://news. seu. edu. cn/s/146/t/1399/1b/4f/info72527. htm'><img border='0' alt='' src='/picture/article/3/e1/bc/c0ad85034b708311b0de0be3613d/0fda9255-8da0-4102-9059-badbe7708f26. jpg'/></a></p></body></html>");newWindow. document. execCommand('Refresh');}catch(e){}
</script><table border="0" cellspacing="0" cellpadding="0"></TABLE>
</div>
```

## 7.6 算法改进对比

下面分别针对对网页关联的三个方面的改进，分别进行了三个测试。

### 7.6.1　测试一

利用所抓的包的 feizl. pcap，分别运行第二期版本和改进的程序，因为 feizl. pcap 是在用 BRAS 上网所抓的包，所以程序要做小小的修改，将 huawei. cpp 文件第 323 行 DealProtocol_Bras(pkt_data＋protocolLen，pkt_len-protocolLen，＋＋level)；修改成 DealProtocol_Bras(pkt_data＋protocolLen＋8，pkt_len-protocolLen-8，＋＋level)；。

(1) 对比两个 flow. xls 文件的内容，发现前 7 列内容完全一样，第 15、16、17、18、19、25、26、68 行的第 8 列数据不同(该数据项表示该条流属于哪个主流或自己本身就是主流(－1))。

(2) 两个 insideUrl. txt 文件内容完全相同，在程序中，虽然将页面源码中 javascript 代码的一些以 http 开头的地址也视作 src 插入到链表中，但是这样做只是为了归并广告的需要，事实上它们并不是 src，所以在程序中就没有把它们写入到 insideUrl. txt 中，程序运行后 insideUrl. txt 也肯定相同。

(3) 对比两个 mainFlow. xls 文件内容，程序修改前运行结果如下：

| | A | B | C | D | E | F |
|---|---|---|---|---|---|---|
| 1 | 1 | 58.192.12 | 74.125.12 | 49949 | 80 | |
| 2 | 2 | 58.192.12 | 61.160.20 | 49950 | 80 | |
| 3 | 36 | 58.192.12 | 74.125.12 | 49983 | 80 | |
| 4 | 37 | 58.192.12 | 74.125.12 | 49984 | 80 | |
| 5 | 45 | 58.192.12 | 119.75.21 | 49992 | 80 | |
| 6 | | | | | | |
| 7 | | | | | | |

程序修改后运行结果如下：

| | A | B | C | D | E | F |
|---|---|---|---|---|---|---|
| 1 | 1 | 58.192.12 | 74.125.12 | 49949 | 80 | |
| 2 | 2 | 58.192.12 | 61.160.20 | 49950 | 80 | |
| 3 | | | | | | |
| 4 | | | | | | |

2 号流就是主页 http://www. feizl. com/产生的流。36、37、45 号流都是广告流，被排除，在 feizl. pcap 中对应 1585、1588 和 1783 号报文。1 号流好像是 chrome 浏览器自己发出的一条请求所产生的流，在 feizl. pcap 中对应第 8 号报文。

(4) 对比两个 mainUrl. txt 文件内容，与 mainFlow. xls 内容相对应，程序修改前 mainUrl. txt 包含 5 个 HTTP 地址，程序修改后只剩下 2 个地址。

(5) 两个 request. txt 文件内容完全相同，程序未对该部分做任何修改，所以正确的运行结果也应该完全相同。

### 7.6.2　测试二

ifengresultcompare. pcap 是利用 IE 浏览器清空缓存后打开网页 www. ifeng. com 时所抓取的包。

(1) 对比两个 flow. xls 文件的内容，所有数据的前 7 列内容完全一样，只有第 66 行数据的第 8 列数据项不同(该数据项表示该条流属于哪个主流或标识自己本身就是主流(－1))。在程序修改之前的运行结果中，该数据项为－1，在修改后程序的运行结果中，该数据项变为 3。

(2) 两个 insideUrl. txt 文件内容完全相同。在程序中，虽然将页面源码 javascript 代码中的一些以 http 开头的地址也视作 src 插入到链表中，但是这样做只是为了归并广告，事实上它们并不是 src,所以在程序中就没有把它们写入到 insideUrl. txt 中,故程序运行后 insideUrl. txt 肯定相同。

对比两个 mainFlow. xls 文件内容,图 7. 10 是修改前的运行结果,图 7. 11 是修改后的:

A1 fx 3

| | A | B | C | D | E | F |
|---|---|---|---|---|---|---|
| 1 | 3 | 121.248.2 | 180.208.5 | 61774 | 80 | |
| 2 | 120 | 121.248.2 | 121.194.1 | 61889 | 80 | |
| 3 | | | | | | |
| 4 | | | | | | |
| 5 | | | | | | |

**图 7. 10**

A1 fx 3

| | A | B | C | D | E | F |
|---|---|---|---|---|---|---|
| 1 | 3 | 121.248.2 | 180.208.5 | 61774 | 80 | |
| 2 | | | | | | |
| 3 | | | | | | |
| 4 | | | | | | |
| 5 | | | | | | |

**图 7. 11**

3 号流是真正的主流,120 号流是弹出窗口广告所产生的流,在修改后的程序中,已经将它从主流中正确的排除。

(3) 对比两个 mainUrl. txt 文件内容,与 mainFlow. xls 内容相对应,程序修改前 mainUrl. txt 包含 2 个 HTTP 地址,如图 7. 12,第一个地址就是其主页面的地址,第二个地址是弹出窗口广告中地址栏的地址。程序修改后只剩下 1 个地址,如图 7. 13。

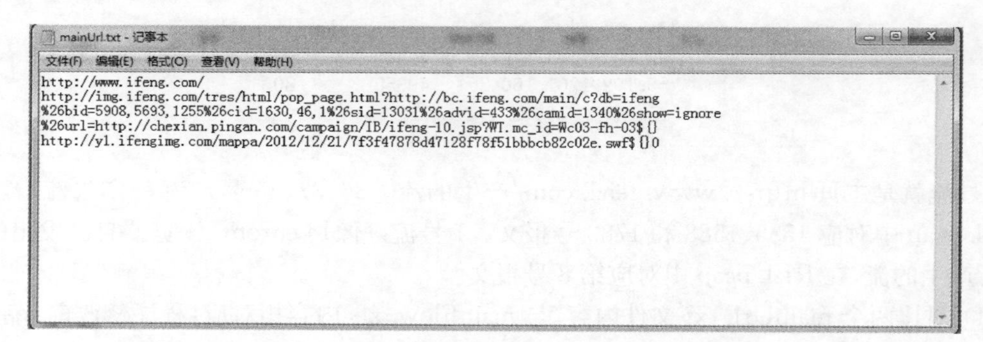

mainUrl.txt - 记事本

文件(F) 编辑(E) 格式(O) 查看(V) 帮助(H)

http://www.ifeng.com/
http://img.ifeng.com/tres/html/pop_page.html?http://bc.ifeng.com/main/c?db=ifeng
%26bid=5908,5693,1255%26cid=1630,46,1%26sid=13031%26advid=433%26camid=1340%26show=ignore
%26url=http://chexian.pingan.com/campaign/IB/ifeng-10.jsp?WT.mc_id=Wc03-fh-03$ {}
http://y1.ifengimg.com/mappa/2012/12/21/7f3f47878d47128f78f51bbbcb82c02e.swf$ {}0

**图 7. 12**

(4) 两个 request. txt 文件内容完全相同,从逻辑上分析,正确的运行结果也应该完全相同。

mainUrl.txt - 记事本

文件(F) 编辑(E) 格式(O) 查看(V) 帮助(H)

http://www.ifeng.com/

**图 7. 13**

### 7.6.3　测试三

163ad. pcap 是利用 IE 浏览器清空缓存后打开网页 www. 163. com 时所抓取的包。

(1) 对比两个 flow. xls 文件的内容，所有数据的前 7 列内容完全一样，只有第 206 行和第 207 行数据(145 号和 148 号流)的第 8 列数据项不同(该数据项表示该条流属于哪个主流或标识自己本身就是主流(—1))。

有些网页，拥有 link href 字段(参考 http://www. divcss5. com/html/h64. html)，就是 HTML 源码中以 link href 开头的 http 地址，其作用和 src 类似，会自动请求服务器下载资源，但是在原来的程序中，我们没有考虑这个问题，只要是以 href 字段开头的地址，我们都视其为超链接。但是因为它们的特征与在一个主页面中手动打开一个超链接相同，145 和 148 号流都属于上面说的这种情况。

在程序修改之前的运行结果中，flow. xls 中第 206 行和第 207 行第 8 列数据项均为—1，在修改后程序的运行结果中，该数据项结果变为 16。16 号流就是浏览器请求 www. 163. com 时的主流，这表明程序能将 145 和 148 号流正确归并。

(2) 两个 insideUrl. txt 文件内容完全相同。在程序中，虽然将页面源码 javascript 代码中的一些以 http 开头的地址也视作 src 插入到链表中，但是这样做只是为了归并广告，事实上它们并不是 src，所以在程序中就没有把它们写入到 insideUrl. txt 中，故程序运行后 insideUrl. txt 肯定相同。

(3) 对比两个 mainFlow. xls 文件内容，图 7. 14 是修改前的运行结果，图 7. 15 是修改后的。

A1　fx 16

| | A | B | C | D | E | F |
|---|---|---|---|---|---|---|
| 1 | 16 | 58. 192. 12 | 121. 195. 1 | 63410 | 80 | |
| 2 | 144 | 58. 192. 12 | 125. 221. 9 | 63535 | 80 | |
| 3 | 143 | 58. 192. 12 | 125. 221. 9 | 63534 | 80 | |
| 4 | 145 | 58. 192. 12 | 59. 64. 114 | 63536 | 80 | |
| 5 | 148 | 58. 192. 12 | 59. 64. 114 | 63537 | 80 | |
| 6 | 157 | 58. 192. 12 | 59. 64. 114 | 63548 | 80 | |
| 7 | | | | | | |

**图 7. 14**

A1　fx 16

| | A | B | C | D | E | F |
|---|---|---|---|---|---|---|
| 1 | 16 | 58. 192. 12 | 121. 195. 1 | 63410 | 80 | |
| 2 | 144 | 58. 192. 12 | 125. 221. 9 | 63535 | 80 | |
| 3 | 143 | 58. 192. 12 | 125. 221. 9 | 63534 | 80 | |
| 4 | 157 | 58. 192. 12 | 59. 64. 114 | 63548 | 80 | |
| 5 | | | | | | |

**图 7. 15**

两者主要差别就是修改后程序的运行结果少了 145 号和 148 号流两条主流，原因见①。

(4) 对比两个 mainUrl. txt 文件内容，与 mainFlow. xls 内容相对应，程序修改前 mainUrl. txt 包含 6 个 HTTP 地址。程序修改后只剩下 4 个地址，少了 145 和 148 号流所对应的 URL 地址。

(5) 两个 request. txt 文件内容完全相同，从逻辑上分析，正确的运行结果也应该完全相同。

## 7.7 基于 DFI 的网页关联方法

本节主要研究基于 DFI 的 HTTP 流关联算法，通过基于 HTTP 请求的流关联算法对获取的 HTTP 流量进行分析，分析主流与辅流在流特征上的差异，提取可以区分主流与辅流的特征，并通过这些特征在 HTTP 流中识别出主流与辅流，之后再将辅流关联到各自所属的主流上。

### 7.7.1 主流识别规则

研究单条流的相关特征以及一定时间区间内出现的不同流之间的相关特征。经过对大量 HTTP 流量进行观察分析后，提炼出能明显区别主流与辅流的特征，并总结出规则，当一条 HTTP 流满足下文所提出的主流识别规则时，便可以确定它为主流。

虽然 HTTP/1.1 协议被广泛应用于互联网，但在实际环境中，部分流量并不满足 HTTP/1.1 的特征，即在一个 TCP 连接中只传输一个 HTTP 请求，当需要传输多个 HTTP 请求时则与服务器请求建立相应数目的 TCP 连接。因此，本节在研究主流识别技术时分两种不同的场景：基于单事务场景的主流识别与基于多事务场景的主流识别分别进行讨论。

(1) 基于多事务场景的主流识别

当一条 HTTP 流满足基于多事务场景的主流识别规则时，便可以认为它是主流，规则具体定义如下：

① 主流宿 IP 为新 IP。

② 主流中主响应包含的 TCP 报文段数为 4～150，且一条主流中应至少拥有两个 HTTP 请求。

③ 主流从收到主响应首个 TCP 报文段后 20 ms 开始，到完整响应下载结束的 950 ms 以内，至少有三个相关 HTTP 请求被加载，且这些 HTTP 请求对应的宿 IP 是新 IP(两个具有相同宿 IP 的 HTTP 请求，当第一个请求满足新 IP 而第二个不满足时，第二个 HTTP 请求也做有效请求进行统计)或与主流具有同样的宿 IP。

④ 若一条流中第一个 HTTP 请求对应的响应只通过一个 TCP 报文段传输，而第二个 HTTP 请求与响应满足上述四个条件，也可以认为该流是主流。

⑤ 若当前主流宿 IP 与前一个主流宿 IP 前 24 位相同时，那么必须保证它们 IP 后 8 位也相同。

⑥ 主流中第一个 HTTP 请求与离它最近的 10 个 HTTP 请求平均时间间隔(10 GET_average)应大于 1 s，当前主流与上一个主流的时间间隔应大于 5 s。

⑦ 通过上述 6 条规则所识别的主流(该主流中主请求为流中首个请求)之前最近的一个 HTTP 请求，如果该请求同时满足下列条件：a. 为所属 TCP 流的唯一请求；b. 对应的响应只包含一个 TCP 报文段；c. 对应宿 IP 为新 IP，则认为该请求所属的流为主流。

规则 1：新 IP 指该 IP 在一定的时间范围内首次出现，“新 IP”概念在 2.2 节中提出，用于解决在 CDN 加速技术下，如何在 HTTP 流量中提取一个子集，在该子集中对主流进行识别并对辅流进行关联。因为主流一般作为浏览器发送 HTTP 请求访问主页面时建立的第一条 TCP 连接，如果当前页面为浏览器所打开的第一个页面，那么它的主流宿 IP 自然就是新 IP。若在访问当前页面之前就已经打开过其他页面，但这两个网页属于不同的网站，各自页面主流的宿 IP 自然也不会相同。即使当前页面与之前打开的其他页面属于同一个网站，由于网页是由用户手动在浏览器地址栏输入地址或点击超链接所打开，属于两个不同页面的 HTTP 流之间必然会存在一定的时间间隔，该时间间隔大于浏览器访问不同内嵌对象所产生的时间间隔。我们设定的阈值 2s 足够小，所以对于绝大多数的主流，它的宿 IP 都会是新 IP。

规则 2：经实验统计得出互联网主要网站中网页主响应 TCP 报文段数目分布介于 4～150 之间，如图 4.2，所以将主响应包含的 TCP 报文段数范围设为 4～150。当再次访问曾被访问过的页面时，浏览器会对该页面进行缓存，对于图片等静态对象，服务器不返回包含这些完整内嵌对象的 HTTP 响应，而是通过返回状态码为 304 的 HTTP 响应告知浏览器直接从本地获取没有过期的缓存资源。被多次访问的页面一般为网站的首页或下属导航页面，这些页面由于会频繁被更新，当浏览器再次访问它们时，这些网页的主页面资源在服务器中往往已经被修改，因此服务器会向浏览器返回新的 HTTP 响应。只有较为底层的网页，因为很少被改动，主请求所返回的响应状态码才会是 304，这种 HTTP 响应表现为只由一个 TCP 报文段构成。遇到这种情况时，主流可能无法被识别，但是由于多次访问某个较为底层网页的概率并不高，而且很多电脑助手会定期提醒用户清理浏览器缓存为电脑加速，因此对识别主流的影响不会很大。此外由于 HTTP/1.1 支持在一条 TCP 连接上传送多个 HTTP 请求，经实验统计发现，绝大多数主流中 HTTP 请求数目均超过 1 个。

规则 3：浏览器在接收完主响应后对响应进行解析并还原出完整的页面源码，再根据页面源码中指定的内嵌对象 URL 继续发送 HTTP 请求访问网页中的内嵌对象。由于浏览器能在很短时间内完成对页面源码的解析，为提高整个页面的加载速度，采用并发技术同时发送多个请求，在收到 HTTP 响应的部分 TCP 报文段后便对响应内容进行解析，并向解析出的 URL 地址发送 HTTP 请求访问内嵌对象，因此本书在浏览器收到主响应首个 TCP 报文段后 20 ms 便开始统计相关用于访问内嵌对象的 HTTP 请求数目。增加 20 ms 主要是考虑到浏览器对 HTTP 响应的解析时间，图 7.3 给出了标记流量中首个用于访问内嵌对象的 HTTP 请求与主响应中首个 TCP 报文段时间间隔的累积概率分布。

通过图 7.16 可以发现，只有 0.5%的页面访问内嵌对象的首个 HTTP 请求与主响应中首个 TCP 报文段时间间隔小于 20 ms。

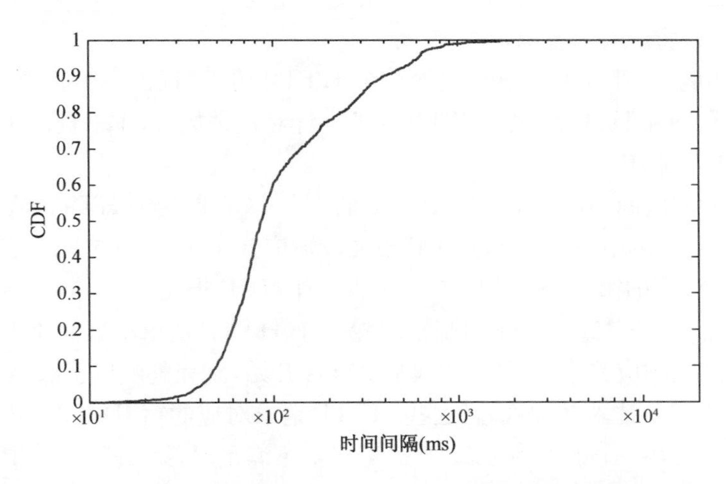


**图 7.16　辅流请求与主响应首个 TCP 报文段时间间隔的累积概率分布**

根据前面小节的研究结论，作为主请求，它的第 3 个子请求会在主响应结束后 950 ms 内被发送。由于无法解析 HTTP 请求中的具体信息，因此只能通过 IP 等信息判断当前流是否为潜在辅流,根据前面提出的解决方案,本章将宿 IP 是新 IP 或与主流具有同样 IP 的流作为主流的潜在辅流。成为主流的必要条件是用于访问内嵌对象的 HTTP 请求数目大于等于 3。

规则 4:用于处理访问的页面被重定向,例如浏览器访问 www. example. com(URL1)被自动重定向到地址 www. example. com. cn(URL2)。对此分两种情况进行讨论,如果访问 URL1 的 HTTP 请求与访问 URL2 的 HTTP 请求属于同一个 TCP 连接,那么此时主流中第一个 HTTP 请求所返回的响应状态码为 304,从 DFI 的角度表现为该 HTTP 响应只由一个 TCP 报文段组成。而第二个 HTTP 请求才是真正的主请求,那么它将满足所有上文所提出的主流应有的条件。若访问 ULR1 和 URL2 的 HTTP 请求属于不同的 TCP 连接,则通过规则 7 进行处理。

规则 5:考虑到若连续打开的两个页面属于同一个网站,那么它们各自主流的宿 IP 往往相同。而当遇到某些大型网站时,旗下不同网页主流宿 IP 可能不完全相同,当遇到这种情况时,这些主流宿 IP 的前 24 位也往往相同。当遇到宿 IP 只有前 24 位与上一个主流宿 IP 相同,而后 8 位不同的流时,认为它们属于前一个主流的辅流。

规则 6:用于剔除部分恰好满足上述规则的辅流。正常情况下,主流与它之前最近的 10 个 HTTP 请求平均时间间隔应超过辅流对应的该属性值。用户通过浏览器访问网页一般有两种方式:①在浏览器地址栏输入 URL;②点击超链接访问。在第一种情况中,由于输入 URL 需要一定的时间,在这段时间内,之前所访问页面的辅流基本已经完成通信,因此当前主流的 10 GET_average 值应大于本文设定的阈值。在第二种情况中,一般用户习惯于在页面加载完成后再去点击超链接,此时浏览器发送用于访问内嵌对象的 HTTP 请求峰值时刻已过,在这种情况下主流的 10 GET_average 也会超过本文中的阈值。对于绝大多数辅流,由于它们夹杂在其他辅流之中,因此,辅流 10 GET_average 值往往较小。通过实验发现将 10 GET_average 阈值设为 1 s 能获得较好的实验结果。又因为连续访问的两个页面之间一般会存在一个时间间隔,将这个阈值定为 5 s。

规则 7:用于处理下述情形下的重定向:浏览器访问 www. example. com(URL1)被自动重定向到地址 www. example. com. cn(URL2),且 URL1 与 URL2 对应的 HTTP 请求访问不同的服务器。根据之前的定义,认为 URL1 所在的流为主流。

(2) 基于单事务场景的主流识别

在实际网络环境中,部分主流中只包含单个 HTTP 请求,且该主流宿 IP 所对应的所有辅流也都满足该特征:流中只包含一个 HTTP 请求。针对这种场景,本书提出了另一套规则:

① 主流宿 IP 为新 IP。

② 在一定的时间区间内(2 s),一条 IP 相关的 3 个 TCP 连接中 HTTP 请求均只有 1 个,且该 IP 对应的第一条流中响应所包含的 TCP 报文段数应介于 4～150 之间,主流为该 IP 对应的第一条流;若该 IP 对应的第一条流中响应只包含 1 个 TCP 报文段,而第二条流中响应所包含的 TCP 报文段数介于 4～150 之间时,则该 IP 第一个 HTTP 请求所属的流也认为是主流。

③ 主流从收到主响应首个 TCP 报文段后 20 ms 开始,到完整响应下载结束的 950 ms 以内至少有 3 个相关 HTTP 请求被加载,且这些 HTTP 请求对应的宿 IP 是新 IP(两个具有相同宿 IP 的 HTTP 请求,当第一个请求满足新 IP 而第二个不满足时,第二个 HTTP 请求也做有效请求进行统计)或与主流具有同样的宿 IP。

④ 若当前主流宿 IP 与前一个主流宿 IP 前 24 位相同时,那么必须保证它们 IP 后 8 位也相同。

⑤ 主流中第一个 HTTP 请求与离它最近的 10 个 HTTP 请求平均时间间隔(10 GET_average)应大于 1 s,当前主流与上一个主流的时间间隔应大于 5 s。

规则 1、规则 3、规则 4 与规则 5 与基于多事务场景的主流识别规则中相应规则的意义相同。

新的规则 2 中针对单事务场景的主流识别增加限定条件,即主流 IP 对应的 TCP 连接数目应达到 3 条,通过实验分析发现,在一定时间内(2 s)浏览器向主页面资源所在服务器所发送的 HTTP 请求数可以达到 3 个。因为每条 TCP 连接中均有且有一个 HTTP 请求,所以对应的 TCP 连接数目也是 3 条。

当遇到重定向时,例如浏览器访问 www. example. com(URL1)被自动重定向到地址 www. example. com. cn(URL2)。对此分两种情况进行讨论,如果 URL1 与 URL2 对应的 HTTP 请求访问同一个服务器,那么此时对应该服务器 IP 的第一个 HTTP 请求所返回的响应状态码为 304,从 DFI 的角度表现为该 HTTP 响应只由一个 TCP 报文段组成,而第二个 HTTP 请求才是真正的主请求,那么它也将满足所有上文所提出的所有条件,所以规则 2 中增加:若该 IP 对应的第一条流中响应只包含 1 个 TCP 报文段,而第二条流中响应所包含的 TCP 报文段数介于 4～150 之间时,则该 IP 第一个 HTTP 请求所属的流也认为是主流。而对于访问 ULR1 和 URL2 的 HTTP 请求属于不同的 TCP 连接的情况,本书没有进行处理,因为过多的规则反而影响主流识别的正确性。

(3) 特殊场景处理

当通过主流识别规则识别出主流后还需要对其进行验证,判断是否为广告主流,因为 RTB 广告流量特征与一个正常网页的流量相似,因而容易被算法错误地识别为主流。根据上述小节的结论,本章通过黑名单过滤广告主流,将每一条被主流识别规则所识别的主流宿 IP 与预先建立的广告黑名单进行匹配,若存在匹配项,则说明该主流不是一个正常网页的主流,而是 RTB 广告主流。

由于本章同时通过两种主流识别规则对主流进行识别,并且无法实时识别出主流,只有在主流出现一定时间后才能对其完成识别,所以可能存在如下情景:真正的主流(flow_A)之后 5 s 内的辅流(flow_B)被前面规则错误地识别为主流,而真正的主流 flow_A 则在辅流 flow_B 已被错误识别为主流之后才被上述规则判断为主流。此时虽然 flow_B 先于 flow_A 被识别为主流,但是由于 flow_A 出现在 flow_B 之前,且两者的间隔时间小于 5 s,本文认为 flow_A 才是真正的主流。此时需要将 flow_B 重新标记为辅流,并对 flow_B 以及属于它的辅流重新进行关联。

### 7.7.2 辅流关联方法

本节给出辅流与主流关联的算法,通过主流识别算法完成主流与辅流的识别后再通过辅流关联算法将辅流关联到它所属的主流上。对于一个主流之后 32 s 内出现的每一个辅流,若满足规则 1 且不满足规则 2 时,则将它关联到离它最近的主流上,否则将该辅流与离它第二近的主流相关联,且辅流与该第二近主流时间间隔小于 32 s,关联过程参照图 7.17,关联规则具体如下:

- 辅流宿 IP 为新 IP 或与主流具有相同 IP,且辅流中首个 HTTP 请求时戳大于主流中第一个响应的开始时戳加上浏览器处理时间(20 ms)。
- 辅流宿 IP 对应的 DNS 查询报文时戳介于前一个主流主响应开始时戳加上浏览器处理时间(20 ms)与当前主流主响应开始时戳加上 20ms 之间,且该宿 IP 对应的其他辅流未在当前主流与前一个主流之间出现。

设定超时时间是给每一个页面的 HTTP 流量强行设置一个结束条件,设置 32 s 一方面是为了与流超时时间保持一致,另一方面是因为网页的加载时间很少会超过 32 s。

因为浏览器不必等收到服务器端返回的完整 HTTP 响应后才对它进行解析,因此,若一条流中第一个 HTTP 请求时戳大于主流中主响应第一个 TCP 报文段时戳加上 20 ms,就可以认为它是该主流的辅流。考虑浏览器处理时间是因为浏览器在收到 HTTP 响应的分组后进行解析才能发送后续辅流的请求,将这段时间也考虑进来。本关联算法只通过每一条流中第一个 HTTP 请求对流进行关联,对于之后的 HTTP 请求,由于它所在的流已经通过首个 HTTP 请求被关联,所以不必再被关联。

当连续打开的两个页面时间间隔较短时,仅考虑是否为新 IP 与时间间隔,可能会将前一个页面中较晚出现的辅流关联到后一个页面上。因此,还考虑对 DNS 报文进行解析。当打开的两个页面时间间隔较小时,若恰好前一个页面的某条辅流宿 IP 的为新 IP,且该辅流中第一 HTTP 请求时戳大于第二个主流中主响应的开始时戳加上 20 ms。此时该辅流会被错误地关联到第二条主流上,但若能对 DNS 报文也进行解析,可以发现,这些辅流宿 IP 对应的 DNS 查询报文可能会在第二条主流的主响应之前已经被发送。因此,只要 IP 对应的 DNS 查询报文在第二条主流主响应之前出现,且该 IP 对应的辅流没有在当前主流之前出现,那么认为该辅流属于上一个页面的流量。

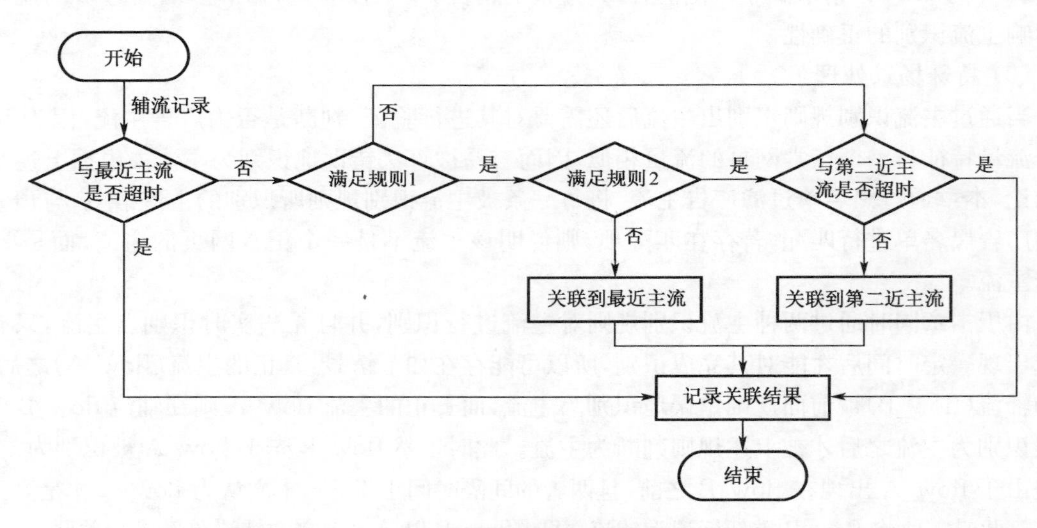


**图 7.17　关联算法流程图**

### 7.7.3　实验结果分析

实验分析是为验证所设计的基于 DFI 的 HTTP 流关联算法在主流识别以及辅流关联上的正确性。通过数据集 1 验证黑名单过滤方法的有效性,因为通过基于 Selenium 自动化框架的数据采集系统所采集的流量并不包含 RTB 广告流量,因此采用人工方式采集的数据集 1 对黑名单过滤方法的有效性进行评估,主要验证黑名单过滤方法对算法识别主流时查全率与查准率的提升。由于数据集 2 规模较大,通过数据集 2 验证基于 DFI 的 HTTP 流关联算法的有效性,能够较为客观地评价本书所设计的基于 DFI 的 HTTP 流关联算法。本章提出的新 IP 概念用于处理 CDN 加速下的 HTTP 流量,若不考虑新 IP,则整个算法无法实现,因此没有给出是否考虑新 IP 的实验结果对比。此外,还提出并实现了基于 DFI 的 HTTP 流关联算法,通过实验进行验证。

1）实验数据

实验数据集分为两部分，分别通过不同方式采集。其中数据集 1 通过人工方式在本地计算机上采集，包含 8 个数据子集，每个数据子集为访问同一域名网页所产生的流量，总字节数为 263 MB。数据集 2 则是通过基于 Selenium 自动化框架的数据采集系统在本地计算机上所采集，包含 40 个数据子集，每个数据子集为访问同一域名网页所产生的流量，总字节数为 21 GB。

2）评价指标

为评价 HTTP 流关联算法的性能，选用四种评价指标：

(1) 查准率(Precision)：假设 $N$ 表示被算法标记为主流的样本数目，$T$ 表示被正确标记为主流的样本数目。查准率 $R_{TP} = T/N$。

(2) 查全率(Recall)：假设 $M$ 为实际样本中主流数目，$T$ 表示被算法正确标记为主流的样本数目。查全率 $R_{FN} = T/M$。

(3) 关联字节比率：关联字节比率定义为算法关联结果中每个网页的总字节数与对应网页实际字节数的比值。因为基于 HTTP 请求的流关联算法通过匹配 Referer 与 URL 对相关 HTTP 流进行关联，因此只要保证主流能被正确识别，辅流与主流的关联结果就能作为实际关联结果，通过将这两种方法的关联结果作比值，可以对基于 DFI 的 HTTP 流关联算法辅流关联结果作出评价。

(4) 加载时间比率：加载时间比率定义为关联结果中每个网页的加载时间与对应网页实际加载时间的比值。与关联字节比率一样，本章将基于 HTTP 请求的关联算法得出的加载时间结果作为实际加载时间。

查准率和查全率体现算法针对主流识别的效果，关联字节比率与加载时间比率则体现辅流与主流关联上的准确率。

3）黑名单过滤有效性

通过数据集 1 验证黑名单过滤方法的有效性。查全率为算法检测出的正确主流与实际主流数的百分比，图 7.18(彩插 12)展示的是基于 HTTP 请求和基于 DFI 两种 HTTP 流关联算法在通过黑名单过滤广告主流后与不过滤广告主流针对主流识别的查全率对比。其中横坐标表示数据子集所属网站域名，每个数据子集中第 1 列代表基于 HTTP 请求的流关联算法针对主流识别的查全率，第 2 列代表基于 HTTP 请求的流关联算法通过黑名单过滤广告主流后针对主流识别的查全率，第 3 列代表基于 DFI 的 HTTP 流关联算法针对主流识别的查全率，第 4 列代表基于 DFI 的 HTTP 流关联算法通过黑名单过滤广告主流后针对主流识别的查全率。

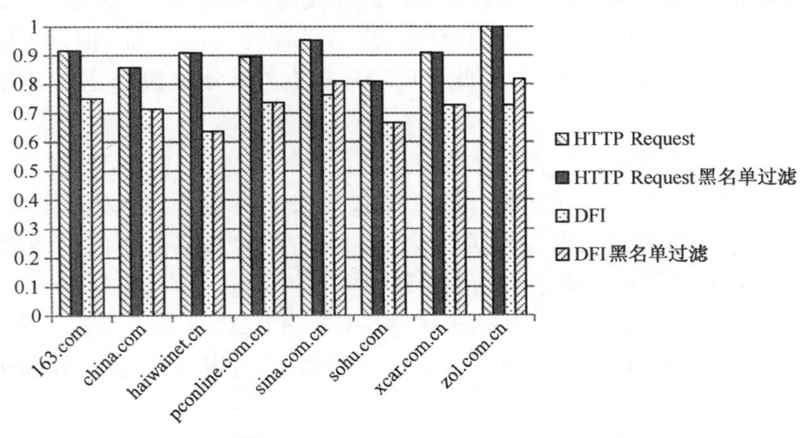


**图 7.18(彩插 12)　主流识别查全率对比**

通过图 7.18 可以得出采用黑名单过滤广告主流后并不会影响基于 HTTP 请求的流关联算法识别主流时的查全率,这是因为过滤掉错误主流并不影响算法识别正确的主流。但是对基于 DFI 的 HTTP 流关联算法在主流识别的查全率上有略微提升,这是因为上节曾定义两个不同的主流间隔应大于 5 s,由于广告主流的干扰,出现在某些广告主流后 5 s 内的真正主流反而被错误地排除,当通过黑名单的方式过滤这些广告主流后,这个被排除的真正主流就能被正确地识别出来,所以查全率也会相应的提高。

查准率为算法检测出的正确主流数与检测出的所有主流数百分比。图 7.19(彩插 13)展示的是基于 HTTP 请求和基于 DFI 两种 HTTP 流关联算法在通过黑名单过滤广告主流后与不过滤广告主流针对主流识别查准率对比。

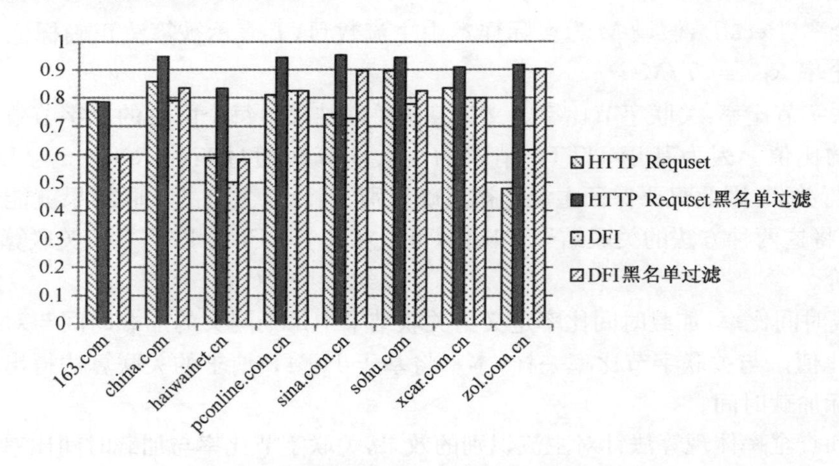


**图 7.19(彩插 13)　主流识别查准率对比**

通过上图中的实验结果可以得出采用黑名单过滤广告主流后对基于 HTTP 请求的算法在主流识别的查准率上有着明显的提高,尤其是针对 zol.com.cn 下的流量,通过 Wireshark 对该流量子集进行分析发现该子集中特征与真正网页相似的 RTB 广告主流与正确的主流几乎一样多。而在 www.163.com 中虽然也广告流量,但是由于它们的流量特征并不符合主流特征,因此没有被基于 HTTP 请求的流关联算法错误地识别为主流,所以黑名单方法并没有提高该子集的查准率。

通过黑名单过滤后对基于 DFI 的 HTTP 流关联算法在主流识别的查准率上也有显著的提高。部分流量子集的主流识别查准率没有提高是因为流量子集不够大,所包含的广告主流数太少,而且这些广告主流也恰好没有被基于 DFI 的方法错误地识别为主流(但是可能被基于 HTTP 请求的关联算法误识别为主流)。因此,DFI 算法对这部分子集的主流识别查准率没有提高。

4) *准确性*

通过数据集 2 验证基于 DFI 的 HTTP 流关联算法的有效性,作为对比,也给出了基于 HTTP 请求的流关联算法评估结果。数据集 2 包含访问 40 个域名中不同页面所产生的流量,给出了两种算法针对各个不同数据子集的实验结果。

图 7.20(彩插 14)给出 40 个不同数据子集中,基于 HTTP 请求的流关联算法与基于 DFI 的 HTTP 流关联算法针对主流识别的查全率对比结果,其中横坐标表示数据子集所属网站域名。

其中,基于 HTTP 请求的流关联算法针对主流识别的平均查全率为 86.5%,而基于 DFI

的 HTTP 流关联算法主流识别的平均查全率为 72.6%。因为基于 HTTP 请求的流关联算法通过解析报文应用层内容能比 DFI 方法获得更多相关信息，所以在查全率上前者要高于后者。

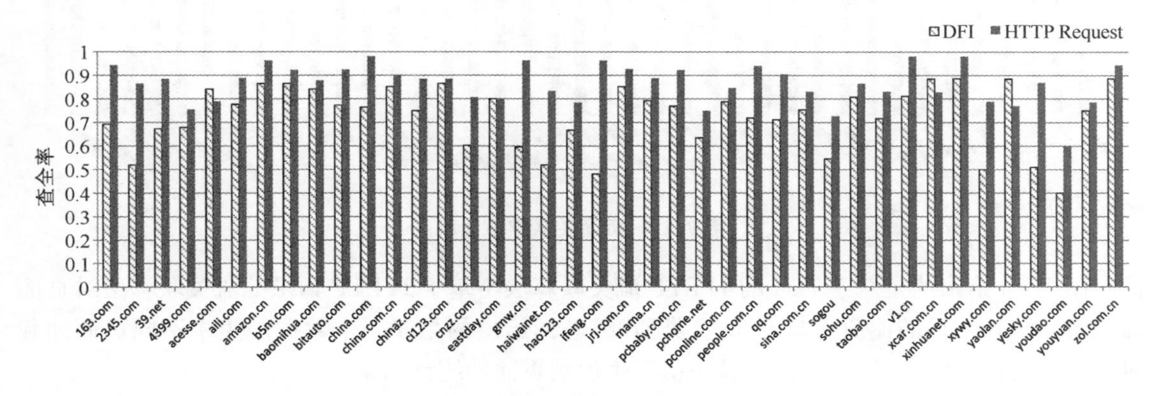


**图 7.20(彩插 14)　主流识别查全率对比**

图 7.21(彩插 15)给出 40 个不同数据子集中，基于 HTTP 请求的流关联算法与基于 DFI 的 HTTP 流关联算针对主流识别的查准率对比结果。

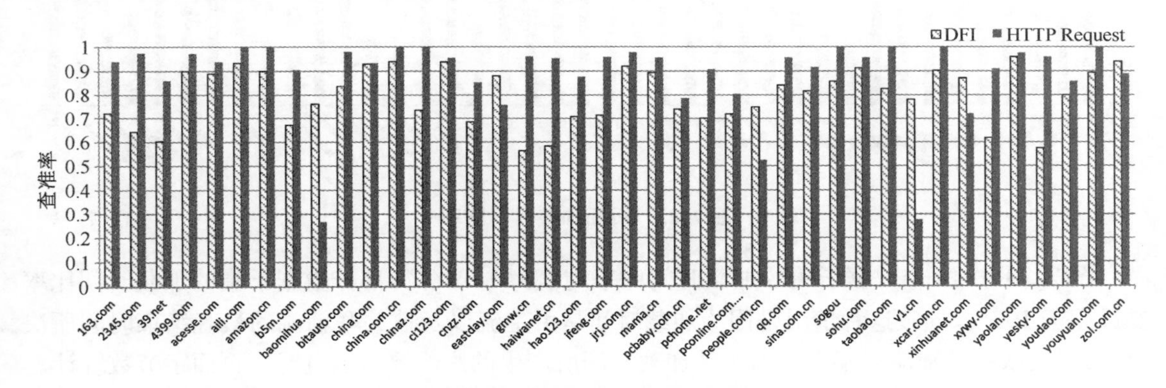


**图 7.21(彩插 15)　主流识别查准率对比**

其中，基于 HTTP 请求的流关联算法针对主流识别的平均查准率为 88.6%，而基于 DFI 的 HTTP 流关联算法主流识别的平均查准率为 79.63%。因为可以解析应用层内容，前者在查准率上的表现要优于后者。部分域名下基于 HTTP 请求的流关联算法在识别主流的查准率上反而不如基于 DFI 的方法，这是因为前者将部分非广告内嵌对象也识别成主流，导致查准率降低，而这些内嵌对象却不满足后者对主流的定义，因而不会被后者错误地识别为主流。

关联字节比率表示基于 DFI 的 HTTP 流关联算法统计的每个网页总字节数与对应网页实际字节数的比值，本文将基于 HTTP 请求的关联算法对每个网页字节数的统计结果作为网页实际字节数。图 7.22 给出的是基于 DFI 的 HTTP 流关联算法与基于 HTTP 请求的流关联算法对网页关联字节数统计结果的比值。因为平均每个数据子集包含多个页面流量，所以纵坐标给出的是同一个数据子集中不同页面关联字节比率均值，且只统计能被两种不同方法都正确识别的页面统计结果。

图中 40 个数据子集的关联字节比率均值为 95.2%，而且每个子集的关联字节比率也均接近 1，说明算法在辅流与主流的关联上能获得较为满意的结果。

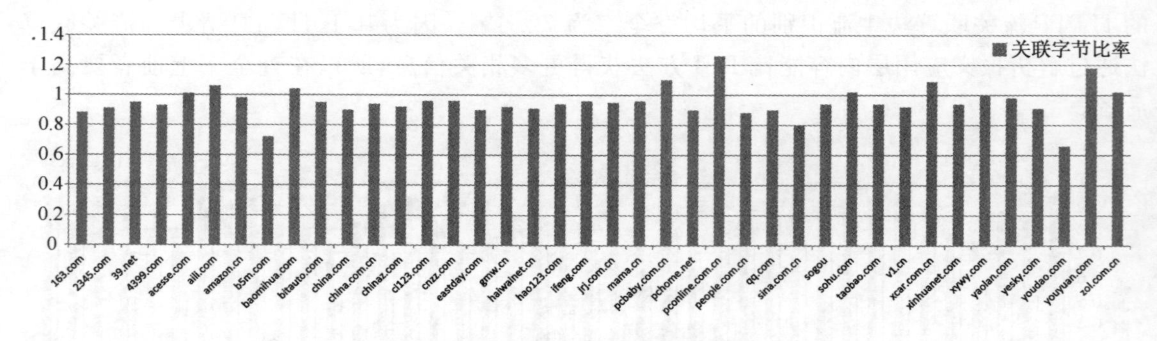


**图 7.22 页面关联字节比率**

图 7.23 给出的是基于 DFI 的 HTTP 流关联算法与基于 HTTP 请求的流关联算法对页面加载时间统计结果的比值。与图 5.12 类似，纵坐标给出的是同一个数据子集中不同页面加载时间比率均值，且只统计能被两种算法都正确识别页面的统计结果。

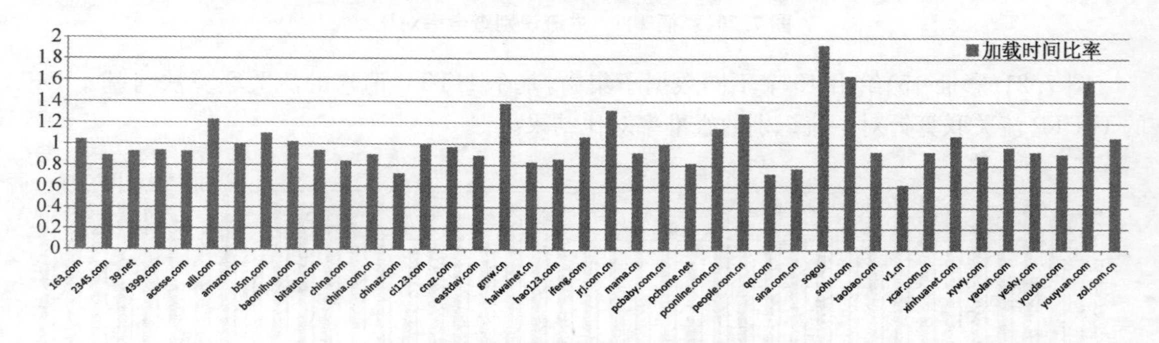


**图 7.23 页面加载时间比率**

图 7.23 中 40 个数据子集的加载时间比率均值为 102.4%，部分数据子集的加载时间比率要远高于 100%，导致这种情况是因为加载时间是由主流以及被关联辅流的最晚结束时间所决定，错误关联一条辅流对某个页面统计加载时间所产生的影响要远超过对该页面字节数统计。

通过对两种不同 HTTP 流关联算法的实验结果对比分析后得出两种算法的优缺点。与基于 HTTP 请求的流关联算法相比，基于 DFI 的 HTTP 流关联算法具有如下优点：

- 算法只需要 TCP 层以下的信息而不必解析报文应用层载荷；
- 将来可以移植到 HTTPS 流量上。

但是基于 DFI 的 HTTP 流关联算法也存在如下缺点：

- 针对识别主流的查全率与查准率均不如基于 HTTP 请求的流关联算法；
- 在辅流关联的精度上基于 DFI 的 HTTP 流关联算法也不如基于 HTTP 请求的流关联算法，由于后者通过 Referer 确定不同流之间的关联关系，因此对辅流关联上能获得几乎 100% 的精度。

## 7.8 小结

本章主要研究解决对网页浏览所产生的 HTTP 流量以它们各自所属的页面进行关联，在分析了互联网广告流量以及 CDN 加速技术对 HTTP 流关联算法的影响后提出相应的解决方案，实现了基于 HTTP 请求的流关联算法，并在此基础上对 HTTP 流量进行分析与研究从而设计并实现基于 DFI 的 HTTP 流关联算法，并对两种不同算法正确性进行验证。本章主要工作如下：

（1）研究互联网广告流量以及 CDN 加速技术对 HTTP 流关联算法的影响，提出通过匹配黑名单方式过滤广告主流，针对 CDN 技术论文提出了新 IP 概念，用于处理在 CDN 环境下如何识别主流并对辅流进行关联；

（2）在 HTTP 流量特征研究的基础上，提出若干规则用于主流识别以及将辅流关联到所属的主流上，实现了基于 DFI 的 HTTP 流关联算法。最后通过将基于 HTTP 请求的流关联算法与基于 DFI 的 HTTP 流关联算法进行对比实验，实验结果表明基于 DFI 的 HTTP 流关联算法在主流识别和辅流关联上均能获得较高精度。

# 参考文献

[1] Pujol E, Richter P, Chandrasekaran B, et al. Back-office web traffic on the internet[C]. In: Proceedings of the Conference on Internet Measurement. New York: ACM, 2014. 257-270.

[2] Butkiewicz M, Madhyastha H V, Sekar V. Characterizing web page complexity and its impact[J]. IEEE/ACM Transactions on Networking, 2014, 22(3): 943-956.

[3] Lu Y, Montanari A, Prabhakar B, et al. Counter braids: a novel counter architecture for per-flow measurement[J]. ACM SIGMETRICS Performance Evaluation Review, 2008, 36(1): 121-132.

[4] Yuan L, Chuah C N, Mohapatra P. ProgME: towards programmable network measurement[J]. IEEE/ACM Transactions on Networking (TON), 2011, 19(1): 115-128.

[5] Karagiannis T, Papagiannaki K, Faloutsos M. BLINC: multilevel traffic classification in the dark[J]. ACM SIGCOMM Computer Communication Review, 2005, 35(4): 229-240.

[6] 曲金东. 基于被动测试的 web 性能与故障检测系统研究与实现[D]. 广州:华南理工大学, 2012.

[7] 代丽. DFI 流量分类技术的研究和实现[D]. 北京:北京邮电大学, 2011.

[8] Nguyen T T T, Armitage G. A survey of techniques for internet traffic classification using machine learning[J]. Communications Surveys & Tutorials, 2008, 10(4): 56-76.

[9] 安文娟. 基于聚类算法的实时 IP 流量识别技术研究[D]. 北京:北京邮电大学, 2013.

[10] Rescorla E. RFC 2818: http over tls, 2000.

[11] Schneider F, Agarwal S, Alpcan T, et al. The new web: Characterizing ajax traffic[C]. In: Proceedings of the Passive and Active Network Measurement (PAM). Cleveland: Springer, 2008. 31-40.

[12] Mah B A. An empirical model of HTTP network traffic[C]. In: Proceedings of the Conference on Computer Communications, Eighteenth Annual Joint Conference of the IEEE Computer and Communications Societies. New York: IEEE, 1997. 592-600.

[13] Barford P, Crovella M. Generating representative web workloads for network and server performance evaluation[J]. ACM SIGMETRICS Performance Evaluation Review, 1998, 26(1): 151-160.

[14] Smith F D, Campos F H, Jeffay K, et al. What TCP/IP protocol headers can tell us about the web[J]. ACM SIGMETRICS Performance Evaluation Review, 2001, 29(1): 245-256.

[15] Choi H K, Limb J O. A behavioral model of web traffic[C]. In: Proceedings of the Seventh International Conference on Network Protocols (ICNP). Toronto: IEEE, 1999. 327-334.

[16] 王晴. 面向 Web 加速的 HTTP 协议优化机制的研究与设计[D]. 北京:北京邮电大学, 2013.

[17] Archive H. HTTTP archive trends[EB/OL]. http://httparchive.org/ trends.php.

[18] Ihm S, Pai V S. Towards understanding modern web traffic[C]. In: Proceedings of the ACM SIGCOMM conference on Internet measurement conference. New York: ACM, 2011. 295-312.

［19］ Khandelwal H，Hao F，Mukherjee S，et al. CobWeb：a system for automated in-network cobbling of web service traffic［R］. Technical Report，2012.
［20］ Khandelwal H，Hao F，Mukherjee S，et al. CobWeb：in-network cobbling of web traffic［C］. In：Proceedings of the IFIP Networking Conference. New York：IEEE，2013. 1-9.
［21］ Butkiewicz M，Madhyastha H V，Sekar V. Understanding website complexity：measurements，metrics，and implications［C］. In：Proceedings of the ACM SIGCOMM conference on Internet measurement conference (IMC). New York：ACM，2011. 313-328.

# 8 面向网络流的分类方法

## 8.1 引言

### 8.1.1 测度定义

**定义 8.1** IP 流(IP Flow)指符合特定的流规范和超时约束的一系列网络报文的集合。目前,使用频率较高的流规范是源 IP 地址、目的 IP 地址、源端口号、目的端口号、传输协议这个五元组,其他流规范有目的地址、ODflow 等。流超时是指在指定时间内,某 IP 流没有活跃报文到达,就认为该 IP 流结束。定义流超时时间是为了使 IP 流更贴近真实会话,同时也使得组流系统能够及时释放空间,提高系统的效率。关于流超时时间的认定,国际上通行的有 64 秒和 16 秒两种。

IP 流[1]按照流内报文流动方向可以分为单向流(unidirection) 和双向流(bidirection)。单向流是流内报文都是同一方向的,它将源、目的端点双向交互的报文组织成为两个 IP 流。双向流内报文方向有两个,可以将源、目的端点的交互报文组成一个 IP 流。双向流和单向流有各自不同的用途。

在大多数网络环境中,IP 流根据流规范中不同的协议类型可以大致分为三类:TCP 流、UDP 流和 ICMP 流,其他传输层协议类型的流所占比率极其微小。应用层协议承载于 TCP 和 UDP 协议,因此针对本章的应用识别关注点,且保证和国内外研究的一致性,除非特别说明,将待识别的 IP 流限定为由五元组流规范和 64 秒超时定义的双向流,且仅包含 TCP 流和 UDP 流。在以后的论述中,除非特别说明,否则所指的流和 IP 流的定义是等同的。

**定义 8.2** 测度(Metric)又称为行为特征或者行为属性,指 IP 流在实际网络交互过程中所表现出的一系列行为特征,如流的持续时间,报文的间隔时间,流内的报文总数等。

**定义 8.3** 流记录(Flow Record)指包含了一系列流测度取值和流标记的流属性摘要。

**定义 8.4** DFI(Deep Flow Inspection)指根据不同应用流的行为特征来识别不同的应用。该方法主要基于不同的网络应用拥有不同的流行为特征,如报文的时间间隔,流的持续时间,报文的平均长度等,根据这些特征来区分不同的应用类别。

**定义 8.5** 应用分类(Application Classification)指将指定的网络 IP 流与产生流量的应用程序相对应的过程。在流量分类过程中,假设在时刻 $t$ 学习算法 $L$ 由一个集合的标记样本 $\{X_0, \cdots, X_t\}$ 表示,其中,$X_i$ 是一个 $d$ 维的特征向量,且每一个实例有一个对应的类标签 $y_i$。给定一个没有打标记的样本 $X_{t+1}$,学习算法给 $X_{t+1}$ 一个类标记。一旦标记被预测,假设正确的标签 $y_{t+1}$ 和新测试实例 $X_{t+2}$ 变得可以用于测试。此外,将在时刻 $t$ 生成实例的隐藏函数 $f$ 记作 $f_t$。

### 8.1.2 背景研究

(1) 基于 DPI 的流量分类方法

2000 年以前,网络承载的应用比较单一,基本采用固定的传输层端口号,并且均在 IANA

进行注册[2]，例如 HTTP 使用 80 号端口，为 Web 应用；SMTP 使用 25 号端口；POP3 使用 110 端口号，为 Email 应用；DNS 采用 53 号端口号。基于端口号的流量识别方法主要是通过互联网编号分配机构（Internet assigned numbers authority，IANA[2]）提供的固定端口号来识别流量类型。基于端口号识别应用协议的方法只需要知道端口信息，识别速度快，且如果每个协议都和其端口号进行正确关联，方法的扩展也十分容易。但是，随着互联网的发展，尤其是 P2P 应用的出现，随机端口被广泛采用，基于端口号识别网络应用类型的方法越来越受限：

● 一些常规协议可能采用非常用端口，从而绕开操作系统的访问限制。例如，一些没有特殊权限的用户可能在非 80 端口上运行 Web 服务器。

● 私有和非标准的协议越来越多，且大多都采用随机的端口。例如，BitTorrent、eDonkey 等 P2P 协议。

● 由于防火墙等访问控制技术不允许未授权的端口访问，因而很多协议采用常用端口以绕开防火墙的封堵。例如，很多非 Web 应用程序（例如迅雷）采用 80 端口以绕开那些不过滤 80 端口流量的防火墙。

基于以上多种原因，基于常用端口号识别应用协议的方法的准确性严重下降。2005 年，Moore 等人[3]证实使用 IANA 注册列表进行端口号的流量识别，其准确率只有 50%～70%。Madhukar 等人[4]通过实验表明使用端口号的流量分类方法，有 30%～70%的流量无法识别。

为了避免对端口号识别的完全依赖，目前很多的产品利用有状态的会话重建和每个分组内容的负载信息来识别。随着基于传输层端口号的方法的分类准确率越来越低，研究人员开始转向研究基于报文载荷内容的分类方法。检查每个分组的负载信息，并匹配特征字段，如果匹配，则认为属于该业务类型，称之为深度报文检测（DPI，Deep Packet Inspection）。

基于报文载荷的流量分类方法主要是通过分析包的有效负载是否包含已知应用程序的特殊关键字来进行流量识别。例如，P2P 应用中的 BitTorrent 协议可以使用“0x13BitTorrent”特征字符串在应用层载荷开头处进行匹配识别[5]。该方法的识别结果具有较高的分类准确率。Sen 等人[6]通过分析 P2P 应用的应用层载荷内容对其进行分类，将分类结果的 FN（假负率）和 FP（假正率）降低至实验总结果的 5%以下。Moore 和 Papagiannaki 使用一个结合了基于端口和基于有效负载的技术来识别网络应用。分类步骤从检查一个流的端口号开始。如果没有知名端口号被使用，流就被传递到下一个步骤。在第二个阶段，第一个包被检查来判断它是否包含一个知名协议。如果这些测试失败，则协议签名的流的头 1KB 被检查。那些在这个步骤之后还没被分类的流需要检查整条流的有效负载。结果显示端口信息可以正确分类总字节数的 69%，加上每个流的头 1KB 信息检查，正确率增加到 79%。高正确率可以通过检查还没被分类的流的整个有效负载来实现。尽管该方法的识别结果具有很高的可靠性，但是签名的获取和更新需要较高的存储和处理能力[7]。基于负载的识别方法不依靠固定的端口号，但随着互联网的快速发展，基于应用层载荷内容识别应用协议的方法在实际使用时仍出现了很多无法忽视的缺陷：

● 基于基于报文载荷的算法需要不断地跟踪待识别协议的发展，当协议规范发生变化或者新协议出现时，需要重新寻找关键字段，灵活性很差。同时，随着目前网络应用协议的复杂化和多元化，这样的更新会越来越频繁与复杂。

● 对于私有协议，前期需要采用相应的方法发现其特征字段，耗费大量的人力、物力。例如大多数 P2P 协议。

● DPI 方法需要分析应用层载荷内容，侵犯了用户隐私。

由于以上原因，基于报文负载识别不同网络应用协议的方法在实际应用中越来越受限，并且该方法只适用于识别已知应用协议特殊关键字的特定应用协议，而无法识别新的未知的应用协议。

(2) 基于 DFI 的流量分类方法

之前的技术需要深入包检查内容(有效负载和端口号),再根据得出的信息识别业务,新的途径是基于流量的统计特征来识别应用。DFI(Deep Packet Inspection)对流量特征属性进行抽取并采用机器学习的方法进行训练和分类识别,这种方法无需知道与端口号有关的信息,因而不会受到端口号的错误引导,并且无需解读数据包负载内容,克服了深度报文检测有关隐私和加密的问题。基于 DFI 的机器学习流量识别方法主要利用网络流量统计特征属性来构建相应的函数模型,将数据集划分成不同应用协议类别。主要识别方法的定义如下:$F < f_1, f_2, \cdots, f_n >$ 为网络流的集合,流的数目为 $n$ 个,每条流 $f_i$ 由属性向量进行描述 $f_i < a_{i1}, a_{i2}, \cdots, a_{im} >$,其中 $m$ 为属性向量中属性的数目,$a_{ij}$ 表示第 $i$ 条流的第 $j$ 个特征属性的值。流属性特征如报文的间隔时间,报文的长度,流的持续时间等。基于 DFI 的机器学习流量识别方法的核心就是构建一个分类器,将一个具体的 $n$ 维的属性向量 $F$ 映射成 $t$ 维的网络应用类型向量 $C$ 的一个元素。基于机器学习的流量分类方法克服了 DPI 技术的缺陷,能够识别加密的流量以及 Http tunnel 等流量。

机器学习主要包括两个过程,即分类模型的建立和分类。首先通过训练数据和机器学习算法训练一个分类器,然后用该分类器对测试数据进行分类。基于机器学习的分类方法主要包括三类:无监督学习、有监督学习和半监督学习。本章主要叙述有监督学习分类方法的研究现状。

无监督学习对没有标记的网络流样本进行学习,根据流之间各个特征分布的相似程度将所有流量进行分类,特征取值分布相似的流归为一类;聚类完成后再使用其他方式(例如端口检查、应用层载荷检查等)判定每类中的流所属的应用协议类别。但是,聚类方法本身并不能解释为什么流量会进行这样的归类。该类方法一般用于分类没有先验知识、没有训练集,对应用类别进行初步探索的情形。但其当聚类之后的检查发现某类中存在多种应用协议时,类标号的确定以及方法准确率的计算都是较难解决的问题。Erman[8]等人采用无监督的 K - Means 算法,以平均报文间隔时间、流持续时间、平均报文长度等为特征值,对网络的核心流量(例如 P2P, Web, FTP 等)进行识别,实验结果表明该方法的流分类准确率可以达到 95%。

有监督学习必须基于有标记的样本集合。有监督学习使用该标记样本集合总结出各个应用类别所固有的行为测度分布特性,建立相应的协议行为特征模型;然后依据待识别流的行为特征取值使用已训练完成的模型标识相应的应用协议。相比较于无监督学习方法,有监督学习只是将人工确定协议标号的工作提前到分类之前,本质上并没有增加人工的工作量,并且其具有分类速度快、可解释性强、错误率分析简单等优点,因而被大多数应用协议识别研究所采用。William 等人[9]比较了离散的朴素贝叶斯、朴素贝叶斯核、C4.5 决策树、贝叶斯网络、贝叶斯树这五种机器学习算法。实验结果表明,在分类准确率上,除了朴素贝叶斯核算法,其他四种算法均可达到 90%分类准确率,但是计算性能上各个算法相差较大,其中 C4.5 算法速度最快。

半监督学习是一种将有监督学习与无监督学习结合的一种方式。在实际应用中,有标记的样本数量较少,并且标记的代价过高,而大量的未标记数据容易获取,因而半监督学习充分利用少量有标记数据来标记大量未标记数据。Erman 等人[10]首次将半监督学习分类方法用于网络流量分类,分类器可以不断迭代学习,该方法可以识别未知应用和行为有变化的应用,实验结果表明该方法具有较高的分类准确率。

### 8.1.3　研究意义

DPI(Deep Packet Inspection)是一种基于应用层的识别方法,该方法通过获取应用层报文载荷内容来分类不同的网络应用。由于该方法分析报文有效载荷中包含的特殊关键字来区分不同的应用类别,因而具有较高的分类准确率。随着应用的不断出现以及加密隐私协议的逐渐增多,DPI 方法在实际中出现了很多不可忽视的缺陷:资源消耗高,由于该方法需要逐个报文的匹配待识别协议的特殊关键字,因而该方法具有较高的时间复杂度与空间复杂度,并且随着待识别协议数量的不断增长,该方法的分类效率有待提高。基于报文载荷的方法需要不断追踪待识别协议的发展,当待识别的协议发生变化或者新的协议出现时,需要重新识别协议关键字段,灵活性较差,随着应用协议不断复杂化和多元化,这样的更新将更加的频繁与复杂;该方法对于加密协议的识别能力较弱,并且需要分析应用层的载荷内容,涉及用户的隐私问题。

基于 DPI 方法的局限性,文中主要采用 DFI 的流量分类技术进行相应的研究。DFI 方法是一种基于不同应用的不同流量行为特征进行流量识别的技术。该方法无需分析报文负载内容,因而不会涉及用户隐私问题。相比较于 DPI 方法,DFI 方法具有以下优势:DFI 主要基于流的统计特征来进行相应的流量识别,因而对于加密报文或者隐私协议仍然有效。该方法只需要对 IP 包传输层以下内容进行分析,无需分析应用层负载,因而效率更高。维护成本相较于 DPI 低,无需频繁改变基于流的统计特征的分类模型就可以识别不同的应用类型。

目前,基于统计特征(DFI)的机器学习方法应用广泛,大量的文献提出了基于流的统计特征的流量分类方法,提高了该方法的分类性能。但是,仍然存在一些有待解决的问题:

(1) 应用识别问题在很大程度上依赖于其所选用的特征,对特征选择的片面理解可能会将无用的和错误的特征引入分类和识别过程中,从而增加识别过程的噪声,影响识别的准确性。虽然大量文献都提出了特征指标,但是最能体现不同应用类别间特点的特征偏少,对网络流量行为特征的认识还有进一步完善的空间。

(2) 基于统计特征的流量分类方法通常以获得高的总体分类准确率为优化目标,而忽略网络流量数据所具有的多类不平衡特性,使得分类性能往往偏向大类,而忽视小类。在网络流量中,有些小类属于重量级应用,占有大量的字节,其分类性能关乎网络规划及带宽资源分配;有些小类应用属于命令流、实时通信流等,其分类性能关乎通信的可靠性及服务质量。如何提高小类的分类性能也是目前研究的热点。

(3) 由于流量特征和分布随着时间的推移或者环境的改变而发生变化,使得基于统计特征的机器学习分类方法很难保持稳定的分类性能,并且在概念漂移环境下,小类的分类性能严重下降。因此如何在概念漂移环境下保持分类器的分类性能,并且提高小类的流准确率和字节准确率也是一个巨大的挑战。

## 8.2　流特征选择方法

当前,基于统计特征的流量分类方法是最常用的,主要通过采集流量的行为特征属性,使用机器学习方法进行分类[11]。尽管该方法可以克服基于端口和深度包检测方法的不足,但是特征属性中包含的冗余和不相关特征会增加模型复杂度,降低模型可信度,导致分类效果和效率同时下降。目前,由于对应用协议缺乏准确的认识,使得流量分类方法效果欠佳。而且当前的研究局限在使用各自已有的分类算法,对于流量分类领域并没有从本质上分析哪些行为特征是应用协议的特征以及缺乏判断网络协议行为特征的方法,相关的研究工作缺乏完整性和规范性,因而特征选择方法至关重要。

针对以上问题,本章提出了一种混合特征选择算法。该方法首先通过选择性集成方法集成多个不同特征选择方法的优势,以获得比单分类器更稳定的特征子集。然后采用启发式序列搜索方法剔除不相关的冗余的特征，有效提高特征子集的稳定性。

### 8.2.1 特征选择方法

(1) 流特征选择过程

流的特征主要包括两个方面，时间维度上的流行为特征(如流持续时间，报文间隔时间等)和空间维度上的流行为特征(如端口号，流内报文总数，平均报文长度等)。某个应用协议的行为特征是指该应用协议在实际的网络交互过程中与其他应用协议表现不同的行为特征的分布。

为了更好地识别不同的应用协议，需要了解不同应用协议特征分布的差异，并且研究不同应用协议的行为特征。如果某些特征无论采用何种特征选择算法都无法区别不同的应用协议，即这些特征在协议间分布相似，则特征选择算法无需将此类特征作为区别不同协议的依据。如果某些特征在各个不同应用协议间差别较大，即该特征可以很好的区分不同的应用协议，则应该更进一步分析这些特征的分布情况，并且根据这些特征的分布有针对性地选择或者提出合适的特征选择算法，从而提高流量识别的整体分类准确率。通过对不同应用协议的流行为特征的分析，有助于找出识别不同应用协议的全局最优特征集合，从而提高应用协议的整体分类准确率及更进一步了解各个协议特征之间的分布的不同情况，有助于进一步划分不同的应用协议类别，从而更细粒度的区分不同的应用。

图 8.1 展示了特征选择的一般性过程，首先将原始数据集根据一定的策略搜索规则产生不同的搜索子集，将产生的搜索子集采用一定的评估策略进行评估并获得相应的评估值，然后将评估值与停止准则的阈值进行比较，如果特征子集的评估值高于指定的阈值，则搜索过程结束，当前获得的特征子集为最优子集，下一步将最优子集进行验证；如果特征子集的评估值低于指定的阈值，则原始数据集重新产生新的特征子集，进行下一次迭代。由上述可知，该过程包括四个主要部分，即产生过程、评价过程、停止准则、验证过程。其中，产生过程是搜索特征子集的过程，评价过程是评估特征子集的过程，停止准则为一个指定的阈值，用于与特征子集的评估值进行比较，验证过程是验证特征子集的有效性。

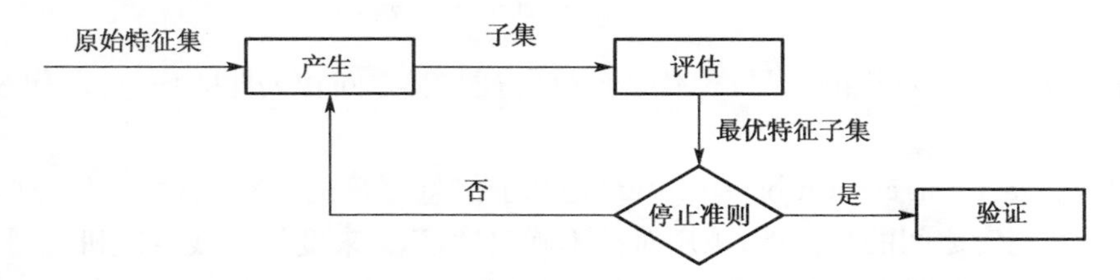


**图 8.1 特征选择一般过程**

(2) 特征选择模型

目前，特征选择算法主要包括两种：Filter[12]模型和 Wrapper 模型[13]。其中 Filter 模型主要考虑通过评价函数来完成对所有训练数据的属性区分，一般用作预处理与后续的机器学习算法无关，该方法速度快，但是评估结果与后续的学习算法的性能偏差较大。而 Wrapper 模型采用分类器的错误概率作为评价机制来完成属性的区分，该模型利用属性的后续的学习算法，因而偏差较小但是计算量大，所以不适用于样本数目大的训练数据集。

下面分别对 Filter 和 Wrapper 方法进行分析。

**Filter 模型**。Filter 模型中 Ranking 算法只针对单个属性测度之间相关度有很好的评估。而子集搜索算法是对每组选择的子集进行评估，选择出最好的一组作为选择的测度。子集搜索算法最常见的有三种：基于一致性子集搜索算法；CFS 算法；FCBF 算法。

基于一致性子集搜索算法：此算法在评估特征子集的同时选择最优子集。最优子集是能识别实例的特征的最小子集，它与完整特征集合一样可以识别不同类的样本。一个给定模式的所有实例应该表示同一类别。如果同一模式的两个实例表示不同类别，则该模式被认为是不一致的。模式 $p$ 的不一致性表示为：

$$IC_p = n_p - c_p \tag{8.1}$$

其中，$n_p$是模式的样例数目；$c_p$是 $n_p$ 个样例中占半数以上实例的样本数目。特征子集 $S$ 的总不一致性是模式不一致性的总和与模式实例 $n_s$ 的总和的比值，即

$$IR(S) = \frac{\sum_p IC(p)}{n_s} \tag{8.2}$$

整个特征集被认为有最低的不一致性，子集最相似或与最优子集相等。

CFS 算法(correlation-based feature selection)是通过属性特征之间的相关程度来度量属性特征的贡献。贡献度高的子集即为属性特征和类别之间具有高的相关性而属性特征之间具有低的关联性的属性集合。特征必须是离散的随机变量，如果是数值型变量，需要首先执行指定的离散化方法来获取离散化。条件熵用来刻画属性特征和类之间相关性的度量单位。

假设 $T(X)$是特征 $X$ 的熵，$T(X|Y)$表示 $Y$ 条件存在时，出现 $X$ 的熵概率，用对称不确定性公式表示为：

$$C(X \mid Y) = \frac{T(X) - T(X \mid Y)}{T(Y)} \tag{8.3}$$

子集的贡献度则表示为：

$$D_{subset} = \frac{n\bar{r}_{ci}}{\sqrt{n + n(n-1)\bar{r}_{ii}}} \tag{8.4}$$

其中，$n$ 表示子集的属性特征的数目；$\bar{r}_{ci}$ 代表属性特征与类之间相关性的均值；$\bar{r}_{ii}$ 代表属性之间相关性的均值。

FCBF 算法(fast correlation-based filter)是基于信息度量的一种属性选择算法，利用相关系数来分析属性测度之间的相关性，采用对称不确定性(SU)来度量非线性随机变量 $X$ 和 $Y$ 之间的相关关系，其中，$X$ 和 $Y$ 之间的对称不确定性可以表示为：

$$SU(X,Y) = 2[IG(X \mid Y)/(H(X) + H(Y))] \tag{8.5}$$

其中，$H(X)$和 $H(Y)$是信息熵；$IG(X|Y)$是信息增益；$SU \in [0,1]$。FCBF 算法的基本思想是通过 $C$ 相关性(特征与类别之间的相关性)的值来衡量特征与应用类别之间相关程度，依靠 $F$ 相关性(特征之间的内部相关性)来度量特征之间的冗余性。剔除小于某常量阈值 $C$ 相关性的属性，最后对余下的属性进行冗余性分析。

**Wrapper 模型**　Wrapper 模型中将特征选择过程作为机器学习的一个部分，并且根据机器学习的分类结果来判断特征的重要性，最终将该过程选择的特征运用于构造新的分类器。因为该过程直接将具有较高分类性能的特征选取出来并且用于最终分类模型的构建，因而最终构建的分类模型可以取得较高的分类准确率。由于该过程与后续的学习算法直接相关，该方法的分类效率与 Filter 方法相比较差，但是它所选择的全局最优特征子集的数量相对而言要小很多，因而有利于关

键特征的识别;它的分类精度较高,但泛化能力比较差,且具有较高的时间复杂度。

此方法由于算法效率和在高维度的属性空间需要很大的计算负载和时间负担,因此此模型并非对所有的算法都适合。特征选择方法需要搜索算法在特征空间中产生候选子集。常用的搜索技术有 Greedy, best first,Genetic 等。Greedy 方法是采用贪心搜索算法,考虑通过加入或移除特征把现有子集改成当前子集的策略。给定一个特征集,Greedy 搜索通过加入特征或是移除特征检测所有可能的子集,最高性能的子集代替次优的子集,重复此步骤,直到不能改进为止。best first 和 Greedy 方法相似,产生新的子集并加入特征或移除特征。它是根据子集选择路径来开发不同的可能性,从而进行回溯,直到不能改进为止 Genetic 方法是通过寻求一个使用进化概念的最优的解决方法。一个原始群体被随机或启发式产生,在每个进化阶段,在现有群体的个体被解码并根据一些预定义的质量标准进行评价。为形成下一代,个体根据适应性被选择。群体选择模式确定最优的个体留下来进行继续生存,不适合的个体被淘汰。

目前,在流量识别研究领域特征选择算法仅限于对过多流的统计特征属性进行特征选择以提高分类识别的准确度以及分类效率,例如,MOORE 数据集采用 FCBF 特征选择算法对 248 种特征进行选择。虽然特征选择算法在机器学习和数据挖掘领域已有很多的研究,如基于信息增益的方法、基于相关关系的方法、基于相关性的 FCBF 方法和基于一致性的方法等。但这些方法在应用于实际网络环境的应用协议识别时,仍然存在一些缺陷:

● 当前方法主要是为了样本分类,因而如果分类的数据集发生改变则需要采用特征选择方法重新选择新的特征,该过程具有很高的复杂度并且缺乏灵活性。

● 当前的方法仅根据单个特征识别应用协议类别的效果,而忽视了类别之间的相关性,因而无法获得全局最优特征子集。

● 还有一些方法,比如信息增益,如果训练数据集的不同应用类别样本数目比例不同,则对该方法的结果产生很大影响,因此对于样本数据集的要求较高。

● 当前的方法常常根据多个特征的统计结果的比较获得特征的重要性排序,如果仅有单个特征,无法判断该特征能否很好的识别不同的应用协议类别。

在应用协议识别的研究领域,分析不同网络应用协议的流行为特征从互联网发展开始一直都是网络测量的研究重点之一,通常每种新协议的广泛使用都会产生大量对该协议的相应研究。自从上世纪 90 年代开始,Web 流量开始占据主导位置,这阶段的研究主要针对于 Web 流量的平均流长度、流的持续时间、平均报文大小等特征的分析[14]。自从 2000 年以后,随着新兴应用的不断出现,对各类应用流量行为特征的研究文献也越来越多。Dewes 等人[15]对 Web-chat、IRC-chat 等网络聊天系统的流行为进行了分析,主要包括平均报文大小、流间隔时间,报文的总长度等特征的分布,其中也包括了与网络聊天应用具有相似报文长度分布的其他应用协议。Jacobus 等人[16]对 MMX 和 Real 视频流量的行为进行了研究,主要分析了其传输层协议分布,time-of-day 特性以及流长度分布等,并对其中的异常现象做了详细讨论。Krishna 等人[17]主要研究了的各种 P2P 协议,尤其是对 P2P 文件共享协议进行了深入细致地分析,其中包括了各种流的行为特征、主机的行为特征、主机地理位置的分布等特性。Schneider 等人[18]对 Web 2.0 的流量行为和较传统 Web 行为的不同点进行了细致的分析。

由于特征是相对的,在不同时间或地点的网络环境中,流量行为可能存在着巨大差异,协议行为特征也可能随时间或地点的改变而发生变化。因此,相较于简单分析某网络环境下的协议行为特征,研究应更深入地着重讨论特征分析方法本身,使得特征分析方法更具准确性和通用性,适应于任何网络环境中的协议行为特征分析。

针对上述存在的不足,本章提出了一种混合特征选择方法[19]。该方法主要由两部分组成,

第一部分采用选择性集成方法，集成多个特征选择算法，获得比单个分类器更稳定的最优特征子集。第二部分将第一部分选择性集成所得的特征采用启发式搜索，剔除冗余和不相关特征。最终，将机器学习获得的准确率最高的特征子集作为全局最优特征子集。实验结果表明该方法可以有效剔除冗余与不相关特征，获得稳定的特征子集。

## 8.2.2　混合特征选择

当前网络上新应用不断出现，每个应用都有其独特的流统计特征。流统计特征和分布随时间和环境变化发生概念漂移，使得特征选择方法难以获得稳定的特征子集。此外，流特征属性中包含的冗余和不相关特征会增加模型复杂度、降低模型可信度，导致分类效果和效率同时下降[20]。比如，端口号、流持续时间和平均报文大小的区分性明显，而平均报文数、实际接收到的字节数等特征针对某些应用可能区分性不足。因此，有必要选择稳定的特征子集使得分类模型能在很长一段时间维持稳定的分类准确率。

混合式特征选择方法先对流统计特征进行多种特征选择方法，再采用 Wrapper 方式根据 C4.5 决策树二次搜索最优特征子集，该方法可以有效剔除冗余和不相关特征，获得特征较少且稳定的最优特征子集。该方法主要由两部分组成，流程图如图 8.2 所示。第一部分采用多个特征选择算法获取多个特征子集，然后将这些特征子集根据评价指标进行排序，剔除不满足特定指标的特征，将满足要求的指标进行集成。第二部分采用 C4.5 算法评估改进的 SFS(Sequential Forward Selection，序列向前选择算法)产生的特征子集，当增加特征时分类准确率下降，则该过程终止，以此获取全局最优特征子集。

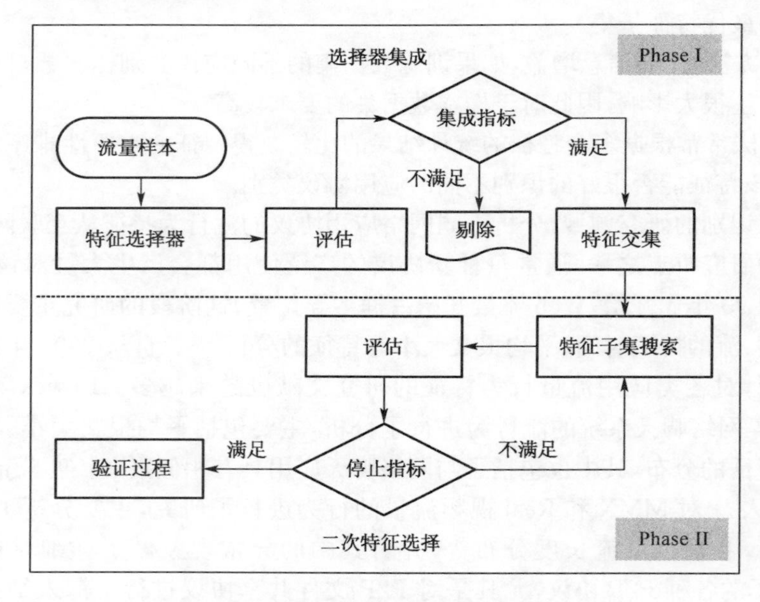


**图 8.2　混合特征选择流程图**

(1) 选择性集成方法

选择性集成方法采用多种特征选择算法，将获得的特征子集进行有选择的结合以获得比集成所有的方法更好的结果[21]。假设有 $m$ 个特征属性，这 $m$ 个特征属性的期望输出为 $D=\{d_1, d_2, \cdots, d_m\}$，其中 $d_j$ 代表第 $j$ 个特征的期望输出。第 $i$ 个特征选择方法的真实输出为 $f_i=\{f_{i1}, f_{i2}, \cdots, f_{im}\}$，$f_{ij}$ 表示第 $i$ 个特征选择方法在第 $j$ 个属性上的真实输出。$D$ 和 $f_i$ 满足 $d_j \in \{-1, +1\}(j=1,2,\cdots,m)$ 且 $f_{ij} \in \{-1, +1\}(i=1,2,\cdots,N; j=1,2,\cdots,m)$。如果第 $i$ 个特

征选择方法在第 $j$ 个特征属性上的特征选择的期望输出与实际输出相同，则 $f_{ij}d_j=+1$，否则 $f_{ij}d_j=-1$。因而，第 $i$ 个特征选择方法在第 $j$ 个特征属性上的泛化误差如下：

$$E_i=\frac{1}{m}\sum_{j=1}^{m}Error(f_{ij}d_j) \tag{8.6}$$

其中，$Error(x)$的定义如下：

$$Error(x)=\begin{cases}1 & if\ x=-1\\ 0.5 & if\ x=0\\ 0 & if\ x=1\end{cases} \tag{8.7}$$

$Sum=[Sum_1,Sum_2,\cdots,Sum_m]$，其中 $Sum_j$ 代表所有特征选择算法在第 $j$ 个特征属性上的实际输出的和。

$$Sum_j=\sum_{i=1}^{N}f_{ij} \tag{8.8}$$

第 $j$ 个特征属性的集成输出如下：

$$\hat{f}_j=Sgn(Sum_j) \tag{8.9}$$

其中 $Sgn(x)$的定义如下：

$$Sgn(x)=\begin{cases}1 & if\ x>0\\ 0 & if\ x=0\\ -1 & if\ x<0\end{cases} \tag{8.10}$$

由上述公式可知，$\hat{f}_j\in\{-1,0,+1\}(j=1,2,\cdots,m)$。如果多个特征选择算法的在第 $j$ 个特征的集成输出结果与实际输出结果相同，则 $\hat{f}_jd_j=+1$，如果集成的期望输出与实际输出结果不同，则 $\hat{f}_jd_j=-1$，如果无法预测则 $\hat{f}_jd_j=0$，比如有六个特征的选择算法，其中三个为$+1$，另外三个为$-1$。集成泛化误差的定义如下：

$$\hat{E}=\frac{1}{m}\sum_{j=1}^{m}Error(\hat{f}_jd_j) \tag{8.11}$$

现在假设第 $k$ 个特征选择算法从集成方法中剔除，则集成方法在第 $j$ 个属性上的输出为：

$$\hat{f}'_j=Sgn(Sum_j-f_{kj}) \tag{8.12}$$

且新的集成方法的泛化误差为：

$$\hat{E}'=\frac{1}{m}\sum_{j=1}^{m}Error(\hat{f}_jd_j) \tag{8.13}$$

根据公式(8.11)和公式(8.13)可知，如果$\hat{E}'$的值高于$\hat{E}$的值，则公式(8.14)成立，说明从集成方法中剔除第 $k$ 个特征的选择算法的效果要比保留第 $k$ 个特征的选择算法的效果好。

$$\sum_{j=1}^{m}\{Error(Sgn(Sum_j)d_j)-Error(Sgn(Sum_j-f_{kj})d_j)\}\geqslant 0 \tag{8.14}$$

当 $|Sum_j| > 1$ 时，从集成方法中剔除第 $k$ 个特征选择算法不会影响集成方法对第 $j$ 个特征的输出结果，结合 $Error(x)$ 与 $Sgn(x)$ 函数可知：

$$Error(Sgn(x)) - Error(Sgn(x-y)) = -\frac{1}{2}Sgn(x+y) \tag{8.15}$$

并且

$$\sum_{j \in \{j \mid |Sum_j| \leqslant 1\}}^{m} Sgn((Sum_j + f_{kj})d_j) \leqslant 0 \tag{8.16}$$

明显公式(8.16)满足结果。

由上述的理论分析结果可知，集成部分特征选择算法比集成所有的特征选择算法可以获得更好的特征属性。首先根据评估指标对特征选择算法进行排序，然后剔除不满足评估指标的特征选择算法，对满足评估指标的特征选择算法所选择的特征子集求并集，计算所选择的特征的频度，将频度过低的特征剔除，最终将剩余特征作为选择性集成的输出结果。

(2) 启发式搜索方法

将选择性集成获取的特征进行简单的组合容易存在冗余特征，无法获取最优特征子集。如果特征集合中含有 $n$ 个特征，那么该集合有 $2^n-1$ 个特征子集，而搜索方法就是从这些特征子集中寻找最优的特征子集。序列向前选择(Sequential Forward Selection，SFS)就是特征子集 $X$ 从空集开始，每次选择一个特征 $x$ 加入特征子集 $X$，使得特征函数 $J(x)$ 最优。即每次都选择一个使得评价函数的取值达到最优的特征加入，其实这就是一种简单的贪心算法。缺点是只能加入特征而不能去除特征。因而，本章改进了序列向前搜索方法，每次从未选入的特征中选入一个特征，并且将该特征加入与已选特征进行组合，评估此时的 $J$ 值，当增加特征 $J$ 值不再增加时，搜索过程结束。

具体过程如表 8.1 所示。假设初始时的特征 $F=\{f_1,f_2,f_3,f_4\}$，首先分别计算单个特征的评估值，获得的单个特征的最优特征子集为 $f_3$，然后分别将 $f_1,f_2,f_4$ 与 $f_3$ 组合获得相应的评估值，此时获得的最优特征子集为 $f_2f_3$，将 $f_1,f_4$ 分别与 $f_2f_3$ 组合获取相应的评估值，发现此时增加特征获得的评估值均小于 $f_2f_3$ 组合获得的评估值，迭代过程结束，最终获取的最优特征子集为 $f_2f_3$。因为该过程一直进行到最大评估值 $J$ 值降低为止，因而该方法可以避免搜索整个特征空间，并且整个过程的时间复杂度 $\leqslant n(n-1)/2$。

**表 8.1　SFS 搜索过程**

| 迭代次数 | 当前特征子集 | 评估值 | 最优特征子集 |
|---|---|---|---|
| 1 | $f_1$ | 30 | $f_3$ |
|  | $f_2$ | 20 |  |
|  | $f_3$ | 35 |  |
|  | $f_4$ | 25 |  |
| 2 | $f_1f_3$ | 40 | $f_2f_3$ |
|  | $f_2f_3$ | 50 |  |
|  | $f_3f_4$ | 45 |  |
| 3 | $f_1f_2f_3$ | 40 | Stop($f_2f_3$) |
|  | $f_2f_3f_4$ | 45 |  |

(3) 混合特征选择方法

算法1描述了混合特征选择的具体流程，其中输入包括网络流数据和5种特征选择算法。这五种算法包括相关性、距离、信息增益和一致性度量这些度量指标的代表算法，分别为FCBF，InfoGain，GainRatio，Chi-square和Consistency。其中FCBF基于信息度量的一种属性选择算法，利用相关系数来分析属性测度之间的相关性。InfoGain根据与分类有关的每一个属性的信息增益进行评估。GainRatio根据与分类有关的每一个属性的增益比进行评估。Chi-square根据与分类有关的每一个属性的卡方值进行评估。Consistency根据利用属性子集进行分类时得到的分类值的一致性进行评价。

第1～7行是第一部分选择性集成过程。其中，第1～3行获取五种特征选择算法分别获得的特征子集。第4行评估五个特征子集，获取相应的评估值。第5行根据评估值获取排在前三的特征子集。第6行计算每个特征的频度并获取满足频度要求的特征。第7行返回选择性集成获取的特征子集，提供给第二部分启发式搜索。但是在此过程获得的特征子集可能存在冗余特征，降低了分类器的分类性能。第8～17行为第二部分启发式搜索过程，主要用于剔除第一部分产生的冗余特征。第10行将每一个未选中的特征分别加入已选中的特征构成特征子集。第11行计算当前特征子集的评估值。第12行返回当前迭代过程中评估值最高的特征子集。第13行将加入最高评估值的特征子集中的特征从未选中的特征集中剔除。第16行返回最终获取的拥有最高评估值的特征。第17行返回全局最优特征子集。

```
算法1:混合特征选择
输入:
S:网络流量数据集
T:5种特征选择方法
输出:
全局最优特征子集
1:for t_i in T do  //BPart 1 选择性集成
2:      SubFeature[i] = GetOptimalSubFeature(S);
3:end for
4:β= Evaluate(SubFeature);
5:T =GetTopThree(β);  //获取评估值前三的特征选择算法
6:F = GetTopFeatureFrequency(T);  //获取满足频度的特征
7:return F;                    // Part 1 finish
8:do  //Part 2 启发式搜索
9:     for f_i in F do
10:       Subset = GenerateSubset(F);
11:       Value = Evaluate(Subset);
12:       Subset[best] = FindBestSubset(Value); //获取评估值最高的特征子集
13:       F -= f_i;
14:while  Max(Value) < max //增加特征,评估值不在增大,搜索结束
15:end while
16:Subset[Optimal]= FindOptimal(Subset[best]);  //获取评估值最高的特征子集
17:return Subset[Optimal]          // Part 2 finish
```

## 8.2.3　实验结果分析

本实验采用Moore数据集[22](MS)和CNT数据集作为实验数据集，其中，Moore数据集是Moore等人在互联网的同一个节点处通过几个不同的时间段随机抽样产生的。在24 h的测量时间内，通过结点的每个全双工流量均被相应的设备收集。因而原始数据集中包含了24 h内流经该节点的所有全双工流量，包括12个应用类别，248个特征。CNT数据集是采用tcpdump抓取华东(北)网络中心16个C类地址约30 GB的双向全报文数据，实验中采用的CNT数据集共包含

48 000个完整的双向流网络流样本，被分为六类，分别为 Bittorrent(121)，Flash(2 184)，HTTP(43 397)，ICMP(223)，QQ(494)，SSL(1 581)。Moore 各应用类别的信息如表 8.2 所示。

**表 8.2　Moore 数据集**

| 类别 | MS1 | MS2 | MS3 | MS4 | MS5 |
|---|---|---|---|---|---|
| WWW | 18 211 | 18 559 | 18 065 | 19 641 | 18 618 |
| Mail | 4 146 | 2 726 | 1 448 | 1 429 | 1 651 |
| FTP-Control | 149 | 100 | 1 861 | 94 | 500 |
| FTP-PASV | 43 | 344 | 125 | 22 | 180 |
| ATTACK | 122 | 19 | 41 | 324 | 122 |
| P2P | 339 | 94 | 100 | 114 | 75 |
| DATABASE | 238 | 329 | 206 | 8 | 0 |
| FTP-DATA | 1 319 | 1 257 | 750 | 484 | 248 |
| Multimedia | 87 | 150 | 136 | 54 | 38 |
| SERVICES | 206 | 220 | 200 | 113 | 216 |
| INTERACTIVE | 3 | 2 | 0 | 2 | 1 |
| GAMES | 0 | 1 | 0 | 0 | 0 |

表 8.3 列出了混合特征选择所选择出全局最优特征子集，MS 数据集有服务器端口号、服务器端的初始窗口发送字节的大小、客户端的初始窗口发送字节的大小以及客户端 IP 报文平均字节数目四个特征，CNT 数据集有服务器端口号和丢失字节数目两个特征。

**表 8.3　混合特征选择所选特征子集**

| 数据集 | 特征 | 特征描述 |
|---|---|---|
| MS | Server Port | 服务器端口号 |
| | Initial-window-bytes_a_b | 服务器端初始窗口发送字节大小 |
| | Initial-window-bytes_b_a | 客户端初始窗口发送字节大小 |
| | Mean-data-ip-b_a | 客户端 IP 报文平均字节数目 |
| CNT | Server Port | 服务器端口号 |
| | Missed data | 丢失字节数目 |

本章采用混合特征选择方法(MF)在 MS 数据集和 CNT 数据集上进行特征选择，并且采用朴素贝叶斯算法(Naive Bayesian)作为分类算法，与五种常用的特征选择算法 FCBF，InfoGain，GainRatio，Chi-square，Consistency 进行对比，获得的分类准确率如表 8.4 所示。

**表 8.4　分类准确率**

| 数据集 | MF | FCBF | InfoGain | GainRatio | Chi-square | Consistency |
|---|---|---|---|---|---|---|
| MS1 | 97.6 | 96.5 | 96.0 | 91.6 | 96.9 | 47.0 |
| MS2 | 99.0 | 94.8 | 96.4 | 88.8 | 97.3 | 97.1 |
| MS3 | 98.7 | 96.6 | 97.8 | 19.9 | 97.5 | 90.0 |
| MS4 | 97.7 | 93.1 | 96.8 | 89.5 | 97.5 | 95.3 |
| MS5 | 97.6 | 91.9 | 97.2 | 91.4 | 97.3 | 96.3 |
| CNT | 87.0 | 81.8 | 83.0 | 83.1 | 83.1 | 82.4 |

从表 8.4 可见,混合特征选择算法的分类准确率均高于其他特征选择算法,并且在各个数据集上的分类准确率比较稳定。因为该算法在特征子集中剔除了冗余与不相关特征,并且综合了多种特征选择算法的优点。

图 8.3(彩插 16)和图 8.4(彩插 17)分别展示了六种特征选择算法在 MS1 各个应用类别上的查准率和查全率。从图 8.3 可知,混合特征选择除了在 FTP-Control,FTP-Pasv,Multimedia 上分类精度略低于其他几种特征选择算法,在其他应用类别上分类精度较高,且在 P2P 和 Service 应用上分类精度明显高于其他五种特征选择算法。对于类别数目比较充足的 WWW 和 Email 应用,除了 Consistency 特征选择算法,其他五种特征选择算法的分类精度大致相同。从图 8.4 可知,混合特征选择算法在各个应用类别上的召回率较高,除了 FTP-Control 召回率与 GainRatio 差异较大。但是 GainRatio 特征选择算法在各个应用类别的召回率的表现不稳定,在多种应用类别的召回率明显低于其他特征选择算法。

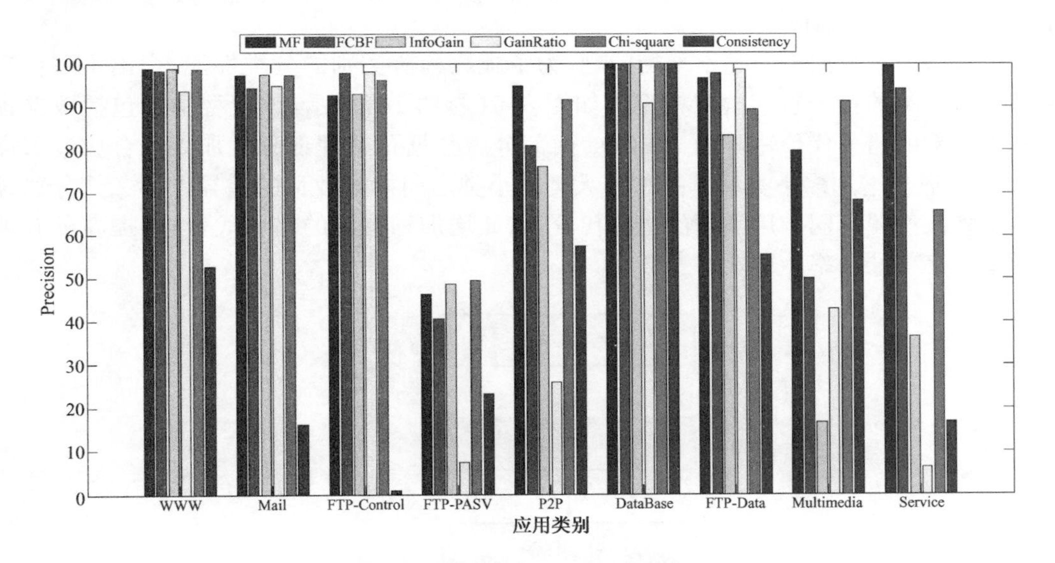


**图 8.3(彩插 16) MS1 查准率**

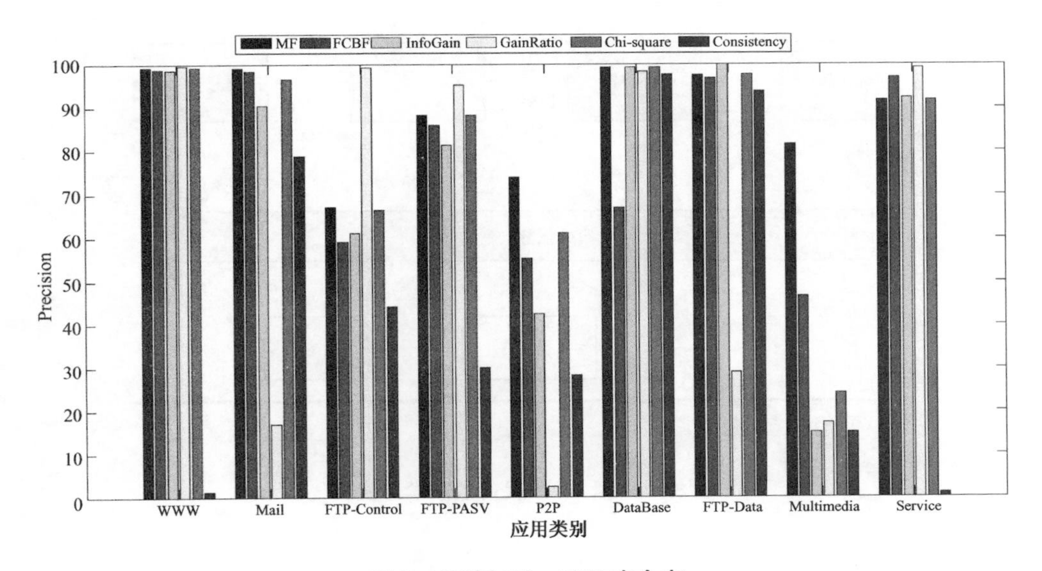


**图 8.4(彩插 17) MS1 查全率**

## 8.3 代价敏感分类方法

当前，大量的网络流量分类方法被提出。但是，这些方法主要集中于获取高的整体准确率，而忽视很多小类分类性能，导致小类的分类性能低。然而，在实际网络环境中，很多小类占有大量的字节数，例如，P2P 和 FTP 拥有的字节数远远多于其他及时通信应用类型，因此，小类的分类性能低导致总体字节分类性能低。而且，有些小类应用属于命令流、实时通信流等，拥有少量的网络流量数目和字节数目，无法正确区分这部分流将导致网络的服务质量和网络安全无法得到应有的保障。本章针对上述问题展开对网络流多类不平衡问题的研究。主要目的在于保持大类高的分类准确率的前提下，提高小类的分类性能；在保持流的高的总体准确率的前提下，提高流的总体字节分类准确率。从而准确掌握实际网络中运行的各种应用程序，这对网络监管、流量控制、网络安全具有重要意义。

针对网络流量数据中的类不平衡问题，为了提高稀有类别的分类性能，提出了一种适合网络流量多小类的代价敏感学习模型。如图 8.5(彩插 18)所示，该模型主要包括数据预处理和基于权重的错分代价矩阵的 AdaCost 两部分。数据预处理部分增加人工合成过采样方法 SMOTE，通过增加多小类样本来缩小大类与小类之间样本数目的差异。第二部分通过错分代价矩阵来设置不同应用类别的错分代价，以此增加稀有类的错分代价，以提高稀有类的流准确率与字节准确率。

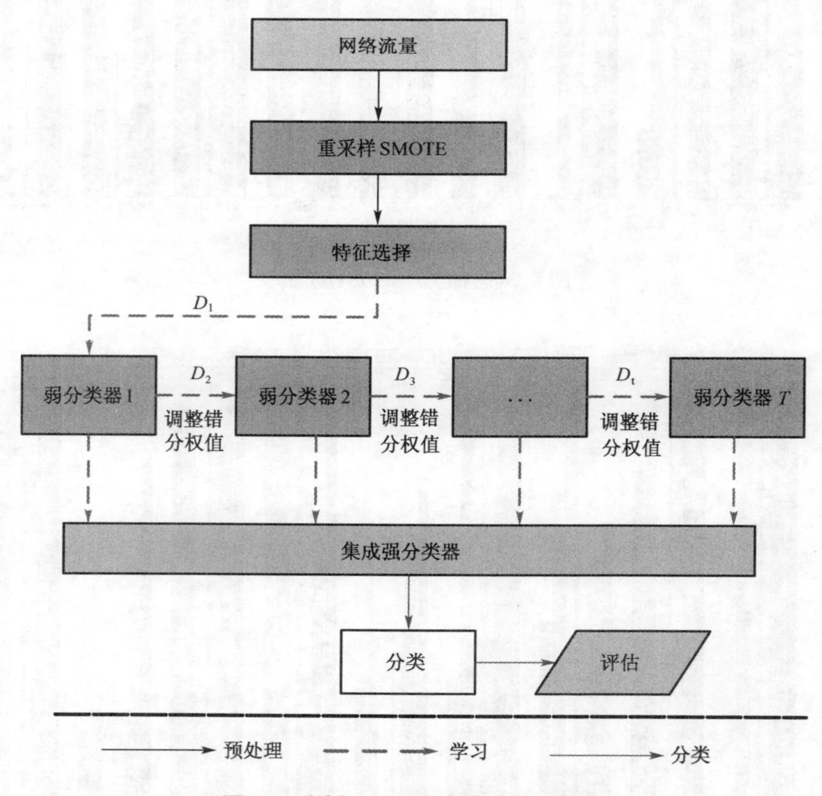


图 8.5(彩插 18)　代价敏感学习模型

### 8.3.1 数据重采样

网络流样本中普遍存在各种应用类型分布不平衡问题，大量流量分类算法以获得高的总体准确率为目标，而忽视了数据流样本中各应用类型的分布以及识别某些类别的应用具有的特殊重要性。数据重采样是一种解决样本数据分布不平衡问题的方法，它主要通过改变训练样本各应用类型的分布来改善原始数据流样本的不平衡特性，然后在“平衡化”的新数据集上采用分类算法进行训练学习，这主要是从数据层面处理不平衡分类问题。目前，研究者已经提出了一些有效的随机采样方法，如随机欠采样、随机过采样。

(1) 随机欠采样

欠采样主要是通过随机的从多数类样本中移除部分样本来平衡样本的分布。由于训练数据集样本数目减少，可以缩短模型训练所需时间，提高分类的性能。然而随机见采样过程中移除了多数类样本，而这些多数类样本中可能包含重要的信息，因此，该方法在丢失样本的同时也可能丢失这些样本中所包含的重要信息。

随机欠采样过程如图 8.6 所示，该方法在原始数据集 $S$ 中随机的从多数类样本 $S_{max}$ 中移除部分样本 $N$，将随机采样的多数类子集与少数类样本构成训练集样本 $S_{new}=S-N$，在新的训练集样本上建立模型进行分类。该方法减少了多数类样本的训练集规模，使得训练模型所需时间以及分类结果偏向大类的趋势有所缓解。但是，该方法也有不可忽视的缺陷，随机去除多数类中的样本，容易丢失大量对训练分类器十分重要的训练数据，这样学习得到的分类器显然不够理想。

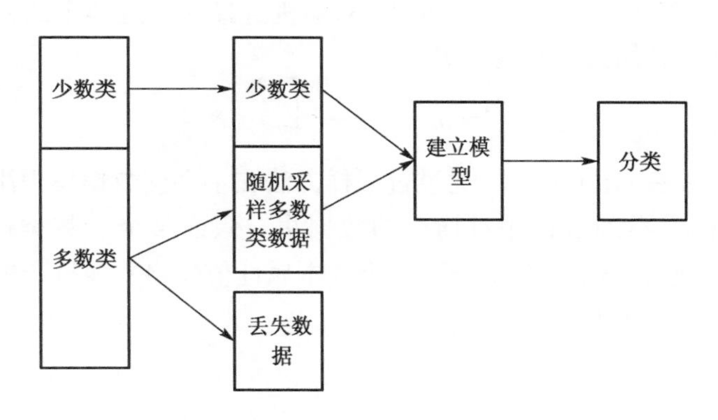


**图 8.6 随机欠采样**

(2) 随机过采样

过采样方法是在原始训练数据集上使用数据采样技术来增加少数类的样本。根据数据采样技术的不同可以分为随机过采样方法和非随机过采样方法。其中，随机过采样方法是简单的复制少数类样本，而非随机过采样方法是有目的的增加少数类的样本数目。

随机过采样的过程如图 8.7 所示，在原始数据集 $S$ 的少数类 $S_{min}$ 中随机采样产生集合 $N$，复制 $N$ 并将其中所有的样本加入 $S$ 更新数据集，$S_{new}=S+N$，重复该过程可以任意调整原始数据集的类别比例。该过程随机增加少数类的样本来缩小与多数类样本数量的差距，缓解数据流样本的不平衡。这种采样方法操作简单并且容易实现，然而在实际应用中也有着不可忽视的缺陷。该方法通过复制少数类样本，使得少数类样本的数目增加，但是总的训练样本数目也大大增加，这样额外增加了训练样本的训练时间，并且对于少数类样本而言并没有增加任何新的信息,在分类过程中容易产生过拟合现象,即分类器过分的依赖训练数据,在训练数据集上分类效果良好,但是预测新的数据时效果非常差。

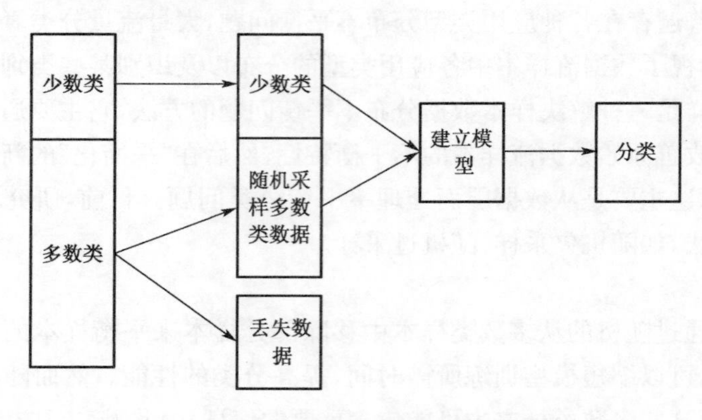


**图 8.7　随机过采样**

(3) SMOTE 采样法

针对随机过采样方法所存在的缺陷,研究者提出了 SMOTE(Synthetic Minority Oversampling Technique,人工合成过采样)过采样技术来合成少数类样本。SMOTE 不是简单的增加新的少数类样本,而是在少数类样本中找到其最近邻样本,然后根据最近邻样本和少数类样本合成新的原数据集中不存在的少数类样本,以此缓解少数类样本数目不足的问题,具体如图 8.8(彩插 19)所示。假设过采样的比例为稀有类的 $n$ 倍,给定 $k$,对于每一个属于少数类的样本 $x_i$,可以利用 $k$ 近邻算法计算 $x_i$ 的 $k$ 个近邻,随机选择 $k$ 个近邻中的 $n$ 个 $x_{ij}$,利用下面公式合成人工数据 $r_j$ 并将其加入原始数据集:

$$r_j = x_i + (x_i - x_{ij}) * \delta \tag{8.17}$$

其中,$x_{ij}$ 为 $x_i$ 的近邻,$\delta \in rand(0,1)$。通过过采样方法在不平衡数据集中添加新合成的稀有类样本,从而构建新的样本类别数目相对均衡的数据集。假设某个少数类样本的属性值为(6,5),然后从少数类的最近邻样本中随机选择一个样本属性值(5,4),随机产生一个数字 $\delta = 0.3$,则新的合成样本的计算公式为:

$$\begin{aligned} r_j &= x_i + (x_i - x_{ij}) * \delta \\ &= (6,5) + ((6,5) - (5,4)) * 0.3 \\ &= (6,5) + (0.3,0.3) \\ &= (6.3,6.3) \end{aligned}$$

SMOTE 采样抛弃了随机过采样单纯复制少数类样本的做法,从而避免了样本过拟合问题。研究表明这种平衡样本方法可以有效地提高样本的分类准确率。SMOTE 算法对使用重采样方法解决不平衡分类问题具有重要意义,然而该方法仍然存在不少缺陷,比如被选定的样本点可能与当前样本点的类别不同,新合成的样本点可能出现类别重叠的问题,因而本章将 SMOTE 采样方法与代价敏感学习方法相结合,进一步解决样本不平衡问题。

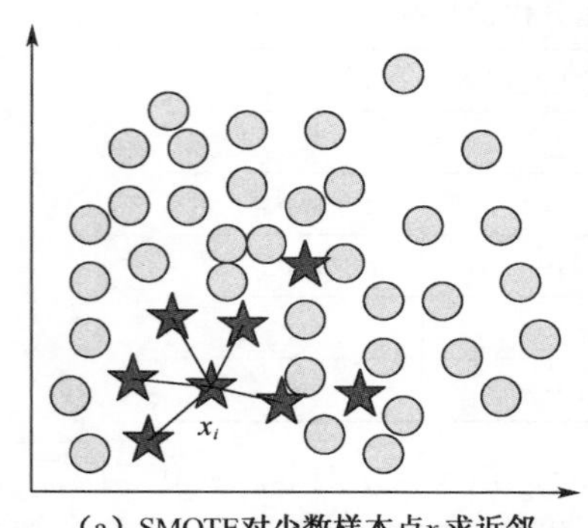

(a) SMOTE对少数样本点$x_i$求近邻

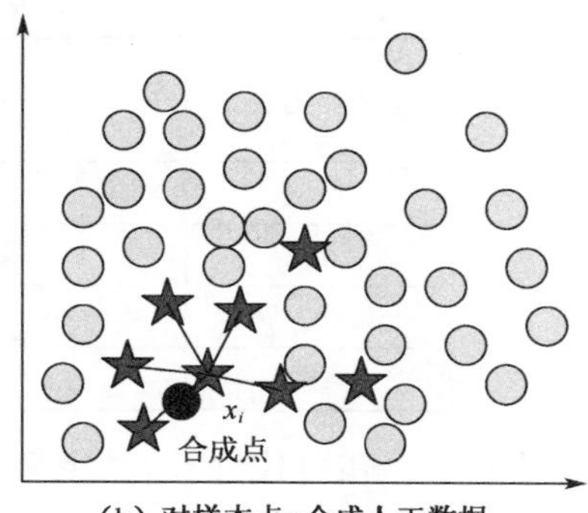

(b) 对样本点$x_i$合成人工数据

**图 8.8(彩插 19) SMOTE 采样法**

## 8.3.2 代价敏感学习

(1) 代价敏感学习算法

在网络流量数据中,大类与稀有类的样本数目存在显著的差距,而多个小类之间也存在样本数目的差异。代价敏感分类就是为不同应用类型的误分分配不同的代价,分类时尽量避免产生较高代价的错误,从而达到错误总代价最低的目标。运用代价敏感学习解决网络流样本的不平衡问题,关键在于设置合理的错分代价矩阵,特别是对于多类流量数据,错分代价矩阵的取值与错分代价的有效性有很大关系。对于一个多类别的流量数据集 $S$,其错分代价矩阵如表 8.5 所示。

**表 8.5 多类数据集的错分代价矩阵**

| 预测类别 | 真实类别 | | |
|---|---|---|---|
| | $c_1$ | … | $c_m$ |
| $c_1$ | $\varepsilon_{11}$ | … | $\varepsilon_{1m}$ |
| $c_2$ | $\varepsilon_{21}$ | … | $\varepsilon_{2m}$ |
| … | … | … | … |
| $c_m$ | $\varepsilon_{m1}$ | … | $\varepsilon_{mm}$ |

其中,行代表预测的类别,列代表数据流的真实类别,数据集 $S$ 的类别个数为 $m$, $\varepsilon_{ij}(i,j=1,2,\cdots,m)$ 表示将一个类别为 $c_j$ 的流样本误分为 $c_i$ 的代价。通常小类的误分代价要远大于大类的误分代价,正确分类的代价远小于错误分类的代价。对于任意一条流 $x$,可以通过分类器获取其对每一个类别的后验概率 $P(c_i|x)$。将数据流 $x$ 分类为类别 $c_i$ 的错分代价的计算公式为式(8.18)。预测样本 $x$ 所属的类别即为求最小化总期望代价 $\arg\min_i R(x,c_i)$。

$$R(x,c_i)=\sum_j P(c_j \mid x)\varepsilon_{ij} \tag{8.18}$$

(2) 基于权重的错分代价矩阵

Alejo 等人[23]比较了五种错分代价矩阵。实验结果表明,基于先验概率的错分代价矩阵可以取得最好的分类性能。在网络流量分类中对应为基于流比率(Flow rate based cost matrix, FCM)的代价矩阵,具体定义如表 8.6 所示。

**表 8.6　多类数据集的错分代价矩阵**

| 预测类别 | 真实类别 | | |
|---|---|---|---|
| | $c_1$ | … | $c_m$ |
| $c_1$ | 0 | … | $1/p_m$ |
| $c_2$ | $1/p_1$ | … | $1/p_m$ |
| … | … | … | … |
| $c_m$ | $1/p_1$ | … | 0 |

FCM：对于每一个错分代价 $\varepsilon_{ij}$，其定义为式(8.19)。当 $i=j$ 时，$\varepsilon_{ij}=0$；当 $i\neq j$ 时，$\varepsilon_{ij}=1/p_j$，其中 $p_j$ 为类别 $c_j$ 的流比率，即 $p_j=n_j/N$，$N$ 代表所有流样本的数目，$n_j$ 为类别为 $c_j$ 的样本数目。

$$\varepsilon_{ij}=\begin{cases}1/p_j & i\neq j\\0 & i=j\end{cases}\tag{8.19}$$

每一个类的代价都反比于该类的流比率，将流样本误分为其他所有类的代价均相同。稀有类的样本数目稀少，则被分配很大的代价；大类的样本数目充足，则被分配的代价较小。对于任意的类别 $c_i$ 和 $c_j$，如果 $n_i>n_j$，则 $\varepsilon_{ai}<\varepsilon_{bj}$，其中，$a=1,2,\cdots,m,a\neq i,b=1,2,\cdots,m,b\neq j$。

通过计算基于流比率的代价矩阵，可以获取稀有类误分为其他类的代价。稀有类的样本数目较少，故拥有较大的误分代价。假设一个属于稀有类 $c_1$ 的流 $x$ 易被分类为大类 $c_2$，即 $P(c_1\mid x)<P(c_2\mid x)$，通过公式(8.4)和式(8.5)计算流分别分类为 $c_1$ 和 $c_2$ 的期望代价：

$$R(c_1\mid x)=\sum_{i=3}^{m}P(c_i\mid x)\varepsilon_{1i}+P(c_1\mid x)\varepsilon_{11}+P(c_2\mid x)\varepsilon_{12}\tag{8.20}$$

$$R(c_2\mid x)=\sum_{i=3}^{m}P(c_i\mid x)\varepsilon_{2i}+P(c_2\mid x)\varepsilon_{22}+P(c_1\mid x)\varepsilon_{21}\tag{8.21}$$

其中，$\varepsilon_{1j}=\varepsilon_{2j}$，$j=3,\cdots,m$，$\varepsilon_{11}=\varepsilon_{22}=0$，因而 $\sum_{i=3}^{m}P(c_i\mid x)\varepsilon_{1i}=\sum_{i=3}^{m}P(c_i\mid x)\varepsilon_{2i}$ 且 $P(c_1\mid x)\varepsilon_{11}=P(c_2\mid x)\varepsilon_{22}=0$。比较 $R(c_1\mid x)$ 和 $R(c_2\mid x)$ 的大小即为比较 $P(c_2\mid x)\varepsilon_{12}$ 和 $P(c_1\mid x)\varepsilon_{21}$ 的大小。已知 $P(c_2\mid x)>P(c_1\mid x)$，$\varepsilon_{12}<\varepsilon_{21}$，如果 $\varepsilon_{12}<P(c_1\mid x)\varepsilon_{21}/P(c_2\mid x)$，则 $R(c_1\mid x)<R(c_2\mid x)$，流 $x$ 可以被正确分类。但是很多稀有类的代价无法足够大，仍然可能导致最终的错误分类结果。因而对于特殊的稀有类，其分类精度的提高需要依赖于进一步修正错分代价。

为了提高特殊小类的分类性能，提出了在 FCM 的基础上设置权重的方式，对其错分代价进行适当的调整。加权代价矩阵(Weighted cost matrix，WCM)的定义表 8.7 所示：

WCM：对于每一个错分代价 $\varepsilon_{ij}$，其定义为式(8.22)。当 $i=j$ 时，$\varepsilon_{ij}=0$；当 $i\neq j$ 时，$\varepsilon_{ij}=w_j/p_j$，其中 $w_j$ 为错分代价 $\varepsilon_{ij}$ 的权重。

$$\varepsilon_{ij}=\begin{cases}w_j/p_j & i\neq j\\0 & i=j\end{cases}\tag{8.22}$$

**表 8.7　多类数据集的错分代价矩阵**

| 预测类别 | 真实类别 | | |
|---|---|---|---|
| | $c_1$ | … | $c_m$ |
| $c_1$ | 0 | … | $w_m/p_m$ |
| $c_2$ | $w_1/p_1$ | … | $w_m/p_m$ |
| … | … | … | |
| $c_m$ | $w_1/p_1$ | … | 0 |

设置权重的主要目的是调整特殊小类的错分代价。目前大多数流量分类的研究都注重样本流的整体准确率，而忽视将字节准确率作为流量分类的一个重要指标。但是字节准确率对于网络流量分类系统也至关重要。在网络中，大多数的 IP 流拥有很少的字节数（“老鼠流”），而一小部分的大流（“大象流”）占有网络中大多数的流量[25]。比如，P2P 和 FTP 相比于其他及时通信应用拥有更多的大象流。本书为了提高网络应用的字节准确率，定义 $w_i = 1 + byte_i/Byte_i$，其中，$byte_i$ 为应用 $c_i$ 拥有的字节总数，$Byte_i$ 为数据集中所有的字节总数。图 8.9 显示了 Moore 数据集 entry01 不同类别的样本数目与加权错分代价的关系。其中，$x$ 轴表示应用类别，$y$ 轴表示加权错分代价。WWW、Mail 拥有大量的数据流样本，因而其错分代价较小；FTP－PASV 拥有的流样本数目较少，因而其错分代价较高；FTP－DATA 拥有大量的字节数目，因而提高其错分代价，以保证字节准确率。

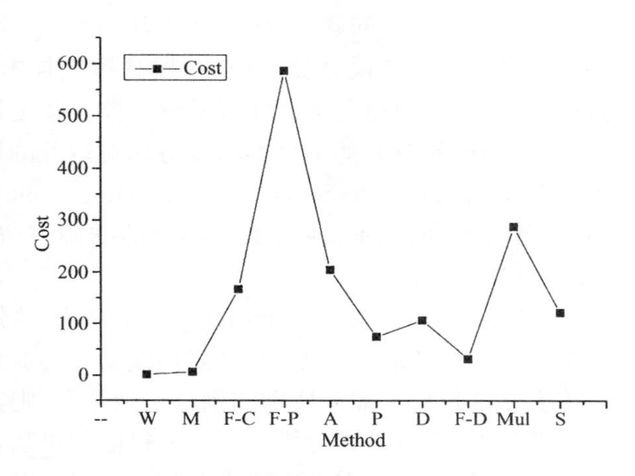


**图 8.9　基于权重的错分代价矩阵**

## 8.3.3　基于 AdaCost 的分类算法

AdaCost 算法是一种非常高效的低误分类代价敏感学习算法，Fan[24]通过实验验证该方法可以有效地提高稀有类的查全率和查准率。Joshi 等人[26]通过研究发现 AdaCost 算法中基分类器的选取对分类结果有直接的影响，如果基分类器可以对小类获得较好的查全率和查准率，该算法也可以对小类获得较好的查全率和查准率。本书选取 C4.5 决策树作为 AdaCost 的基分类器，因为 C4.5 决策树相较于其他机器学习算法具有较好的分类性能[27]。本节重点分析基于上述字节权重错分代价矩阵的 AdaCost 算法。

（1）AdaCost 算法原理

AdaCost 算法是由 AdaBoost 算法演变而来，属于 boosting 算法。该算法的主要思想就是通过粗糙的、不太正确的、简单的、单凭经验的初级预测方法，按照一定的规则，最终获得一个复杂的、精确度很高的预测方法。该算法对于那些易错分类的训练实例加强学习，使得随后引入的学习器可以更好的处理那些易错分的样本。主要原理就是将弱分类器按照一定的规则构成一个分类性能较高的强分类器。其中的弱分类器指该分类器的分类性能稍高于 50%。假设 $h_1, h_2, \cdots, h_t$ 是一组弱分类器，那么强分类器的获取根据公式(8.7)如下：

$$f(x) = \sum_i a_i h_i(x) \tag{8.23}$$

其中，$a_i$ 为弱分类器 $h_i$ 的系数，两个参数都是通过算法的执行获取。

Kerns 等人[28]通过相应的理论证明，如果每一个弱分类器的分类性能均高于 50%，则当弱分类器的数目接近于无穷大的时候，由各个弱分类器加权平均得到的强分类器的分类性能非常好，误分率趋向于零。对于 boosting 算法，存在两个问题：

● 错误分类的训练样本实例权值的调整，从而在新的训练样本集上获取新的弱分类器，新的弱分类器更加重视错误分类的样本实例。

● 将各个阶段获得的弱分类器通过一定的策略规则构成一个强分类器。

针对以上两个问题，Adaboost 算法进行了调整：加大错误分类的样本权值，从而使得新的分类器更关注错误分类的样本，提高这些样本的分类准确率。将弱分类器采用加权平均获取强分类器，使得分类性能好的分类器获得更高的权重，在整个决策过程中起到更大的作用；而分类性能较差的基分类器获得相对较低的权重，从而在整个决策过程中起到的作用更小。AdaBoost 算法是 Schapire 和 Freund 在 1995 年提出，该算法有效地解决了 boosting 算法在实际运用中的困难，使其最终结果的准确率依赖于所有弱分类器的综合结果，所以 AdaBoost 算法广为流行。

AdaBoost 算法为每一个训练实例在初始时分配了一个权值，每轮循环使用被赋予权值的训练实例训练弱分类器，并且使用该弱分类器对训练实例进行分类，根据分类准确度更新训练实例的权值。如果样本实例被正确分类，则其被赋予的权值相应的减少，如果样本实例被错误分类，则权值相对增大。通过权值的更新，降低训练的误差。AdaBoost 算法经过多次循环后，产生一个分类准确率高的强分类器。图 8.10(彩插 20)展示了根据弱分类器获取强分类器的过程。对相同的训练集，通过不断调整错误分类样本的权重获得多个弱分类器，最终将多个弱分类器加权平均获得一个强分类器。其算法本身是通过改变数据分布来实现的，它根据每次训练集之中的每个样本的分类是否正确，以及上次的总体分类的准确率，来确定每个样本的权值。将修改过权值的新数据集送给下层分类器进行训练，最后将每次训练得到的分类器最后融合起来，作为最后的决策分类器。AdaBoost 分类器可以排除一些不必要的训练数据特征，并将分类重点放在关键的训练数据上面。

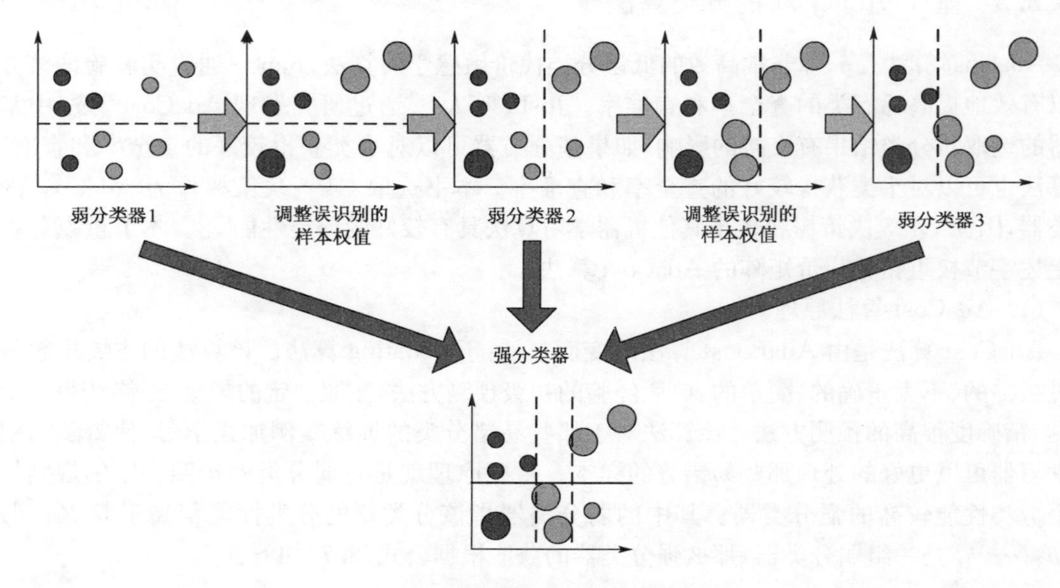


**图 8.10(彩插 20)　AdaBoost 结构图**

AdaBoost 算法的优点就是明显降低分类器的误分概率，即减少对训练样本的误分类个数。通过前面小节对流量数据的代价敏感分析，提出了基于权重的代价敏感矩阵，AdaBoost 算法与错分代价矩阵相结合可以产生满足高性能要求的代价敏感机器学习算法。

(2) AdaCost 算法流程描述

AdaCost 算法属于 AdaBoost 算法的一种变体，该算法保持了 AdaBoost 算法的核心部分，并在其中加入了错分代价矩阵，使其成为代价敏感学习算法。相比于 AdaBoost 算法，AdaCost 算法主要做了以下两方面的改进：

- 为每一个样本实例分配一个不同错误分类的代价 $c_i$，而分配给样本实例的错误分类代价的大小将直接影响该实例的权值，本书根据权重错分代价矩阵获取每个样本实例的错分代价。
- 在权值调整的公式中加入调整样本实例代价的函数，简记为 $\beta(i)$，$\beta(i)$ 是 $c_i$ 与 $sign(y_i h_t(x_i))$ 的函数。$sign(y_i h_t(x_i))$ 用于判断对于流样本 $x_i$ 分类 $h_t(x_i)$ 的结果是否正确。

其中，将 $\beta(i)$ 加入到权值调整公式中，主要目的如下：

- 如果某个样本的错误分类代价过高，并且在分类过程中被弱分类器错误分类为其他类别，则该样本通过权值调整得到的新的权值应该比原先更大。
- 如果某个样本的错误分类代价很高，并且被弱分类器正确分类，则该样本通过权值调整得到的新的权值应该比原先小。
- 错误分类代价高的样本实例其相应的权值应该较高，错误分类代价较低的样本实例其相应的权值也较低。

AdaCost 算法的流程描述如下：

算法 2 基于错分代价矩阵的 AdaCost 算法

输入：

1. $S=\{(x_1,c_1,y_1),\cdots(x_m,c_m,y_m)\}, x_i\in X, c_i\in R^+, y_i\in Y=\{1,2,\cdots k\}$
2. $L$：弱分类器学习算法 C4.5
3. 循环的次数 $T$

1 初始化；$D_1(i)=c_i/\sum_{j=1}^{m}c_j$；

2 for $t=1$ to $T$；

3 传递权值 $D_t$ 给弱分类器 $L$；

4 返回弱分类器 $h_t$；

5 计算 $h_t$ 的错误率 $\varepsilon_t=\sum D_t(i)[h_t(x_i)\neq y_i]$，如果 $\varepsilon_t>1/2$，则设 $T=t-1$，退出循环；

6 令 $\alpha_t=\varepsilon_t/(1-\varepsilon_t)$；

7 更新权值 $D_{t+1}(i)=D_t(i)exp(-\alpha_t y_i h_t(x_i)\beta(i))/Z_t$；

8 end

输出：

$$H(X)=\arg\max_{y\in Y}\sum_{t:h_t(x)=y}\log_2\frac{1}{\alpha_t}$$

算法中 $S=\{(x_1,c_1,y_1),\cdots,(x_m,c_m,y_m)\}$ 代表训练数据集，$y_i\in Y=\{1,2,\cdots,k\}$ 代表不同的应用类别，$c_i$ 为实例 $(x_i,y_i)$ 的误分代价因子，$D_t(i)$ 为实例 $(x_i,c_i,y_i)$ 第 $t$ 轮循环中的权值，$Z_t$ 为归一化因子。算法中每轮循环都要判断整个数据集的分类准确率，并且根据分类结果来调整每一个实例的权值，被错误分类的实例将获得更大的权值，使得分类器在下次分类时更重视这些错误分类的实例。同时将代价调整函数作为权值调整公式的一个因子，并且与实例的权值成正比，即实例的代价因子越高，获得的权值越大。使用 AdaCost 算法进行模型训练的关键为训练实例的误分代价因子，本章在基于流比率的错分代价矩阵的基础上提出了基于字节权重的错分代价矩阵，以此来获取不同应用类别的不同错分代价。

### 8.3.4 实验结果分析

(1) 实验数据

本实验采用 Moore Entry01[22] 作为实验数据集，主要包含 12 个类别，由于在 entry01 中 GAMES 包含的流样本数目为 0，因而在此不予列出。表 8.8 列出了 entry01 的统计信息，主要包括 WWW，MAIL，FTP-CONTROL，FTP-PASV，ATTACK，P2P，DATABASE，FTP-DATA，MULTIMEDIA，SERVICES，INTERACTIVE 这 11 个类别的样本流数目和字节数目及其比率。从表中可知，WWW 具有大量的流样本数目占 73.25%，但是占有的字节数目只有 23.60%；FTP-DATA 虽然只占有 5.31%的流样本数目，但是字节比率有 61.37%，说明网络中有些应用尽管有大量的流样本数目但是占有的字节数目较少，有些流样本数目较少但是占有字节数目较高，所以本实验比较了基于代价敏感模型与不基于代价敏感的方法在小类上的流准确率和字节准确率。

**表 8.8　数据集统计信息**

| 应用类型 | Flow | | Byte(MB) | |
|---|---|---|---|---|
| | 数目 | 比率(%) | 数目 | 比率(%) |
| WWW | 18 211 | 73.25 | 315.34 | 23.60 |
| MAIL | 4 146 | 16.68 | 152.22 | 11.39 |
| FTP-CONTROL | 149 | 0.60 | 0.241 | 0.018 |
| FTP-PASV | 43 | 0.17 | 19.29 | 1.44 |
| ATTACK | 122 | 0.49 | 2.11 | 0.16 |
| P2P | 339 | 1.36 | 3.00 | 0.22 |
| DATABASE | 238 | 0.96 | 18.70 | 1.40 |
| FTP-DATA | 1319 | 5.31 | 820 | 61.37 |
| MULTIMEDIA | 87 | 0.35 | 5.28 | 0.40 |
| SERVICES | 206 | 0.83 | 0.033 | 0.0025 |
| INTERACTIVE | 3 | 0.0012 | 0.11 | 0.0084 |

(2) 性能评价

实验中采用 C4.5(Original)与基于权重的代价敏感模型(WCM)进行比较，其中 WCM 采用 C4.5 作为基分类器。采用十折交叉验证对数据进行验证。十折交叉验证法是常用的精度测试方法，它的基本思想是将数据分成 10 份，轮流将其中的 9 份作为训练数据，1 份作为测试数目进行实验。每次实验都会得出相应的正确率，将 10 次结果的均值作为对算法精度的估计。

由于实验中基本方法在此数据集上的精度均较高，在此不再列出。表 8.9 列出了两种不同方法在数据集上对 11 种不同应用的流查全率与字节查全率的比较。从表中可见，对于流样本数目较高的 WWW 和 MAIL，两种方法的流查全率均较高，对于字节总数较高的 FTP-DATA 字节查全率也非常高。但是对于稀有类的流查全率与字节查全率，传统 C4.5 方法与代价敏感模型方法的差异性较大。从表中可见，对于类别数目较少的 FTP-PASV，ATTACK，INTERACTIVE，WCM 方法的优势比较明显，与传统 C4.5 方法相比，流的查全率与字节查全率具有大幅度的提升，说明相较于传统机器学习方法，基于代价敏感模型的方法可以有效地提高稀有类的分类性能。

表 8.9 查全率

| 类别 | Flow(%) | | Byte(%) | |
|---|---|---|---|---|
| | Original | WCM | Original | WCM |
| WWW | 99.94 | 99.96 | 99.96 | 99.99 |
| MAIL | 99.97 | 99.92 | 99.99 | 99.94 |
| FTP - CONTROL | 1 | 1 | 1 | 1 |
| FTP - PASV | **65.11** | **80.23** | **41.27** | **61.97** |
| ATTACK | **55.73** | **66.39** | **6.05** | **46.47** |
| P2P | 97.64 | 98.23 | 99.69 | 99.69 |
| DATABASE | 1 | 1 | 1 | 1 |
| FTP - DATA | 99.62 | 99.46 | 99.91 | 99.91 |
| MULTIMEDIA | 96.55 | 95.40 | 99.98 | 99.96 |
| SERVICES | 99.02 | 99.02 | 99.73 | 99.73 |
| INTERACTIVE | **66.66** | **91.66** | **64.18** | **89.86** |

F - Measure 是综合查准率 Precision 和查全率 Recall 给出的一个综合评价指标，当 F - Measure 较高时比较说明方法比较理想。图 8.11 与图 8.12 分类列出了各个应用类别使用传统方法 C4.5 与代价敏感模型方法 WCM 的流 F - Measure 与字节 F - Measure。

从图 8.11 中可见，WCM 方法在各个应用类别上 Flow F - Measure 整体高于传统 C4.5 方法。尤其是稀有类别 FTP - PASV，ATTACK，MULTIMEDIA，INTERACTIVE 这四种应用类别具有较少的流样本数目，它们的流准确率与流召回率通过基于基于权重的代价矩阵显著提高。从图 8.12 中可见，WCM 方法在各个应用类别上 Byte F - Measure 整体高于传统 C4.5 方法，除了 MULTIMEDIA 类别，WCM 方法相较于 C4.5 有略微的降低，但是在稀有类别 FTP - PASV，ATTACK，INTERACTIVE 这三种具有较少的流样本数目与字节总数目的应用类别，它们的 Byte F - Measure 通过基于基于权重的代价矩阵有大幅度的提升。从图中可见，基于代

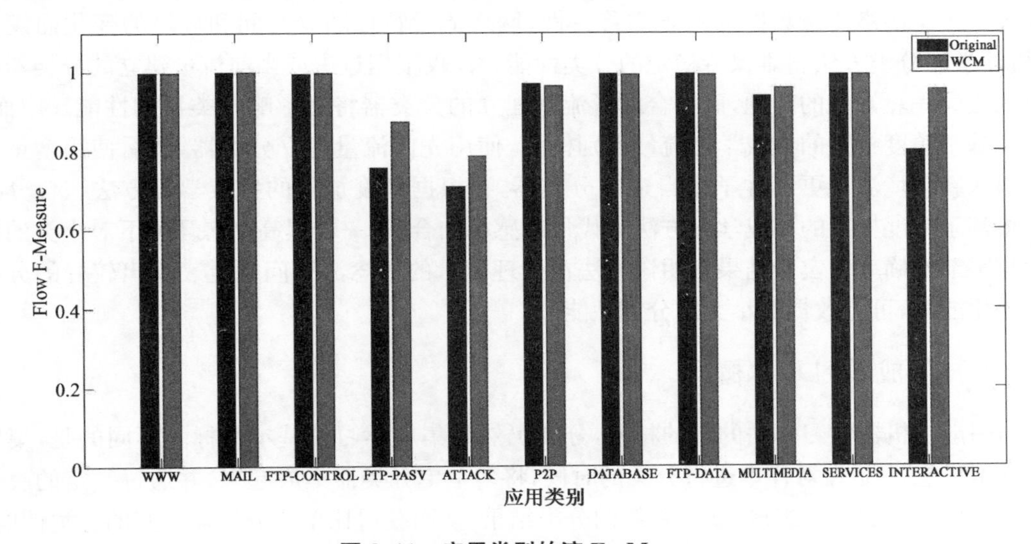


图 8.11 应用类别的流 F - Measure

价敏感模型的 WCM 的流查全率与字节查全率在分类性能较差的稀有类上的流 F - Measure 与

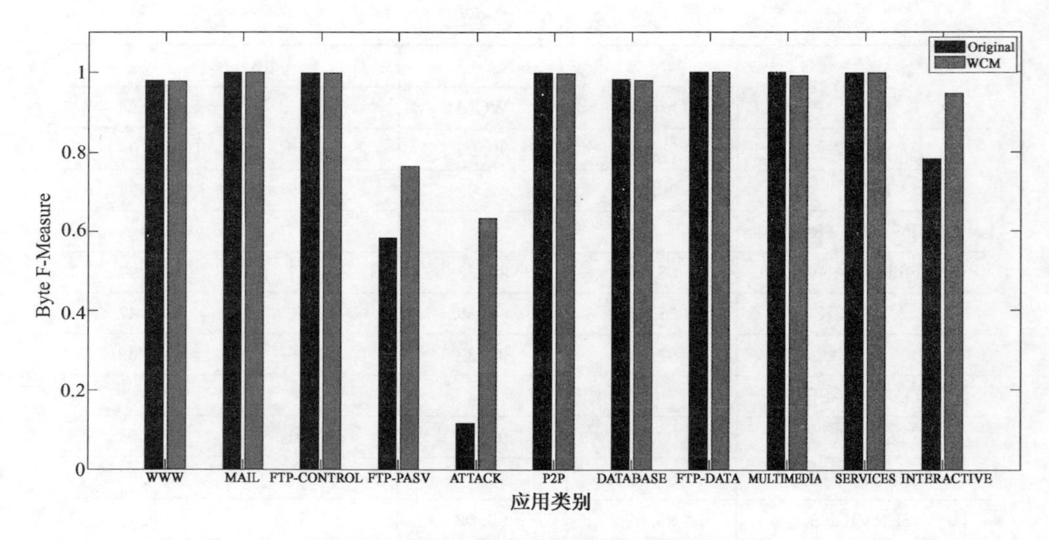


**图 8.12　应用类别的字节 F－Measure**

字节 F－Measure 远高于高于 Original。并且在 FTP－PASV，ATTACK 与 INTERACTIVE 类别上流召回率与字节召回率可以提高 10％与 18％、8％与 50％、15％与 17％。从实验结果可见，基于代价敏感的模型可以在保证大类整体分类性能的前提下有效提高分类性能较差的稀有类的流分类性能与字节分类性能。

## 8.5　集成学习分类方法

目前，常用的单分类器的流量识别方法很多，例如：朴素贝叶斯、支持向量机、C4.5 等方法[29,30]，对于不同的样本流数据，各算法存在着不同的适应度。目前多数研究都是基于单个分类器，但是单分类器的分类性能的提升已经到了一个瓶颈，而对多分类器的流量识别的研究比较稀少。由于网络流量数据的概念漂移特性，网络流量特征随着时间和环境的变化而发生改变，机器学习分类方法很难保持稳定的分类性能。仅仅根据过去或当前流量建立的分类器存在过时或丢失先验知识的问题，而结合两者流量建立的分类器将会影响分类器的性能。因而，提出一种基于精度权重的集成学习流量识别模型，使用先前流量建立分类器，然后使用增量学习方法引入新环境流量更新并学得自适应分类器，再根据精度加权的集成学习方法综合分类结果。将基于精度权重的集成学习方法与代价敏感相结合，进一步提高动态环境下对小类的流准确率与字节准确率。实验结果表明该算法在处理流量的概念漂移问题上表现出较好的分类性能和泛化能力，可有效提高小类的分类性能。

### 8.5.1　集成学习基本概念

与一般的机器学习算法的目的相同，分类仍然是集成学习的基本目标。不同的是，集成学习的基本思想[31]是在对样本进行分类的时候，将多个单分类器集成起来，并通过一定的决策规则将多个分类器的结果组成，获取最终的分类结果，从而获得比单个分类器更好的分类性能。

传统的机器学习方法是在一个由各种可能的函数构成的假设空间中寻找一个最接近实际分类函数的分类器。单个分类器模型主要有决策树、支持向量机、朴素贝叶斯等。集成学习的主要思想是将多个单分类器通过相应的决策规则进行组合来分类新的样本实例，从而获得比当个分类器更好的分类性能。如果把单个基分类器比作一个决策者的话,集成学习的方法就相当于多个决策者采用一定的规则共同进行一项决策。

对于一般的学习任务,往往要搜索的假设空间 $H$ 十分巨大,但是能够用于训练分类器的训练集中样本个数 $L$ 不足以精确地学习到目标假设 $h(x)$,很多学习算法都会遇到局部最优的状况,如果训练集 $L$ 是足够充足的,学习算法也很难得到全局最优解。因此,学习的结果往往是从一系列满足训练集的假设 $H$ 中选择其中之一作为学习到的分类器 $C$ 进行输出。然而,通过机器学习的过拟合问题可以发现,能够满足训练集的假设不一定在实际应用中有同样好的表现,这样,学习算法选择哪个假设进行输出的时候就面临着一定的风险 $R$,把多个假设 $h(x)$ 集成起来能够降低这种风险,集成学习就是使得各个假设和目标假设之间的误差得到一定程度的抵消。在决策树学习中,学习到最好的决策树 $h^*$ 是一个 NP - hard 问题,因此,只能用某些启发式的方法来降低寻找目标假设的复杂度,但找到的假设不一定是最优的。又由于大多数机器学习中实际目标假设 $h^*$ 并不在假设空间 $H$ 之中,如果假设空间 $H$ 在某种集成运算下不封闭,那么通过把假设空间 $H$ 中的一系列假设 $h(x)$ 集成起来就有可能表示出不在假设空间中的目标假设 $h^*$。

图 8.13 为集成学习流程示意图。在学习阶段,先由原始训练集 $D$ 产生 $m$ 个训练子集,由每一个训练子集 $T_i(i=1, 2, \cdots, m)$ 产生对应的分类器 $h_i(i=1, 2, \cdots, m)$。在实际分类过程中,将多个弱分类器以某种方式结合在一起组成 $h^*=F(h_1, h_2, \cdots, h_m)$。

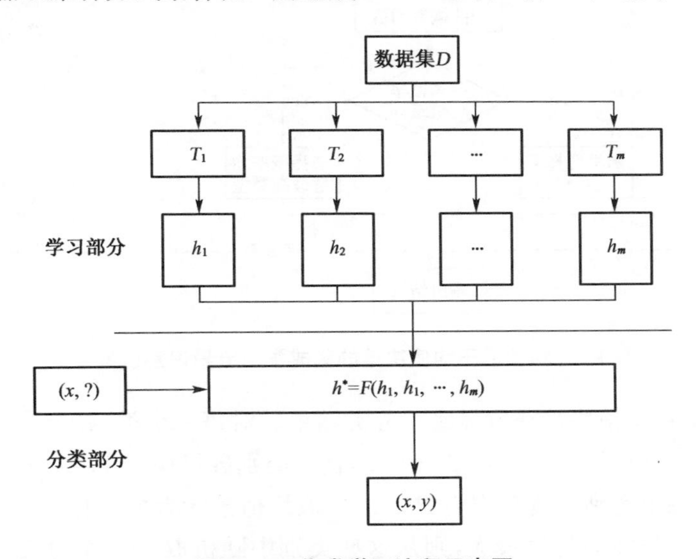


**图 8.13 集成学习流程示意图**

## 8.5.2 基于均值决策的集成学习方法

多分类器集成是提高分类器的分类性能所采用的一种方法,该方法是使多个分类器的输出结果通过某种决策规则获得最终的分类结果,其中每一个分类器被称为基分类器。基分类器只执行分类任务,多分类器则负责将多个不同的基分类器的结果按照决策规则进行组合,多分类器的集成过程是各个基分类器共同对样本数据进行分类处理,共同产生分类结果。多分类器集成最重要的两点为:基分类器的生成;基分类器分类结果的组合和评估。多分类器集成本质上和单分类器的数学意义是一致的,多分类器集成可表示为:$C=\{c_1, c_2, \cdots, c_n\}$,其中,$c_i$表示基分类器,每个基分类器 $c_i(x) \rightarrow y$,$y$ 表示类别标签,多分类器集成表

示为 $c_{1,2,\cdots,n}(x)\rightarrow y$ 的映射关系。多分类器的集成采用对各个基分类器映射关系综合评估得出的结果。

基于均值决策的集成学习是多分类器采用均值决策对分类结果进行评估，最后依据评估得出最终的分类结果。具体过程如图 8.14 所示，此流量识别模型大致分成三层：输入层、分类层、决策层。

输入层：将流量的统计特征作为输入数据。

分类层：该层是整个流量识别模型的核心层，主要由各个基分类器组成，本书采用各个相同的基分类器 C4.5 构成。

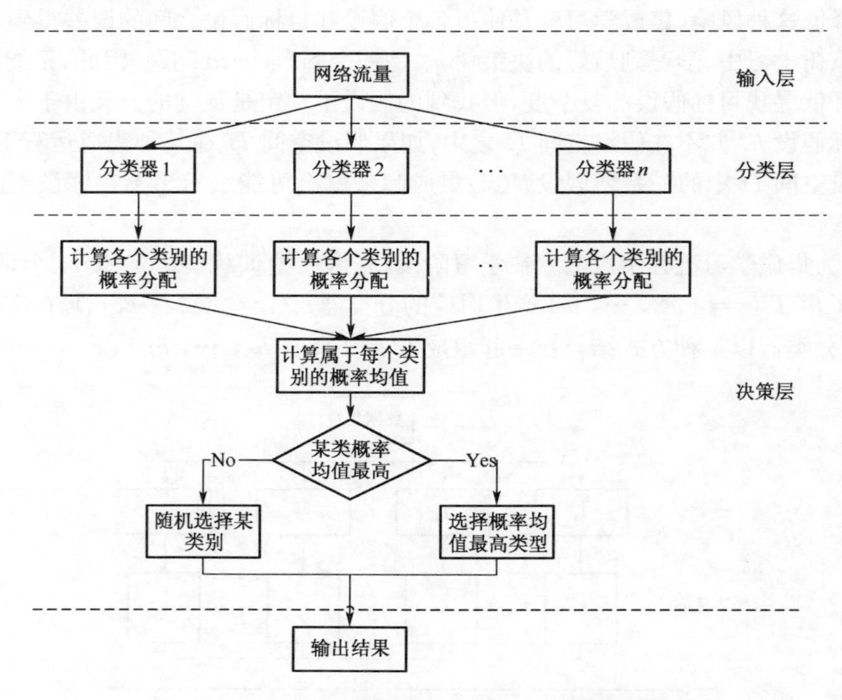


**图 8.14　基于均值决策的集成学习流量识别模型**

决策层：该层依据均值决策获取最终的分类结果。对每一个类，各个基分类器都会给出属于该类的概率 $P_k(c_i \mid x)$，其中，$i=1, 2, \cdots, n$，代表类别数目；$k=1, 2, \cdots, m$，代表基分类器数目。然后求归属每个类别的概率均值 $P(c_i|x)$，取均值最大者的类标 $H(x)$ 作为最终的分类结果。如果存在多个类别的均值最大，则从这些类别中随机取一个作为最终的分类结果。其中，公式(8.24)为流 $x$ 属于某个应用类别 $c_i$ 的计算公式，公式(8.25)为流 $x$ 所属于的均值最大者的类别标号 $H(x)$。

$$P(c_i \mid x)=\frac{1}{m}\sum_{k=1}^{m}P_k(c_i \mid x) \tag{8.24}$$

$$H(x)=\max_i P(c_i \mid x) \tag{8.25}$$

基于均值决策的集成学习流量识别模型比任何一个基分类器的分类精度高的必要条件是：各个基分类器具有精确性且具有多样性。所谓精确性是指基分类器的分类准确率要高于 50%，如果基分类器的分类准确率低于 50%，则无法保证集成多个基分类器的方法优于单个的基分类器，而多样性是指每个分类器的错误的分布不同。比如，有三个分类器,其中两个分类结果正确,但是一个分类错误,那么最终的分类结果仍然是正确的;如果两个分类错误,一个分类正确,那么最终的分类结果则不正确。为了更好地应对网络流量分类中的概念漂移问题,在基于均值决策的集成学习方法基础上提出一种基于精度权重的集成学习方法,给每一个基分类器分配一个权重,使得基分类器更好的适应不同的网络数据流量,并且淘汰权重小于指定阈值的分类器,对满足阈值的分类器采取均值决策获得最终的分类结果。

### 8.5.3 基于精度权重的集成学习方法

(1) 算法原理描述

假设数据流被分成了一系列固定大小的数据块 $S_1, S_2, \cdots, S_n$,其中,$S_n$ 表示最近的数据块。$C_i$ 表示从训练数据集 $S_i$ 学习得到的分类器,$G_k$表示从整个数据集最后 $k$ 个数据块 $S_{n-k+1} \cup \cdots \cup S_n$ 学习得到的分类器,$E_k$ 表示由最后 $k$ 个分类器 $C_{n-k+1}, \cdots, C_n$ 集成获取的分类器。在概念漂移环境中,将之前学习得到的模型应用于分类当前的测试集可能存在显著的偏差。Wang 等人[32]证明了如果给每一个分类器分配权重,即如果给 $E_k$ 中的每一个分类器根据分类器在测试集上的期望分类准确率分配权重,则 $E_k$ 可以比 $G_k$产生更小的分类错误率。这意味着与单个分类器 $G_k$相比,如果给集成分类器中的每一个分类器分配一个权重,并且权重反比于其分类测试集的期望误差,则该集成分类器可以减少分类误差。但是上述条件不能确保集成分类器 $E_k$ 比单分类器 $G_j$(当 $j < k$ 时)拥有更高的准确率。比如,数据块 $S_{n-1}$ 与数据块 $S_n$ 发生了概念漂移,并且在决策过程中加入分类器 $C_{n-1}$ 将会增加最终的分类错误率。因而,加权策略应该给每一个发生概念漂移的分类器分配近似为零的权重。基于上述理论,取代之前提到的基于均值的集成学习方法,提出一种新的基于权重的方法。该方法给每一个分类器 $C_i$ 分配一个权重 $w_i$,其中 $w_i$ 反比于 $C_i$ 分类当前测试集的期望误差。

将训练集分成大小相同的块 $S_1, S_2, \cdots, S_n$,其中 $S_n$ 是最新的块,并且每一个数据块的大小相同。从每一个数据块 $S_i$ 中学习得到一个分类器 $C_i$,$i \geq 1$。对于给定的测试集 $T$,给每一个分类器 $C_i$一个权重,这个权重与 $C_i$分类测试集 $T$ 的期望误差成反比。但是,这在实际中是不可能做到的,因而我们通过评估其在测试集的期望预测误差获取分类器 $C_i$的权重。假设最近的训练数据集 $S_n$ 的类别分布是最接近当前测试集的类别分布,则分类器的权重可以通过计算分类器在 $S_n$ 的分类误差来近似估计。假设 $S_n$ 是由$(x,c)$的数据格式构成,其中 $c$ 是当前记录的真实标记。$C_i$ 对实例$(x,c)$的分类错误率为 $1-f_c^i(x)$,其中 $f_c^i(x)$是分类器 $C_i$ 判断 $x$ 的类别标记为 $c$ 的概率。因而,分类器 $C_i$ 的均方差为:

$$MSE_i = \frac{1}{|S_n|} \sum_{(x,c) \in S_n} (1 - f_c^i(x))^2 \tag{8.26}$$

分类器 $C_i$ 的权重应该反比于 $MSE_i$。分类器预测的随机性($x$ 被分类为类别 $c$ 等于 $c$ 的类别分布 $p(c)$)将会产生均方差:

$$MSE_r = \sum_c p(c)\,(1 - p(c))^2 \tag{8.27}$$

举例来说,如果类别 $c \in \{0,1\}$,并且各个类是均匀分布的,则获取的 $MSE_r = 0.25$。由于随机模型并不包含数据的有用信息,我们使用 $MSE_r$ 随机分类器的错误率作为加权分类器的阈值。换句话说,如果分类器的错误率等于或者大于 $MSE_r$,则丢弃该分类器。为了使得计算简单,我们使用下面的公式来衡量分类器 $C_i$ 的权重 $w_i$。

$$w_i = MSE_r - MSE_i \tag{8.28}$$

(2) 算法流程描述

算法 3　基于精度权重的集成学习方法
输入：
　$S$：从标记文件中获取最近的数据块
　$K$：分类器的数目
　$C$：$K$ 个预先训练的分类器
输出：
　$C$：带有更新权重的 $K$ 个分类器的集合

1　从训练样本集 $S$ 训练分类器 $C'$；
2　计算 $C'$ 的错误率，通过公式(8.28)获取的 $C'$ 权重 $w'$；
3　for　$C_i \in C$ do
4　　compute $MSE$ based on (5−3)；　/ * 将 $C_i$ 应用于 $S$ * /
5　　compute $w_i = MSE_r - MSE_i$ based on (8.26) and (8.27)；
6　　if $w_i \leqslant 0$　/ * 淘汰权重 $w_i \leqslant 0$ 的分类器 * /
7　　　从 $C$ 中移除 $C_i$；
8　$C = TopK(C \cup \{C'\})$；　/ * 获取权重前 $K$ 个分类器 * /
9　return $C$；

算法 3 描述了基于权重的集成学习算法的流程，第 1～2 行从最近的数据集 $S$ 中获取分类器 $C'$，并计算分类器 $C'$ 的权重 $w'$，第 3～7 行将 $S$ 作为测试集，计算 $C=\{C_1, C_2, \cdots, C_k\}$ 每个初始分类器的权重 $w_i(1 \leqslant i \leqslant K)$，淘汰 $w_i \leqslant 0$ 的分类器，最终从 $C \cup \{C'\}$ 中返回权重前 $K$ 个分类器。

算法 3 的伪代码为 AWE 的训练过程，分类过程比较明确，在此省略，即给定一个测试实例 $y$，用 $K$ 个分类器分类 $y$，其中实例 $y$ 的分类结果是将 $K$ 个分类器的输出按照权重取均值作为最终的输出结果。

假设在大小为 $s$ 的数据集上构建一个分类器的复杂度为 $f(s)$，为了获取分类器的权重 $w$，需要每个分类器的分类测试集 $S$，而分类测试集的复杂度与测试集的大小成线性关系。假设整个数据流被分成 $n$ 份，则算法 3 的时间复杂度为 $O(n * f(s/n) + Ks)$，其中 $n \gg K$，在数据集 $s$ 上构建单分类器需要 $O(f(s))$。对于大多数的分类算法，$f(\cdot)$ 是超线性的，因而集成方法更高效。

### 8.5.4　基于代价敏感的集成学习方法

目前，基于传输层的统计特征的机器学习分类方法研究广泛，但是很少关注到分类过程中因时间和环境改变导致的概念漂移[33]问题，即流量特征和分布随着时间的推移或者环境的变化而发生改变，因此，根据先前流量训练的分类器对新样本空间的适用性逐渐变弱，导致分类模型的识别能力下降。概念漂移导致分类模型适用性降低，但不断更新分类器将耗费大量的时间和资源，且在实际应用中存在以下问题：①只在新的流量上训练新的分类器将导致一些历史知识丢失，而且重新标记样本耗费大量的人力物力；②结合不同时期收集的所有流量训练分类器会导致性能问题[34]。此外，如果某个特定时期具有较大的数据量，将对流量分类起主导作用。为了避免这种情况，需要从不同时期选择代表性样本构成复合数据集。③随着 P2P 和流媒体等新应用的不断出现，无法收集和分析完整的训练样本，训练样本的数量及质量对分类准确率有很大影响，使得现有的流量分类方法在有些网络环境下分类准确率并不高。④基于监督学习的方法具有较好的分类性能，但标记样本难以收集，而且不能识别未知应用。而基于无监督学习的方法不需要标记样本，分类速度快，可以识别未知应用，但其分类精度较低，训练难度较大。因此，构建自适应复杂多变网络环境的分类模型是一个巨大的挑战。

为了有效应对概念漂移问题，本书借鉴集成学习和增量学习思想提出一种集成流量分类(Accuracy-weighted Ensemble learning, AWE)模型。如图 8.15 所示，该系统主要包括特征选择和基于精度权重的集成学习分类两部分。前者采用第 3 章提出的混合特征选择算法，综合多个特征选择算法，剔除不相关和冗余特征，以获取稳定的全局最优特征子集，使得分类器能在很长一段时间维持稳定的分类准确率；后者采用代价敏感分类算法训练初始时分类器，然后根据增量学习引入新流量更新分类器，并且剔除分类性能下降的分类器，最后使用精度加权的集成学习综合分类结果，构建出适应新环境的分类模型。

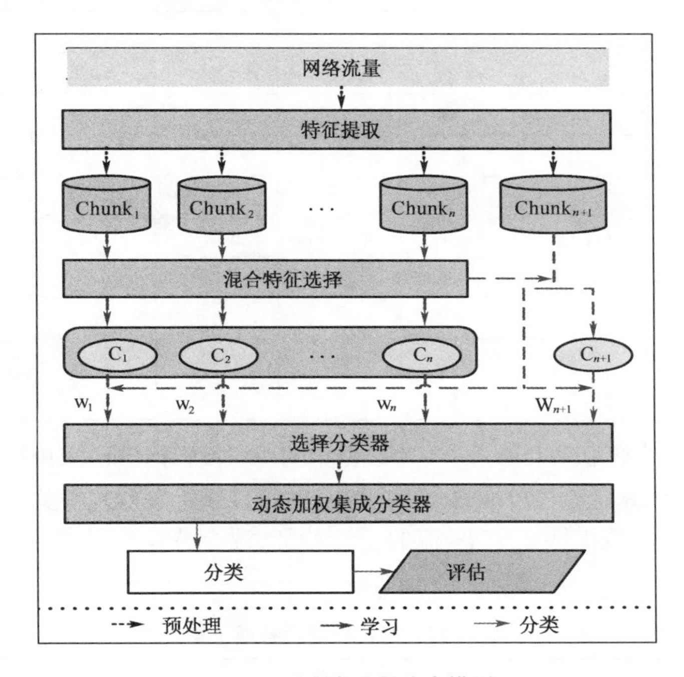


**图 8.15 集成流量分类模型**

在实际流量分类过程中，大多数流量数据包含多个小类，有些小类属于重量级应用，拥有少量的网络流样本，却占有大量的字节，例如，P2P 应用或者 FTP 应用等等，其分类性能关乎网络规划及网络带宽资源的分配；有些小类应用属于命令流、实时通信流、攻击应用流等，其分类性能关乎通信的可靠性、网络应用的服务质量以及网络安全性。因此，我们在总体分类精度的基础上还要关注分类字节准确率和优先级需求。在基于权重的集成学习方法的基础上结合本章提出的基于字节权重的代价敏感学习方法 AdaCost，即在集成学习的基础上提出一种基于代价敏感学习的集成学习算法，该方法在保证分类总体准确率的基础上提高字节准确率。基本过程是在每个数据块混合特征提取后采用基于字节权重的代价敏感方法 AdaCost 训练分类器，根据字节权重错分代价调整各个实例的字节分类错误率，以保证字节准确率。

### 8.5.5 实验结果分析

(1) 实验数据

为了验证文中算法的有效性,采用的不同的数据集进行分类研究,其中,WIDE数据集是从WIDE[35]获取的去掉有效载荷的匿名网络数据,主要分为6类,分别为HTTP,SSH,SMTP,DNS,SSL,POP3,选取连续4年的网络流数据进行测试,每个数据集包含连续一周(每天持续15 min)的网络流。CNT数据集是采用tcpdump抓取的华东(北)网络中心16个C类地址约30GB的双向全报文数据,构成4个数据集,共包含123180个完整的双向流网络流样本,被分为六类。流样本类别具体分布如表8.10所示。

**表8.10 WIDE&CNT数据集**

| 数据集 | 年份 | http | ssh | smtp | dns | ssl | pop3 | Total |
|---|---|---|---|---|---|---|---|---|
| WIDE1 | 2009 | 45 484 | 10 358 | 2 368 | 1 497 | 1 076 | 90 | 60 873 |
| WIDE2 | 2010 | 37 385 | 1 148 | 2 095 | 4 340 | 2 102 | 74 | 47 144 |
| WIDE3 | 2011 | 67 616 | 33 | 805 | 518 | 2 363 | 90 | 71 425 |
| WIDE4 | 2012 | 35 558 | 395 | 1 144 | 427 | 2 188 | 32 | 39 744 |
| 数据集 | 类型 | HTTP | Flash | Bittorrent | ICMP | QQ | SSL | Total |
| CNT1 | Day 1 | 42 640 | 2 363 | 44 | 220 | 183 | 755 | 46 205 |
| CNT2 | Day 2 | 28 860 | 1 572 | 3 | 145 | 80 | 1 063 | 31 723 |
| CNT3 | Day 3 | 16 612 | 873 | 87 | 113 | 273 | 852 | 18 810 |
| CNT4 | Site B | 23 594 | 875 | 73 | 100 | 381 | 1 419 | 26 442 |

本章利用tcptrace获取WIDE和CNT数据集的10种统计特征,采用第三章提出的混合特征选择,最后选择了服务器和客户端两个方向的初始窗口发送字节大小及客户端方向最小报文长度三个特征作为全局最优特征子集,流的统计特征、混合特征选择方法、选取的特征子集如表8.11所示。

**表8.11 统计特征及特征子集**

| 特征 | 描述 | 特征子集 |
|---|---|---|
| Push_pkts_serv | TCP头部设置push位的总数——服务器 | 否 |
| Init_win_bytes_clnt | 初始窗口发送字节大小——客户端 | 是 |
| Init_win_bytes_sev | 初始窗口发送字节大小——服务器 | 是 |
| Avg_seg_size_serv | 平均报文长度——服务器 | 否 |
| IP_bytes_med_clnt | IP报文的平均总字节——客户端 | 否 |
| Act_data_pkt_clnt | TCP负载至少一字节的报文总数——客户端 | 否 |
| Data_bytes_var_sev | 报文总字节方差——服务器 | 否 |
| Min_seg_size_clnt | 最小报文长度——客户端 | 是 |
| RTT_samples_clnt | RTT时间内样本总数——客户端 | 否 |
| Push_pkts_clnt | TCP头部设置push位的总数——客户端 | 否 |

(2) 性能评价

基于精度权重的集成学习方法。流量产生环境改变导致的概念漂移使得分类器很难获得稳定的分类性能,因此,有必要建立自适应分类器,以在很长一段时间维持稳定的分类性能。为了评估基于权重的多分类器AWE算法的性能,本节在WIDE和CNT数据集上进行实验,比较其与基于均值决策的集成学习方法及单分类器算法的分类效果。由于在单分类器中，决策树C4.5的分类效果较好，所以本书选用C4.5作为基分类器，将五种基分类器采用基于权重的集成学习方法集成，并与基于均值决策的集成学习分类算法Ensemble和3种常用的分类器算法（Adaboost、RandomForest和C4.5）进行对比，Adaboost采用C4.5作为基分类器，Adaboost和RandomForest都属于集成学习算法，分类性能如表8.12所示。

从表8.12可见，集成分类器方法比传统的单分类器方法具有更高的分类准确率。AWE算法具有较高且稳定的分类准确率，分类效果明显高于其他分类器。AWE分类器引入新环境的样本学得自适应分类器，能有效应对网络流概念漂移，相对于Ensemble集成学习只是基于简单的均值策略，AWE对分类器根据当前的分类精度进行加权投票，可以更好的自适应当前样本环境。

**表8.12 分类准确率**

| 数据集 | C4.5 | | Adaboost | | RandomForest | | Ensemble | AWE |
|---|---|---|---|---|---|---|---|---|
| | Initial | Final | Initial | Final | Initial | Final | | |
| WIDE 1 | 96.03 | 94.4 | 96.38 | 94.98 | 97.83 | 96 | 94.2 | **98.75** |
| WIDE 2 | 98.25 | 88.76 | 98.46 | 92.16 | 98.65 | 89.62 | 95.15 | **98.75** |
| WIDE 3 | 95.57 | 92.86 | 95.93 | 93.78 | 97.42 | 94.67 | 94.98 | **97.12** |
| WIDE 4 | 98.65 | 94.88 | 98.65 | 95.63 | 98.8 | 96.62 | 95.61 | **98.81** |
| CNT 1 | 92.85 | 88.29 | 94.43 | 87.94 | 94.7 | 88.56 | 91.3 | **93.87** |
| CNT 2 | 93.77 | 90.07 | 95.02 | 90.25 | 95.18 | 90.24 | 93.57 | **94.7** |
| CNT 3 | 93.05 | 90.29 | 95.12 | 90.00 | 94.87 | 89.88 | 93.2 | **94.45** |
| CNT 4 | 94.04 | 90.1 | 95.67 | 90.85 | 95.68 | 90.72 | 93.47 | **95.3** |

注：Initial：未发生概念漂移时的分类精度　Final：发生概念漂移后的分类精度

分类准确率只能综合评价整个数据集的识别精度，一个好的算法不仅要有较高的识别准确率，还应该在每个待识别的应用上都具有较高的查准率和查全率，特别当各个应用的样本分布不均匀时，对每个应用的查准率和查全率特别重要，因为查准率和查全率体现了识别方法在每个单独应用类别上的识别效果。F-Measure是综合查准率Precision和查全率Recall的一个综合评价指标，当F-Measure较高时则比较说明方法比较理想。图8.16（彩插21）和图8.17（彩插22）重点比较了基于权重的集成学习方法、基于均值决策的集成学习方法与单分类器C4.5的查准率和查全率。

从图8.16和图8.17可见，AWE对六种应用类别具有较高且稳定的查准率和查全率。对于样本数目比较充足的http类型，AWE、Ensemble及单分类器C4.5的查准率与查全率近乎相同。对于类别数目相对较少的ssl，dns，pop3，AWE算法与其他两种算法相比具有较明显的优势，说明在类别不平衡情况下，AWE算法可以有效地识别样本数目稀少的类别，提高小类的查全率和查准率。Ensemble算法在类别数目较少的dns，pop3，查全率和查准率均低于单分类器，说明基于均值决策的集成学习方法不适用于识别类别数目较少的类别。

图8.18（彩插23）综合评价了五种算法对各个应用类别的整体分类性能。从图中可见，AWE分类器的单个类别的综合评价均高于其他分类器，特别是对dns和pop3应用，AWE算法的综合评价远高于其他四种分类算法。由于训练样本各个应用类别比例的不均衡性，各个应用类别的样本数目对分类结果有很大影响。HTTP的样本数目充足，各个分类器的分类准确率较高；而pop3的样本数目稀少，各分类器的分类效果相对较差，尤其是基于均值决策的Ensemble，pop3的查全率和查准率及综合评价均为0。而且，Ensemble在样本数目较少的ssl和dns分类效果均最差，总体上说明该方法不适用于识别样本数目稀少的应用类别。

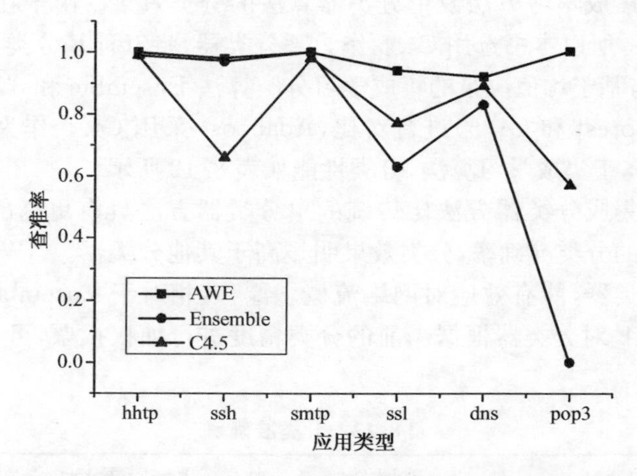


图 8.16(彩插 21)　AWE,Ensemble 与 C4.5 学习算法查准率

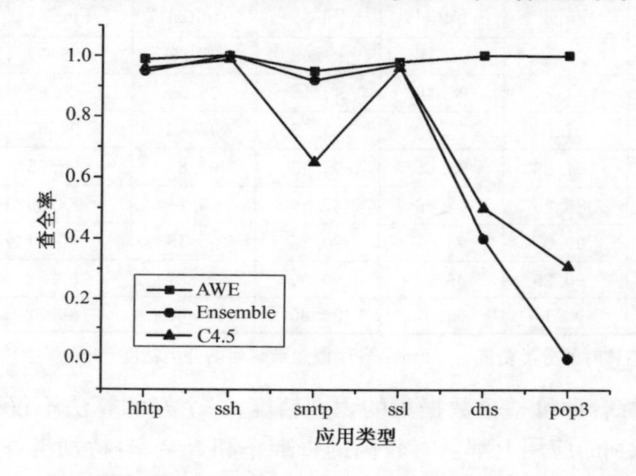


图 8.17(彩插 22)　AWE,Ensemble 与 C4.5 学习算法查全率

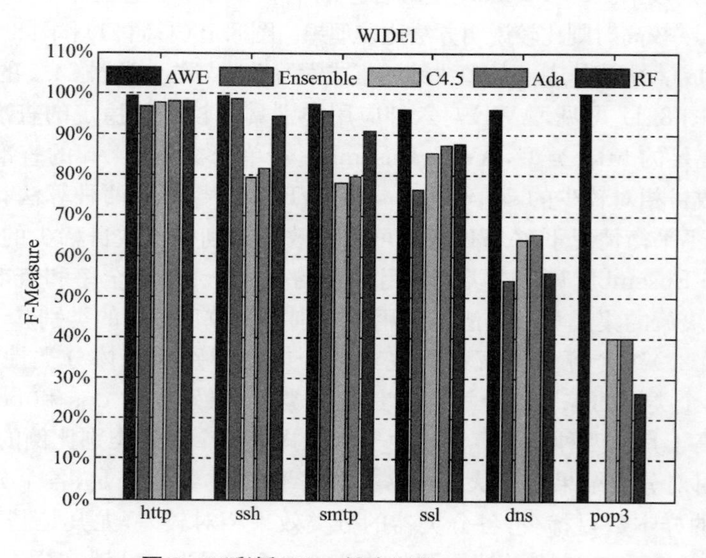


图 8.18(彩插 23)　综合评价 F - measure

基于代价敏感的集成学习算法。上文分析了基于精度权重的集成学习方法，实验说明该方法可以在概念漂移环境下取得稳定的分类性能。为了评估在基于精度权重的集成学习方法基础上提出的基于代价敏感的集成学习方法(CAWE)在小类上的流准确率与字节准确率，本节在CNT数据集上比较了该方法与C4.5，AdaCost，Ensemble，AWE的分类性能。具体流准确率与字节准确率的比较结果如表8.13所示。

**表8.13 流准确率与字节准确率**

| 数据集 | 流准确率(%) | | | | | 字节准确率(%) | | | | |
|---|---|---|---|---|---|---|---|---|---|---|
| | C4.5 | Adacost | Ensemble | AWE | CAWE | C4.5 | Adacost | Ensemble | AWE | CAWE |
| CNT 1 | 92.27 | 92.53 | 93.2 | 93.6 | **94.1** | 92.14 | 92.32 | 92.88 | 93.15 | 93.62 |
| CNT 2 | 92.83 | 92.48 | 93.75 | 93.62 | **96.23** | 92.39 | 92.26 | 93.21 | 93.15 | 95.61 |
| CNT 3 | 92.67 | 92.52 | 91.42 | 93.95 | **94.83** | 92.44 | 92.11 | 90.76 | 93.36 | 94.24 |
| CNT 4 | 91.35 | 92.92 | 94.43 | 94.5 | **95.41** | 91.47 | 92.56 | 94.16 | 94.19 | 95.09 |

从表8.13可见，集成分类器方法比传统的单分类器方法具有更高的流分类准确率和字节分类准确率。CAWE算法具有较高且稳定的流分类准确率和字节准确率，分类效果明显高于其他分类器。由于AWE和CAWE分类器引入新环境的样本学得自适应分类器，能有效应对网络流概念漂移，相对于Ensemble集成学习只是基于简单的均值策略，AWE和CAWE对分类器根据当前的分类精度进行加权投票，可以更好的自适应当前样本环境。而且CAWE将代价敏感学习算法与基于精度权重的集成学习算法相结合可以有效地提高字节准确率。

图8.19(彩插24)和图8.20分别展示了C4.5，AdaCost，Ensemble，AWE和CAWE五种方法在CNT1数据集上对各个应用类别的流准确率和字节准确率。从图8.19可见，基于代价敏感的集成学习方法除了在Flash应用类别上的分类性能略低于AdaCost，在其他应用类别上均高于其他四种算法，尤其是在类别数目较少的Bittorrent，分类性能明显高于其他算法。在Flash应用类别上，基于均值决策的Ensemble与基于精度权重的AWE算法均不能识别该应用，准确率为零。对于样本数目最少的Bittorrent与QQ，基于均值决策的Ensemble算法的分类性能较差，说明该方法不能提高小类的分类精度。对于样本数目充足的HTTP应用，五种方法的分类精度相差不大。

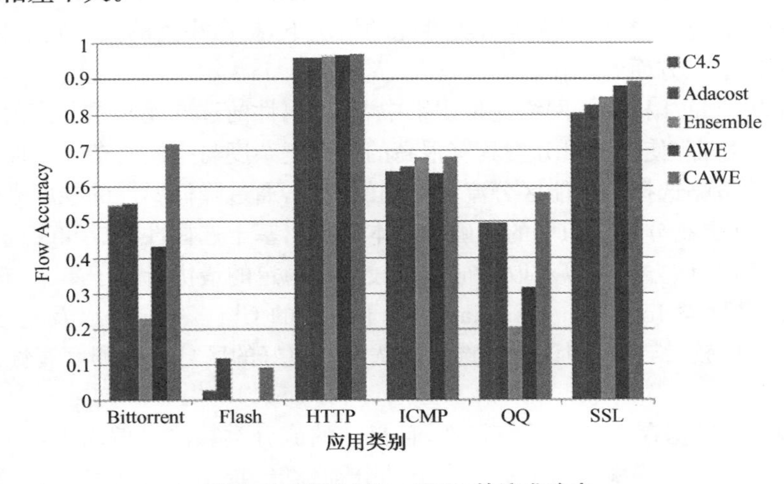


**图8.19(彩插24) CNT1的流准确率**

从图8.20(彩插25)可见，基于代价敏感的集成学习方法CAWE在各个应用类别上的字节准确率表现较好，除了 Flash 和 ICMP 应用。在 Flash 应用上，CAWE 方法略低于基于字节权重的 AdaCost 方法，Ensemble 与 AWE 表现较差，均为零。对于 ICMP 应用，AdaCost，Ensemble，CAWE 算法的字节准确率相差不大，但是 C4.5 远高于其他四种算法。对于样本数目充足的 HTTP 应用，各个分类算法的字节准确率相差不大，CAWE 算法略高于其他四种算法。对于样本数目较少的 Bittorrent，CAWE 的字节准确率远远高于其他四种算法，具有明显的优势。Ensemble 在 Bittorrent 和 QQ 上的字节准确率均远小于其他四种算法，说明 Ensemble 方法不能提高小类的字节准确率。

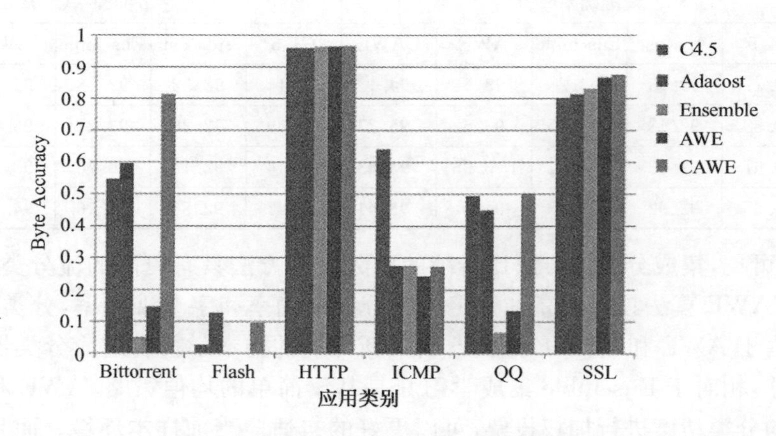


**图 8.20(彩插 25)　CNT1 的字节准确率**

## 8.6　小结

网络环境的复杂变化，以及网络带宽和新业务应用类型的不断增加，DPI 方法已经不能满足应用识别的要求。DFI 流量识别方法无需解读应用层负载，并且可以识别加密与隐私流量。基于 DFI 的机器学习分类方法具有广泛应用，然而，基于统计特征的机器学习面临网络流数据不平衡的问题。目前，流量分类方法趋向于提高大类的分类性能而忽视稀有类的分类性能，注重流样本的分类性能而忽视字节的分类性能。本章从数据重采样、特征选择、分类算法展开流量分类方法的相关研究，旨在保证大类分类性能的情况下，提高小类的流准确率和字节准确率。本章主要进行了以下三方面的工作：

(1) 在目前基于 DFI 检测的网络流量识别中，测度属性的选取尤其重要。由于测度属性中包含冗余与不相关特征，使得流量分类具有很高的计算复杂度与空间复杂度。而特征选择算法能依据一定的评估策略选择出更能区分流量类别的属性，通过降低属性的维度来降低计算复杂度和空间复杂度，并提高分类和识别的准确率。本章提出基于选择性集成和改进序列向前搜索的混合特征选择算法，该方法可以获取特征数目较少且稳定的最优特征子集。与传统的基于相关性的 FCBF、信息增益 InfoGain、GainRatio、基于统计的 Chi - square 以及基于一致性 Consisitency 进行实验比较，结果表明该特征选择算法可以更好的区分行为测度属性和类属性之间的相关性。

(2) 由于网络流数据存在类不平衡特性，且目前的流分类算法多偏向大类，忽视小类的流分类准确率与字节分类准确率。为了提高小类的分类性能，提出了一种基于代价敏感的模型。首先对不平衡网络流量数据进行 SMOTE 重采样，降低大类与小类的样本数目的差异，然后采用 AdaCost 算法分类流量数据，其中 AdaCost 中引入基于权重的错分代价矩阵，提高小类的误分代价。与传统的 C4.5 分类算法进行实验比较,结果表明该算法模型可以提高小类的流准确率和字节准确率。

(3) 由于网络流量特征随着时间和环境的变化而发生改变,机器学习分类方法很难保持稳定的分类性能。为了提高分类器的自适应能力,提出一种基于精度权重的流量分类方法,使用先前流量建立分类器,然后使用增量学习方法引入新环境流量更新并学得自适应分类器,再根据精度加权的集成学习方法综合分类结果。与传统的单分类器 C4.5 算法以及集成学习算法 Adaboost、RandomForest 进行实验比较,结果表明该算法在处理流量的概念漂移问题上表现出较好的分类性能和泛化能力,分类效率满足分类实时性要求。为了进一步提高动态环境下小类的分类性能,提出一种基于代价敏感的集成学习模型,模型由两部分构成,第一部分是混合特征选择,获取稳定的最优特征子集。第二部分将基于精度权重的分类方法与基于权重的 AdaCost 方法相结合。与 C4.5、基于权重错分代价的 AdaCost 方法、基于均值决策的集成学习方法、基于精度权重的集成学习方法进行实验比较,结果表明该方法可以有效提高概念环境下小类的流准确率与字节准确率。

# 参考文献


[1] Dainotti A, Pescape A, Claffy K C. Issues and future directions in traffic classification[J]., IEEE Network, 2012, 26(1): 35-40.

[2] IANA. Internet assigned numbers authority [EB/OL]. http://www.iana.org/assignments/port-numbers.

[3] Moore A W, Papagiannaki K. Toward the accurate identification of network applications[C]. In: Proceedings of the 6th International Workshop on Passive and Active Network Measurement. Boston: Springer, 2005. 41-54.

[4] Madhukar A, Williamson C. A longitudinal study of P2P traffic classification[C]. In: Proceedings of 14th IEEE International Symposium on Modeling, Analysis, and Simulation of Computer and Telecommunication Systems. Los Alamitos: IEEE, 2006. 179-188.

[5] BitTorrent - Delivering the world's content [EB/OL]. http://www.bittorrent.com.

[6] Sen S, Spatscheck O, Wang D. Accurate, scalable in-network identification of P2P traffic using application signatures[C]. In: Proceedings of the 13th international conference on World Wide Web (WWW). New York: ACM, 2004. 512-521.

[7] Tongaonkar A, Keralapura R, Nucci A. Challenges in network application identification[C]. In: Proceedings of the 5th USENIX Workshop on Large-Scale Exploits and Emergent Threats. San Jose: USENIX Association, 2012. 1-1.

[8] Erman J, Mahanti A, Arlitt M, et al. Identifying and discriminating between web and peer-to-peer traffic in the network core[C]. In: Proceedings of the 16th international conference on World Wide Web (WWW). New York: ACM, 2007. 883-892.

[9] Williams N, Zander S, Armitage G. A preliminary performance comparison of five machine learning algorithms for practical IP traffic flow classification[J]. ACM SIGCOMM Computer Communication Review, 2006, 36(5): 5-16.

[10] Erman J, Mahanti A, Arlitt M, et al. Semi-supervised network traffic classification[J]. ACM SIGMETRICS Performance Evaluation Review, 2007, 35(1): 369-370.

[11] Grimaudo L, Mellia M, Baralis E, et al. Self-learning classifier for Internet traffic[C]. In: Proceedings of the INFOCOM. Turin: IEEE, 2013. 3381-3386.

[12] Das S. Filters，wrappers and a boosting-based hybrid for feature selection[C]. In：Proceedings of the Eighteenth International Conference on Machine Learning (ICML). Williamstown，2001. 74-81.

[13] Kohavi R，John G H. Wrappers for feature subset selection[J]. Artificial intelligence，1997，97(1)：273-324.

[14] Bray T. Measuring the web[J]. Computer networks and ISDN systems，1996，28(7)：993-1005.

[15] Dewes C，Wichmann A，Feldmann A. An analysis of Internet chat systems[C]. In：Proceedings of the 3rd ACM SIGCOMM conference on Internet measurement (IMC). New York：ACM，2003. 51-64.

[16] Van der Merwe J，Sen S，Kalmanek C. Streaming video traffic：Characterization and network impact[C]. In：Proceedings of the Seventh International Web Content Caching and Distribution Workshop，2002. 1-16.

[17] Krishna S S，Gummadi P K，Gribble S D. A measurement study of peer-to-peer file sharing systems[R]. Technical Report，2002.

[18] Schneider F，Agarwal S，Alpcan T，et al. The new web：Characterizing ajax traffic[C]. In：Proceedings of the 9th International Conference on Passive and Active Measurement (PAM). Cleveland：Springer，2008. 31-40.

[19] 潘吴斌，程光，郭晓军，等. 基于选择性集成策略的嵌入式网络流特征选择[J]. 计算机学报，2014，37(10)：2128-2138.

[20] Tahir M A，Kittler J，Yan F. Inverse random under sampling for class imbalance problem and its application to multi-label classification[J]. Pattern Recognition，2012，45(10)：3738-3750.

[21] Zhou Z H，Wu J，Tang W. Ensembling neural networks：many could be better than all[J]. Artificial intelligence，2002，137(1)：239-263.

[22] Moore A，Zuev D，Crogan M. Discriminators for use in flow-based classification[M]. Queen Mary and Westfield College，Department of Computer Science，2005.

[23] Alejo R，Sotoca J M，Casañ G A. An empirical study for the multi-class imbalance problem with neural networks[C]. In：Proceedings of the Progress in Pattern Recognition，Image Analysis and Applications. Havana：Springer，2008. 479-486.

[24] Fan W，Stolfo S J，Zhang J，et al. AdaCost：misclassification cost-sensitive boosting[C]. In：Proceedings of the 6th International Conference on Machine Learning (ICML). Bled，1999. 97-105.

[25] Erman J，Mahanti A，Arlitt M. Byte me：a case for byte accuracy in traffic classification[C]. In：Proceedings of the 3rd annual workshop on Mining network data. New York：ACM，2007. 35-38.

[26] Joshi M V，Agarwal R C，Kumar V. Predicting rare classes：Can boosting make any weak learner strong? [C]. In：Proceedings of the eighth ACM SIGKDD international conference on Knowledge discovery and data mining. New York：ACM，2002. 297-306.

[27] Ruggieri S. Efficient C4. 5[classification algorithm][J]. IEEE Transactions on Knowledge and Data Engineering，2002，14(2)：438-444.

[28] Kearns M，Valiant L. Cryptographic limitations on learning Boolean formulae and finite automata[J]. Journal of the ACM (JACM)，1994，41(1)：67-95.

[29] Roughan M，Sen S，Spatscheck O，et al. Class-of-service mapping for QoS：a statistical signature-based approach to IP traffic classification[C]. In：Proceedings of the 4th ACM SIGCOMM conference on Internet measurement (IMC). New York：ACM，2004. 135-148.

[30] Moore A W，Zuev D. Internet traffic classification using bayesian analysis techniques[J]. ACM SIGMETRICS Performance Evaluation Review，2005，33(1)：50-60.

[31] Khoshgoftaar T M，Gao K，Seliya N. Attribute selection and imbalanced data：problems in software defect prediction[C]. In：Proceedings of the 22nd IEEE International Conference on Tools with Artificial Intelligence (ICTAI). Boca Raton：IEEE，2010. 137-144.

[32] Wang H，Fan W，Yu P S，et al. Mining concept-drifting data streams using ensemble classifiers[C]. In：

Proceedings of the ninth ACM SIGKDD international conference on Knowledge discovery and data mining. New York：ACM，2003. 226-235.

[33] Senthamilarasu S，Hemalatha M. Ensemble classifier for concept drift data stream [M]. Informatics and Communication Technologies for Societal Development. Springer India，2015.

[34] Liu Q，Liu Z，Wang R，et al. Large traffic flows classification method[C]. In：Proceedings of the International Conference on Communication Workshop. Suzhou：IEEE，2014. 569-574.

[35] Borgnat P，Dewaele G，Fukuda K，et al. Seven years and one day：Sketching the evolution of internet traffic[C]. In：Proceedings of the INFOCOM. Rio de Janeiro：IEEE，2009. 711-719.

# 9 基于覆盖网监测的故障推理

覆盖网[1]为布置网络应用程序提供了强大而灵活的平台。随着覆盖网的应用越来越广泛，覆盖网的故障管理对于正确提供覆盖网服务起着关键的作用。故障推理是故障管理系统中最重要的部分。目前，单点的推理很难满足大量症状信息的存储与计算，本书提出基于社区的覆盖网监测与故障推理系统，通过在优势节点上布置代理解决上述问题。设计实现一个基于社区的覆盖网监测和故障推理系统，该系统能监测覆盖网应用是否遭遇网络故障，若有故障，能定位故障。该系统的客户端是嵌有监测模块的覆盖网应用节点，它能将监测结果上传给代理社区，代理社区将观测数据预处理后存入 chord，若监测的结果是发生故障，则代理会将相关的数据反馈给客户端，客户端进行推理，定位故障。

## 9.1 研究背景及意义

在因特网中，覆盖网[2,3]已经得到了广泛应用，包括内容分发网络(Content Deliver Network, CDN)、文件共享和流媒体服务的 P2P 覆盖网络、应用层组播(Application Layer Multicast, ALM)、虚拟实验床 EmuLab 和 PlanetLab[4,5]等。

覆盖网络是在底层物理网络基础之上构建的一种虚拟网络。在覆盖网络中，节点之间的链路是逻辑链路，对应于底层网络的通常是一条物理路径。覆盖网络可以根据应用环境和需求定义自己的拓扑结构和路由模式，结构比较灵活，可以用来构建特定于应用(application-specific)的服务，大大扩展了 Internet 的服务。

覆盖路由(Overlay Routing)是通过覆盖网络进行的路由模式，是覆盖网络的关键部分。图 9.1演示了覆盖路由的基本概念。A,B,C 是覆盖网络节点，当 Internet 路径 AB 发生故障或者拥塞时，A 通过节点 C，经过链路 AC 和 CB 与 B 进行通信，从而绕过原来的故障路径[6]。

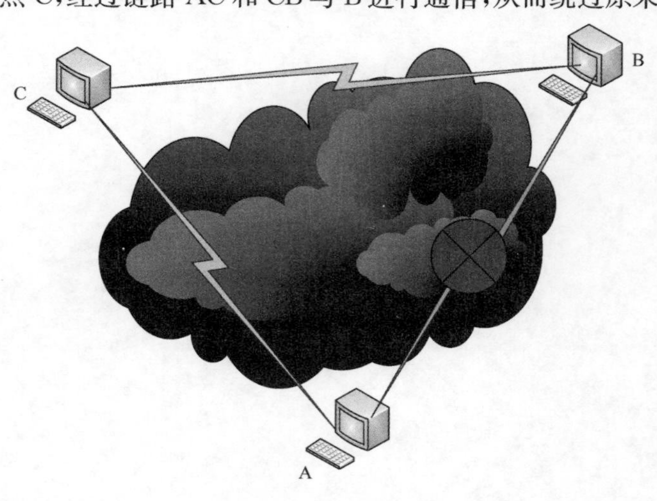


图 9.1　覆盖路由示例

与底层因特网路由相比，覆盖路由具有更大的灵活自主性。覆盖网络中的每个节点都可看成是一个“智能网关”，有自己的路由策略，不仅可以根据“源地址、宿地址”对，也可以按照报文内容来决定下一跳节点。当然，这种灵活性伴随较大的开销，如果没有好的策略，使用范围和规模也会受到限制。

近年来，覆盖网络的相关研究备受关注。我们不仅可以使用覆盖网络提供各种新型应用，而且可以利用其中的覆盖路由改善覆盖网络或者 Internet 端到端服务性能。然而这种覆盖路由若要在 Internet 广泛部署和应用，还有许多关键问题有待解决。覆盖网应用的性能依赖于覆盖网节点和底层网络状况，因此，覆盖网的故障管理对于正确提供覆盖网服务起着关键的作用。

覆盖网的广泛分布性和用户层灵活性给覆盖网的故障诊断带来了新的挑战，包括底层网络的不可见和网络症状的不完整、不精确以及多层网络的复杂性。为了让处理和存储分布化，我们设计了基于社区的覆盖网监测和故障推理系统。

故障推理能够指明故障的根源，并能解释观测到的网络症状[7,8]，因此它是故障管理系统中最重要的部分。目前，覆盖网故障诊断主要是基于症状-故障关系图（即把症状 S 表示为多个可能涉及的组成部分的集合，图 9.2 就是症状和各个组成部分的对应关系）。

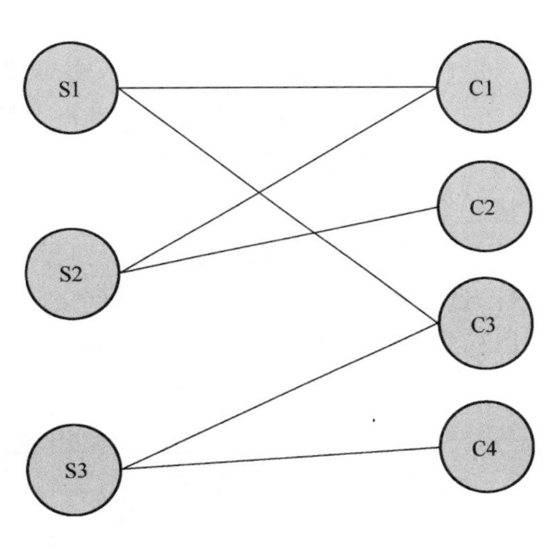


**图 9.2 症状—故障关系图**

当前的故障推理架构都是基于单点存储与计算，很难满足高请求量和高存储量的需求，也面临着单点故障的问题，同时它们有些假设是很难实现的（比如直接监测某个网络一段时间，获取该网络历史故障概率。随着因特网的规模和复杂性越来越大，我们很难清晰的描述它。）单点的推理也很难满足大量信息的获取与存储，因此本书设计基于社区的覆盖网监测与故障推理系统，它能在优势节点上布置代理以及 P2P 存储，并将推理的过程转移到客户端，比如一个客户端用户可以了解自己 P2P 应用缓慢的原因，或者一个客户端用户本身就是本地网络的一个网络管理员，他可以知道自己所管网络的用户上网慢到底是因为内部的网络问题还是外部的网络问题。

## 9.2 基本概念

### 9.2.1 社区的概念

从我们的直觉上，我们就能感觉到社区的形式一直在发生变化，在猿人时代，一个部落算是一个社区，后来有了村庄，再后来是城市或城市中的街道、居住区，随着互联网的出现，网络社区出现了。

我们再看看文献[9]对“社区”一词的注释为：“以一定地域为基础的社会群体。此词最早由滕尼斯提出。基本要素有：①有一定的地；②有一定的群体；③有一定的组织形式、共同的价值观念、行为规范及相应的管理机④有满足成员的物质和精神需求的各种生活服务设施。”文献[10]对“社区”一词的解释与文献[9]不仅基本一致，并且举例：“例如，村庄、小城镇、街道邻里、城市的市区或郊区、大都市等等,都是规模不等的社区。社区是地方社会或地域群体。”

但是现在的网络社区已经打破了地域限制这一条,比如说论坛,它确实有一定的群体,也有一定的组织形式、共同价值观念、行为规范和相应的管理机构,也能满足成员的精神需求。但是它没有地域限制,要说限制也就是要有互联网的地方。

于是新的更完整的社区定义也就产生了:

(1) 是一个网络板块,指不同的人围绕同一主题引发的讨论,如天涯社区。类似的名词还有论坛、贴吧等。

(2) 是指固定的地理区域范围内的社会成员以居住环境为主体,行使社会功能,创造社会规范的行政区域。

在本书的系统中,多个代理构成了社区,它们都是用来存储一些症状信息,并相互交流,响应客户端的需求,所以我们也称它们为社区。

### 9.2.2 覆盖网

(1) 覆盖网架构

之前对覆盖网的基本概念进行了简单的介绍,下面将介绍覆盖网的架构及特点等。覆盖网是建立在 IP 网络上的一层虚拟网络。覆盖网的节点分布于 Internet 节点中,通过虚拟链路连接起来,覆盖网的一条虚拟链路对应于底层网络的一条物理路径,如图 9.3。覆盖网具有拓扑灵活性,它的拓扑可以根据应用和服务的需求随时改变。拓扑的多样性产生了路径选择的多样性,这让覆盖网能更好地面对网络故障。覆盖网大大扩展了 Internet 的服务,比如覆盖网上可以运行 IPTV、VOIP、视频点播等业务,并且可以对业务提供服务质量保证。

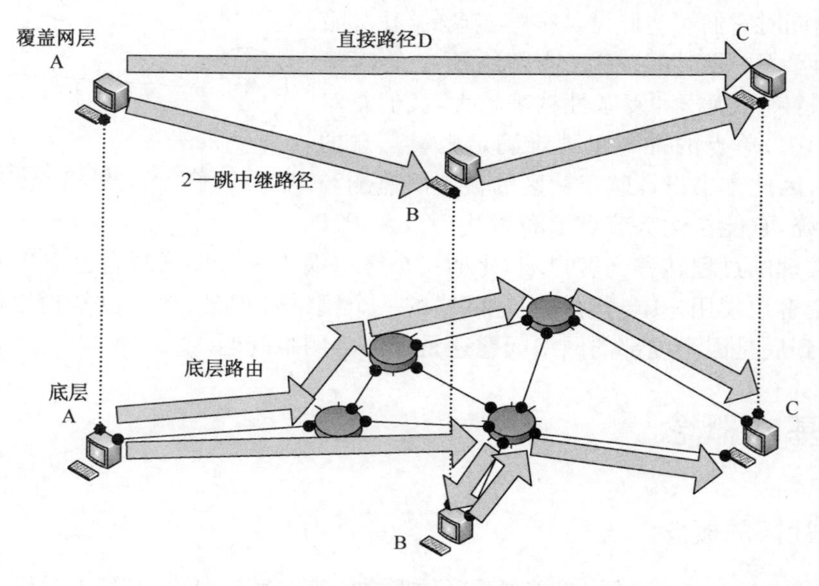


**图 9.3　覆盖网络与 IP 网络**

本小节首先介绍了覆盖网络的特点,通过与传统 IP 网络架构的比较来说明覆盖网络的优越性。接着对覆盖网络的分类做一个简单的介绍,最后总结分析覆盖网络中路由机制的选择。

(2) 覆盖网的特点

目前,Internet 中最基础的网络架构还是 IP 网,覆盖网作为一种新型的网络构建于 IP 网址上。每一个覆盖网节点都是一个 IP 节点，每一条覆盖网链路对应于一个 IP 网路径。同时，一条覆盖网路径中可能会有中继节点，他们是为了覆盖网路由的需要。图 1.3 展示了一个两跳的中继路径。

虽然目前整个 IP 网的发展状况良好，但是覆盖网最初提出的目的却是为了解决 IP 网中存在的各种问题。首先，在 IP 网中，自治系统之间采用边界网关协议(Border Gateway Protocol, BGP)，BGP 收敛以及故障恢复速度很慢，某一个节点失效后，整个 BGP 路由可能需要数分钟才能达到重新收敛的状态；其次，IP 路由模型只能提供一种固定的服务，这样很难满足应用对特定路由的要求；最后，在 IP 网络环境下，各 Internet 服务提供商(Internet Service Provider, ISP)所设置的路由策略不同，有的可能希望在境内时延最低，有的策略为丢包率最低，有的考虑网络的可用带宽，还有的考虑拥塞出现的几率最低，这样的路径不一定是应用程序希望的最佳路径[11]。

覆盖网因其自身的一些特点解决了传统 IP 网不能解决的问题。首先，覆盖网在路径选择过程中可以有多种选择，当某一条路径失效时，它可以选择其他路径重新路由。其次，覆盖网中的节点具有更多的智能性，它在进行路径选择的时候不仅考虑源节点、宿节点，同时还可以考虑环境和应用的需求以及数据的内容等。所以即使对同一个目的网络，覆盖网也可以提供满足不同应用需求的路由选择，包括最小延迟、最大带宽和最大吞吐量等。这种灵活性也给覆盖网带来了一定的开销，后面会介绍减少开销的一些策略。

(3) 覆盖网络分类

覆盖网不是由 ISP 提供，而是由第三方服务提供商运营和管理，它不属于当前 Internet 体系结构。覆盖网经历了长期的发展，发展前景也被人们看好，目前，主流的覆盖网应用分为三类：路由覆盖网、内容分发网络以及应用层组播覆盖网络。

在路由覆盖网中，通信双方之间可能存在多条覆盖网路径，如何在这多条路径中选择适合应用需求的一条是路由覆盖网要解决的问题，这也正是路由覆盖网能绕过失效路径的关键所在，典型的这类覆盖网有弹性覆盖网络(Resillient Overlay Network)[12]和保证服务质量的覆盖网络[13]。

内容分发网络(Content Distribution Network)将网络节点布置在各个 Internet 节点上，内部通过覆盖网内容同步，当用户要访问服务器资源时，可以选择内容分发网络中较近的一个服务器，这种方式即可以增加用户的体验，又能减少主干网带宽的消耗。内容分发网络中最关键的问题是如何对用户请求进行重定向以及负载均衡。

应用层组播网络就是利用覆盖网进行组播。传统的 IP 组播网在网络层实现，并且需要每个组播路由器都维护一个地址项，这在 Internet 中是难以实现的，并且 IP 组播的拥塞控制机制也复杂，应用层组播相比就更加灵活。

(4) 覆盖网络中路由机制的选择

覆盖网路由就是覆盖网节点进行路径选择，这也是覆盖网技术最最关键的部分。它是根据特定应用需求选择满足该需求的虚拟路径，这些应用需求包括最小时延、最小丢包率、最大吞吐量、最大可用带宽、最少跳数等。

图 9.4 说明了覆盖网路由的基本概念，覆盖网中的一条虚拟链路对应于底层的一条物理路径比如图中的虚拟链路 A－B 对应于底层链路的 A－F－B。同一对源宿地址可以对应多条覆盖网路径，比如从 A 到 E 的路径可以为 A－B－C－E、A－B－D－E、A－C－E 等。比如 A－B 链路失效，则可以绕过节点 B 选择路径 A－C－E，这样就避免经过原来的失效链路。

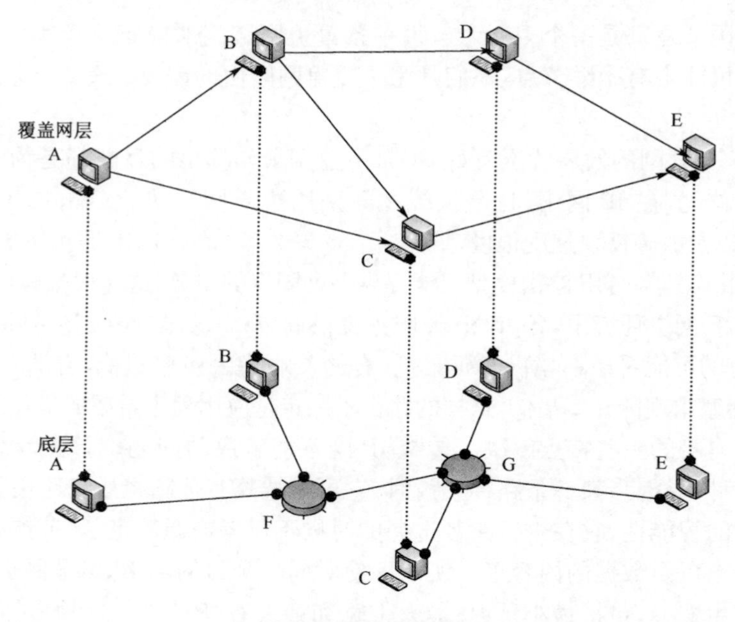


图 9.4　覆盖网路由

### 9.2.3　chord

1）相容性哈希

chord 是一种查找算法，只要对资源进行哈希后得到一个 key，就可以用 chord 算法查找到该资源。

chord 采用类似于相容哈希的哈希算法对资源和节点进行哈希。相容哈希有如下优点：①哈希函数可以做到负载均衡，所有节点可以接收到数量相当的请求；②当第 $N$ 个节点加入或者离开网络时，只需要移动 $1/N$ 的关键字。

chord 对相容哈希进行了改进，在 chord 中，任何节点都不需要知道其他所有节点的信息。每个节点只需要维护其他节点的少量路由信息即可，在 $N$ 个节点的网络中，每个节点只需要维护 $O(\log N)$个节点的信息，同样，每次查找只需要查找 $O(\log N)$次。当节点加入或者离开网络时，网络中需要传递 $O(\log^2 N)$条消息。

相容哈希函数为每个节点和资源分配 $m$ 位标识符，一般用 SHA－1 等哈希函数生成。节点的标识符一般通过哈希节点的 IP 以及端口号等产生，而资源的标识符则是用此哈希函数对资源的内容进行哈希。

每个资源最初始都存放在该资源哈希值的后继节点中，后继节点是 chord 环上仅随该哈希值的节点。相容哈希会在节点加入或退出时，给网络带来的冲击达到最小。当节点 $n$ 加入网络时，某些原先存放在 $n$ 后继的资源要转移到 $n$ 上。当节点 $n$ 离开网络时，存放在 $n$ 上的资源要转移到 $n$ 的后继上。网络其他的节点都不需要变动。

2）chord 协议分析

P2P 覆盖网路由模型一般包括四个部分：覆盖空间、路由表、路由算法、节点的加入和离开算法。覆盖空间就是 P2P 的结构，也就是节点标识符和资源标识符存在的空间；路由表是指节点中所存储的其他节点信息；路由算法是每个节点选择下一跳的算法，下面依次介绍这四个部分。

chord 的目标就是在 IP 网络之上构建覆盖网络，因此它首先要定义一个覆盖空间。chord 采用相容哈希来作为最后的键值。相容哈希为每个节点和资源分配一个 $m$ 位的键值，可以采用 SHA－1 哈希函数生成。节点哈希的内容有 IP、端口等，直接通过哈希函数对资源的键值进行哈希即可。标识符长度 $m$ 必须足够大，这样才会有足够大的空间避免哈希冲突。

最简单的情况就是每个节点都存放有其他所有节点的信息，这样，资源查找的时候，只要查找一次本地的表就可以了。但是假设最后的哈希结果是 $m$ 位，那么每个节点都要在本地保存一张大小为 $2^m$ 的路由表，当 $m$ 稍微大点，这个就很难做到了。另一种极端是每个节点只保存该节点后继节点的信息，这样在进行查找时，本地只需要 $O(1)$ 复杂度，但是整个查找过程需要 $O(2^m)$。

在 chord 中，所有节点按照哈希值的大小排在一个圆环上，相容哈希将资源映射到环上比该资源键值大的第一个节点上，该节点也称为该资源哈希值的后继。图 9.5 演示了资源的存储方式。

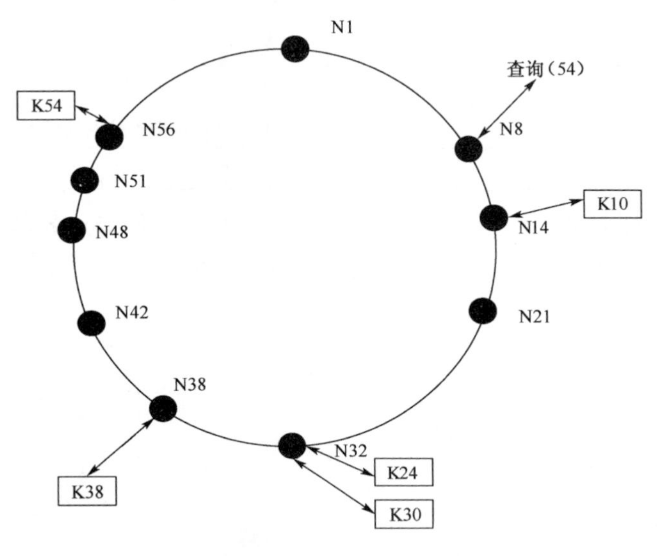


**图 9.5 节点与关键字的分配**

在实用的 P2P 系统中，每个节点不可能维护太多的路由信息。chord 是采用环的方式组织的，从理论上来说每个节点只需要知道它的后继节点，就能找到其他的任何节点。查找时，沿着环按顺时针方向寻找即可。

图 9.6 中为了找到键值为 54 的文件，节点 N8 向后继节点发送查询命令：8-14-21-32-38-42-48-51-56。

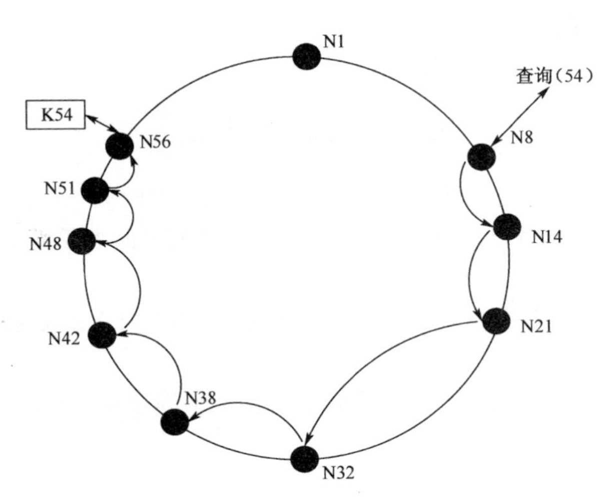


**图 9.6 根据后继查找键值的过程**

这样查找的效率就是 $2^m$，为了加速查找，chord 中每个节点维护大小为 $O(m)$ 的路由表，称为指针表(finger table)。节点 $n$ 的指针表的第 i 项包括了 $s = \text{successor}(n+2^{i-1})$，$s$ 称为节点 $n$ 的第 $i$ 个指针，用 $n$. finger[i]. node 表示。指针表的表项不仅包含相应节点的标识符，还包括节点的 IP 和端口号。chord 每个节点的后继节点(Successor)和前驱节点(predecessor)的路由信息也放在指针表中，后继就是指针表的第一个表项。符号定义如表 9.1：

**表 9.1 chord 网中符号定义**

| 符号 | 定义 |
|---|---|
| Finger[$k$]. start | $(n+2^{k-1}) \bmod 2^m$, $1 <= k <= m$ |
| Finger[$k$]. interval | [Finger[$k$]. start， Finger[$k$+1]. start] |
| Finger[$k$]. node | $n$. Finger[$k$]. start 的后继节点 |
| Successor | Finger[1]. node，即本节点的后继 |
| predecessor | 本节点的前驱 |

该路由方案的特征就是：①每个节点只需要知道少部分其他节点的信息，每个节点只需要知道离它最近的节点的路由信息；②每个节点指针表一般不能直接找到键值 $k$ 的后继。如图 9.7所示：

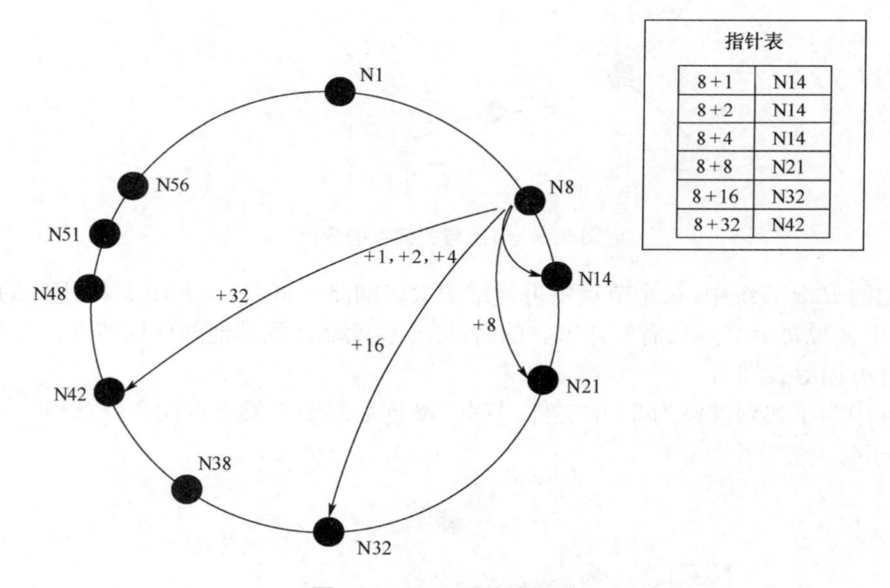


**图 9.7 chord 路由表结构**

chord 算法是每个资源存放在资源键值的后继节点上，因此 chord 的查找策略十分简单，先查询到资源键值对应的后继节点，若该节点上有该资源，则返回，如果没有则查找失败。

查询的具体过程如下：

① 节点发起查询任务，首先查询本地是否有该键值，如果有则返回找到消息，查找结束，否则转②。

② 查找本地路由表信息，找出与键值最接近的且小于等于键值的 finger[i]. start 所在项。并唤起该节点的查找任务。

③ 重复步骤①，直到查询返回成功或者失败。

图 9.8 示意了节点 N8 查找键值为 54 的资源的情况，根据算法 N8 从路由表中找到叫接近

54 的 N42。N42 再利用路由算法找到距离 54 更接近的节点 N51，这样不断递归就可以在节点 N56 上找到键值为 54 的数据。

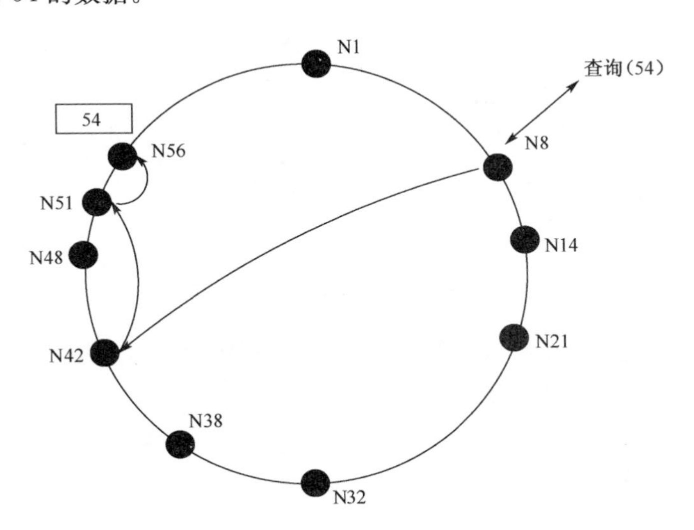


**图 9.8　chord 查找过程**

节点的加入一定不能破坏 chord 环的正确性，它要保证：

(1) 每个节点的后继节点都是正确的。

(2) 节点 successor($k$)负责键值 $k$ 的存储。

只有满足了这两个条件才能保证 chord 环的正确性。此外，为了提高整个系统查找的性能，必须维护每个节点路由表的正确性。当有新节点加入系统，但指针表还没来得及更新，这时如果唤起一个查询任务，将会发生三种情况：第一种可能性最大的情况是，查询所用到的指针表表项都是正确的，查询在 $O(\log N)$步内得到正确的结果；第二种情况是，后继节点指针是正确的，但是所用到的指针表指针已经失效。这种情况查询也能得到正确的结果，但是可能会很慢；第三种情况就是，由新节点加入引起地后继节点指针失效或者关键字没有转移到新节点上，这样将导致查询失败。当软件发现查询失败后将会等待一段时间后重新开始查询。

在 chord 的实现中，考虑到系统中节点加入操作的并行性，chord 在原有的算法基础上有了改进。具体的改进思想是：当一个节点加入 chord 时，它先联系网络中的一个任意节点。得到该节点后，新加入的节点向该节点发送查询命令，查询的键值就是该加入节点的 ID 号。这样，就可以查询到该 ID 的后继节点。此时 chord 网络的其他节点还没感知到该节点的加入，为了让其他节点意识到新节点的加入，网络中每个节点都定期更新它的后继。具体的操作是每个节点询问它的后继节点的前驱节点，看这个节点是不是它本身。如果不是它本身则 说明在该节点与它的后继节点之间有新的节点，那么该节点就会更新它的后继节点。同时，新节点也可以知道它的前驱节点。节点的加入操作完成。

图 9.9 给出了节点加入网络的例子。当节点 N26 加入到 chord 覆盖网络中时，它先要知道它的后继节点是 N32。同时 N32 也要知道它的前驱节点不是 N21 而是 N26，因此节点 N32 把存储在它上面的数据 24 存储到 N26 上。过一段时间节点 N21 发现它后继节点 N32 的前驱节点不是它自身，因此它将 N26 保存到它的后继节点路由项中。这样就确保了整个覆盖网络的正确。

chord 网络中节点的离开与节点的加入带有相似性。当一个节点离开网络时，它需要把存储在该节点上的数据存放到它的后继节点上去。为了保持网络的连通性，整个网络中的节点还必须周期性的执行上面的算法。节点的离开是节点加入的逆过程。

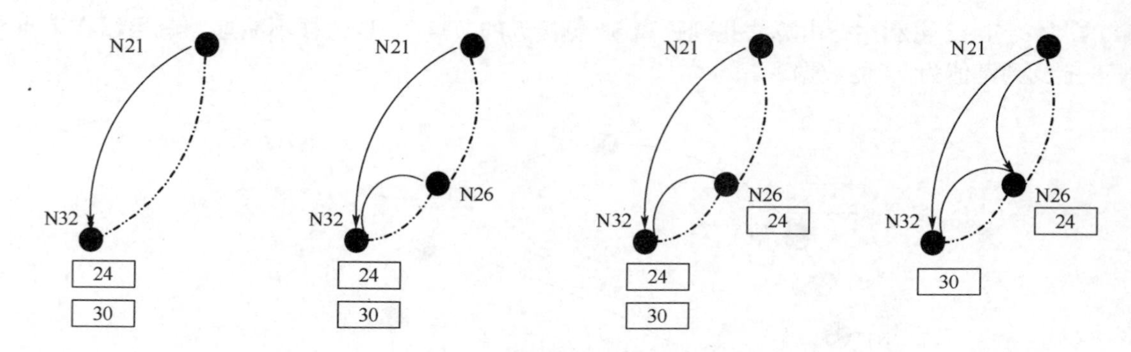


图 9.9　chord 中节点加入过程

chord 本身维护了这样一个结构化的覆盖网络，并提供给上层一些 API 以建立各种应用，如分布式计算、存储服务、应用层多播服务、文件共享服务等。

## 9.3　数据处理

YongningTang[14-19]设计了一个覆盖网故障诊断系统 ProFis，它基于动态生成的症状-故障关系图结合主动监测和被动推理进行故障诊断，该系统运行示意图如图 9.10(彩插 26)所示，图中有若干个覆盖网应用程序，每个程序覆盖不同的区域，当然这些区域可以重叠，图中还有一个覆盖网操作中心(Overlay Network Operation Center，OvNOC)，可以看到所有的覆盖网应用程序都将自己的症状数据汇总到覆盖网操作中心，然后覆盖网操作中心再对这些数据进行分析，判断是否有故障发生，并定位故障。可以看到这个系统是一个典型的集中式处理系统，它的优点就是能把所有的数据保存在同一个地方，所有的覆盖网应用都和该中心相联，保证了公平，同时因为这些数据都存储在服务器上，因此备份数据也相对容易。但是针对覆盖网应用的故障诊断，集中式处理不能满足实际的规模，因此，本文将系统去中心化，一部分处理压力分配给代理社区，另一部分压力分配给客户端。

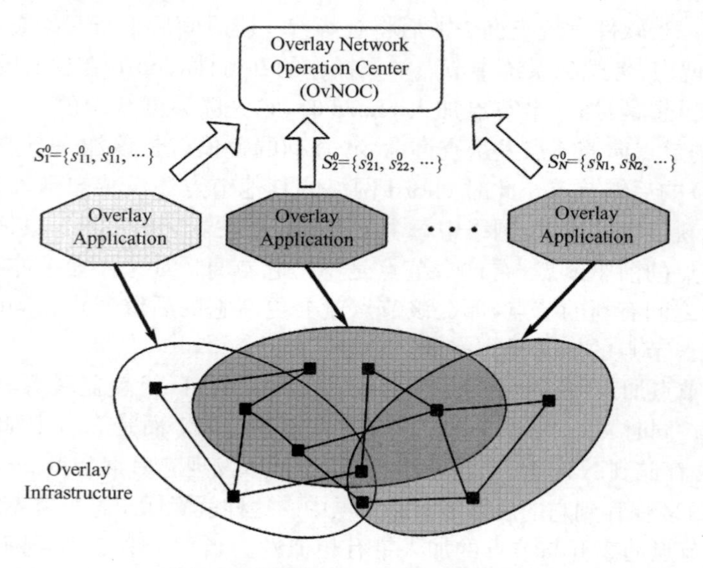


图 9.10(彩插 26)　ProFis 系统结构

### 9.3.1 集中式处理的问题

集中式处理具有设计简单，部署方便等优点，但是它的缺点也是不可忽略的，比如负荷过重、单点故障、可扩展性差等问题。针对本文要实现的系统，有如下特点是集中式处理难以满足的：

(1) 目前，覆盖网应用用户非常多，多达百万甚至千万级别，假设在某一时刻，所有用户都产生了症状数据，那么这些数据将都会发往中心服务器，经过服务端预处理后，都要以一定格式存储下来，集中式处理显然很难满足海量的症状数据的存储。

(2) 每个客户端都会发送存储数据的请求以及在故障时发送下载数据的请求，无论哪种情况，服务端都要利用拓扑数据对客户端发来的数据进行解析，这样就产生了巨大的计算任务，集中式处理难以满足这种计算任务。

(3) 每一次上传和下载都会产生大量的数据传输，大量客户端同时发送这种请求势必会造成服务端通信压力，因此，集中式处理满足不了该系统对网络资源的需求。

(4) 集中式处理与生俱来就会有一个单点故障的问题，也就是该点故障，整个系统运作立刻停止。对于本文系统，客户端肯定希望随时能上传数据和下载数据。

(5) 当 P2P 用户数量变大，系统无法应对这样的负荷时，集中式处理只能通过升级自己的硬件条件来满足这样的负荷，而且这很容易有上限，也会造成浪费，可扩展性不好。

(6) 无法满足用户个性化诊断的需求。不同的 P2P 应用对故障的判断标准也不一致，有的应用对时延的敏感度小，有的应用对时延的敏感度大。所以，集中处理的另一个弊端就是不能满足用户个性化诊断的需求。

可见，在覆盖网的条件下，集中式处理确实不能满足上述要求，这种系统设计方案不可取。

### 9.3.2 负载均衡

第 9.3.1 节分析了本系统若采用集中式处理会存在的问题，针对这些问题，我们需要采用多个代理同时处理，同时代理之间需要合理地分配任务。这就是下面进行的负载均衡设计。

上节提到相容哈希函数的一个特性就是有负载均衡功能，chord 采用类似于相容哈希的哈希算法对资源和节点进行哈希，因此我们可以直接利用 chord 的这一功能设计系统的负载均衡。

总体的设计方案是，系统中运行两个 chord 环，客户端运行在客户端的 chord 环，而代理运行在另一个 chord 环。在代理 chord 环中有一个首节点，该节点是客户端所熟知的。当一个客户端节点有请求时，先由首节点或它本地保存的代理节点找到它在 chord 环上的负责节点，然后由该负责节点处理该客户端的所有请求，症状数据都存储在代理 chord 环上。客户端获取负责代理的算法是这一过程最核心的部分：

```
1  // 算法 9.1 获取负责代理 GetResponseAgent
2  // 输入 无
3  // 输出 负责代理的 IP 地址 agent_ip
4
5  // 获得本地的 IP 地址
6  local_ip = GetLocalIp();
7
8  // 采用 chord 中的哈希算法计算本地 IP 地址的哈希值
9  id = Hash(local_ip)
10
11  // 负责代理的地址也就是该 id 的后继节点
12  agent_ip = GetSuccessor(id);
13
14  return agent_ip;
```

第 6 行是客户端获取本地的 IP 地址，第 9 行是代理对这个 IP 用 chord 中的哈希函数计算其哈希值，第 12 行是该代理找到该哈希值的后继节点，第 14 行是将该后继节点的 IP 反馈给客户端，返回该 IP 地址。

图 9.11 示意了该负载均衡方案的工作过程，描述如下：

(1) 客户端向代理首节点或自己知道的代理节点发送获取负责节点的请求。

(2) 已知节点或代理首节点在 chord 环查询该客户端 IP 哈希值对应的后继节点(即负责节点)。

(3) 代理首节点将该负责节点的信息反馈给客户端。

(4) 客户端将自己的请求发送给负责节点。

这种设计方案能够有效地解决集中式处理所带来的问题。

(1) 症状数据采用分布式存储技术，分布在各个代理节点上，代理节点数量越多，能存储的数据量也就越大，可以有效地解决数据分布的均匀性和健壮性问题。

(2) 理论上，当代理节点足够多时，chord 算法会尽量保证代理节点均匀的分布在 chord 环上，因此即使有大量客户端节点，他们也能均匀的由各个代理节点来负责，这样整个系统的计算任务能够平摊到各个代理节点。

(3) 计算任务平均分配的同时，网络通信的负担也会平均分配给各个代理节点。

(4) 假设其中一个代理节点停止工作，本来应当它负责的节点再去找代理节点不会再是这个节点了，而会是 chord 环上的另外一个节点，这一切要归功于 chord 算法的节点加入和退出处理功能，同时，存储在故障节点上的数据在 chord 环上的其他节点中也会有备份。

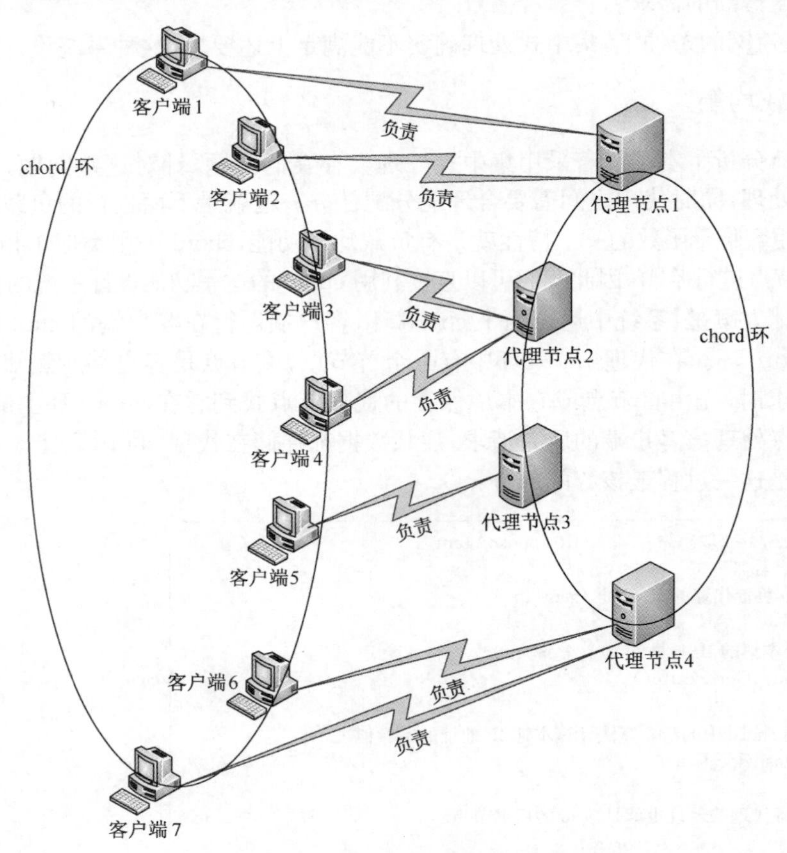


**图 9.11　负载均衡示意图**

(5) 可扩展性问题的解决。当系统无法满足负荷时，只要加入代理就可以了。

(6) 当客户端从代理获取了需要的症状数据后，可以根据本地定制推理策略，也可以按需求定制推理的参数。

另外，用户进行故障推理并不需要所有的其他用户数据，它只需要与自己相关的那部分即可。采用这种负载均衡的设计可以完美的利用这一特点。同时，这些症状数据的冗余存储以及同步都可以借助于 chord 完成。

### 9.3.3　症状数据存取索引

第 9.3.2 节提到要将症状数据存储起来，但是直接存储不便于下次去查找，比如 2009 年 10 月 13 日 23 时 22 分 17 秒 9 号网络发生故障，假设我们简单把时间和网络号作为键，把故障这一结果作为值存入 chord，当我们下次发现症状时，并且 9 号网络是相关网络，那么我们去查找数据的时候就得每一秒钟的结果都要查找，比如 9 号网络在相同分钟的第 16 秒、第 15 秒等的状态。这种查找行为肯定不是我们所允许的。所以怎样去存取数据是我们要考虑的问题。

比如客户端需要 3 号网络今天到目前为止的故障数据，如果采用集中式处理，我们可以根据自己的需求去设计文件格式或者最简单的采用数据库软件，直接一个区间查询即可，但是，本系统的非集中式处理方式以及 chord 存储决定了我们没法简单的这么做。

chord 只能支持键值对的精确查询，比如键为 key3，所对应的值为 value3，我们若想查找它所对应的值 value3，就只能通过 key3 来查找到，它不支持像 key1－5 这种范围查找方式。同时 chord 中一个键所对应的不一定只有一个值，它对应的是一个向量，比如我们先存储了键 key1、值 value10，接下来又存储了键 key1、值 value11，此时系统中实际保存的是键 key1、值＜value10、value11＞，当我们通过 key1 这个键去查找时，我们就能查找到＜value10、value11＞这个向量。利用 chord 的这个特性，我们可以设计多级索引来进行数据的存取。

总体上是将索引设计成“网络号_时间值”的格式，但是时间值的粒度选择必须恰当才行，若粒度小，则查询次数变多，粒度大则在一次查询中会有很多过时的数据，且分布的均匀性也会降低。因此要先确定一个有意义的时间跨度。然后，根据该跨度寻找接近的时间粒度单位(如日，周，双周，月等)。查询的时候可以给出时间范围，根据时间粒度分成若干个时间点，依次去查找。比如，时间粒度定为月，则查找 key 在 2011-3-24 到 2011-5-23 的情况，可以去查找 key 在 3 月、4 月、5 月这三个月各自的数据，再对 3 月、5 月两个月的数据进一步筛选即可。

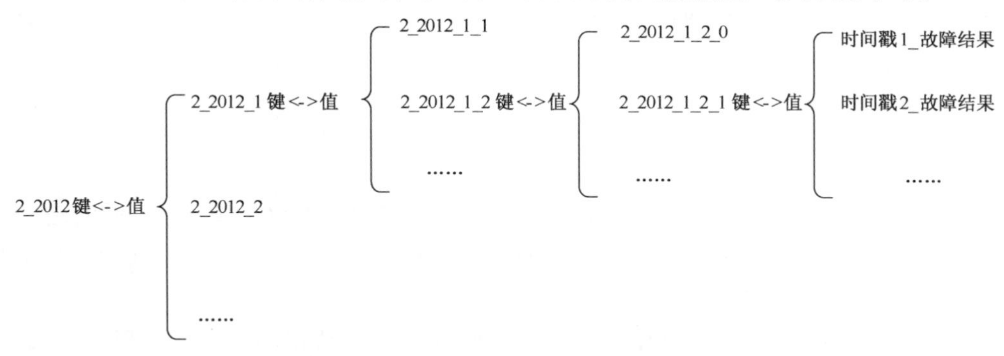


**图 9.12　多级索引设计**

图 9.12 是 2 号网络在 2012 年症状数据存储的多级索引结构，从左到右时间粒度在不断减小，从年→月→日→时→秒。我们若要将时间戳 2 的故障结果存入 chord，我们要存储一下键值对＜2_2012，2_2012_1＞、＜2_2012_1，2_2012_1_2＞、＜2_2012_1_2，2_2012_1_2_1＞、＜2_

2012_1_2_1，时间戳 2_故障结果>。我们若要获取 2 号网络在 2012 年 1 月 2 日的所有症状数据，我们就根据键 2_2012_1_2 找到在 24 个小时中，哪些小时有症状数据，然后再从各个小时中去找各个症状。症状数据的存储和获取分别见算法 9.2 和算法 9.3。算法 9.2 为给定网络 $n$ 的故障结果存储症状数据的算法，算法 9.3 为给定网络号和年份获取其所有症状的算法。

```
1  // 算法 9.2 症状数据存储算法 StoreSym
2  // 输入 故障网络号 n 和故障结果 fault
3  // 输出 无
4
5  // 获得当前时间戳 t 以及年月日时分秒 y m d h M s
6  GetLocalTime(t, y, m, d, h, M, s);
7
8  // ChordStore 的两个参数分别为键和值，MakeStr 是将各项参数用
9  //下划线相连。
10  ChordStore(MakeStr(n, y), MakeStr(n, y, m));
11  ChordStore(MakeStr(n, y, m), MakeStr(n, y, m, d));
12  ChordStore(MakeStr(n, y, m, d), MakeStr(n, y, m, d, h));
13  ChordStore(MakeStr(n, y, m, d, h), MakeStr(t, fault));
14
15  return;
```

```
1  // 算法 9.3 症状数据获取算法 FetchSym
2  // 输入 故障网络号 n 以及年份 y
3  // 输出 时间-故障对 map<time_t, Fault> m
4
5  // ChordFetch 为 chord 获取函数，两个参数为键与值，且后一个参
6  //数是一个向量。
7
8  if ! ChordFetch(MakeStr(n, y), value)
9       Return;
10  for key in value
11       // 获取到日
12       ChordFetch(key, value2);
13       for key2 in value2
14          // 获取到时
15          ChordFetch(key2, value3)
16          for key3 in value3
17              // 获取到最终结果
18              ChordFetch(key3, value4)
19              m.insert(value4.time, value4.fault);
20          end for
21       end for
22    end for
23
24  return m;
```

算法 9.2 第 6 行是获取当前的时间戳以及具体的年月日时分秒。第 10 行是以网络号和年作为 key，网络号、年和月作为 value，第 11 行至第 13 行的 key 与 value 的时间单位逐渐精确，第 13 行的 value 就是时间戳和故障结果。

算法 9.3 第 8 行是判断 chord 中有没有该网络在 y 年的数据，若没有，则程序结束。从第 10 行到第 22 行是按照时间单位逐渐缩小的顺序来查询最终的数据。

### 9.3.4　症状数据预处理

数据预处理本是数据挖掘下的一个重要环节，它包括数据清理、数据集成、数据变换和数据

规约，总之是为后面的数据挖掘分析提供直接可用的数据。在本文中，数据预处理是故障推理的先决工作，它也是将不可分析的症状数据变换为故障推理可直接分析的数据。

覆盖网节点相互通信时，能直接获取的是覆盖网层的数据，一般是覆盖网节点的向量，它是由若干个端到端链路组成。如图 9.13，假如一条覆盖网路径是 h0－>h1－>h2，仅仅知道这条路径，我们无法分析出底层网络的故障情况，比如是 n0 故障还是 na 故障等。而一个端到端链路要经过若干个网络，我们最终诊断的目标也就是这样的网络。所以，我们要先将覆盖网链路的每段端到端链路表示为若干个网络，然后对汇总后的网络向量进行分析。

**图 9.13　预处理示例**

客户端把观测到的症状（可能是正常的，也可能是故障的）表示为 ip1－>ip2－>ip3：症状结果。代理节点将这三个点分别查询 IP AS 映射[ ]或者 IP 与网络的映射关系，将其转化为 AS1－>AS2－>AS3：症状结果，然后查询全球 AS 拓扑[14]，比如 AS1－>AS2 的底层路径为 AS1－>ASa－>ASb－>ASc－>AS2，再将两段 AS 路径表示为一个 AS 的集合{故障：AS1，ASa，ASb ……}，算法如下：

```
1  //算法 9.4 预处理算法
2  //输入：IP 向量，和症状结果，Pair<Vector<Ip>, Result>  ip_pair
3  //输出：AS 向量，症状结果，Pair<Vector<As>, Result>  as_pair
4
5  Pair<Vector<As>, Result>  as_pair;
6  Vector<As>  as_vec;
7  for (i = 0; i < ip_pair. first. size(); ++i)
8       //将 IP 向量转换为 AS 向量
9       as = IpToAs(ip_pair. first[i]);
10      as_vec. push_back(as);
11   end for
12   for (i = 0; i + 1 < as_vec. size(); ++i)
13       Vector<As>  path_vec;
14       // 获取连续两个 AS 所经过的 AS 路径
15       path_vec = GetPath(as_vec[i], as_vec[i+1]);
16       for (j = 0; j < path_vec. size(); ++j)
17         if (! as_pair. first. find(path_vec[i]))
18           as_pair. first. push_back(path_vec[i]);
19         end if
20       end for
21     end for
22
24   as_pair. second = ip_pair. second;
25
26   return as_pair
```

算法第 7 至第 11 行是将 IP 向量转化为 AS 向量，从第 12 行起，对向量中每两个连续的 AS，第 15 行是在拓扑中查找它们之间的路径，第 17、18 行是如果路径中有新的 AS，则将其加入到 as_pair 中。

如图 9.13,客户端 h0 观测到覆盖网层的症状为 h0－＞h1－＞h2,通过查询主机与网络的映射,我们发现 h0 属于 n0,h1 属于 n1,h2 属于 n2,再查询全球拓扑,n0 到 n1 经过了 na,n1 到 n2 经过了 nb,所以转换后的最终形式是 n0－＞na－＞n1－＞nb－＞n2:故障结果。

## 9.4 故障推理算法

客户端对每一个监测结果都首先要进行故障判断,即这条覆盖网路径是否有故障,如果判断的结果是故障,就需要从负责代理下载相关症状数据进行故障推理。

### 9.4.1 客户端故障判断算法

监测一般需要给 overlay 节点添加功能,研究目的主要在于通过尽量少的监测点来实现对整个 overlay 网络的监测。

故障判断是故障推理的前提,客户端要先根据本地的历史时延数据判断当前时延是否有故障,再把判断的结果作为症状数据上传给代理。同时,在发现故障时,向代理下载相关的数据进行故障推理。

本文使用平均值标准差模型进行分析。该模型假设已知样本数据 $x_1,\cdots,x_n$:

$$sum = x_1 + \cdots + x_n$$

$$sumsquares = x_1^2 + \cdots + x_n^2$$

$$mean = sum/n$$

$$stdev = \sqrt{\frac{sumsqures}{n} - mean^2}$$

如果新的观测值 $x_{n+1}$ 落在如下置信区间之外($k$ 是参数),则认为异常发生:

$$mean + k \times stdev$$

根据切比雪夫不等式,落在置信区间外的概率最多是 $1/k^2$。

该模型适用于在一个确定的时间区间内积累的事件计数器、区间计时器和其他一些资源测度。该模型有两个优点:①不需要知道异常活动的特征。该模型从观测值中学习正常活动的构成,并使用置信区间进行自动反映。②因为置信区间依赖于观测数据,所以被一个用户认为是正常的活动,对于另一个用户来说可能会有不同的结果。

参数 $k$ 的选取直接决定系统误报率和漏报率。如果 $k$ 过大,则会漏报一些故障,增加漏报率;相反,如果 $k$ 过小,会将一些正常时延误报为异常,增加误报率。

互联网不断发展,网络的状况也在不断变化,如果一直使用很久以前的数据对当前的网络时延进行判断,可能会因为时延数据过时,导致检测结果不准确,因此需要对历史时延样本进行不断地更新。

系统同时使用滑动窗口机制以对历史时延样本数据进行更新。加入新的时延数据后,如果历史数据个数超出了窗口的大小,就在窗口队列的头部删除旧数据,在尾部添加新数据。数据的增加和删除根据时间顺序来决定。

设滑动窗口为 $n$ 个单位的时延数据。为了维护滑动窗口的大小,每当遇到一个新的时延数据时,首先使用统计模型,判断是否出现故障。如果故障发生,不用更新窗口,对故障进行下一步的处理；如果没有故障产生，则需要判断窗口是否已满。如果窗口未满，直接将该数据加入窗口；如果窗口已满，将滑动窗口队列内最早的一个数据删除，并且把最新的数据加入到滑动窗口尾部，并对相应的数值进行计算更新。

滑动窗口大小 $n$ 的设置会对系统运行产生影响。当 $n$ 很大时，虽然保存了很多历史时延数据，但是需要消耗更大的内存，以及更多的计算量，同时也会有数据过期的问题。相反，如果 $n$ 过小，占用系统的资源变少，也可以及时反映最近的时延情况，但丢失过多的历史数据，容易造成判断不准确。因此滑动窗口大小的设置需要根据实际的情况进行分析和设置。

在本系统中，客户端每次监测到时延，都记录成 IP 向量和时延对，这样，每次监测到这样的数据，计算该 IP 向量历史时延值平均值和标准差，根据 $mean + k \times stdev$ 判断当前时延值是否为故障。

## 9.4.2 现有方法

覆盖网故障诊断主要是基于症状-故障关系图(symptom-fault graph)(即把症状表示为多个组成部分的路径，该图就是症状和路径中各组成部分的对应关系)。

Yan Chen 等[20]把 overlay 网络表示成矩阵，每一行表示一个端到端路径，每一列都表示一个底层链路(矩阵需要列出路径所包含的所有链路)，1 表示该 path 经过该链路。利用 path 之间的链路重叠关系计算出一个 $k$，选择 $k$ 个 path 进行监测。$k$ 的大小与 overlay 网络结构有关，若是树结构则为 $o(n)$，若网络无结构则 $k$ 为 $o(n^2)$。

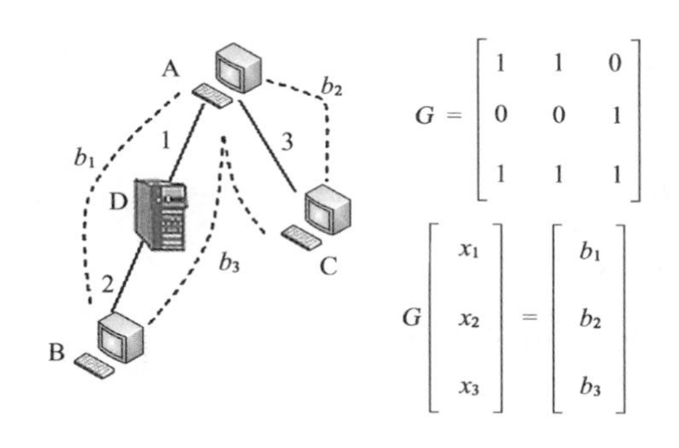


**图 9.14 链路矩阵**

A Binzenhofer 等[21]在文章中要求 chord 管理员需要对整个 chord 的运行情况有个整体的了解。他采用算法对 chord 环上的所有节点分割成若干个子块，在每一个子块内通过令牌传递的方式获取每个结点的信息，每个子块再将把结果汇报给 CP(collecting point)。

M Demirci 等[22]通过有选择的对底层链路和 overlay 层链路进行监测，来了解 overlay 网络的运行情况。这需要 overlay 网络的操作人员和底层网络的操作人员相互合作。

文献[14]通过建立动态的症状-故障关系图，推理出一个能解释所有症状的最小故障集合，并检验该故障集合是否满足假设检验，若不满足，则采取适当的主动测量策略选择算法进行必要的主动测量，然后进行故障诊断。

文献[15]也是基于动态的症状-故障关系图进行推理，用 $s_i$ 表示一个覆盖网症状，$m_i$ 表示一个底层的网络，$p(m_i|s_i)$ 表示观测到症状 $s_i$ 时，$m_i$ 为故障的概率。$M_{si}$ 表示症状 $s_i$ 所涉及的 $m$ 集合，比如，当前有三个症状 $s1$、$s2$、$s3$，症状 $s1$ 涉及到网络 $m0$、$m1$、$m2$，症状 $s2$ 涉及到网络 $m0$、$m2$、$m4$，症状 $s3$ 涉及到网络 $m1$、$m2$、$m3$。该情况就可以用如下集合方式来描述。

$$M_{s1} = \{m0, m1, m2\}$$
$$M_{s2} = \{m0, m2, m4\}$$
$$M_{s3} = \{m1, m2, m3\}$$

目标就是计算每个网络对故障的解释程度，选择其中能最好地解释该故障的一个网络作为最终的推断结果。

有这些信息，再利用条件概率计算公式计算出这个症状涉及的每个网络的条件概率，即症状 $s_i$ 发生时，$m_i$ 故障的概率。

$$p(m_i \mid s_i) = p(m_i)\Big[\sum_{h=1}^{|M_{si}|-1}\overbrace{\Big\{\prod_{q=1,q\neq i}^{h} p(m_q)\prod_{k=h+1,k\neq i}^{|M_{si}|}(1-p(m_k))\Big)\Big\}}^{Item1} + \underbrace{\prod_{q=1,q\neq i}^{|M_{si}|} p(m_q)}_{Item2} + \underbrace{\prod_{q=1,q\neq i}^{|M_{si}|}(1-p(m_q))\Big)}_{Item3}\Big]$$

其中，$p(m_i)$表示 $m_i$ 这个组成部分历史的故障概率，也就是一个 AS 的故障概率；$M_{si}$ 表示症状 $s_i$ 在症状-组成图中对应的组成部分集合，即症状 $s_i$ 涉及的 AS 集合。借助这个公式，我们就可以计算出在某个症状 $s_i$ 发生时，$m_i$ 出现故障的概率，也就是当症状 $s_i$ 发生时，各个 AS 为故障的概率如算法 9.5：

```
1  //算法 9.5 故障推理算法
2  //输入：要判断故障的 as 向量 Vector<As> as_vec
3  //输出：故障 as   As as
4  Double prob = 0;
5  // 定义一个概率向量
6  Vector<double>   prob_vec;
7  // 对 as 向量里的每一个 as
8  for (I = 0; I < as_vec. size(); ++i)
9       // 获取该 as 的历史故障情况
10      GetHistorySymOfAs(as_vec[i]);
11      // 查找出该 as 的故障概率
12      prob = FindFaultProb(as_vec[i]);
13      // 将该 as 的故障概率加入到概率向量的相应位置
14      prob_vec. push_back(prob);
15  end for
16  prob = 0;
17  As as;
18
19  // 对 as 向量中的每个 as
20  for (I = 0; I < as_vec[i]. size(); ++i)
21      // 利用上面历史故障概率计，算出当前症状发生时，该 as 故障的概率
22      Double p = CalCondProb(as_vec[i]);
23      // 若当前的条件概率大，则替换原来的 as
24      if (p > prob)
25         prob = p;
26         as = as_vec[i];
27      end if
28  end for
29
30  return as
```

算法第 8 行至 15 行获取每个 AS 的历史故障情况，并查找它们的故障概率，第 20 至第 28 行则是对每个 AS，采用上述公式计算它们的条件故障概率，选出其中条件概率最大的作为结果返回。

文献[16,17,18]将每一个症状(覆盖网路径)标识为“好”或者“坏”两种状态，再根据各个组

成部分(component,可能是一个路由器,也可能是一个网络)包含在各个症状中的概率情况判断出该组成部分是“好”或“坏”的概率。在这个算法中,组成部分的大小也可以根据需要进行设定,合并或者分解组成部分可以在诊断精度和粒度间找到平衡。

文献[19]设计了一个 OF(组成部分)函数,该函数能表示某个组成部分对症状的解释程度,当该函数的结果达到某个阈值,则把它加入症状-组成部分关系图中,该图是由若干个症状和若干个组成部分组成的二部图,找出解释所有症状的最小的组成部分集合。

文献[23]通过 planetseer 获取 codeen 结点上 TCP 连接的情况,包括拓扑、端口、故障概率,来训练贝叶斯网络,如图 9.15,根据 TCP 连接端点的 IP 得出端点 AS 号,这样它就能得出 AS 之间连接的故障概率,并用于以后的推断。推断时,我们要给出一条 overlay 路径(如 nodeA→nodeB→nodeC, 其中 nodeA, nodeB 和 nodeC 都是 overlay 节点)。这利用了 planetseer 测量了整个覆盖网的情况这一特点。

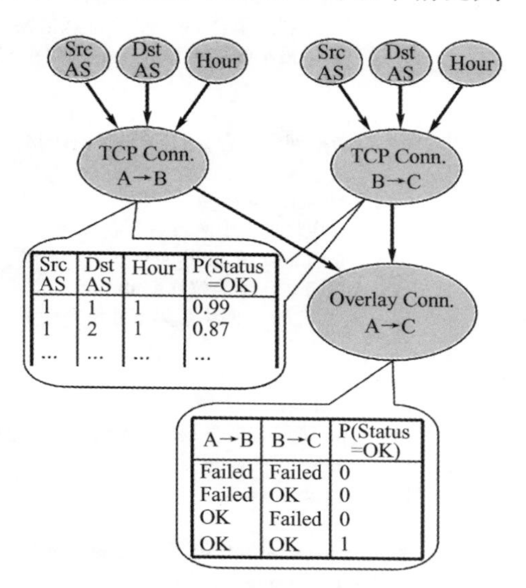


**图 9.15 TCP 覆盖网路径诊断的贝叶斯网络**

### 9.4.3 故障推理算法

故障推理的基本原理就是根据观察到的症状,找出最有可能解释这些症状的故障点。如图 9.16,在一个覆盖网多播应用中,有一颗多播树以 h0 为起点,h2、h3、h4 为终点,途经 h1。在 h2 和 h3 都观察到网络性能降低,那么可能的故障点也就是 n1 了,若 h2,h3,h4 都观察到网络性能低,那我们就会推断故障网络为 n0。

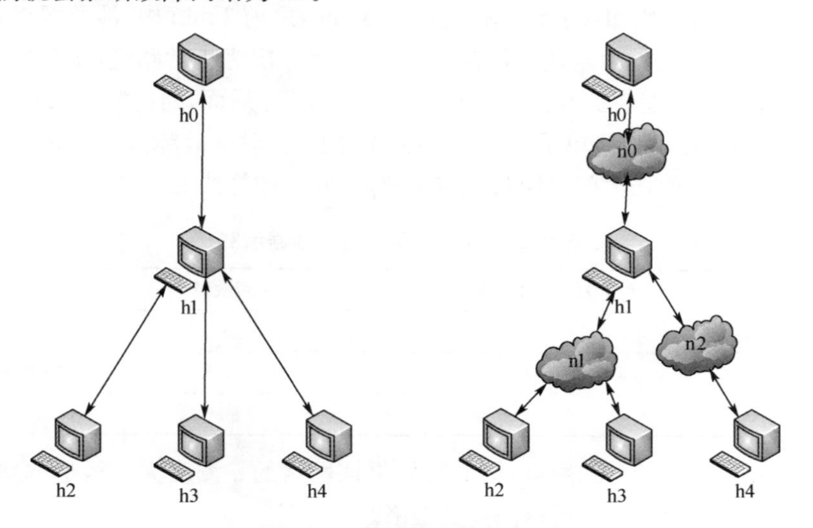


**图 9.16 故障推理算法原理**

详细的算法就是先找出故障可能涉及的网络集合,计算出集合的所有子集合,找出这些集合中能完全解释所有故障的集合,从中选出网络数量最少的网络集,返回该网络集。

算法第 8 行考虑网络集合的所有子集,从第 10 行开始,若该子集能解释所有症状,那么就加入到 set_set 集合中去。最后第 20 行从 set_set 中选择个数最小的集合返回。

```
1  // 算法 9.6 故障推理基本原理
2  // 输入 网络集合 net_set 和症状情况 fault_set
3  // 输出 最小的能解释所有症状的网络集合 result_set
4
5
6  // 考虑网络集合 net_set 的所有子集
7
8  for all seti ⊆net_set
9  // 对症状集合中的每一个症状
10     for faulti ∈ fault_set
11        if seti 不能解释 faulti
12           // 该网络子集不能解释症状,考虑下一个网络子集
13           break
14        end if
15     end for
16     // 将网络集合 seti 加入到网络集合的集合 set_set 中。
17     将 seti 加入 set_set
18  end for
19
20  令 result 为 set_set 中个数最小的集合
21  return result
```

### 9.4.4　算法设计

overlay 应用是建立在因特网之上的,而且 overlay 节点是可变的,因此我们必须按照底层网络来进行故障判断。我们的目标还是寻找故障发生时能最好解释该故障的网络。

文献[15]中已经提出了计算该条件概率的公式,但是其中 $p(m_i)$这个条件,我们很难获得,因此本文设计了另一种故障推理算法。该算法采用下面这个测度 $\alpha$,即最近的单位时间段内,涉及该网络的故障网络个数的倒数和除以症状的总数。当故障发生时,我们就用该测度作为该网络对故障的解释程度。比如我们设单位时间为 3 min,之前 3 min 内,涉及网络 $m$ 的覆盖网故障情况如表 9.2,第一次的故障路径共包含 4 个网络,第二次为正常路径,第三次故障路径包含 8 个网络,因此,$m$ 的该测度值 $\alpha$ 为$(1/4+1/8)/3=0.125$。后面,通过实验来看,该测度也是可取的。这样,算法的描述也就简单了。当一个故障发生时,对该故障涉及的每一个网络计算该网络的测度值 $\alpha$,其中 $\alpha$ 值最大的网络被判定为故障网络,如算法 9.7。

**表 9.2　3 min 内历史故障数据示例**

| 症状涉及的总网络数 | 是否故障 |
| --- | --- |
| 4 | 是 |
| 5 | 否 |
| 8 | 是 |

第 5 行对于 m_set 中所有的网络,第 8 行如果该网络的 $\alpha$ 测度大于候选网络的 $\alpha$ 测度,则将该候选网络替换掉,最终第 14 行返回候选网络。

对于测度值的合理性,我们可以这样来考虑,假设症状涉及网络总数为 $n$,我们定义如下,若故障,则故障因子为 $1/n$,若不故障,则故障因子为 0。我们从一个网络的角度来考虑,如果该网络故障,则该网络在多次症状中的表现是 $1/n$,如果该网络没有故障,则它会偶尔与症状网络处于同一个覆盖路径中,但是更倾向于表现为 0。再经过加权就可以表示该网络故障的可能性。

```
1  算法 9.7:故障推理算法
2  输入:一个故障症状,即症状包含的网络集合 set<int> m_set
3  输出:最有可能故障的网络号
4  define cur_α = 0 ,cur_m = 0
5  for mi in m_set
6       获取涉及 m 的在 T 时间范围内所有二元组(网络个数、是否故障)集合
7       按测度 α 的计算公式计算出 α(mi)。
8       if α(mi) > cur_α
9          cur_α = α(mi)
10           cur_m = mi
11        end if
12   end for
13
14   return mi
```

我们会发现,上节中介绍基本原理时是要找出能解释所有症状的网络,而算法中并没有考虑多个症状的数据,这是因为我们当前的症状只考虑一个,我们的系统是在客户端监测到故障时,向代理请求数据,然后进行推理分析,因此,我们并没有违背"最小网络子集解释所有症状"的这一方法,我们从代理获取的数据中包含了别的症状推理的情况,算法中计算测度 $\alpha$ 时还是用到了其他症状的数据。

## 9.5 系统设计实现

### 9.5.1 系统设计

系统采用模块化的设计方式,可以方便高效的对程序进行修改、优化和扩展,并且易于设计和调试。图 9.18、图 9.19 给出该系统设计的模块结构图。

覆盖网监测和故障推理系统中有两种角色:客户端和代理。其中客户端有 chord 模块、待查询数据生成模块、监测模块、预处理判断模块、获取负责代理 IP 模块以及推理模块,代理有负责节点选择模块、症状数据预处理模块、存储模块、数据获取模块以及 chord 模块。

图 9.17 是系统的工作流程图,其中在方框内的是代理所做的工作,整个流程可以简单描述如下:

(1) 监测模块监测客户端覆盖网路径的时延以及联通状况;

(2) 获取覆盖网通信的时延,计算每 10 min 内各覆盖网路径的时延平均值;

(3) 根据历史值,判断各路径在该时间段内的时延是否故障;

(4) 若本地有一个代理地址转(5),若本地没有代理信息转(6);

(5) 判断该代理是否在线,若在线则向它索要自己的负责代理地址,转(7),若不在线转(6);

(6) 向代理首节点索要自己的负责代理 IP;

(7) 客户端将该 10 min 内的症状数据连通是否故障的信息一同上传给负责代理;

(8) 代理对接收到的数据按照 IP AS 映射和 AS 拓扑处理后存入 chord,同时,如果故障的话,还要从 chord 中下载需要的数据回送给客户端;

(9) 若之前上传了故障数据,则客户端根据接收到的数据进行推理,生成推理报告。

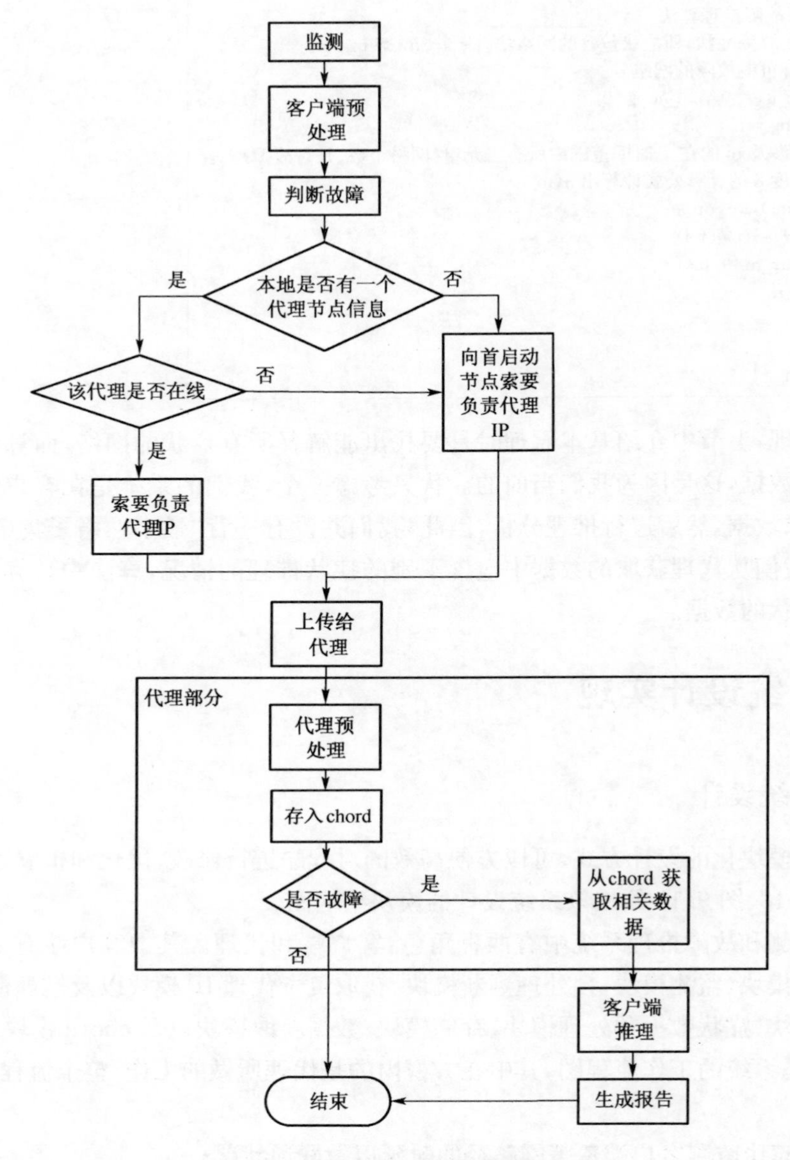


图 9.17　系统工作流程图

chord 模块采用 MIT chord 实现，主要提供数据存取和数据的查询功能，本文在第一章已经详细说明。下面从两个角色依次介绍各个模块。

从图 9.18 可以看出，客户端按功能可以划分为 6 个模块：chord 模块、待查询数据生成模块、监测模块、预处理判断模块、获取负责代理 IP 模块以及推理模块。下面对除 chord 模块外的各个模块进行介绍。

(1) 待查询数据生成模块

功能：生成待查询的数据

设置随机的时间间隔以及生成随机的查询数据，利用 chord 提供的接口进行查询，以产生症状。

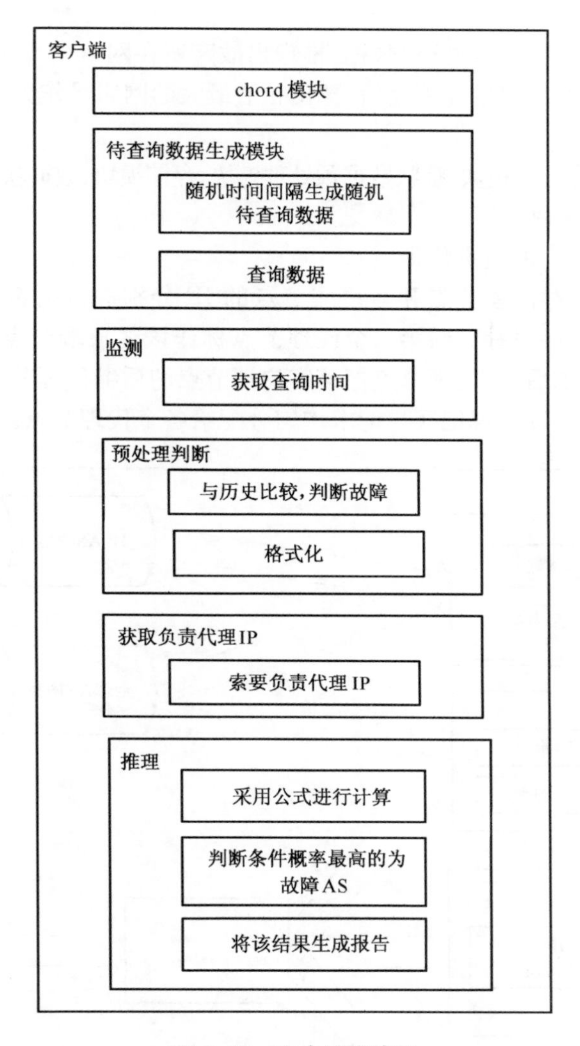


**图9.18 客户端模块图**

(2) 监测模块

功能:获取覆盖网路径时延。

在客户端覆盖网应用程序中嵌入监测模块,监测模块在每次查询时都设置定时器,记录每次查询的时间,将覆盖网路径和时延记录下来。

(3) 预处理判断模块

功能:对时延数据进行预处理,得到每个时间段的症状数据,上传给代理,并判断当前时间段症状的故障情况。

对每个覆盖网路径计算每个10分钟内的时延平均值,根据历史值采用平均值标准差的方法判断当前是否故障。

(4) 获取负责代理IP模块

功能:选择该客户端的负责代理并上传症状数据。

先向代理首节点或者本地已有的代理信息索要负责代理的IP。根据之前的判断结果,将该10分钟内的症状数据表示为"AS路径:是否症状"的形式上传给负责代理。

(5) 推理模块

功能:根据从负责代理获取的症状数据,推理出故障所在网络

计算故障涉及的每个网络的 $\alpha$ 测度值,选出 $\alpha$ 值最大的网络号作为推理的结果。

代理部分

代理部分有负责节点选择模块、症状数据预处理模块、存储模块、数据获取模块以及 chord 模块。

(1) 负责节点选择模块

功能:为客户端选择它的负责代理

借助于 chord 模块,对代理节点和客户端节点的 IP 分别进行哈希,并将哈希结果列在环上,把客户端节点在环上顺时针方向第一个代理节点称作该客户端节点的后继,客户端在向任意一个代理节点发送请求后,该代理节点把该客户端节点的后继代理节点 IP 告诉客户端,让后继负责该客户端。这样可以实现把客户请求均匀分配给各个代理节点。

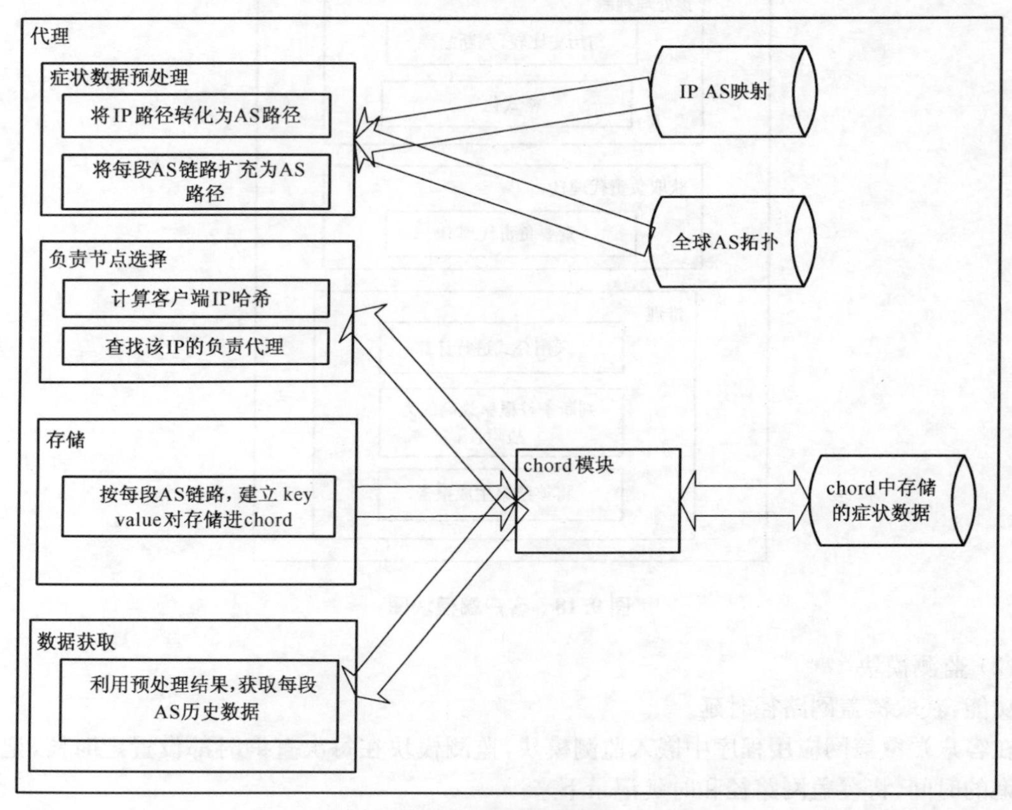


**图 9.19　代理模块图**

(2) 症状数据预处理模块

功能:对接收的症状数据进行存储前的预处理

客户端把观测到的症状(可能为故障)表示为 ip1－＞ip2－＞ip3:症状结果。代理节点将这三个点分别查询 IP AS 映射关系,将其转化为 AS1－＞AS2－＞AS3:故障,然后查询全球 AS 拓扑,比如 AS1－＞AS2 的底层路径为 AS1－＞ASa－＞ASb－＞ASc－＞AS2,再将两段 AS 路径表示为一个 AS 的集合{故障:AS1,ASa,ASb ……}。

(3) 存储模块

功能:设计索引,将症状存入 chord

将索引设计成 key_时间值的格式,先确定一个有意义的时间跨度。然后,根据该跨度寻找

接近的时间粒度单位(如日,周,双周,月等)。对一个有 3 个 AS 的症状集和,我们存储的内容为 AS1:3:故障、AS2:3:故障、AS3:3:故障。意思是有一个表现为故障的症状涉及 3 个 AS,AS1 是其中的一个。

(4)数据获取模块

功能:按索引获取所需的 chord 数据

按需要的时间范围和 AS 链路,从 chord 中获取需要的症状数据。比如我们症状的为 ip1－＞ip2－＞ip3:症状结果,转化为 AS 路径为 AS1－＞AS2－＞AS3:故障,然后查询全球 AS 拓扑,比如 AS1－＞AS2 的底层路径为 AS1－＞ASa－＞ASb－＞ASc－＞AS2,再将两段 AS 路径表示为一个 AS 的集合{故障:AS1,ASa,ASb ……},这样对其中的每个 AS 都获取比如一个月内的数据,根据索引 AS1_2011_11,就得到 AS1 在 2011 年 11 月内的症状情况,最后将这些数据发送给客户端去处理。

### 9.5.2　实验工具

本文设计并实现了基于社区的覆盖网监测与故障推理系统。实验中我们在虚拟机环境下对系统进行测试。下面简单介绍实验中需要的 3 个工具。

(1) Netem

Netem[24]是 Linux 2.6 及以上内核版本提供的一个网络模拟功能模块。该功能模块可以用来在性能良好的局域网中,模拟出复杂的互联网传输性能,比如低带宽、传输延迟、丢包等等情况。使用 Linux 2.6(或以上)版本内核的很多发行版 Linux 都开启了该内核功能,比如 Fedora、Ubuntu、Redhat、OpenSuse、CentOS、Debian 等等。

tc 是 Linux 系统中的一个工具,全名为 traffic control(流量控制)。tc 可以用来控制 netem 的工作模式,也就是说,如果想使用 netem,需要至少两个条件,一个是内核中的 netem 功能被包含,另一个是要有 tc。

Netem 主页[24]上提供使用手册,比如设置 eth0 接口发送时延为 100ms 就可以使用如下命令:

```
#tc qdisc add dev eth0 root netem delay 100ms
```

(2) zebra

zebra[25]是一款 TPC/IP 路由软件,支持 RIP、OSPF 以及 BGP 等路由协议。zebra 也支持特殊的 BGP 路由映射以及路由服务器行为。除了 IPV4 路由协议,zebra 也支持 IPV6 路由协议。zebra 提供路由协议管理信息库(MIB)。zebra 为每一个路由协议提供交互式的用户接口。它的发行遵循 GNU 通用公共许可协议,可以运行于 Linux 以及其他一些 Unix 变体操作系统上。zebra 是那些系统最新的发行版本中的路由软件。最新版本的 zebra 以及文档可以从网站[26]上下载。

最初的 zebra 软件包由 Kunihiro Ishiguro 和 Yoshinari Yoshikawa 于 1996 年完成。现在,这个软件包主要由 IP Infusion CTO Ishiguro 先生在多名网络工程师以及开源志愿者的帮助下来维持。

zebra 的设计独特,采用模块的方法来管理协议。可以根据网络需要启用或者禁用协议。

zebra 最为实用的一点是它的配置形式同 cisco IOS 极其类似。尽管它的配置与 IOS 相比还是有一些不同,但是这对于那些已经熟悉 IOS 的网络工程师来说在这种环境下工作将相当自如。

(3) NTP

Network Time Protocol(NTP)[27]是用来使计算机时间同步化的一种协议，它的目的是在国际互联网上传递统一、标准的时间。它可以使计算机对其服务器或时钟源(如石英钟，GPS等等)做同步化，它可以提供高精准度的时间校正(LAN上与标准间差小于1 ms，WAN上几十ms)，且可由加密确认的方式来防止恶毒的协议攻击。具体的实现方案是在网络上指定若干时钟源网站，为用户提供授时服务，并且这些网站间应该能够相互比对，提高准确度。

NTP最早是由美国Delaware大学的Mills教授设计实现的，从1982件最初提出到现在已发展了将近20年，2001年最新的NTPv4精确度已经达到了200 ms。对于实际应用，又有确保秒级精度的SNTP(简单的网络时间协议)。本项目使用网上时间传递格式NTPv3公布于1992年，当前几乎所有的授时网站都是基于NTPv3的。(后文将详细介绍NTPv3的基本原理、体系结构以及工作模式。)

NTP是一个跨越广域网或局域网的复杂的同步时间协议，它通常可获得毫秒级的精度。RFC2030[Mills 1996]描述了SNTP(Simple Network Time Protocol)，目的是为了那些不需要完整NTP实现复杂性的主机，它是NTP的一个子集。通常让局域网上的若干台主机通过因特网与其他的NTP主机同步时钟，接着再向局域网内其他客户端提供时间同步服务。

NTP协议是OSI参考模型的高层协议，符合UDP传输协议格式，拥有专用端口123。

本文的实验要从以下几个方面进行验证：①系统进行故障推理的正确率；②代理节点处理客户端请求上的负载均衡效果；③代理节点在存储上的负载均衡效果。

### 9.5.3 实验环境

我们在华东北网络中心的一台服务器上安装virtualbox软件，同时安装若干台虚拟机，每台虚拟机上安装fedora core8操作系统，在其中一些虚拟机上安装zebra并进行NTP时钟同步，这些机器可以用来进行路由转发，同时作为代理节点使用，剩余虚拟机作为客户端使用。代理节点上运行chord和代理程序，客户端节点上运行chord和客户端程序。为了使实验具有说服力，本文搭建两次网络环境，分别为图9.20和图9.21，搭建这两种网络环境的用意在于：①两者有不同的机器数量；②图9.21中有一个重要的干线网络。因此，两个实验可以在规模变化、干线网络和边缘网络对推理的影响上都有说服力。

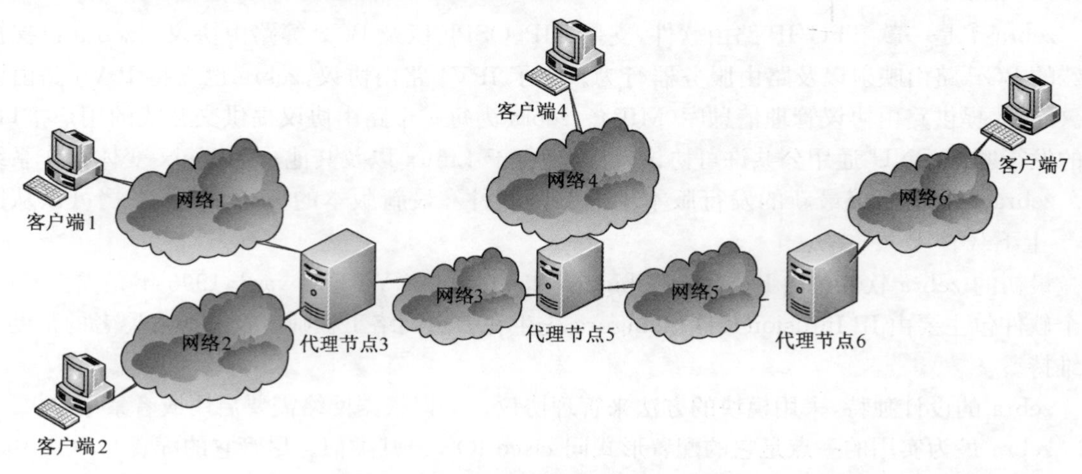


**图9.20　虚拟机网络拓扑1(小网络)**

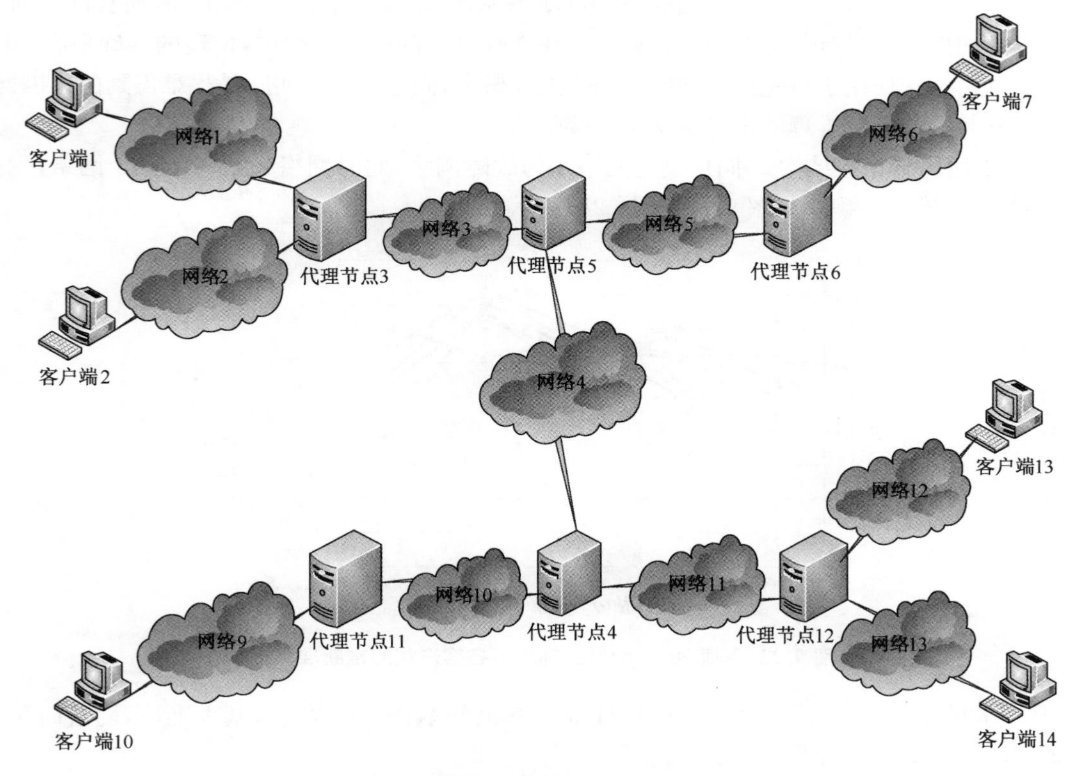


图 9.21 虚拟机网络拓扑 2(大网络)

## 9.5.4 实验结果分析

实验一:验证推理准确率的实验

实验方案:每隔 1 min,将某个网络的时延值设为一个故障时延值,时间达 20 s,然后再恢复,如此重复,到 30 min 时分别统计各客户端的推断情况。这个故障时延值,我们分别取 100 ms、200 ms、300 ms、400 ms、500 ms。

(1) 采用网络拓扑结构 1,我们设置网络 4 为故障网络,此时网络 4 是一个边缘网络,四台客户端的各自的推理准确率如图 9.22(彩插 27)所示。

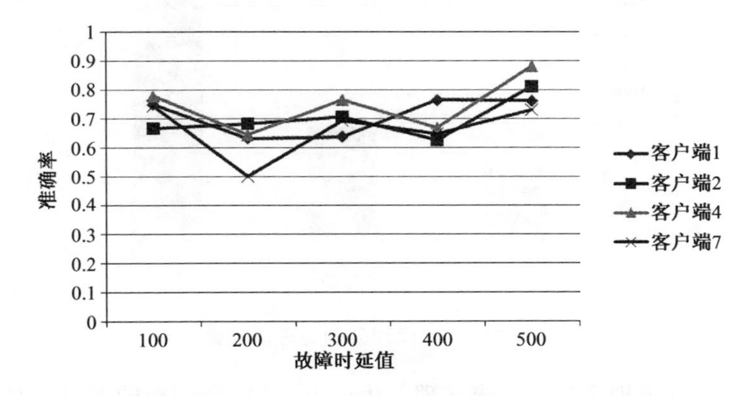


图 9.22(彩插 27) 小网络情况下各客户端的推断准确率

从实验的结果看,这四台客户端的推理准确率基本在 70%左右,基本准确,而且随着时延变大,推理的准确率没有明显的变化趋势。而在文献[15]的仿真实验中,推理的准确率在 80%以上,这是由于它使用了事先监测到的各网络故障概率,而这个数据实际是很难得到的。因此,除去这一因素,该系统推理的正确率是可以接受的。

(2) 采用网络拓扑结构 2,同样设置网络 4 为故障网络,此时网络 4 是一个主干网络,六台客户端各自的推理准确率如图 9.23(彩插 28)所示。

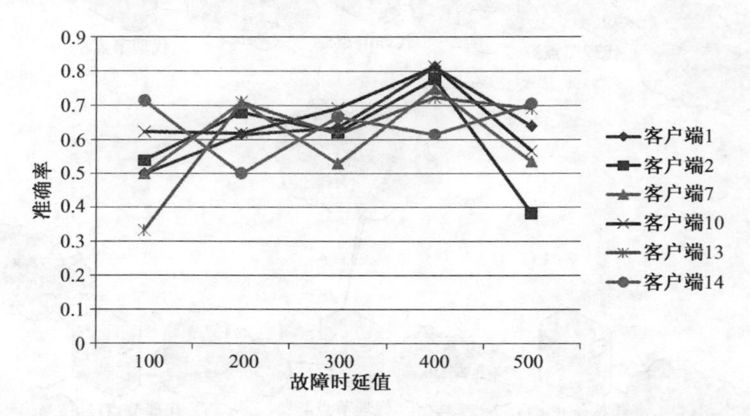


**图 9.23(彩插 28)　大网络环境下各客户端的推断准确率**

从实验的结果看,这六台客户端的推理准确率也基本在 70%左右,基本准确,随着时延变大,推理的准确率也没有明显的变化趋势。

拓扑 1 的规模较小,网络 4 是边缘网络,而拓扑 2 的规模约等于拓扑 1 的两倍,且在拓扑 2 中,网络 4 是主干网络。从这两组数据来看,规模变化以及故障网络是否是主干网络对系统推理准确率基本没有影响,看到推理正确率连 40%都不到的点,这跟数据量较小也有一定关系。

实验二:代理节点处理客户端请求的负载均衡效果

实验方案 1:采用网络拓扑 1,每隔 1 min,将网络 4 的时延设为一个故障时延值,时间达 20 s,然后再恢复,如此重复,到 30 min 时分别统计 3 台代理的接受到客户端请求的数量。

30 min 内三个代理分别处理次数如图 9.24 所示。

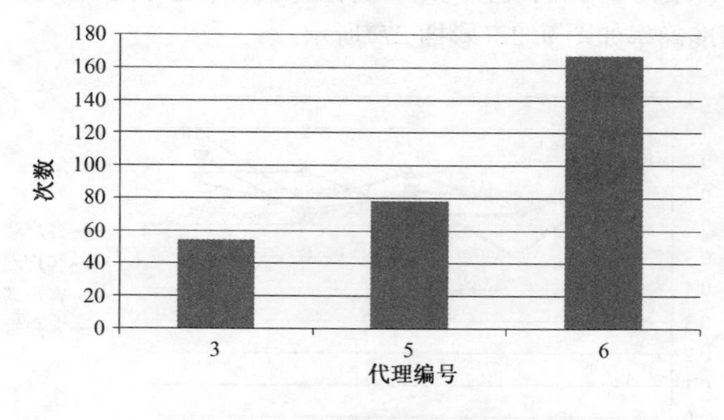


**图 9.24　3 个代理分别处理请求数**

实验方案 2:用程序模拟客户端请求代理。生成 100 000 个随机的客户端 IP,生成若干个随机的代理 IP,代理数分别为 10、100、1 000 和 10 000,让客户端随机请求代理,最后统计每个代理接收到请求的数量(见图 9.25)。

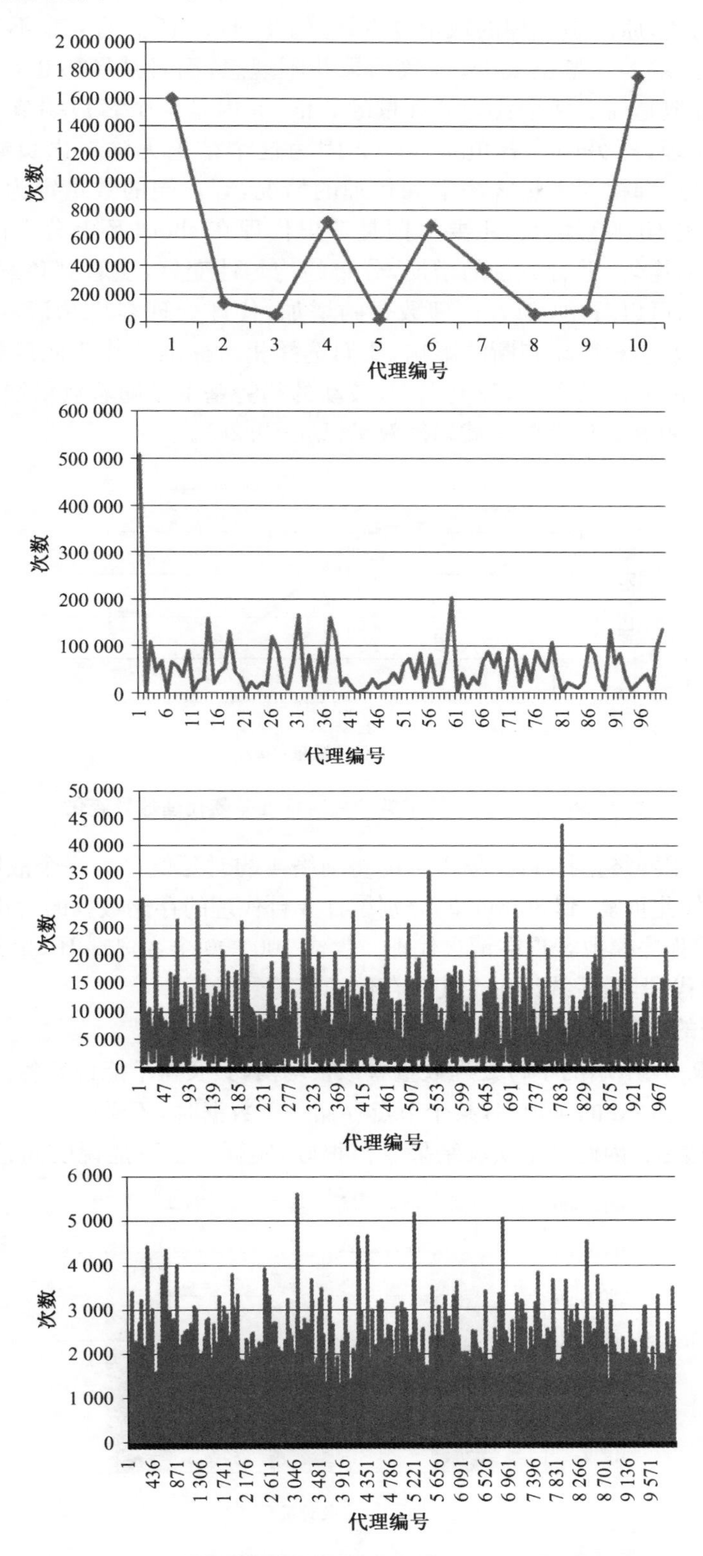


**图 9.25　不同客户端和代理数量情况下的代理处理次数**

结果分析:图 9.24 是在虚拟机网络下 3 个代理分别接收的客户端请求量,很显然这个数据无法看出负载均衡,原因是代理的数量过少,他们在 chord 环上的分布不具有代表性,也就是不均匀,同时客户端的数量也太少,导致结果并不理想,而且从图中也可以近似的看出,6 号代理的处理量近似是前面两个代理处理量的 2 倍,原因是四个客户端节点,有两个节点的负责代理是 6 号代理,而另两个各负责一个。因为这个结果无法看出负载均衡的效果,因此,我们进行了模拟,即模拟大量客户端和代理的情况,客户端的数量定为 100 000 台,代理的数量从 10 开始按 10 的幂增长,主要原因是考虑代理在 chord 环上分布的均匀性,如果数量太少,分布容易不均匀,随着数量的增加,分布的均匀性变好,能看到负载均衡的效果。从上述 4 个图中,我们可以看出,随着代理数量的增加,代理处理客户端请求次数的均衡状况在变好。考虑数量大小对波动判断的影响,我们选择相对标准差作为测度进行比较,通过计算各种情况下相对标准差的大小,我们发现,波动的趋势基本是随着数量增大,波动减小。

实验三:代理节点在存储上的负载均衡效果(见图 9.26)。

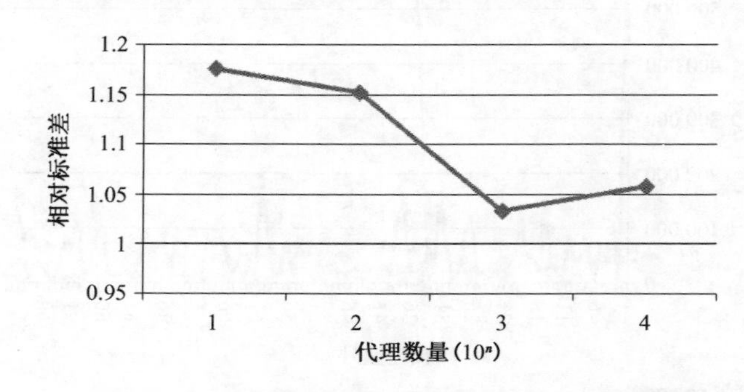


**图 9.26 代理处理请求数的相对标准差随代理数量变化**

实验方案 1:采用网络拓扑 1,每隔 1 min,将网络 4 的时延值设为一个故障时延值,时间达 20 s,然后再恢复,如此重复,到 30 min 时分别统计 3 台代理的存储数据的大小。

实验方案 2:用程序模拟客户端请求代理。生成 100 000 个客户端 IP,生成若干个代理 IP,让客户端随机请求代理,最后统计每个代理存储的字符数量。

生成随机数据的存储情况

结果分析:图 9.27 所示的字符处理数量看似很均衡,其实这不能说明各代理处理字符数量的均衡性,原因是在 chord 的实现中,某个节点存储一个数据时,还要在该节点在环上的随后一个节点存储同样的数据,因此这个实验结果看似很好,实际上也不能说明问题。随后我们采用

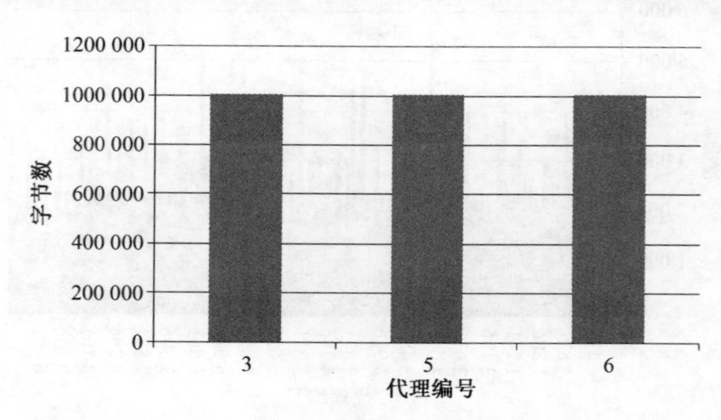


**图 9.27 3 个代理分别存储的数据量**

模拟的方式,同样还是客户端数量不变,代理的数量从 10 开是按 10 的幂增长至 10 000。从上述 4 个图中,我们可以看到每个代理处理的字符数量在向均衡的方向发展。我们同样采用相对标准差进行衡量,发现,波动随着数量变大而趋于平稳(见图 9.28、图 9.29)。

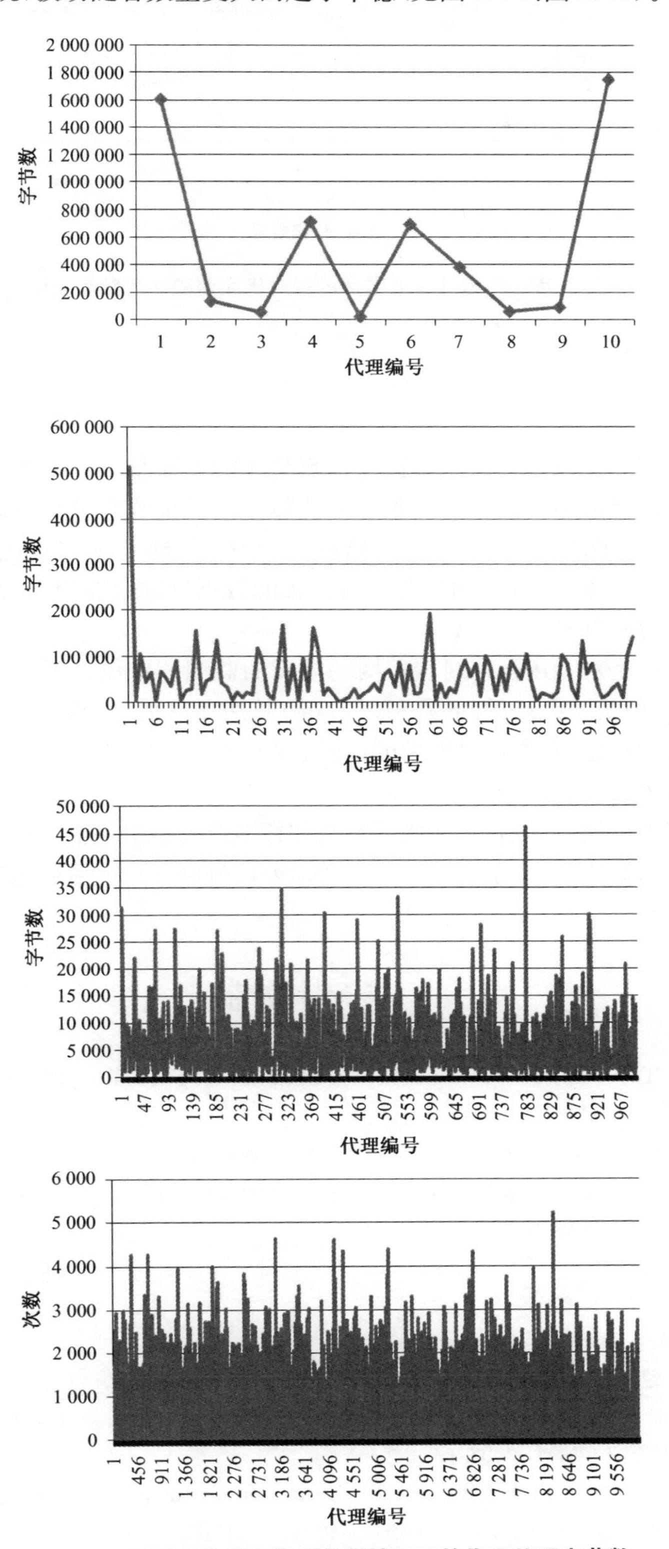


图 9.28 不同客户端和代理数量情况下的代理处理字节数

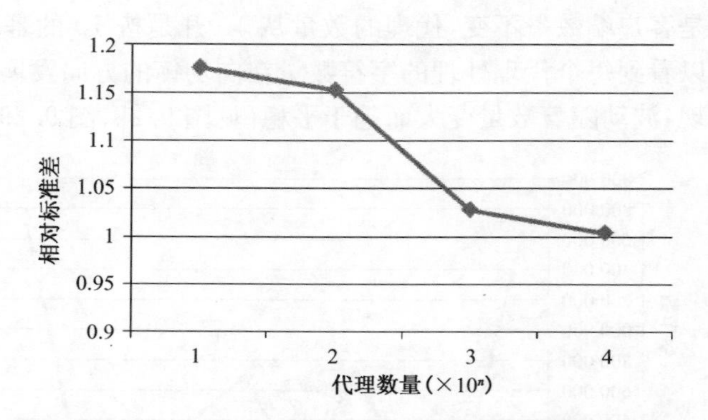


图 9.29 代理处理字节数的相对标准差随代理数量变化

## 9.6 小结

论文设计实现了一个基于社区的覆盖网监测与故障诊断系统。该系统的功能是能监测覆盖网应用是否遭遇网络故障，若有故障，能定位故障。该系统的客户端是运行嵌有监测模块的覆盖网应用的节点，它能将监测结果上传给代理社区，代理社区将观测数据预处理后存入chord，若监测的结果是发生故障，则代理会将相关的数据反馈给客户端，由客户端进行推理定位故障，并将结果以报告的形式输出。

系统的核心部分是对利用社区对覆盖网的故障的监测和定位。系统主要是采用多个代理进行处理，解决了之前集中处理的问题，利用 chord 算法可以把每个客户端分配给各个代理，当然这也带来了一系列问题，我们通过索引的设计、症状预处理以及网络故障概率的计算方法实现了最终的故障推理。

同时在客户端进行故障诊断时，使用平均数和标准差模型对每个字符串的症状进行故障判断。为了消除过期数据的影响，系统中引入了滑动窗口机制。论文最后通过实验的方法验证了该系统的正确性。

## 参考文献

[1] Larry Peterson, Tom Anderson, David Culler. A Blueprint for Introducing Disruptive Technology into the Internet[C]. ACM SIGCOMM, 2003.
[2] Akamai Technology Overview[EB/OL]. http://www.akamai.com/html/technology/.
[3] Ming Zhang, Chi Zhang, Vivek Pai. Planetseer: Internet path failure monitoring and characterization in wide-area services[C]. OSDI, 2004.
[4] Brent Chun, David Culler, Timothy Roscoe. PlanetLab: an overlay testbed for broad-coverage services [C]. ACM SIGCOMM, 2003,33(3):3-12.
[5] Planetlab[EB/OL]. http://www.planet-lab.org/.
[6] 王旸旸,毕军,吴建平.互联网覆盖路由技术研究[J].软件学报.2009,20(11):2988-3000.
[7] Steinder M. Increasing robustness of fault localization through analysis of lost, spurious, and positive symptoms[C]. INFOCOMM, 2002.
[8] M. Steinder, A. S. Sethi. Probabilistic Fault Diagnosis in Communication Systems Through Incremental Hypothesis Updating[J]. Computer Networks, 2004, 45(4):537-562.

[9]　夏征农，陈至立. 辞海[M]. 上海：上海辞书出版社，2010.

[10]　中国大百科全书. 社会卷[M]. 北京：中国大百科全书出版社.

[11]　张辛欣，基于主动探测的覆盖网动态路由技术研究[D]. 上海：上海交通大学，2009.

[12]　D. Andersen，H. Balakrishnan，F. Kaashoek，et al. Resilient Overlay Networks[C]. Proceedings of the SOSP，ACM，2001，35(5)：131-145.

[13]　G. Xiaohui，K. Nahrstedt，Rong N. Chang. QoS-Assured Service Composition in Managed Service Overlay Networks[C]. 23rd IEEE International Conference on Distributed Computing Systems（ICDCS' 03），2003：194.

[14]　Yongning Tang，Ehab Al-Shaer，Raouf Boutaba. Efficient fault diagnosis using incremental alarm correlation and active investigation for internet and overlay networks[J]. Network and Service Management，2008，5(1)：36-49.

[15]　Yongning Tang，Guang Cheng，Zhiwei Xu. Probabilistic and Reactive Fault Diagnosis for Dynamic Overlay Networks[J]. Peer-to-Peer Networking and Applications，2011，4(4)：439-452.

[16]　Yongning Tang，Ehab Al-Shaer. Reasoning about Uncertainty for Overlay Fault Diagnosis Based on End-User Observations[C]. INFOCOM，IEEE 2009.

[17]　Yongning Tang，Ehab Al-Shaer. Overlay Fault Diagnosis Based on Evidential Reasoning[C]. INFOCOM，IEEE，2009：2596-2600.

[18]　Yongning Tang，Ehab Al-Shaer. Sharing End-user Negative Symptoms for Improving Overlay Network Dependability[C]. DSN，2009：275-284.

[19]　Yongning Tang，Ehab Al-Shaer. Towards Collaborative User-Level Overlay Fault Diagnosis[C]. INFOCOM，IEEE，2008.

[20]　Yan Chen，David Bindel，Randy H. Katz. Tomography-based overlay network monitoring[C]. SIGCOMM，ACM，2003：216-231.

[21]　Binzenhofer A，Kunzmann G，Henjes R. A scalable algorithm to monitor chord-based P2P systems at runtime[C]. IPDPS，2006.

[22]　Mehmet Demirci，Samantha Lo，Srini Seetharaman. Multi-layer Monitoring of Overlay Networks[J]. Computer Science，2009，5448：77-86.

[23]　George J. Lee，Lindsy Poole. Diagnosis of TCP Overlay Connection Failures using Bayesian Networks[C]. SIGCOMM，2006.

[24]　netem[EB/OL]. http://www.linuxfoundation.org/collaborate/workgroups/networking/netem.

[25]　GNU zebra[EB/OL]. http://en.wikipedia.org/wiki/GNU_Zebra.

[26]　zebra[EB/OL]. http://download.chinaunix.net/download/0001000/16.shtml.

[27]　ntp[EB/OL]. http://www.ntp.org/.

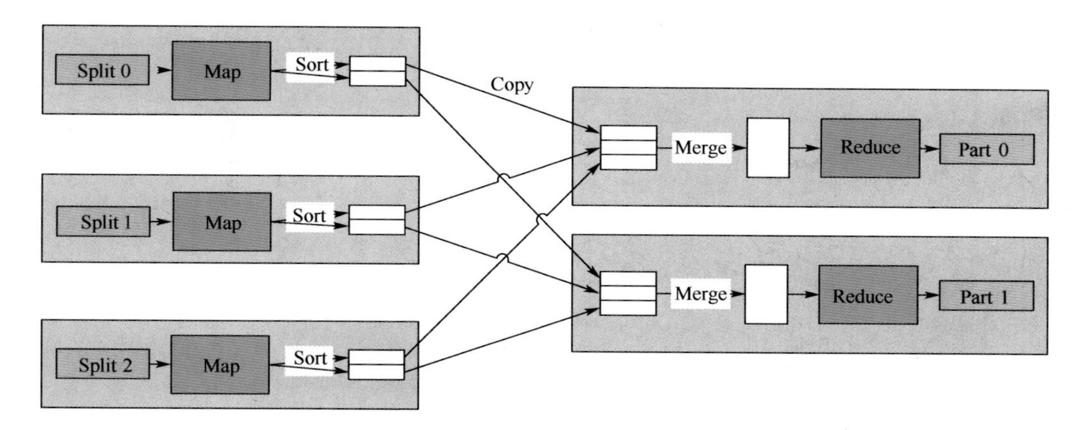


彩插 1(图 2.3)　MapReduce 作业图

| Time | Source | Destination | Protocol | Length | Info |
|---|---|---|---|---|---|
| 8.715782 | 211.65.233.90 | 110.75.127.233 | TCP | 66 | 55747 > http [SYN] Seq=0 Win=8192 Len=0 MSS=1414 WS=4 SACK_PERM=1 |
| 8.726455 | 110.75.127.233 | 211.65.233.90 | TCP | 62 | http > 55747 [SYN, ACK] Seq=0 Ack=1 Win=14600 Len=0 MSS=1460 SACK_PERM=1 |
| 8.728598 | 211.65.233.90 | 110.75.127.233 | TCP | 1468 | [TCP segment of a reassembled PDU] |
| 8.728601 | 211.65.233.90 | 110.75.127.233 | HTTP | 241 | GET /buildconnection.do?nkh=%E8%93%9D%E8%8B%A5%E7%90%B3&t=1364180388049 HTTP/1.1 |
| 8.739115 | 110.75.127.233 | 211.65.233.90 | ICMP | 590 | Destination unreachable (Fragmentation needed) |
| 9.021429 | 211.65.233.90 | 110.75.127.233 | TCP | 1468 | [TCP Retransmission] 55747 > http [ACK] Seq=1 Ack=1 Win=65044 Len=1414 |
| 9.035122 | 211.65.233.90 | 110.75.127.233 | TCP | 241 | [TCP Retransmission] 55747 > http [PSH, ACK] Seq=1415 Ack=1 Win=65044 Len=187[Reassembly error |

彩插 2(图 2.8)　报文完全一样重传

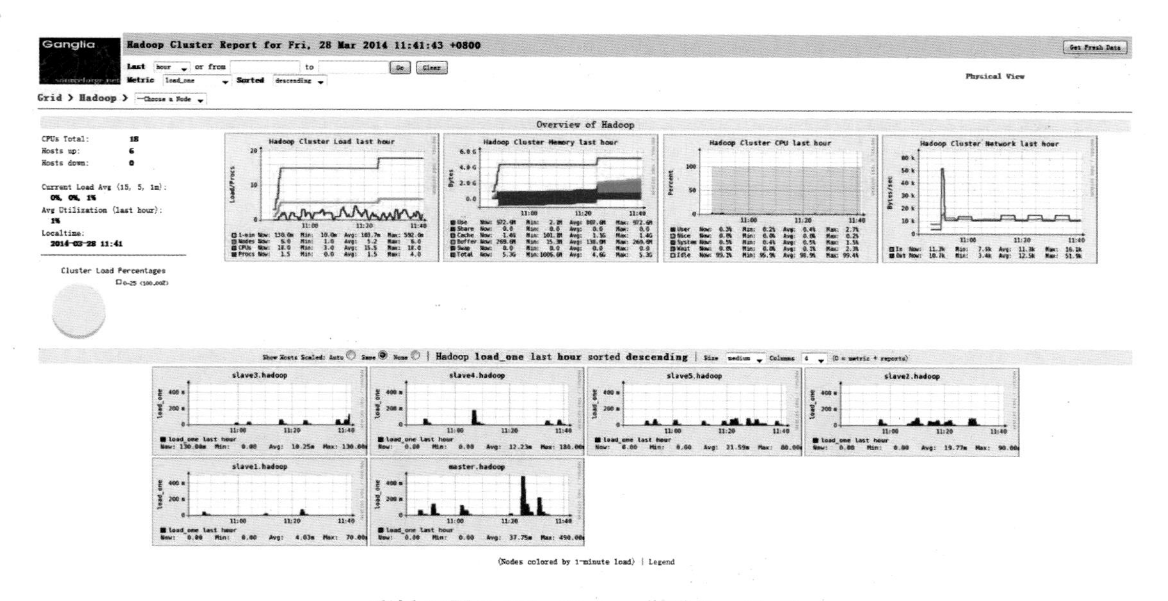


彩插 3(图 2.21)　Hadoop 集群 Ganglia 图

Filter: ip.addr == 211.65.45.184 and tcp.port == 1671　Expression... Clear Apply Save

| No. | Time | Source | Destination | Protocol | Length | Info |
|---|---|---|---|---|---|---|
| 63126 | 24.233651 | 211.65.45.184 | 110.75.127.233 | TCP | 66 | netview-aix-11 > http [SYN] Seq=0 Win=65535 Len=0 MSS=1414 WS=2 SACK_PERM=1 |
| 63352 | 24.245123 | 110.75.127.233 | 211.65.45.184 | TCP | 62 | http > netview-aix-11 [SYN, ACK] Seq=0 Ack=1 Win=5840 Len=0 MSS=1460 SACK_PERM=1 |
| 63374 | 24.247728 | 211.65.45.184 | 110.75.127.233 | TCP | 1468 | [TCP segment of a reassembled PDU] |
| 63375 | 24.247731 | 211.65.45.184 | 110.75.127.233 | HTTP | 287 | GET /buildconnection.do?nkh=%E8%96%87%E8%96%87%E4%B9%94%E5%AE%89%E5%A8%9C&t=1364180391601 HTTP/1.1 |
| 63578 | 24.259760 | 110.75.127.233 | 211.65.45.184 | ICMP | 590 | Destination unreachable (Fragmentation needed) |
| 93250 | 27.092633 | 211.65.45.184 | 110.75.127.233 | TCP | 1468 | [TCP Retransmission] netview-aix-11 > http [ACK] Seq=1 Ack=1 Win=65535 Len=1414 |
| 93472 | 27.112823 | 211.65.45.184 | 110.75.127.233 | TCP | 287 | [TCP Retransmission] netview-aix-11 > http [PSH, ACK] Seq=1415 Ack=1 Win=65535 Len=233[Reassembly error |

彩插 4(图 2.23)　报文重传情况图

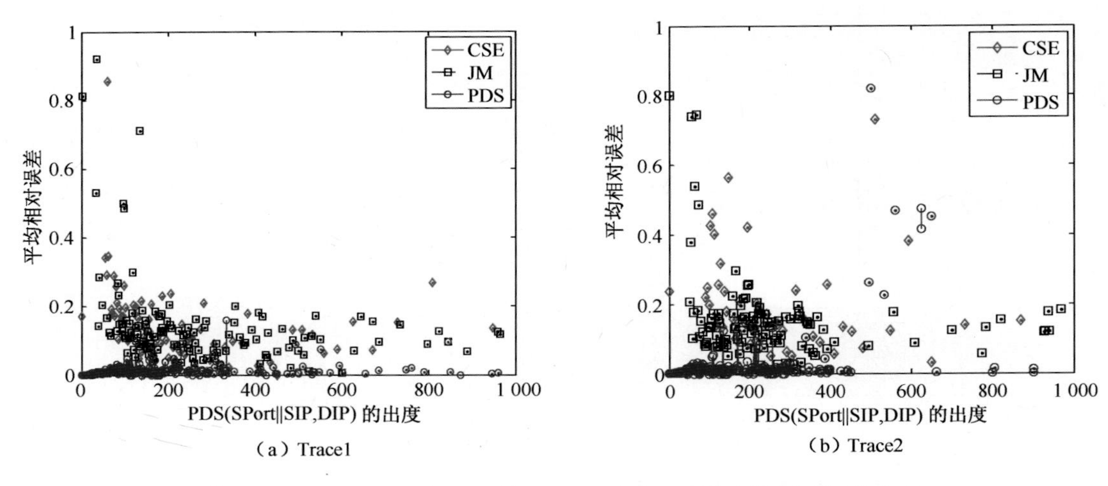


（a）Trace1　　（b）Trace2

**彩插 5(图 3.6)　PDS(SPort || SIP，DIP)的出度的平均相对误差分布**

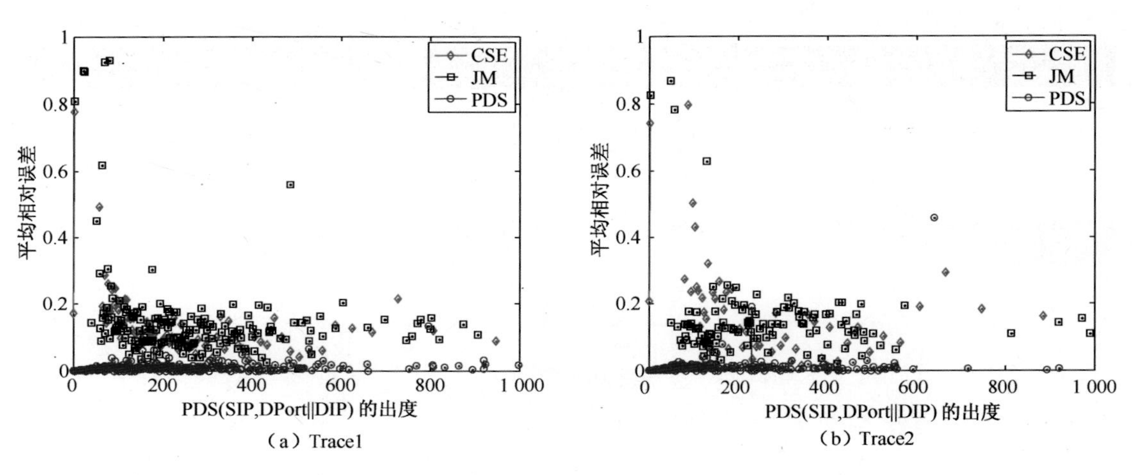


（a）Trace1　　（b）Trace2

**彩插 6(图 3.7)　PDS(SIP，DPort || DIP)的出度的平均相对误差分布**

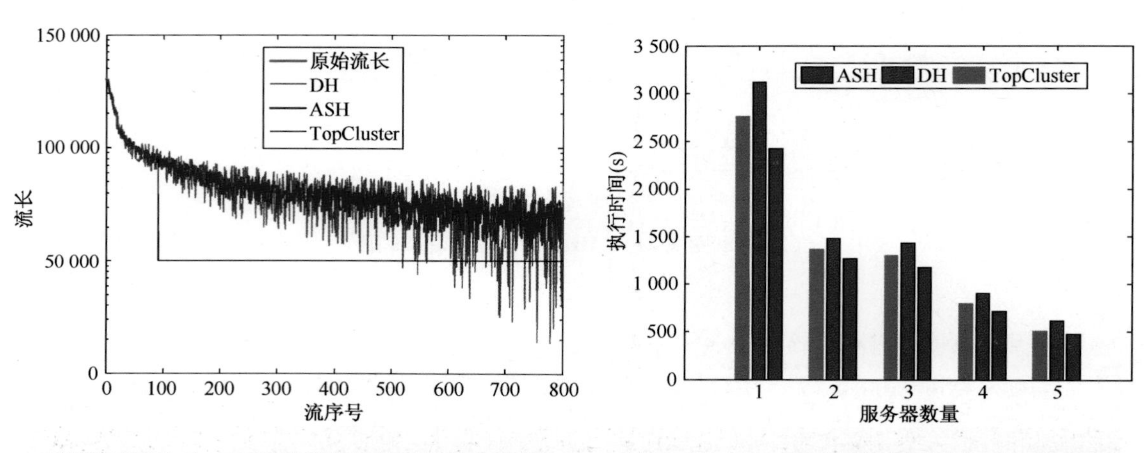


**彩插 7(图 5.2)　三种抽样方法的估计精度比较**

**彩插 8(图 5.4)　服务器数量对执行时间的影响图**

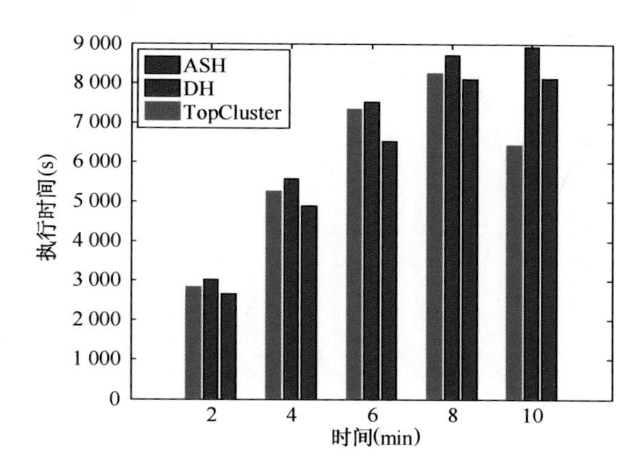


**彩插 9(图 5.5)　数据更新对执行时间的影响**

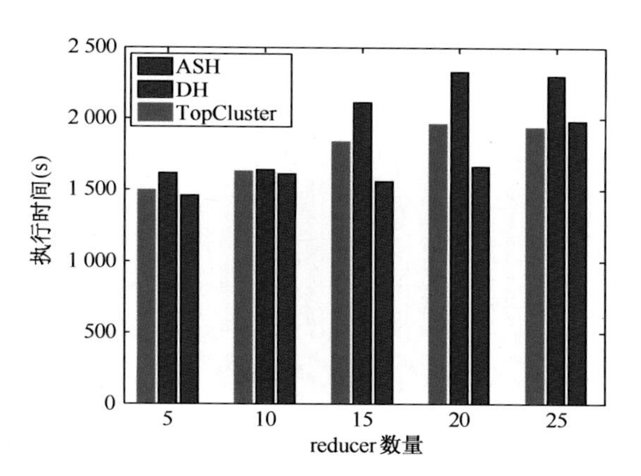


**彩插 10(图 5.6)　reducer 数量对执行时间的影响**

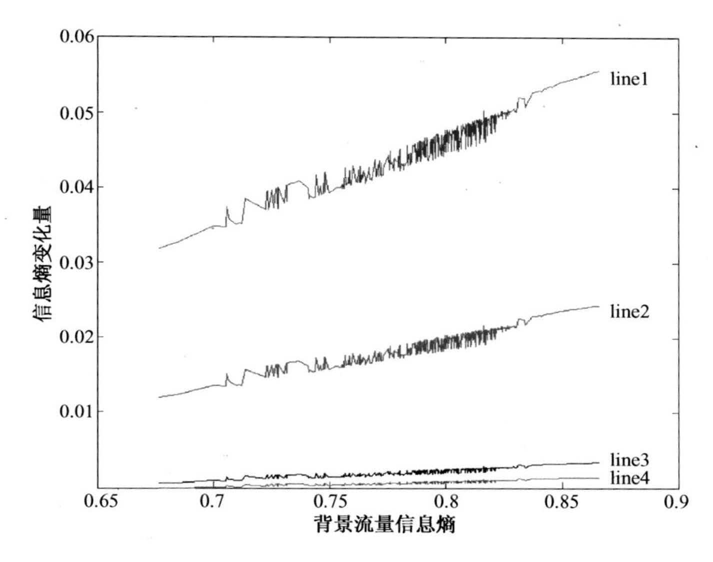


**彩插 11(图 6.3)　异常强度、背景流量信息熵和信息熵变化三者关系图**

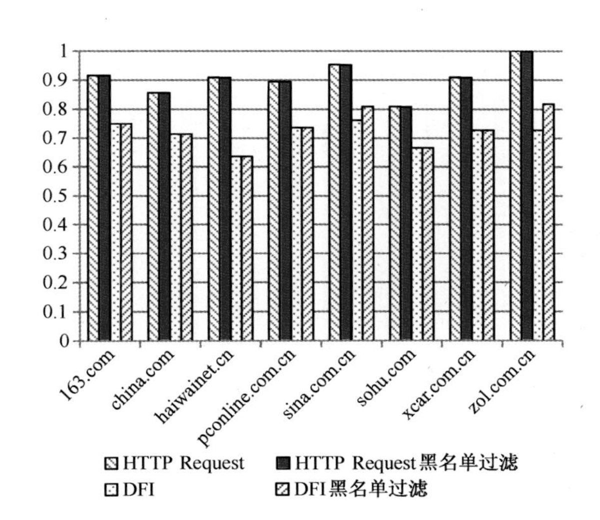


**彩插 12(图 7.18)　主流识别查全率对比**

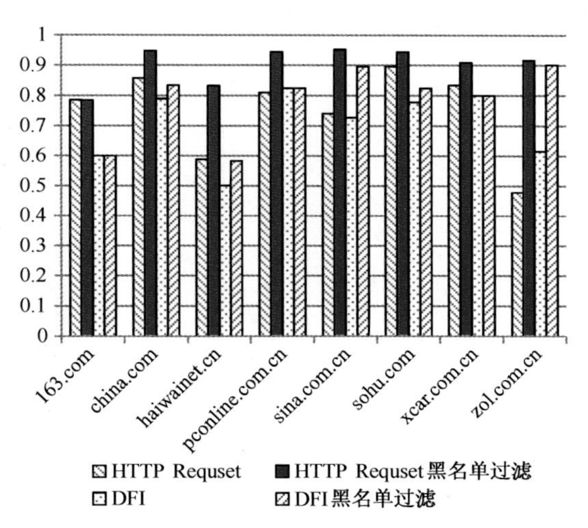


**彩插 13(图 7.19)　主流识别查准率对比**

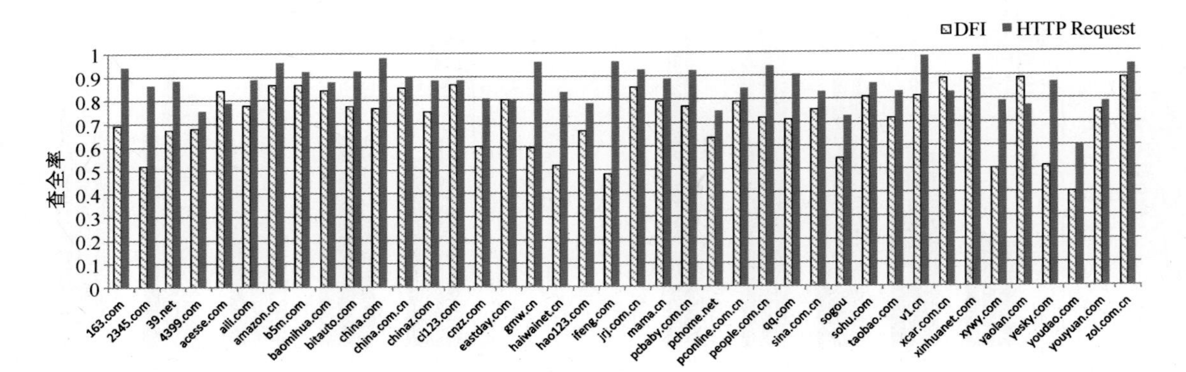


彩插 14(图 7.20)　主流识别查全率对比

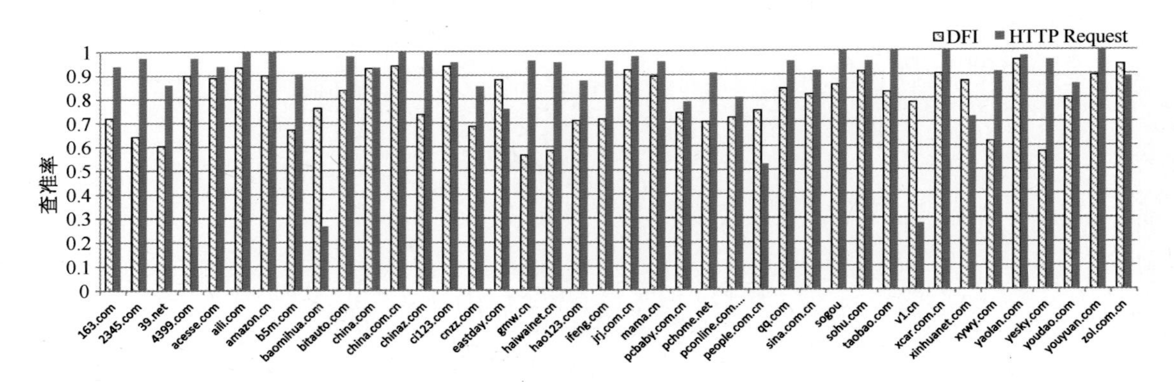


彩插 15(图 7.21)　主流识别查准率对比

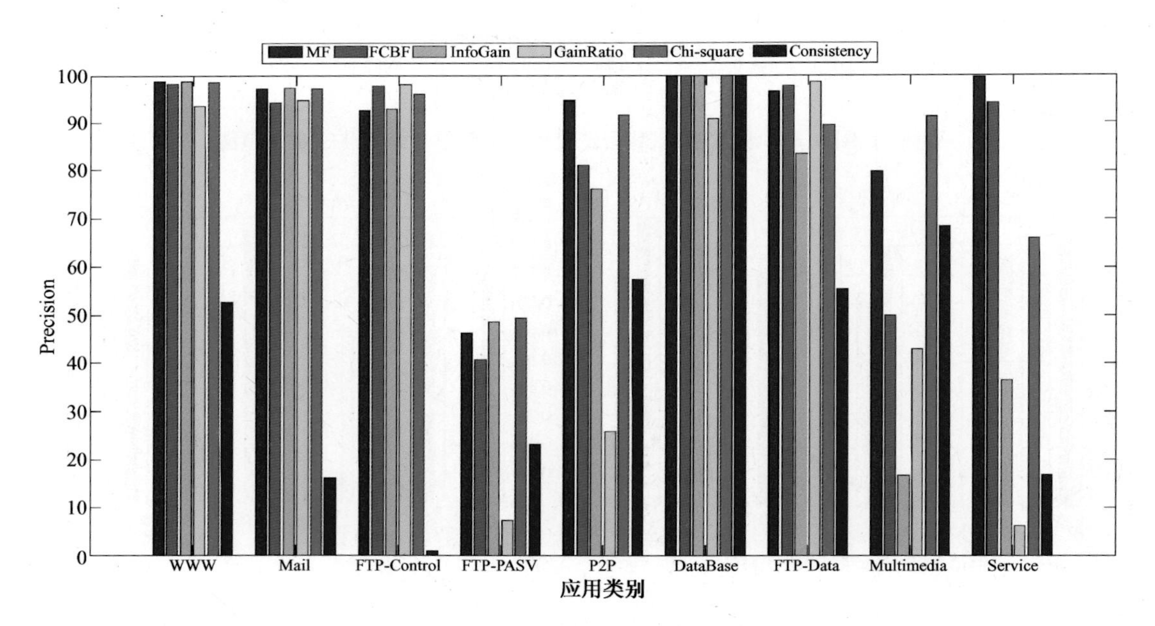


彩插 16(图 8.3)　MS1 查准率

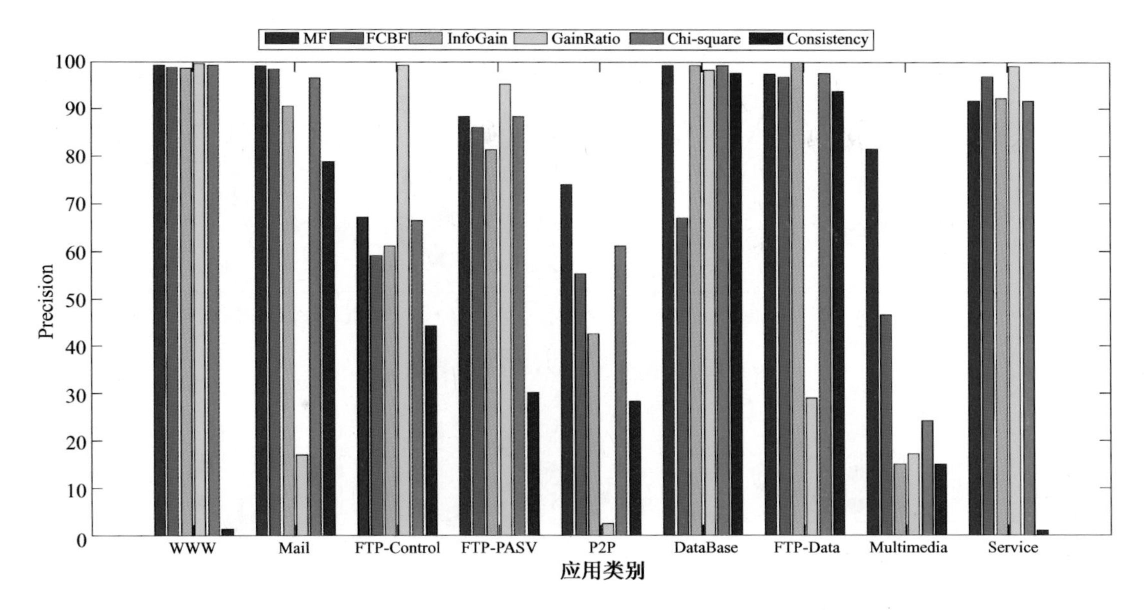


**彩插 17(图 8.4)　MS1 查全率**

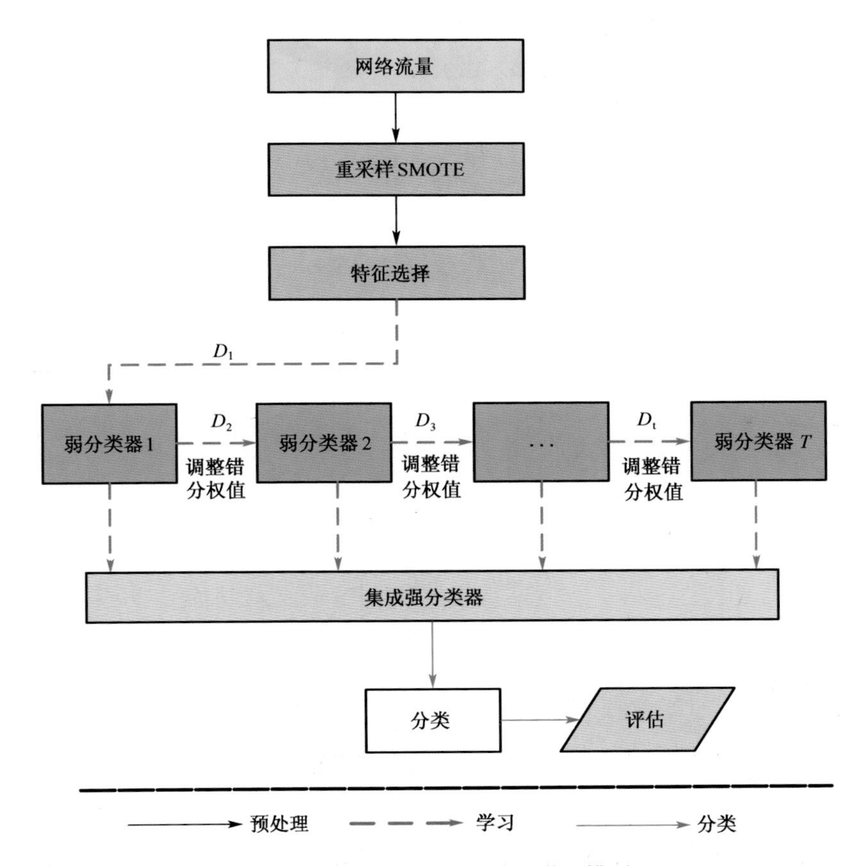


**彩插 18(图 8.5)　代价敏感学习模型**

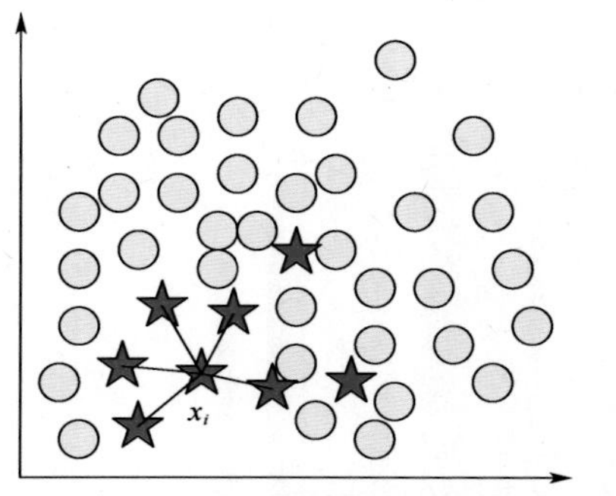


（a）SMOTE对少数样本点$x_i$求近邻

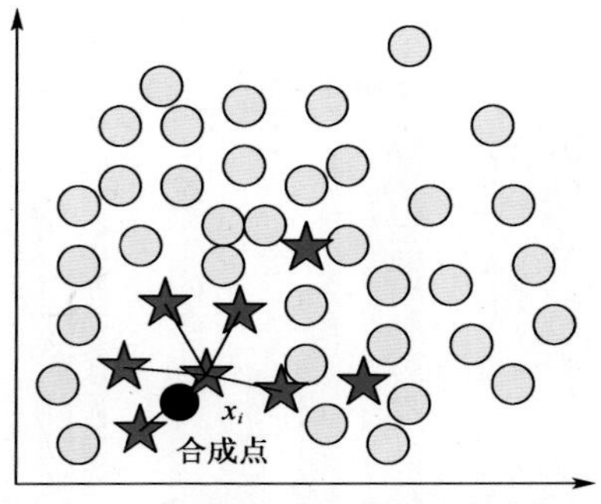


（b）对样本点$x_i$合成人工数据

**彩插 19(图 8.8)　SMOTE 采样法**

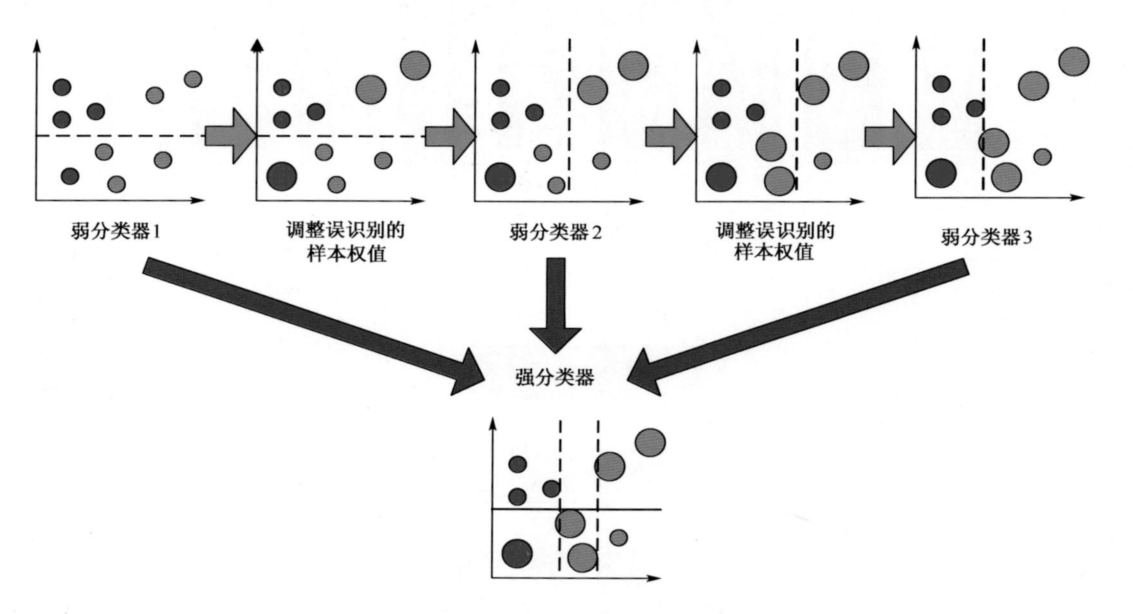


**彩插 20(图 8.10)　AdaBoost 结构图**

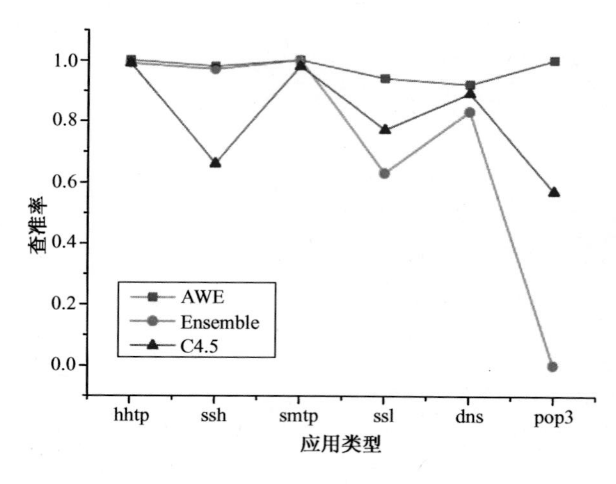


**彩插 21(图 8.16)　AWE,Ensemble 与 C4.5 学习算法查准率**

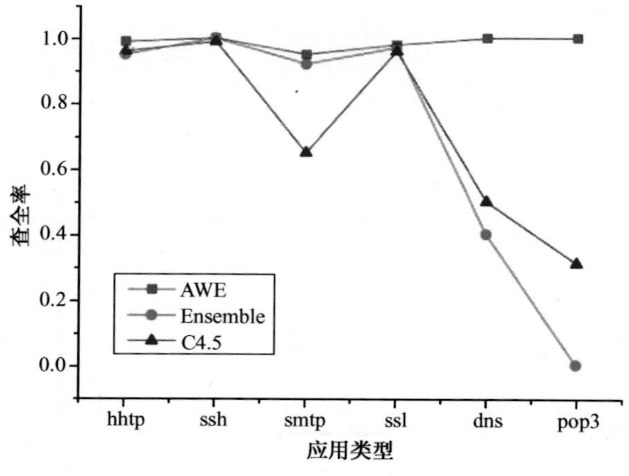


**彩插 22(图 8.17)　AWE,Ensemble 与 C4.5 学习算法查全率**

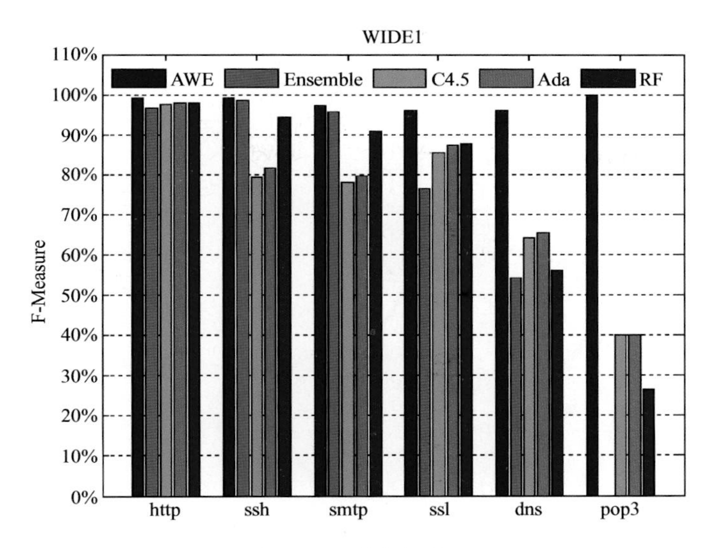


**彩插 23(图 8.18)　综合评价 F - measure**

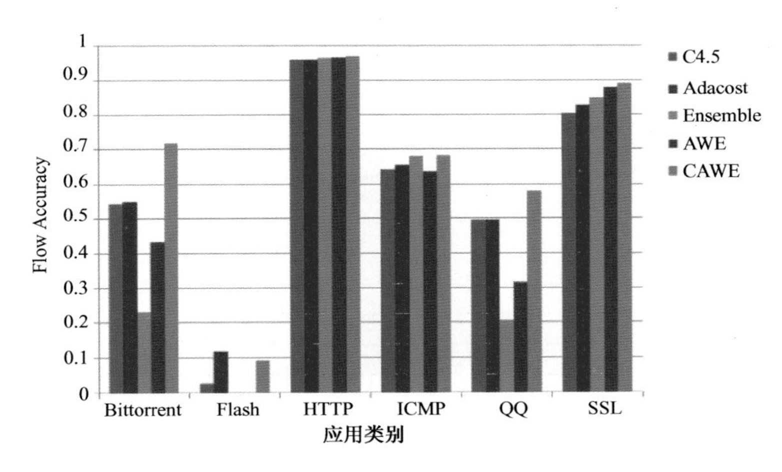


**彩插 24(图 8.19)　CNT1 的流准确率**

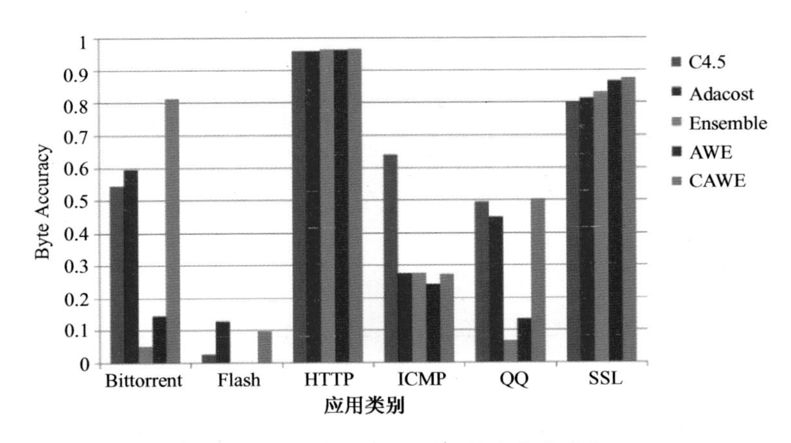


**彩插 25(图 8.20)　CNT1 的字节准确率**

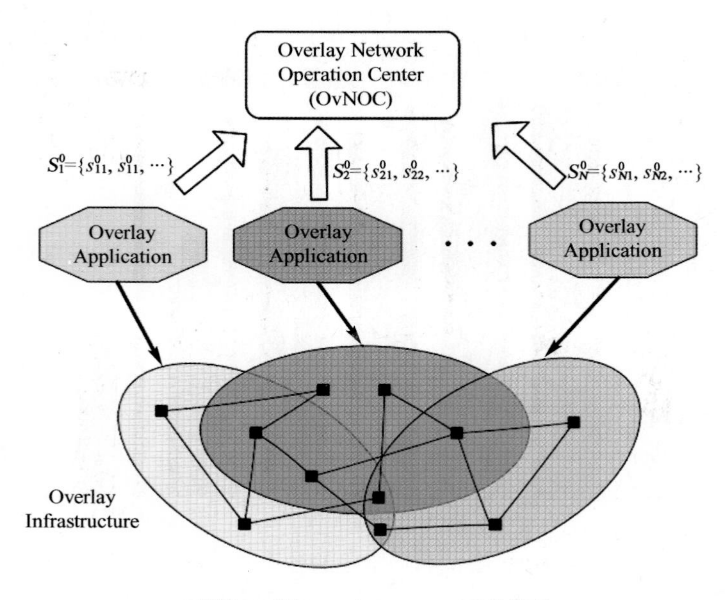


彩插 26（图 9.10） ProFis 系统结构

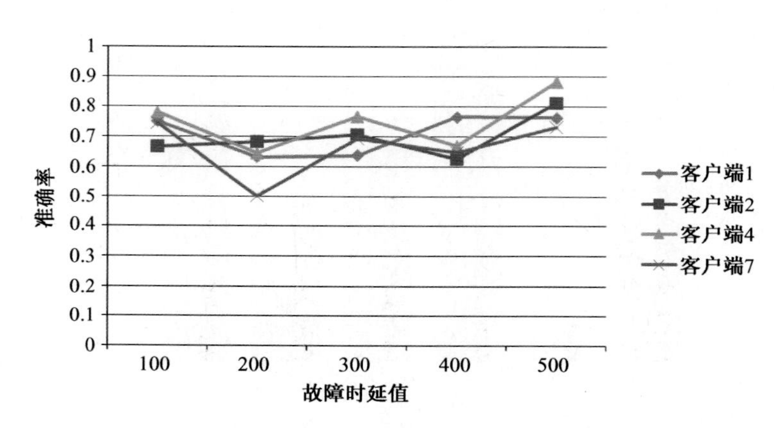


彩插 27（图 9.22） 小网络情况下各客户端的推断准确率

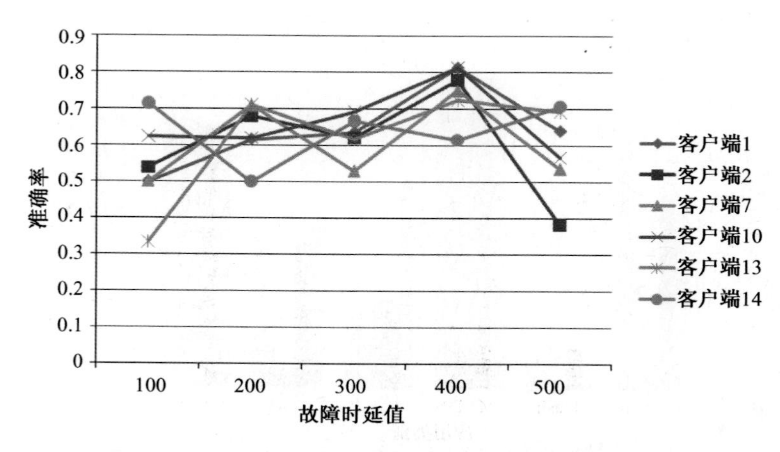


彩插 28（图 9.23） 大网络环境下各客户端的推断准确率